C语言跨平台编程

程万里 程 虓◎编著

清華大學出版社
北 京

内容简介

本书围绕C语言程序设计学习的核心，结合编者多年在实际工作中总结的经验，对C语言跨平台编程进行了多方位的拓展讲解，包括C语言的产生和发展历史、C语言标准的演进与区别、操作系统字符编码规范、C语言集成开发环境与编译程序对跨平台开发的影响、预处理程序对C语言跨平台编程的影响、不同字节序对C语言编程的影响、C语言跨平台文本文件读写等内容，这些拓展内容不但在工作中有巨大的实用价值，而且有助于读者更深入、更细致地学习和理解C语言的精髓。在讲解了C语言程序设计的基础知识后，本书最后两章结合操作系统进程管理和线程管理的内容，讲解了实际工作中应用较多、需求强烈的跨平台多线程编程、网络通信编程的内容，希望对广大读者的工作、实践和学习有所裨益。为了方便读者查阅技术资料，本书还在附录中收录了常用的C语言标准库函数、GCC常用预定义宏、常用POSIX多线程库函数、常用Winsock函数等。

本书在C语言的历史文化背景和发展演进的讲解方面做了一些尝试，旨在让读者脱离枯燥刻板的强行记忆。用苹果公司的macOS、微软公司的Windows、开源的Linux这些差别巨大的平台下的C语言跨平台编程技术来吸引学习C语言程序设计者的关注，让读者在学习C语言程序设计时就了解并逐步掌握不同平台下的跨平台编程经验，给读者搭建一个更宽广、更实用、视野更好的激发创造力的舞台。

本书可供高等院校非计算机专业学生初步学习C语言程序设计时使用，也可供高等院校计算机专业师生、软件程序员、跨平台软件编程爱好者研习和参考时使用。

图书在版编目(CIP)数据

C语言跨平台编程/程万里，程虓编著. —北京：清华大学出版社，2024.4
ISBN 978-7-302-66031-6

Ⅰ. ①C…　Ⅱ. ①程… ②程…　Ⅲ. ①C语言－程序设计　Ⅳ. ①TP312.8

中国国家版本馆CIP数据核字(2024)第066778号

责任编辑：贾　斌　张爱华
封面设计：刘　键
责任校对：韩天竹
责任印制：杨　艳

出版发行：清华大学出版社
网　　址：https://www.tup.com.cn，https://www.wqxuetang.com
地　　址：北京清华大学学研大厦A座　　**邮　　编**：100084
社 总 机：010-83470000　　**邮　　购**：010-62786544
投稿与读者服务：010-62776969，c-service@tup.tsinghua.edu.cn
质量反馈：010-62772015，zhiliang@tup.tsinghua.edu.cn
课件下载：https://www.tup.com.cn，010-83470236
印 装 者：小森印刷霸州有限公司
经　　销：全国新华书店
开　　本：185mm×260mm　　**印　张**：23.5　　**字　　数**：579千字
版　　次：2024年5月第1版　　**印　　次**：2024年5月第1次印刷
印　　数：1～1500
定　　价：89.00元

产品编号：098980-01

前言

C 语言是一种结构化计算机程序设计语言。最初 C 语言是为描述 UNIX 操作系统而研制成功的一种新型的程序设计语言，因此它是最适合于编写操作系统以及靠近硬件部分的计算机高级语言设计软件。现在最为流行的 Linux 操作系统的核心源代码就是用 C 语言编写的；Windows 系统的内核层也是以 C 语言为主编写的；macOS 的核心部分 Darwin 是一个基于 BSD 4.4 的类 UNIX 操作系统，大量代码也是用 C 语言、汇编语言编写的。C 语言既可以作为系统设计语言，编写系统应用程序，又可以作为应用程序设计语言，编写不依赖计算机硬件的应用程序。

C 语言从问世到现在，经过不断的发展和完善，版本不断增多，函数功能也不断增强，越来越受到大批计算机用户特别是软件技术人员的欢迎。目前，我国计算机相关专业大学生越来越多，与硬件设备相关的软件开发工作也越来越多，跨平台软件的需求量也越来越多，为了进一步推广使用 C 语言，编者结合自己在软件开发行业多年的开发经验和教训，并参阅许多中英文资料，经过整理编写成本书。

考虑读者所拥有的计算机系统以及 C 语言版本的不同，想将程序代码在不同的系统上顺利移植、运行确实是一件很困难的事情，因此编者选用了跨平台的 C 语言集成开发环境，使读者在学习编写 C 语言程序时可以轻松地解决这类问题。包括在学成后的工作中实际开发软件时也可以将自己编写的 C 语言程序在 Windows、Linux、macOS 等系统上运行，并保持 C 程序特有的高效率、可移植性、源代码的高可维护性。

本书主要针对 C 语言跨平台编程初学者，让其在学习 C 语言编程的同时，体验跨平台软件开发的乐趣，并为将来实际的跨平台软件开发打下基础。全书由浅入深并配有大量经过调试的源代码，在连贯性、论述体系的一致性和科学性的前提下，对论述的内容进行合理分类，力求逐步增加内容并做到通俗易懂。

本书第 13～15 章是非常流行的程序设计内容，适合高级程序设计人员阅读、实践，有一定的难度。多线程编程和网络通信编程也是社会上很多软件开发实践中急需的技术内容，希望对广大计算机软件人员有所帮助。

在书中示例程序的编写上，尽量选择了一些能全面代表所讲述的内容而且又简单明了、可以单独上机实习的示例程序，使读者通过示例程序就可以很容易地理解书中内容和 C 语言程序的设计方法，而不必去花费时间搞懂示例程序中的某些具体问题后才能理解所论述的概念。

为了有助于读者自学，书中的示例程序代码都是经过调试、运行通过的程序，注释内容也很丰富。

由于编者关注的软件开发技术面有限，加之时间仓促，书中难免有疏漏之处，敬请广大读者批评指正。

编　者

2023 年 12 月 5 日

目录

程序源码

第1章

绪　论

1.1　计算机系统

视频讲解

1946年2月14日美国宾夕法尼亚大学诞生了世界上第一台通用可重新编程的电子计算机埃尼阿克(ENIAC)。ENIAC长约30m,宽6m,高2.4m,占地面积约170m^2,重达30t,功率150kW。它包含1.7万多根电子管,1500多个继电器,6000多个开关,计算速度是每秒5000次加法或400次乘法,是手工计算的20万倍。自ENIAC问世以后,越来越多的高性能计算机被研制出来。

现今的计算机都已经个人化了,而且个人笔记本计算机基本上已经普及。个人笔记本计算机还可以全球联网,人们可以在互联网上浏览各种多媒体信息,利用社交软件进行全球实时视频通信。现在人们所讲的计算机不是一台"裸机",而是一个计算机系统,通常来讲一个完整的计算机系统由计算机硬件系统和计算机软件系统组成,如图1.1所示。前者一般为组成计算机的物质设备,后者为管理和使用计算机的各种软件程序,有时人们将系统所使用的数据资料也归到软件中。

计算机软件系统的作用是管理计算机的所有软件及硬件资源,充分发挥它们的功能。如图1.1所示,计算机软件系统通常包括系统软件和应用软件两大类。系统软件主要有操作系统、语言系统、数据库系统等,其中操作系统是最重要的系统软件。应用软件是指为实现某种专门的目的而开发的软件,包括图形处理软件、字处理软件(如Word)、多媒体软件和游戏软件等。一般计算机用户首先关心的必定是使用什么机型,在什么操作系统下工作。同样一台计算机可以安装Windows 10操作系统,也可以安装红帽Linux系统。在运行不同的应用软件时,你会发现这台计算机在功能和使用操作上会有很大的差异。

现代的计算机虽然经过了70多年的发展,但是在体系结构上依然还是冯·诺依曼(John von Neumann)型体系结构。这种体系结构使用"存储程序原理",把程序本身当作数据来对待,程序代码和该程序处理的数据用同样的方式存储在存储器中,数制采用二进制,计算机按照程序指令序列顺序执行。如图1.2所示,冯·诺依曼型计算机由控制器、运算器、存储器、输入设备、输出设备5部分组成,冯·诺依曼提出的计算机体系结构,奠定了现代计算机的结构理念基础。

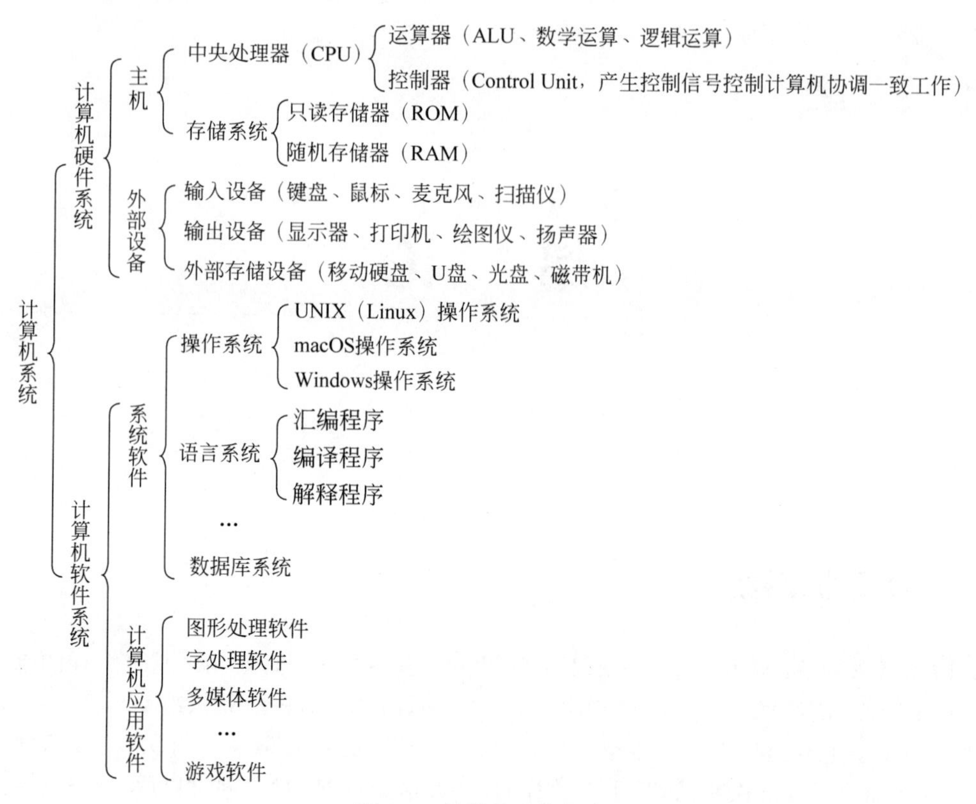

图 1.1 计算机系统组成

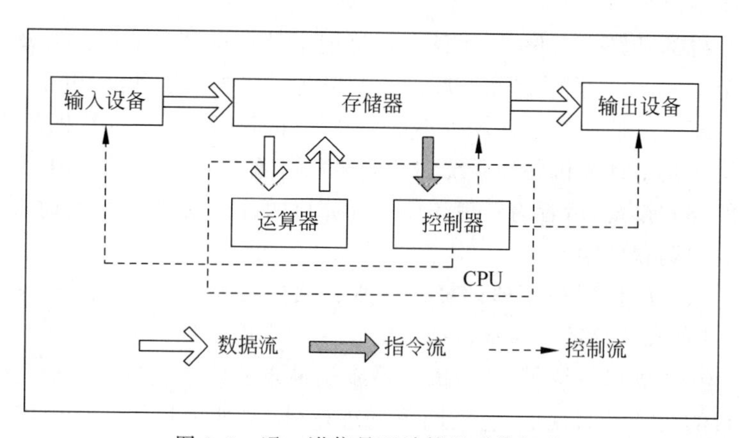

图 1.2 冯·诺依曼型计算机系统组成

1.2 程序设计语言基础

语言是人们交流思想的工具，计算机语言是人与计算机之间进行信息交换的工具。1946 年，ENIAC 在美国宾夕法尼亚大学诞生时，世界上第一台通用可重新编程的电子计算机对应的机器语言也产生了。随着计算机科学技术的发展，计算机语言也由低级到高级逐步地发展起来。尤其是在 1954 年到 1980 年间，计算机高级语言出现了空前的繁荣和发展，形成了计算机语言系统。

只适用于某种特定类型计算机的语言称为面向机器的语言，机器语言和汇编语言属于这一类语言，人们常称它们为低级语言。

1.2.1 机器语言

每台计算机都有它自己的一套指令系统，指令系统中的每条指令称为机器指令。一般来说，指令是由告知计算机进行什么操作的操作码和告知计算机到哪里去找操作数的地址码这两部分构成的。也就是说，机器指令的任务是告诉计算机“干什么”和到“什么地方”去找参与操作的数。机器指令通常是由 0 和 1 组成的二进制码，一般包含操作码和地址码这两部分。当然，计算机认识这种二进制码，并能根据二进制码的不同确定该干什么。

例如 DJS-21 型计算机的字长是 42 位，指令长是 21 位，所以每一存储单元存放两条指令。表 1.1 表示的是 DJS-21 计算机的一条机器指令。

表 1.1 DJS-21 计算机的一条机器指令

操作码	地址码	功能说明
0000010	00000000100010	把 00000000100010 内存单元的内容送到累加器 A 中

这条机器指令的地址码由 14 位二进制数组成，它告诉计算机，要操作的数在地址为 00000000100010 的内存单元中。操作码是一个 7 位二进制数，0000010 表示把由地址码规定的内存中的数取出来送到累加器 A 中。

1.2.2 汇编语言

汇编语言是一种低级语言，它是程序设计自动化第一阶段使用的语言。汇编语言的格式如下。

标号：操作码　地址码(操作数)　；注释

标号是指令的符号地址，当程序汇编后，它变成指令地址。一般来说，标号可由 6 个字符来表示，通常要求第一个字符是字母。使用标号使整个程序便于查询、修改，也便于转移指令的书写。但不是所有指令都需要标号，通常是由于程序分支指令的需要才加一个标号。使用标号，程序员可以不必再像用机器语言写程序那样，同时去做存储单元的分配工作，大大减轻了程序编写的工作量。

为了便于记忆，汇编语言的操作码部分采用了“记忆码”，或称助记符，一般采用英文单词(或缩写)和符号来表示。表 1.2 列出了 Intel 8080 微处理器常见的一些操作码的助记符。

表 1.2 Intel 8080 微处理器常见的一些操作码的助记符

助记符	英文原意	功能说明
ADC	Add with Carry	带进位相加
ADD	Add	相加
XR	Exclusive Or	异或运算
JMP	Jump	转移
SUB	Subtract	减去

很显然，这要比用 0 和 1 表示的机器代码清晰得多。另外，在汇编语言中，可以直接写

十进制数，在汇编时，十进制数由汇编程序翻译为机器内部的二进制数，这也方便了程序编写。在汇编语言中，汇编语句与机器指令是一一对应的。

注解部分通常采用英语，对指令进行画龙点睛式的描述。这部分内容不进入计算机进行汇编，只用于文件编写和方便查阅。

虽然汇编语言是一种面向机器的低级语言，但它比机器语言易读、易查、易改，执行速度与机器语言相仿，一般来说，要比高级语言快得多，所以在实时检测、实时控制、实时处理中发挥着巨大的作用。

1.2.3 高级语言

20 世纪 50 年代到 20 世纪 80 年代，为了解决程序编制的复杂性、硬件指令的依赖性和编程效率低下的问题，同时提高程序的可移植性和可维护性，人们创造出多种与具体的计算机指令系统无关的、表达方式接近于被描述问题且易于被人掌握和书写的计算机程序设计语言。例如这个时期产生的 FORTRAN 语言、ALGOL 语言、COBOL 语言、LISP 语言、BASIC 语言、PASCAL 语言、C 语言、C++ 语言，这些都是那个繁荣时期产生的计算机高级语言，从那时起，计算机高级语言得到了迅猛的发展。

目前，世界上已有上百种各种类型和功能的计算机高级语言，其中得到广泛使用的只有十几种。例如，Java 语言适用于网络浏览器页面制作；FORTRAN 语言适用于大型科学计算和大型工程计算；PASCAL 语言在高等院校的教学中和各领域的科研中广泛使用；ALGOL 60 语言适用于算法描述和计算科学；C 语言适用于操作系统开发和硬件设备驱动程序开发，也可用于高性能科学计算。

计算机高级语言是由表达各种不同意义的“关键字”和“表达式”按照一定的语法、语义规则组成的，从而彻底脱离了具体的指令系统。方便性成了计算机高级语言的第一大特点。

1.3 UNIX 系统与 C 语言简介

1965 年，美国电报电话公司（AT&T）的贝尔实验室（Bell Laboratories）参加了由美国通用电气公司和麻省理工学院（MIT）在 GE-645 等大型主机之上研发多用户、多任务的分时操作系统 MULTICS（the Multiplexed Information and Computing Service）的工作。作为最早的分时系统之一，MULTICS 实现了当时多任务操作系统的大多数设计思想。遗憾的是 MULTICS 比实际需要复杂得多，也笨拙得多，作为革新的角色而最终宣告失败。

20 世纪 60 年代后期，AT&T 撤出了对 MULTICS 项目的大部分支持。在这些撤出的研究人员中，有部分人员决定要建立自己的操作系统。Kenneth Lane Thompson 和 Dennis MacAlistair Ritchie（Dennis M. Ritchie）是最初的设计者（两人同在 1983 年获得图灵奖），不久之后，Joseph Frank Ossanna 和 Robert Morris 等几名出色的计算机科学家也参加了进来。他们设法搞到一台废弃的 DEC 公司的 PDP-7 计算机并开始了工作。

1969 到 1970 年，贝尔实验室的 Kenneth Lane Thompson 和 Dennis MacAlistair Ritchie 等人使用汇编语言编写了第一个版本的 UNIX 操作系统。

20 世纪 60 年代，计算机程序设计语言也快速发展起来。1960 年 Alan Jay Perlis（1966 年获得图灵奖）和 Edsger Wybe Dijkstra（1972 年获得图灵奖）等人设计实现了 ALGOL 60 语言。1963 年,剑桥大学将 ALGOL 60 语言发展成为 CPL(Combined Programming Language)。1967 年,剑桥大学的 Martin Richards 为了更有效地描述系统程序,在 CPL 的基础上开发了 BCPL(the Basic Combined Programming Language)。

1970 年,贝尔实验室的 Kenneth Lane Thompson 在 BCPL 的基础上开发了 B 语言,然后在 DEC 公司的 PDP-11/20 计算机上用 B 语言实现了 UNIX 系统。

1972 年,Dennis MacAlistair Ritchie 开发出 C 语言,用来改写原来用汇编语言编写的 UNIX。UNIX 系统结构如图 1.3 所示。

用户			
shell操作系统命令解释程序、系统命令程序 编译程序和解释程序、应用软件 系统库			系统程序 及系统库
内核的系统调用接口			
信号终端处理 字符输入输出系统 终端驱动程序	文件管理 存储管理 磁盘磁带驱动程序	CPU调度管理 进程管理 虚拟存储器	内核
内核与硬件的接口			
终端控制器 终端	设备控制器 磁盘机和磁带机	内存控制器 物理内存	硬件

图 1.3 UNIX 系统结构

1973 年,Kenneth Lane Thompson 和 Dennis MacAlistair Ritchie 两人合作把 UNIX 中 90%以上的代码用 C 语言改写,即 UNIX 第 5 版。用 C 语言重写后的 UNIX 可读性好、可移植性高,加之 UNIX 本身的优点,使 UNIX 成为国际上使用最为广泛的操作系统之一。UNIX 的广泛流传又进一步扩大了 C 语言的影响。1978 年以后,C 语言已先后移植到大、中、小和微型计算机上,UNIX 也因此移植到各种计算机上,成为了非常流行的操作系统。图 1.4 展示了 C 语言的发展历史。

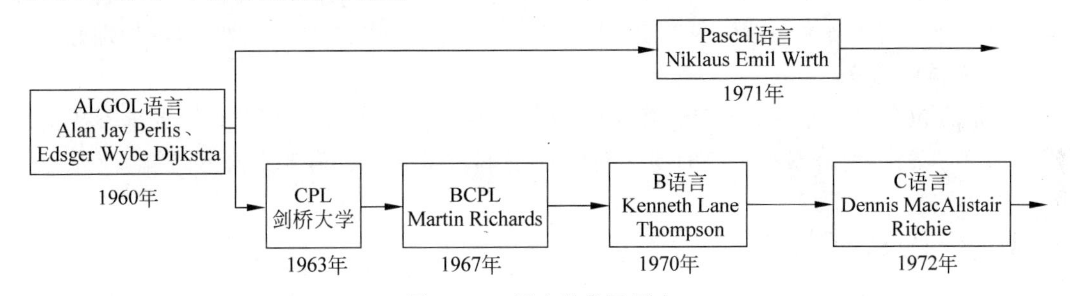

图 1.4 C 语言的发展历史

C 语言是一种结构化语言,它有着清晰的层次,可按照模块的方式对程序进行编写,十分有利于程序的调试。并且 C 语言的处理和表现能力也非常强大,依靠非常全面的运算符和多样的数据类型,可以很容易地完成各种数据结构的构建,通过指针类型更可对内存直接寻址以及对硬件进行直接操作,因此既能够用于开发系统程序,又能够用于开发应用软件。其主要优势和特点如下。

1. 目标代码质量好,执行效率高

C 语言是编译型计算机语言,通过编译程序、链接程序处理后可以生成高质量和高效率的目标代码,故通常应用于对代码质量和执行效率要求较高的系统软件、嵌入式软件程序的编写。在运行速度上几乎可以与用汇编语言编写的程序相比。

2. 代码具有较好的可移植性

C语言是面向过程的计算机高级编程语言,编写的源代码不需要或仅需要进行少量改动便可完成移植,从而极大地减少了程序移植的工作强度。

3. 可对物理地址进行直接操作

C语言允许对硬件内存地址进行操作,因此可以直接操作硬件。C语言不但具备高级语言所具有的良好特性,又包含许多低级语言的优势,故在系统软件编程、嵌入式系统编程领域有着广泛的应用。

4. 可扩充性好

C语言的输入/输出语句及其他各种文件输入/输出语句都是通过库函数提供的,用户还可以编制自己的函数,提供更强的输入/输出控制。现在C语言有了更新的发展,逐步引入了面向对象的技术。这种面向对象的程序设计方法,使得C语言功能更强,开发软件的周期更短,效率更高。面向对象的程序设计技术是最近十几年计算机界较热门的话题。

5. 丰富的数据类型

C语言不仅包含有传统的字符型、整型、浮点型、数组类型等数据类型,还具有其他编程语言所不具备的数据类型,其中以指针类型数据使用最为灵活,此外还可以自己定义复杂的结构类型,通过编程对各种数据结构进行计算、处理。

6. 丰富的运算符

C语言包含15种优先级,49种运算符(C11标准)。它将赋值、括号等都视作运算符来操作,这使得C程序的表达式类型和运算符类型都非常丰富。

7. 具有结构化的控制语句

C语言是一种结构化的计算机高级语言,提供的控制语句具有结构化的特征,如for语句、if…else语句和switch语句等。这些语句可以用于实现函数的逻辑控制,方便面向过程的程序设计。这种结构的源代码易读,易理解,修改、扩充功能都比较方便,可维护性好。

8. 简洁的语言

C语言包含的各种控制语句仅有9种,关键字也只有32个。程序的编写要求不严格且以小写字母为主,对许多不必要的部分进行了精简,故C语言拥有非常简洁的编译系统。

1.4 C语言的标准

1983年,美国国家标准协会(ANSI)下的专门负责信息技术标准化的机构ASC X3(现已改名为INCITS)成立了一个专门的技术委员会J11(J11是委员会编号,全称是X3J11),负责起草关于C语言的标准草案。

1989年,草案被ANSI正式通过,成为第一个完整的C语言标准ANSI X3.159—1989,简称为C89。

1990年,国际标准化组织(ISO)批准了ANSI C(C89)成为国际标准ISO/IEC 9899—1990,简称为C90。ISO C(C90)和ANSI C(C89)在技术上完全一样。

1999年1月,ISO在做了一些必要的修正和完善后,发布了新的C语言标准,命名为ISO/IEC 9899—1999,简称为C99。

2011 年 12 月 8 日，ISO 又正式发布了新的标准，称为 ISO/IEC9899—2011，简称为 C11。

2018 年 6 月，ISO 又正式发布了新的标准，称为 ISO/IEC 9899—2018，简称为 C17。C17 标准没有引入新的语言特性，只对 C11 进行了补充和修正。

C 语言最新的标准总是对以前标准进行一些必要的修正和完善，同时还会加入一些新特性。有些新特性是强制性的，当 C 语言编译程序支持新版本的 C 语言标准后，继续使用先前的标准编写代码可能会出现编译错误或严重警告提示，因此了解使用的 C 语言编译程序支持的标准可以减少错误的发生，并且有助于优化代码。

下面列举一些影响比较大的 C99 标准的特性。

(1) 增加了_Bool 类型及用来定义 bool、true 以及 false 宏的头文件 stdbool. h。

(2) 支持 long long int 类型($-2^{63}\sim2^{63}-1$)和 unsigned long long int 类型($0\sim2^{64}-1$)。long long int 能够支持的二进制整数长度为 64 位。

(3) 增加了_Complex 和_Imaginary 类型及用来定义 float_Complex、double_Complex、long double_Complex 宏的头文件 complex. h。

(4) scanf、printf 函数的格式化串多了支持 ll/LL(VC6 里用的 I64)对应新的 long long int 类型。

(5) scanf、printf 函数增加了格式修饰符 a 和 A，用于输入输出十六进制的浮点数。

(6) 变量声明不必放在{}复合语句的开头，for 语句提倡这么写：for(int i=0;i<100;i++)。

(7) 引入了单行注释标记“//”，可以像 C++一样使用这种注释标记了。

(8) main()函数要求必须返回一个 int 值给程序的激活者(通常是操作系统)，0 表示正常退出，非 0 表示异常。

(9) 增加了_Pragma 运算符，用于在程序中生成#pragma 指示字的一种方法。

(10) 增加可变参数宏定义，宏参数个数不确定时可以用省略号(…)代替。

(11) 增加了 inline 关键字用于定义内联函数。

(12) 增加了构造指定类型的未命名对象运算符，例如 int *p = (int[]){2, 4, 8};。

C99 标准在很多 C 语言编译程序中还没有完全实现，读者可以查阅 C99 标准规范与编译程序手册进行对照，在学习使用时自己体会这些特性。

很多编译程序对 C11 标准支持得更少，特别是关于线程方面的支持比较少，有些编译程序只是选择性地支持了一些简单实用的 C11 标准的内容。

下面列举一些 gcc 编译程序常用的 C11 标准特性，读者也可以查阅 C11 标准规范与 gcc 编译程序手册研究更细节的技术内容。

(1) 增加了_Alignas、_Alignof 运算符，定义在头文件 stdalign. h 中。在头文件 stddef. h 中这两个运算符又被定义成带参数的宏 alignas、alignof。alignof 为对齐方式运算符，返回指定类型对齐字节数。

(2) 增加了_Generic 关键字，提供泛型选择表达式功能，支持轻量级泛型编程，可以把一组具有不同类型而却有相同功能的函数抽象为一个接口。

(3) 增加了_Atomic 类型修饰符，用于不同类型数据变量的原子操作。

为了方便查询常用的标准 C 函数，本书附录 A 中收录了 ANSI C(C89)的库函数列表。

1.5 C语言程序结构

下面是一个在标准输出设备(显示器)上,显示"Hello, world!"字符串,并提示用户输入两个数字,然后完成这两个数字的交换并在显示器上显示交换后的两个数字的简单程序。

```
#include <stdio.h>                          /* 预处理指令,告诉C编译程序在实际编译之
                                               前要包含stdio.h文件 */
int main()                                  /* 主函数,程序从这里开始执行 */
{                                           /* 主函数体开始 */
    int n,m;                                /* 声明语句,声明了两个整数型变量 */
    void swapab(int *x, int *y);            /* 声明语句,声明了一个无返回类型的函数,
                                               带两个整数型变量指针参数 */
    printf("Hello, World! \n");             /* 函数调用,打印字符串 */
    printf("Please enter two numbers n,m:"); /* 函数调用,打印提示信息 */
    scanf("%d, %d",&n,&m);                  /* 函数调用,读入两个整数 */
    swapab(&n,&m);                          /* 函数调用,交换两个整数 */
    printf("n=%d,m=%d\n",n,m);              /* 函数调用,打印两个整数 */
    return 0;                               /* 函数返回,C99标准要求 */
}                                           /* 主函数体结束 */
void swapab(int *x, int *y)                 /* 用户自定义函数 */
{                                           /* 自定义函数体开始 */
    int temp;                               /* 声明语句,声明了一个整数型变量 */
    temp = *x;                              /* 赋值语句 */
    *x = *y;                                /* 赋值语句 */
    *y = temp;                              /* 赋值语句 */
}                                           /* 自定义函数体结束 */
```

1.6 C语言程序发展过程

一个C语言程序从程序员头脑里所构思的源代码或书面设计编写的源代码,到提交给计算机处理并得到预期的结果,通常要经过如图1.5所示的编辑、编译、链接、运行4个步骤。

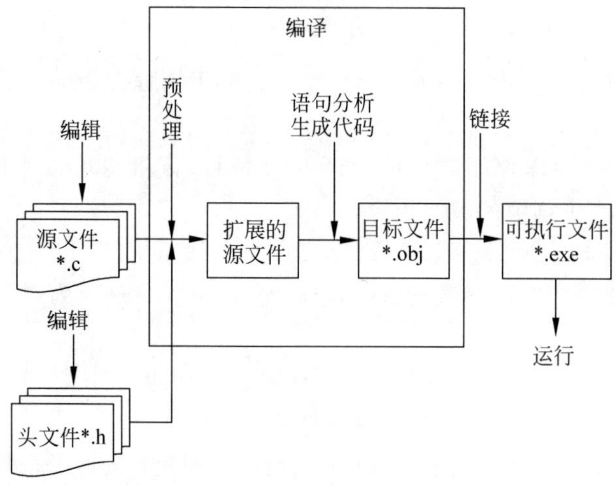

图1.5 C语言程序发展过程

1. 编辑建立源程序

要把一个C语言程序(源程序)提交给计算机一般是借助于编辑程序来生成一个文件,假设为a文件,在C语言开发环境下,应该以a.c来命名此文件,扩展名是c。现在的实际情况是很难找到纯粹的C语言开发环境,通常都是支持最新的面向对象的C++语言开发环境(支持C语言标准),而且都是图形化的集成开发环境,很多都会自动产生扩展名是cpp的文件。本书第2章介绍了怎么筛选并安装一个集成开发环境,此集成开发环境可以产生扩展名是h的源代码头文件,也可以产生扩展名是c或cpp表示是C或C++语言的源代码文件。

集成开发环境有各种开发工具,使用菜单和命令按钮等可视的图形化窗口界面进行软件开发,程序的编辑、编译、链接、运行等步骤都可以在图形化窗口式的集成开发环境中完成。

2. 编译源程序产生目标程序

对已经建立起来的源程序,我们可以对它进行编译。编译就是把源程序翻译成二进制的目标代码,它是机器能识别的二进制机器码。编译工作由可执行的编译程序完成,它把a.c(或a.cpp)和a.h(如果有头文件的情况下)经过编译程序处理,最终变成计算机的二进制目标代码文件a.o(有些编译程序处理结果是a.obj)。如果这一步有错误产生,就需要修改源代码程序排错,然后重新编译,直到没有编译错误产生,生成正确的目标代码。此时生成的二进制目标代码还不能运行,要想生成最终的可执行二进制机器代码,还要经过链接程序的处理装配。

3. 链接目标模块产生可执行程序

目标程序是浮动的,没有定位,要用链接程序把一个或多个目标代码模块链接起来,解决符号引用等问题,最终变成可以执行的二进制机器代码程序。这一步通常可以指定生成的可执行文件的名字,通常用扩展名exe来表示,如a.exe(Linux环境下默认是a.out,Windows环境下gcc是默认生成a.exe)。如果这一步有错误产生,就需要修改源代码程序排错,然后重新编译、链接,直到没有错误产生,最终生成正确的可执行二进制机器代码。

4. 运行可执行程序得到结果

最后,运行这个可执行程序,必要时输入数据,得到程序运行结果。在不同操作系统下用命令行方式运行一个可执行程序也有区别,例如Linux和macOS下是:

```
$ ./a.out
```

Windows 10环境下同时按下⊞键和R键(Win+R组合键),输入cmd,然后按Enter键进入命令行方式,运行a.exe程序的命令如下:

```
C:\> a.exe
```

程序运行时仍然可能出错,这时候依然需要重新返回源程序编辑步骤,对源程序代码进行修改排错,然后重新编译、链接、运行,直到没有错误发生并达到程序设计的目的才算完成程序开发。

第2章

集成开发环境

2.1 跨平台的概念

跨平台是软件开发中一个重要的概念，泛指计算机程序语言、软件可以在多种操作系统或不同硬件架构的计算机上运行，既不依赖于操作系统，也不依赖硬件架构环境。

广义而言，一般的计算机高级编程语言都可以做到跨平台，开发商只需要提供各种平台下的 Runtime 中间件环境即可。但开发商在某些利益因素或者技术因素的影响下，并没有提供相应的解决方案。例如微软的 Visual Studio 是一个基本完整的开发工具集，它包括了整个软件生命周期中所需要的大部分工具，如 UML 工具、代码管控工具、集成开发环境(IDE)等，用其开发的目标代码适用于微软支持的所有 Windows 操作系统平台；但是 Visual Studio 既不支持 Linux 操作系统平台，又不支持苹果操作系统 macOS 平台。

严格而言，跨平台的计算机程序语言是指用某种计算机语言编写的程序只需要做少量的修改，编译之后即可在另外一种平台下运行，此时并不提供 Runtime 中间件环境。例如 C 语言是一种标准且严格的跨平台语言，而 Java 是一种提供 Runtime 环境的跨平台解决方案，在不同操作系统上有不同的 Java 虚拟机。

前面我们也讲了 C 语言的标准，如 C89、C99、C11，如果各个开发商都遵守这些标准来开发 C 语言开发工具，那么应用软件开发者就很容易做到用这种 C 语言开发工具跨平台开发应用软件。但是同样由于各种原因，C 语言开发工具的开发商会自己根据面对的主要操作系统提供一些扩展，如果应用软件开发者使用了这些扩展，那么在另一个操作系统平台上编译、链接就会出现错误。所以，即使 C 语言这种有严格标准依托的计算机程序语言在做跨平台应用软件开发时依然会面临很多困难。

2.2 集成开发环境筛选

前面我们讲到 C 语言程序的发展过程，要经过编辑、编译、链接、运行 4 个步骤。其中编辑、编译、链接这 3 个步骤是用 C 语言开发应用软件的开发步骤，在操作系统还是以命令行方式为主的年代，这 3 步一般都需要软件开发人员输入编辑、编译、链接命令，还要附带上各种参数，才能完成一个C语言应用软件的开发，将编写的源代码生成可以运行的机器代码级的应用软件。

现在操作系统都已经图形化，窗口式的交互操作界面非常友好，各种应用软件也都采用了图形化窗口式交互操作界面，很多用于软件开发的集成开发环境软件也采用了图形化窗口式交互操作界面。例如，微软的 Visual Studio 集成开发环境。

在 Visual Studio 中软件开发人员可以选择多种开发语言，编辑、编译、链接、调试开发的应用软件。通过集成环境的菜单命令或者快捷按钮甚至快捷键就可以快速完成这一系列构建工作，最终生成可执行的二进制程序代码。这些构建可执行程序的步骤的命令参数或配置在环境配置界面可以交互进行，非常方便快捷。但是最大的缺点是微软对自己的系统支持很好，对 UNIX(Linux)、macOS 比较排斥。图 2.1 是微软的 Visual Studio 集成开发环境界面。

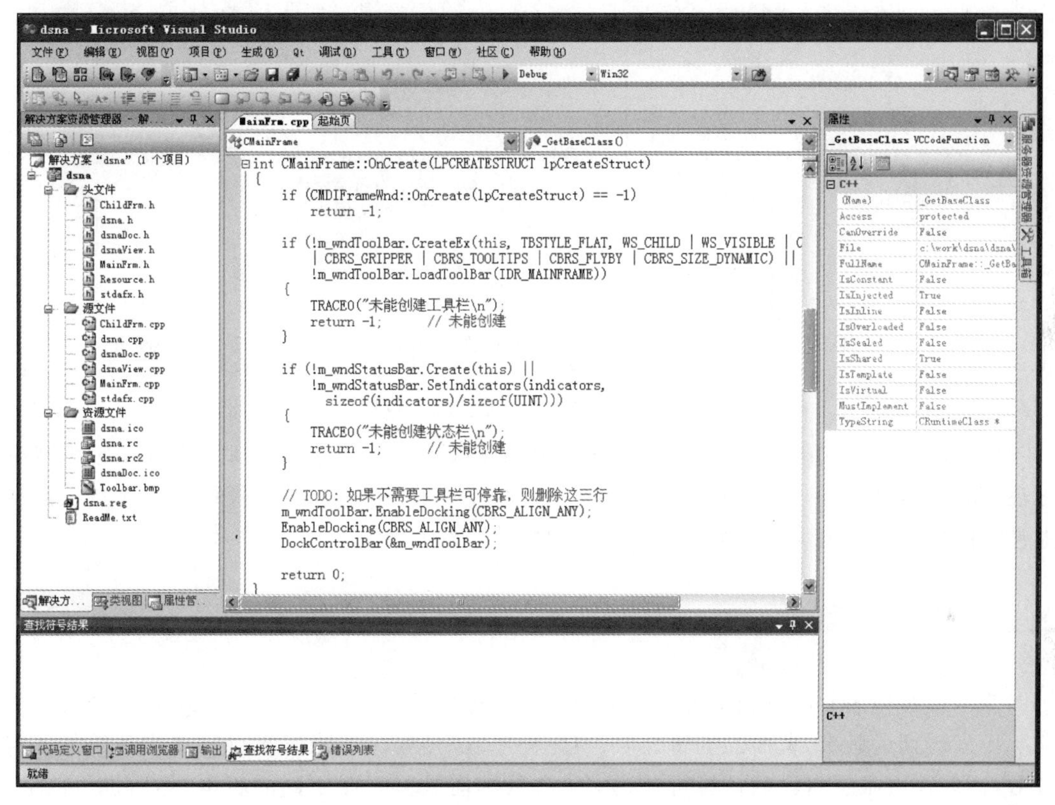

图 2.1 微软的 Visual Studio 集成开发环境界面

本书为了方便C语言跨平台编程的学习、开发工作，编者选择一个使用方便的集成开发环境平台。为了提供便利的学习条件，也为了将来在实际工作中能快速有效地沿袭使用这样的集成开发环境平台，编者经过筛选推荐使用芬兰 Digia 公司的 Qt Creator 跨平台集成开发环境(IDE)。这个 IDE 能够跨平台运行，支持的系统包括 UNIX(Linux)(32 位及 64 位)、macOS 以及 Windows。

Digia 公司的主打软件产品是 Qt 跨平台软件开发工具包，Qt Creator 是跨平台的 Qt 软件开发工具包中的一个产品，Qt Creator 1.0 的正式版于 2009 年发布。在 Qt 5.9.0 发布之前(不含)Qt Creator 与 Qt 开发工具包是单独发展的，之后 Qt Creator 随 Qt 开发工具包离线安装程序一起打包发布。到 Qt 5.15.0 版(包含)发布时,公司不再提供开源免费版本的离线安装程序,如果用户需要离线安装程序,只能联系公司购买商业版本。

1991 年,Trolltech 公司开发成功 Qt 软件开发工具包。2008 年,Trolltech 公司的 Qt 业务被诺基亚(NOKIA)收购。2009 年,Qt Creator 1.0 发布。2012 年,诺基亚公司将 Qt 业务出售给芬兰 Digia 公司。Qt 软件开发工具包有商业版本和开源免费版本,开源免费版本使用的是 GNU GPL(GNU General Public License,GNU 通用公共许可证)开源协议。图 2.2 所示的版权选择流程有助于增加对不同的开源协议的理解。

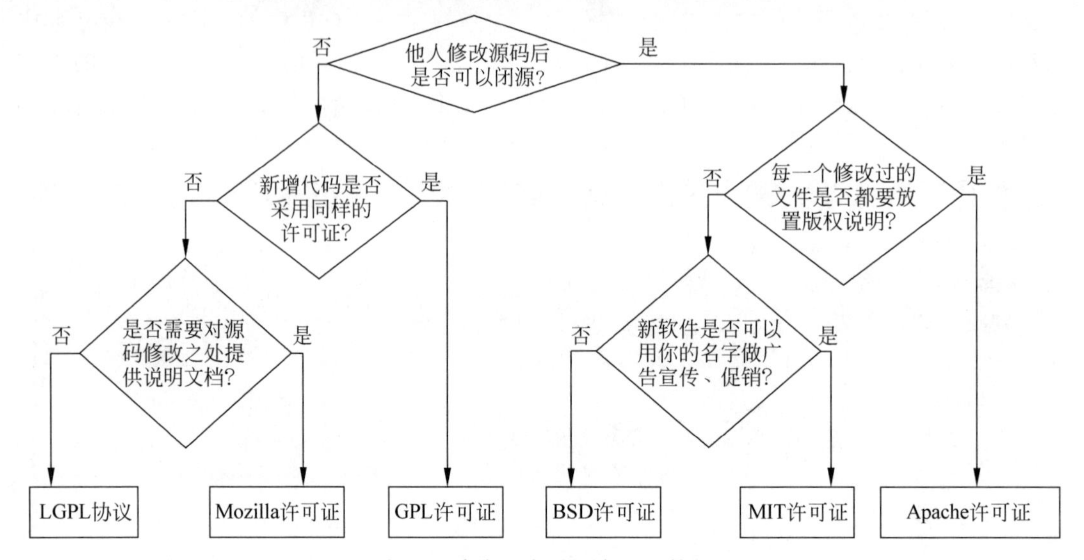

图 2.2 版权选择流程与开源协议

在学习中使用 Qt 软件开发工具包的开源免费版本是一个好的选择,在开发技术成熟之后,购买商业版本的 Qt 软件开发工具包(包含 Qt Creator 集成开发环境)编译自己的商业性质的应用软件无疑是一个性价比很好的软件开发方案。

2.3 软件下载

为了安装使用 Qt Creator 集成开发环境,首先需要到官方网站下载 Qt 软件开发工具包。不同时期的版本,里面的编辑程序、编译程序、链接程序对当时流行的操作系统的支持较好,因此需要根据自己的计算机系统配置参数和需求去下载不同的版本,然后进行安装。最新官方发布的版本最符合学习的要求,在本书写作时,最新的官方发布版本是 Qt 6.2.3 版本,因此可以选择下载、安装这个版本的 Qt 对应的 Qt Creator 版本。注意,Qt 版本号与里面的 Qt Creator 版号并不一定一样,只是现在做成一个软件发布包而已。从 Qt 5.15.0 版(包含此版本)发布时,官方网站不再提供开源免费版本的离线安装程序(Qt 5.9.0 到 Qt 5.14.2 有单独可运行的开源免费版本离线安装包),所以我们只能下载在线安装程序,然后在自己的计算机上运行这个在线安装程序进行安装。

2.3.1 手工选择下载

在线安装程序也分为 Windows 版本、Linux 版本、macOS 版本,可以选择在浏览器中输入下载地址，手工选择下载三种操作系统下的在线安装程序。打开 Windows 10 下的 Edge 浏览器(也可以用 Linux 下的 Firefox 浏览器)，在地址栏输入如下地址并按 Enter 键，会出现图 2.3 所示界面。

https://download.qt.io/official_releases/online_installers/

以 exe 为扩展名的文件是 Windows 环境下的在线安装程序，以 dmg 为扩展名的文件是 macOS 环境下的在线安装程序，以 run 为扩展名的文件是 Linux 环境下的在线安装程序。单击对应的程序即可开始下载。

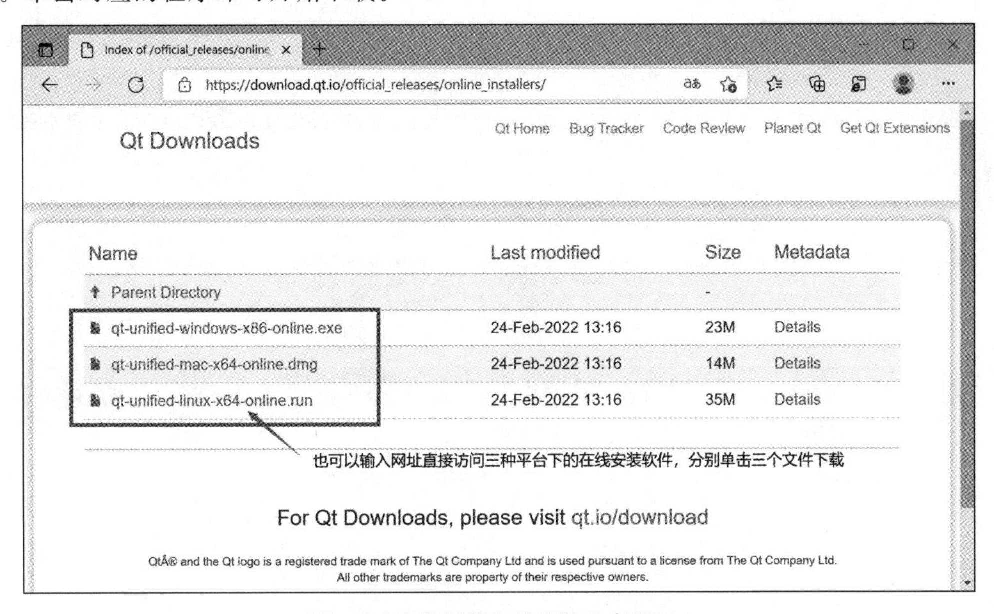

图 2.3 直接下载在线安装程序界面 1

在 Windows 10 操作系统下用 Edge 浏览器下载时，因为系统自带有 Windows Defender 防病毒系统，所以单击 Edge 浏览器“下载”按钮查看下载情况，Edge 浏览器可能会提示无法安全下载 qt-unified-windows-x86-4.3.0-online.exe 的提示信息。这时需要手动干预下载。将鼠标指针移动到“无法安全下载 qt-unified-windows-x86-4.3.0-online.exe”信息最后，出现“…”按钮，单击该按钮打开弹出的菜单，单击“保留”菜单，操作界面如图 2.4 所示。

这时 Edge 浏览器会继续出现“无法安全下载该软件”提示框 ，如图 2.5 所示。单击“仍然保留”按钮，然后会出现如图 2.6 所示的“下载”提示框，其中有“打开”和“另存为”按钮。

单击“打开”按钮会直接运行在线安装程序，开始安装 Qt 软件开发工具包(包含 Qt Creator 集成开发环境)。通常情况下会单击“另存为”按钮先把在线安装程序保存在自己的计算机上，这样可以在断网安装失败时，或者重装自己的计算机系统时不用再次下载就可以直接运行在线安装程序了。单击“另存为”按钮后界面如图 2.6 所示，在弹出的“另存为”对话框中选择保存的文件夹路径，然后单击“保存”按钮将在线安装程序保存在计算机对应的文件夹内。

2.3.2 系统自选下载

根据计算机操作系统的不同，网站会自动确认下载合适的在线安装程序。打开

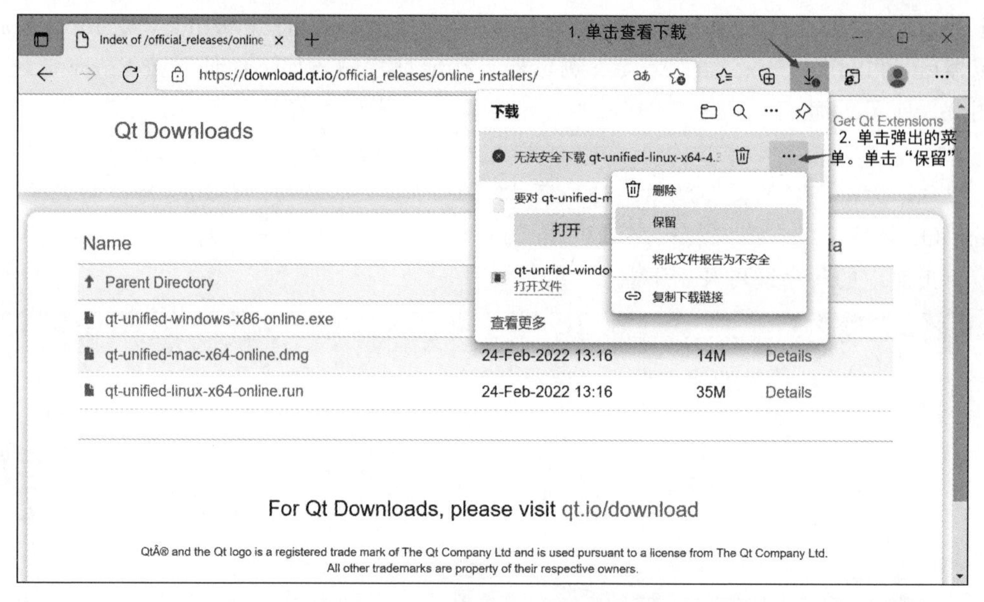

图 2.4　直接下载在线安装程序界面 2

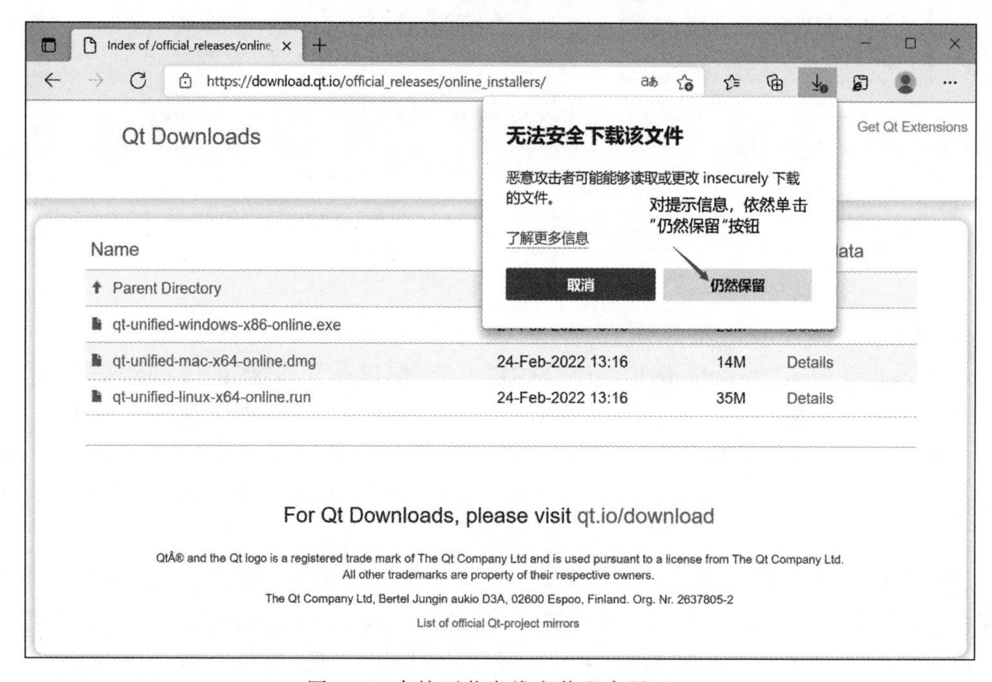

图 2.5　直接下载在线安装程序界面 3

Windows 10 下的 Edge 浏览器(也可以用 Linux 下的 Firefox 浏览器)，在地址栏输入如下地址。

https://www.qt.io/download

出现的网页界面如图 2.7 所示。可以看到界面中有很多选项，如 Buy Qt(购买 Qt)、Try Qt(试用 Qt)、Downloads for open source users(开源用户下载)等。Buy Qt(购买 Qt)是购买商业 Qt 许可版本软件。Try Qt(试用 Qt)选项表示可以选择商业试用版，有一定的试用期限。Downloads for open source users(开源用户下载)选项是我们需要的开源版。

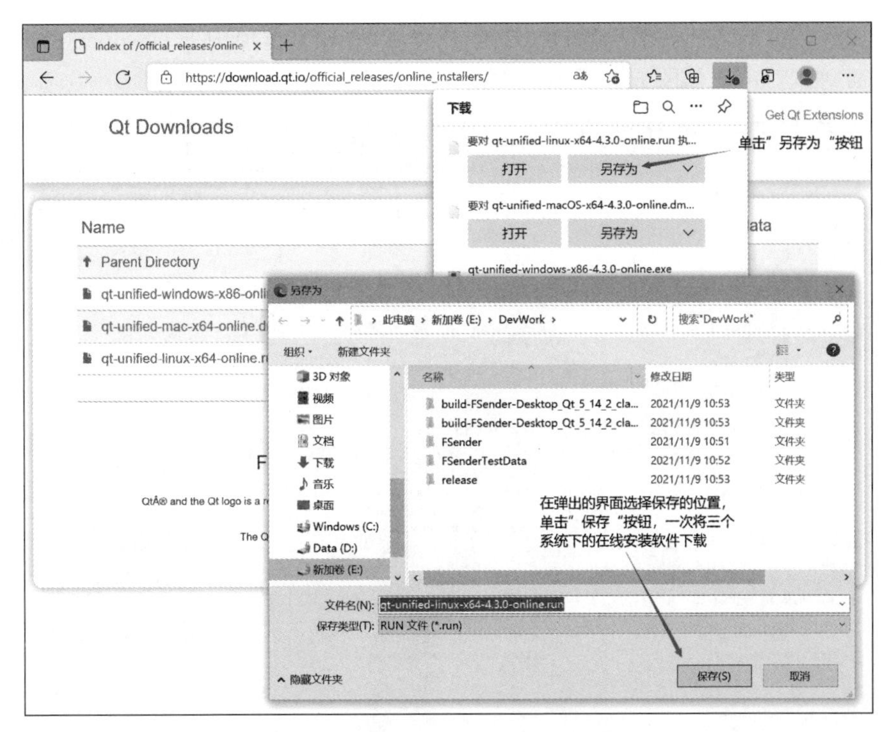

图 2.6　直接下载在线安装程序界面 4

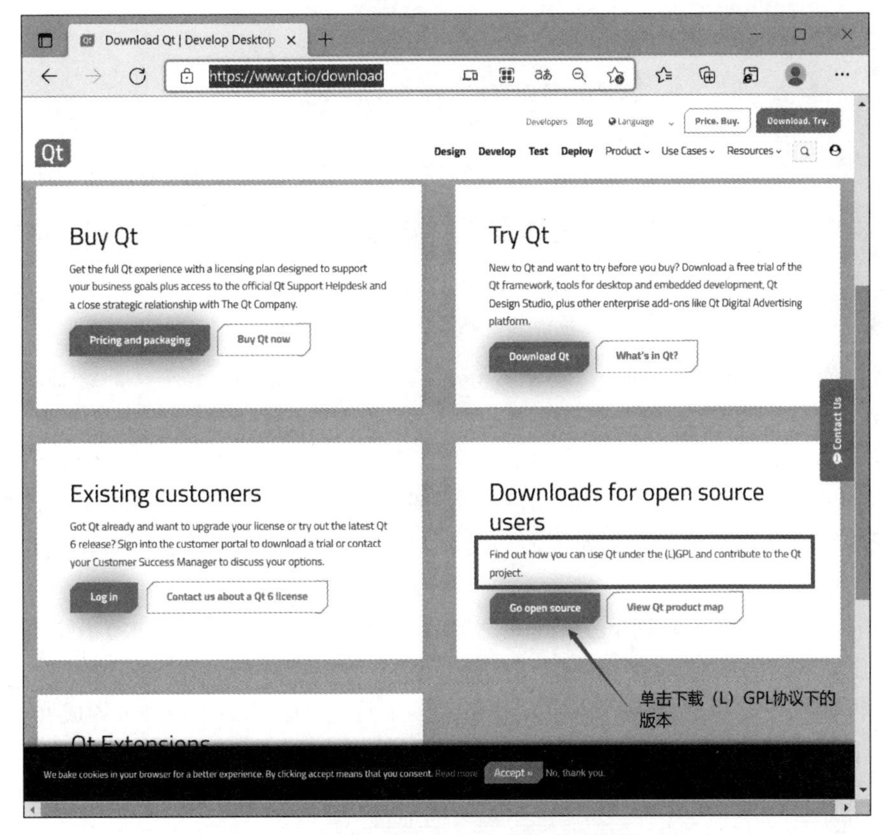

图 2.7　选择下载开源版在线安装程序界面

单击 Downloads for open source users(开源用户下载)选项中的 Go open source(跳转到开源页面)按钮,出现如图 2.8 所示的界面。

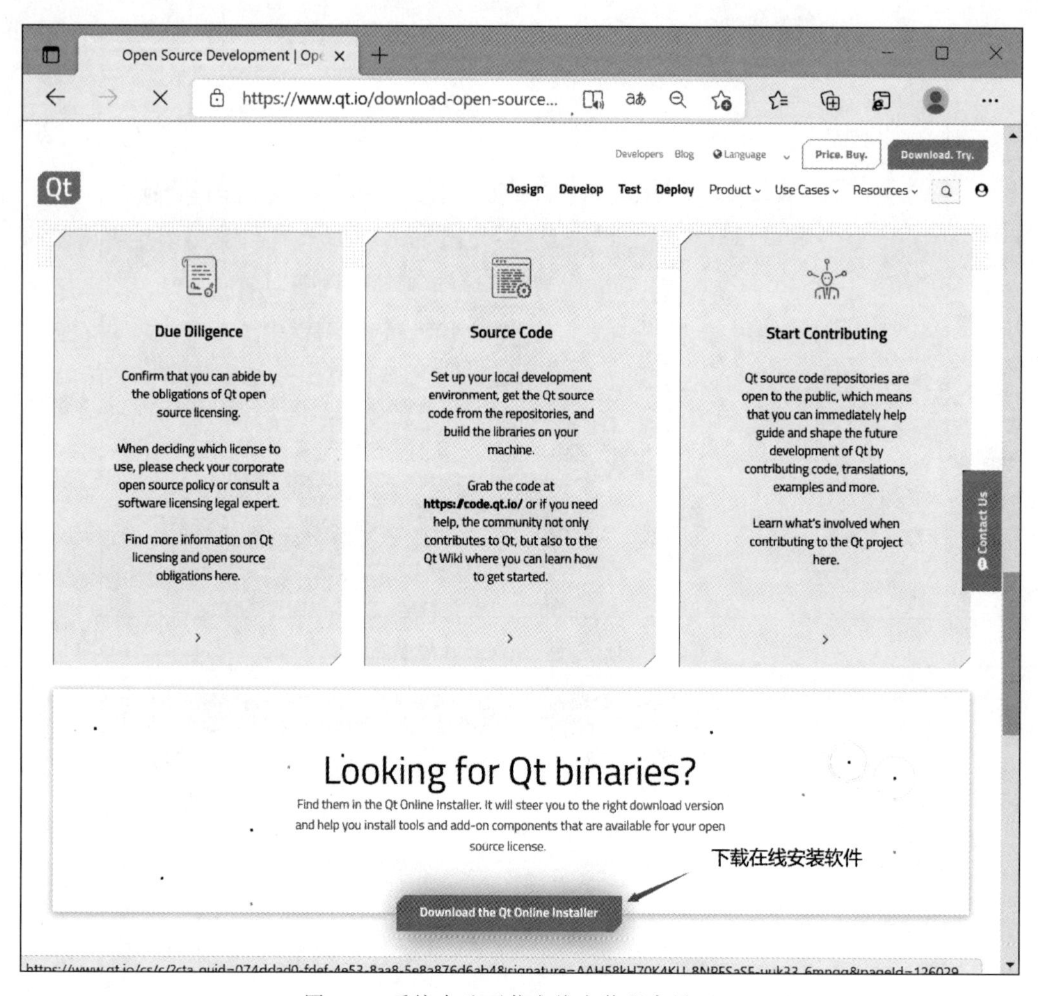

图 2.8 系统自选下载在线安装程序界面 1

在新页面中,向下滚动页面,出现 Download the Qt Online Installer(下载 Qt 在线安装程序)按钮,单击此按钮,出现如图 2.9 所示的界面。

在新页面中 Your Download(您的下载)信息框内,官方网站会根据联网端操作系统类型自动推断出在线安装程序的版本。信息框下部有 Download(下载)按钮,单击此按钮,浏览器会开始下载在线安装程序。新页面如图 2.10 所示,并有信息提示如果没有开始下载,单击 here(此处)字体。

在 Windows 10 操作系统下用 Edge 浏览器下载时,单击"下载"按钮查看下载情况时,会出现如图 2.11 所示的"下载"提示框,其中包含"打开"和"另存为"按钮。单击"打开"按钮会直接运行在线安装程序,开始安装 Qt 软件开发工具包(包含 Qt Creator 集成开发环境)。通常情况下会单击"另存为"按钮先把在线安装程序保存在自己的计算机上,这样可以在断网安装失败时,或者重装自己的计算机系统时不用再次下载就可以直接运行在线安装程序了。

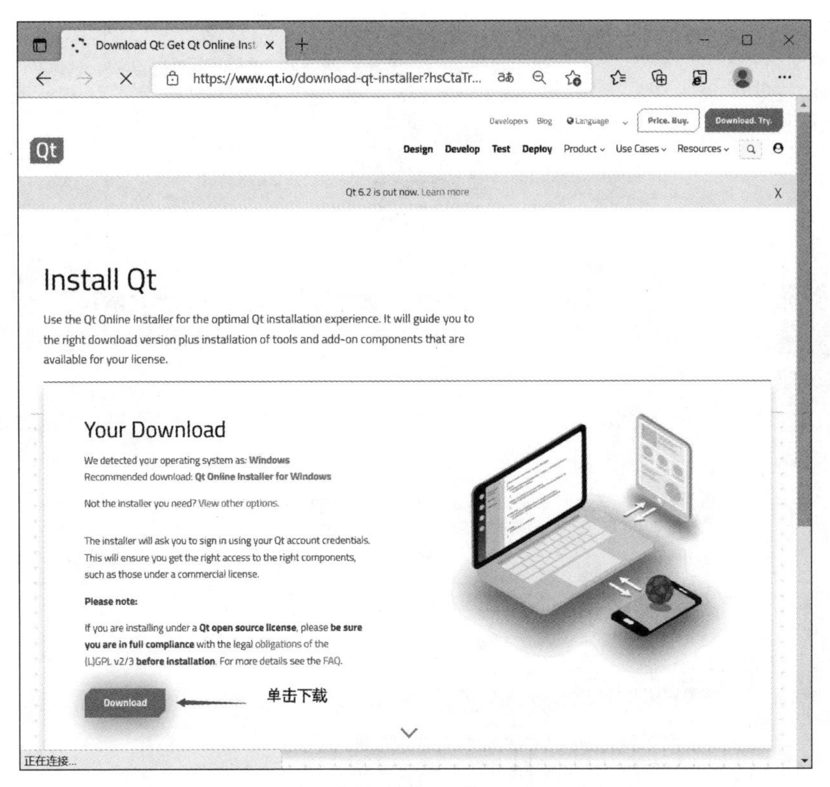

图 2.9　系统自选下载在线安装程序界面 2

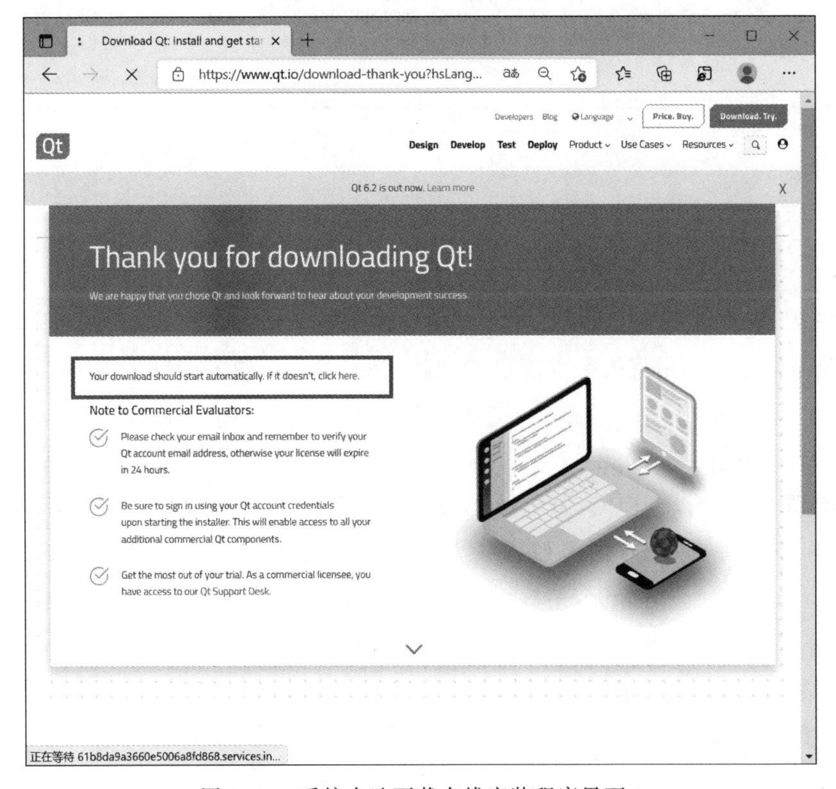

图 2.10　系统自选下载在线安装程序界面 3

图 2.11　系统自选下载在线安装程序界面 4

2.4　创建 Qt 账号

在线安装 Qt 软件开发工具包(包含 Qt Creator 集成开发环境)时会要求输入 Qt 账号，为了使安装方便、快捷，最好安装前就已经创建了 Qt 账号。打开 Windows 10 下的 Edge 浏览器(也可以用 Linux 下的 Firefox 浏览器)，在地址栏中输入如下地址并按 Enter 键。

https://login.qt.io/login

Edge 浏览器会进入创建 Qt Account(Qt 账号)界面，如图 2.12 所示。

单击 Creat Qt Account(创建 Qt 账号)绿色文字，进入 New Account(新建账号)界面。在图 2.13 所示的创建账号界面，根据提示输入邮箱地址作为账号名，输入两遍密码，并输入验证码，选择必选的 I accept the service terms.(我接受服务条款。)选项，然后单击 Creat Qt Account(创建 Qt 账号)按钮创建 Qt 账号。个人的账号信息最好记在个人纸质笔记本上，因为可能会重新安装新版本的 Qt 软件开发工具包(包含 Qt Creator 集成开发环境)，依然会要求输入个人的账号信息。

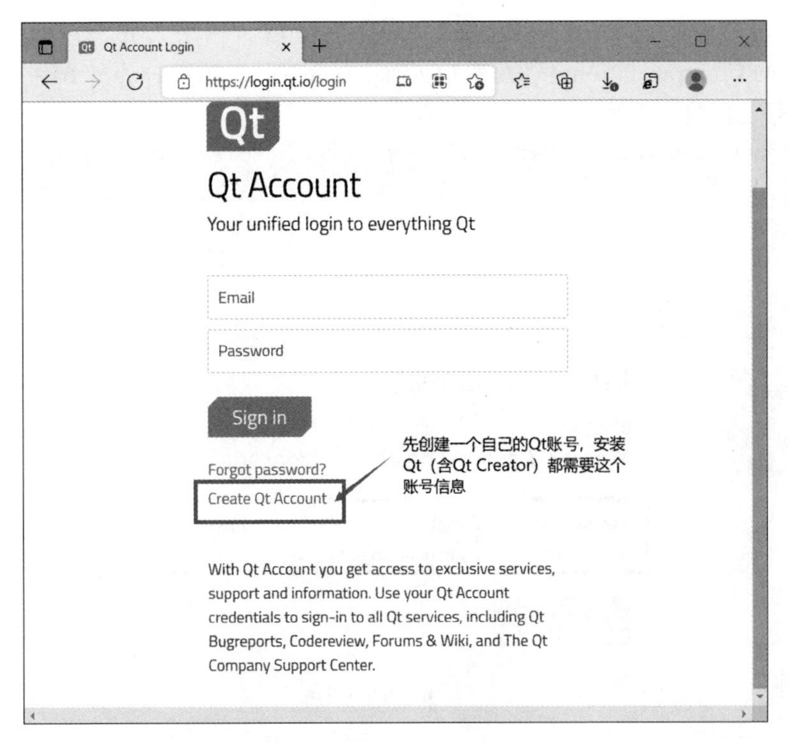

图 2.12　创建 Qt 账号界面

图 2.13　填写个人信息注册 Qt 账号

单击 Creat Qt Account(创建 Qt 账号)绿色文字后若网络无异常,很快就会出现如图 2.14 所示的 Congratulations! (祝贺!)界面,提示 Your Qt Account has been created.(您的 Qt 账号已创建。)信息。

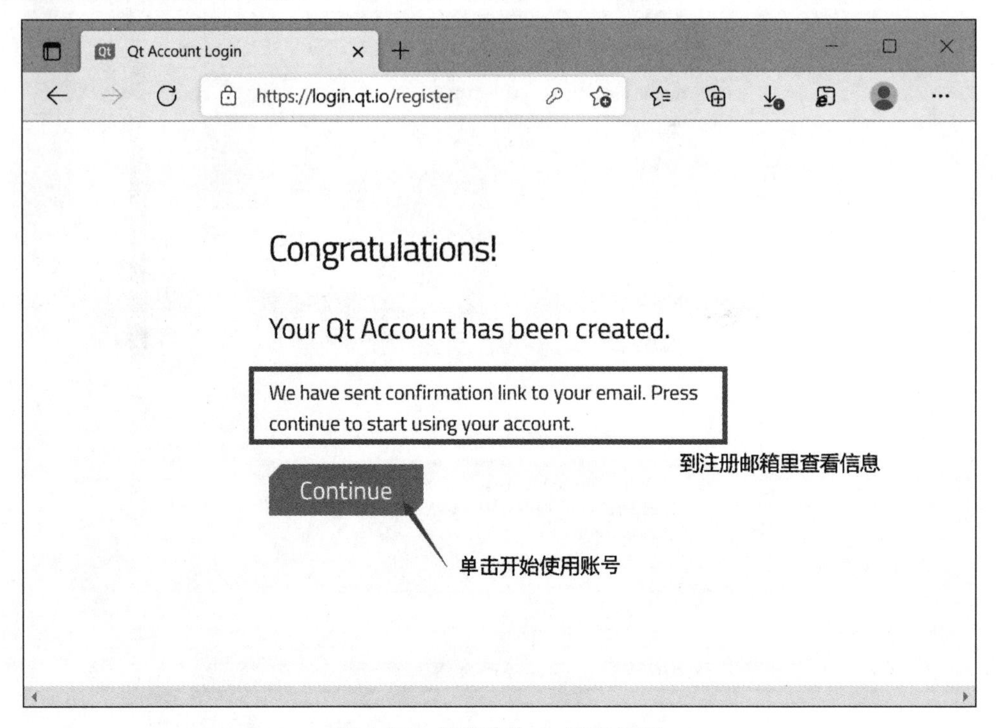

图 2.14 邮箱确认 Qt 账号界面

这时需要登录个人邮箱,确认账号。然后在图 2.14 所示的界面中单击 Continue(继续)按钮完成 Qt 账号创建。收到确认邮件可能会有一段延迟时间,需要耐心等待。

2.5 软件安装

Qt 开发工具包的在线安装程序在 Windows 10、CentOS 8.5(Linux)、macOS 10.15 三个系统中运行前需要做一些不同的准备工作。Windows 10 下双击.exe 文件可以直接运行。CentOS 8.5(Linux)下的.run 文件需要将文件属性修改为可运行程序,然后才能运行。macOS 10.15 下双击.dmg 文件后产生一个挂在桌面的虚拟磁盘,双击此虚拟磁盘将其打开,然后双击应用程序图标才能启动运行。下面几节内容有具体的安装过程指导。

2.5.1 安装准备

在线安装根据不同的操作系统平台大概需要 20～35GB 的可用磁盘空间,因此在开始安装前需要确保计算机的某个磁盘的可用空间在 40GB 以上。在线安装需要的时间较长,主要和选择的安装项目及计算机网络情况有关,大概需要 2.5 小时。

为了防止计算机在安装过程中出现休眠引发安装异常或中断,3 种不同的操作系统平台需要进行一些设置,然后再启动在线安装程序。下面针对 Windows 10、CentOS 8.5、macOS 10.15 分别叙述设置和启动安装程序过程。

1. Windows 10 系统设置与在线安装程序启动

在 Windows 10 系统下按照图 2.15 所示页面进行操作。单击屏幕左下角的“开始”按钮,在向上弹出的菜单条中单击“设置”菜单,在弹出的“Windows 设置”窗口中单击“系统”选项,弹出系统“设置”窗口。

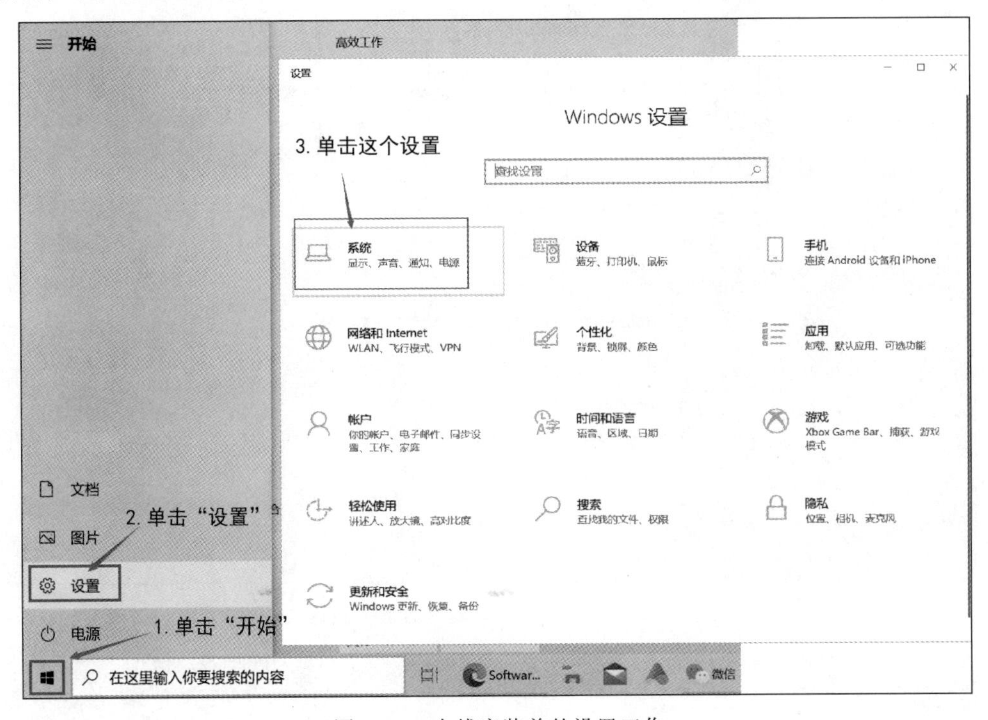

图 2.15　在线安装前的设置工作

系统“设置”窗口如图 2.16 所示,在左侧的项目里找到“电源和睡眠”选项,单击后在“设置”窗口右侧会出现“电源和睡眠”页面,将 4 项全部设置成“从不”。最后单击页面右上角的“×”按钮关闭页面,完成设置。

在 Windows 10 计算机系统里面找到“2.3 软件下载”下载的在线安装程序(本书编写时下载的是 qt-unified-windows-x86-4.3.0-online.exe),双击该程序运行,如图 2.17 所示。

2. CentOS 8.5 系统设置与在线安装程序启动

在 CentOS 8.5 系统下这种设置操作如图 2.18 所示。单击操作系统左上角的“应用程序”按钮,在向下弹出的菜单条中单击“系统工具”菜单,然后继续单击“设置”子菜单,在弹出的“设置”窗口中单击“电源”选项,在“节电”选项组中按图 2.18 所示的第 5 步进行设置。最后单击页面右上角的“×”按钮关闭页面,完成设置。

在 CentOS 8.5 系统里启动在线安装程序还要另外一些操作。首先用 root 账号(系统管理员账号)登录系统,然后启动命令行终端,进入下载的 qt-unified-linux-x64-4.3.0-online.run 文件所在的目录,先修改在线安装程序属性为可执行文件,然后运行在线安装程序,两条命令如下所示,此操作在 CentOS 8.5 系统终端命令行窗口截图如图 2.19 所示。

```
chmod a+x qt-unified-linux-x64-4.3.0-online.run
./qt-unified-linux-x64-4.3.0-online.run
```

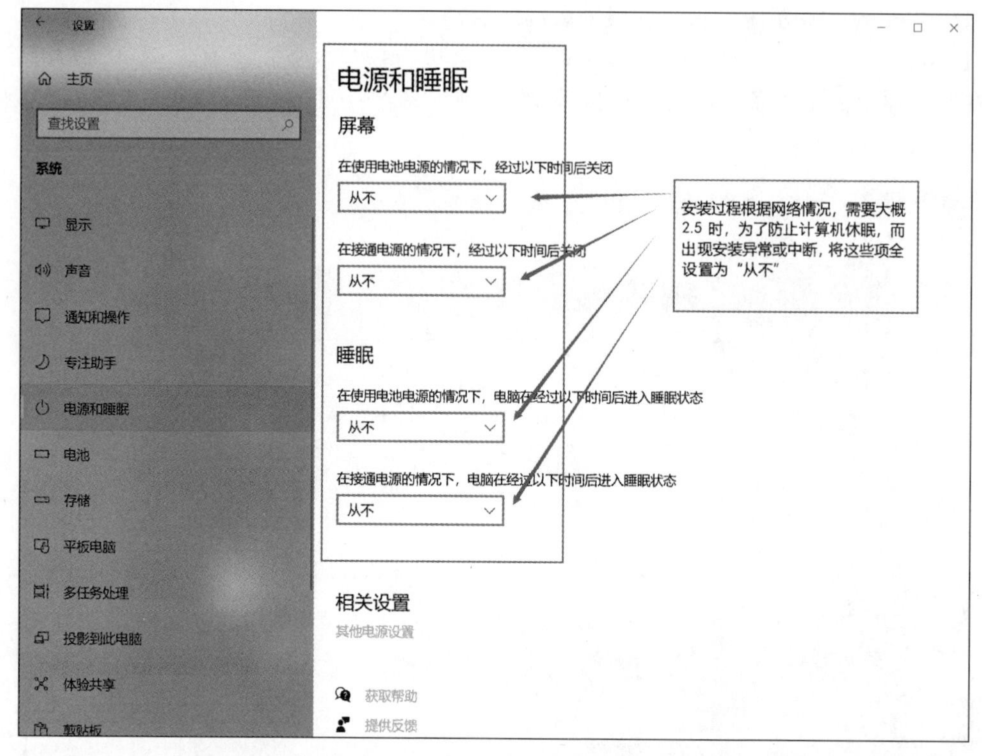

图 2.16　Windows 10 在线安装前的电源和睡眠设置

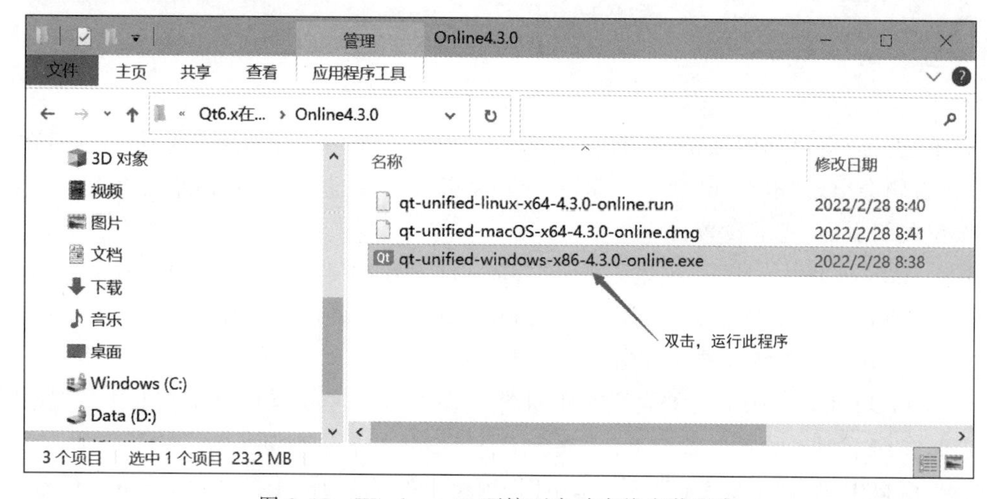

图 2.17　Windows 10 环境下启动在线安装程序

3. macOS 10.15 系统设置与在线安装程序启动

在 macOS 10.15 系统下这种设置操作如图 2.20 所示。单击桌面下部"程序坞"中的"启动台"里的"系统偏好设置"齿轮状按钮，在弹出的"系统偏好设置"窗口中单击"节能"灯泡状图标，在弹出的"节能"窗口中按照图 2.20 中的第 3 步进行设置，让计算机永不睡眠。最后单击窗口左上角的"×"按钮关闭窗口，完成设置。

在 macOS 10.15 系统里双击 qt-unified-macOS-x64-4.3.0-online.dmg 文件图标(dmg 文件是苹果系统的磁盘映像文件)，双击后默认挂载到桌面，界面截图如图 2.21 所示。

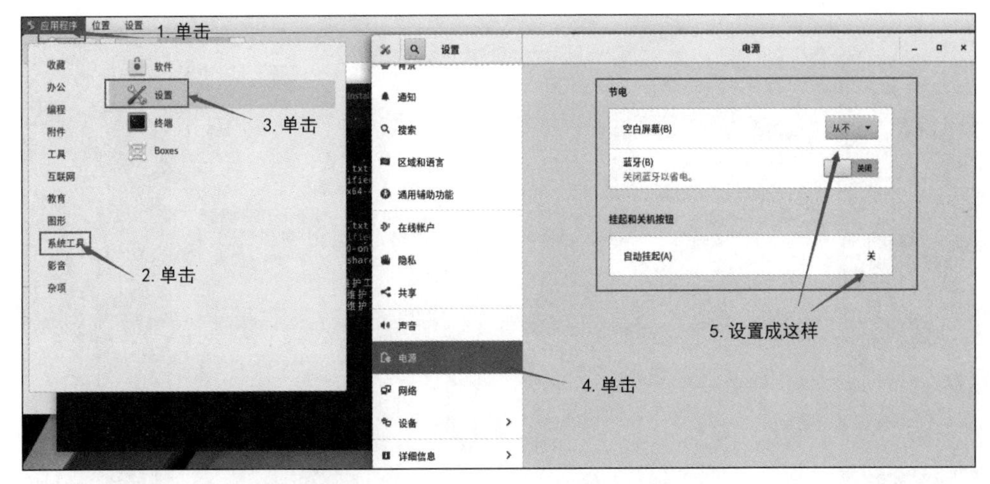

图 2.18 CentOS 8.5 在线安装前的电源和节电设置

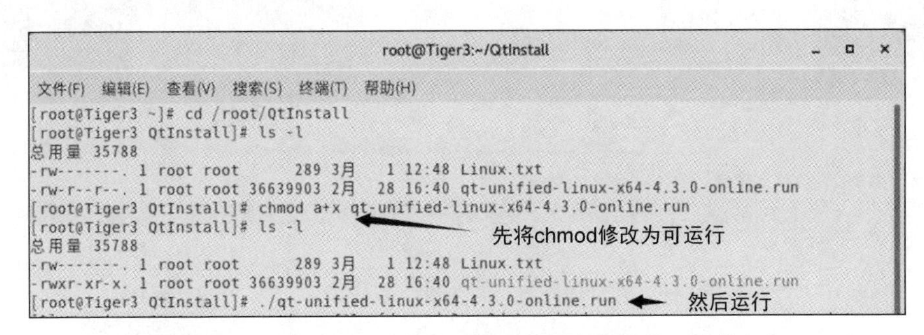

图 2.19 CentOS 8.5 下修改在线安装程序属性并运行的命令

在图 2.21 中，右击 qt-unified-macOS-x64-4.3.0-online 文件图标弹出右键菜单，选择“打开”菜单命令，即可运行在线安装程序。

在图 2.21 中，右击 qt-unified-macOS-x64-4.3.0-online 文件图标弹出右键菜单，选择“显示包内容”菜单命令，可以看到一个 Contents 文件夹，双击 Contents 文件夹可以打开文件夹查看内容，如图 2.22 所示。Contents 文件夹内包含很多程序运行所必需的代码和资源文件。macOS 10.15 系统里 GUI(图形用户界面)应用程序通常都以 Bundle 的形式发布，Bundle 本质上就是一个有组织结构的文件夹。

2.5.2 在线安装

Windows 10 系统、CentOS 8.5 系统、macOS 10.15 系统经过上面的设置后，在线安装程序也已经启动运行，可以开始安装集成开发环境了。在线安装程序界面左侧是安装步骤，下面的安装过程以 Windows 10 系统为主，CentOS 8.5 系统和 macOS 10.15 系统安装过程与 Windows 10 系统不同的地方将分别在相应的步骤列出。

1. 欢迎

“欢迎”步骤是在线安装程序运行起来的第 1 个安装步骤，如图 2.23 所示。安装软件会按照窗口界面左侧的步骤依次从上到下进行每一步操作，首先在登录 Qt 账号界面，读者需要将“2.4 创建 Qt 账号”里自己创建的 Qt 账号信息填入，然后单击“下一步”按钮继续安装过程。这时在线安装程序会插入“开源义务”子步骤。

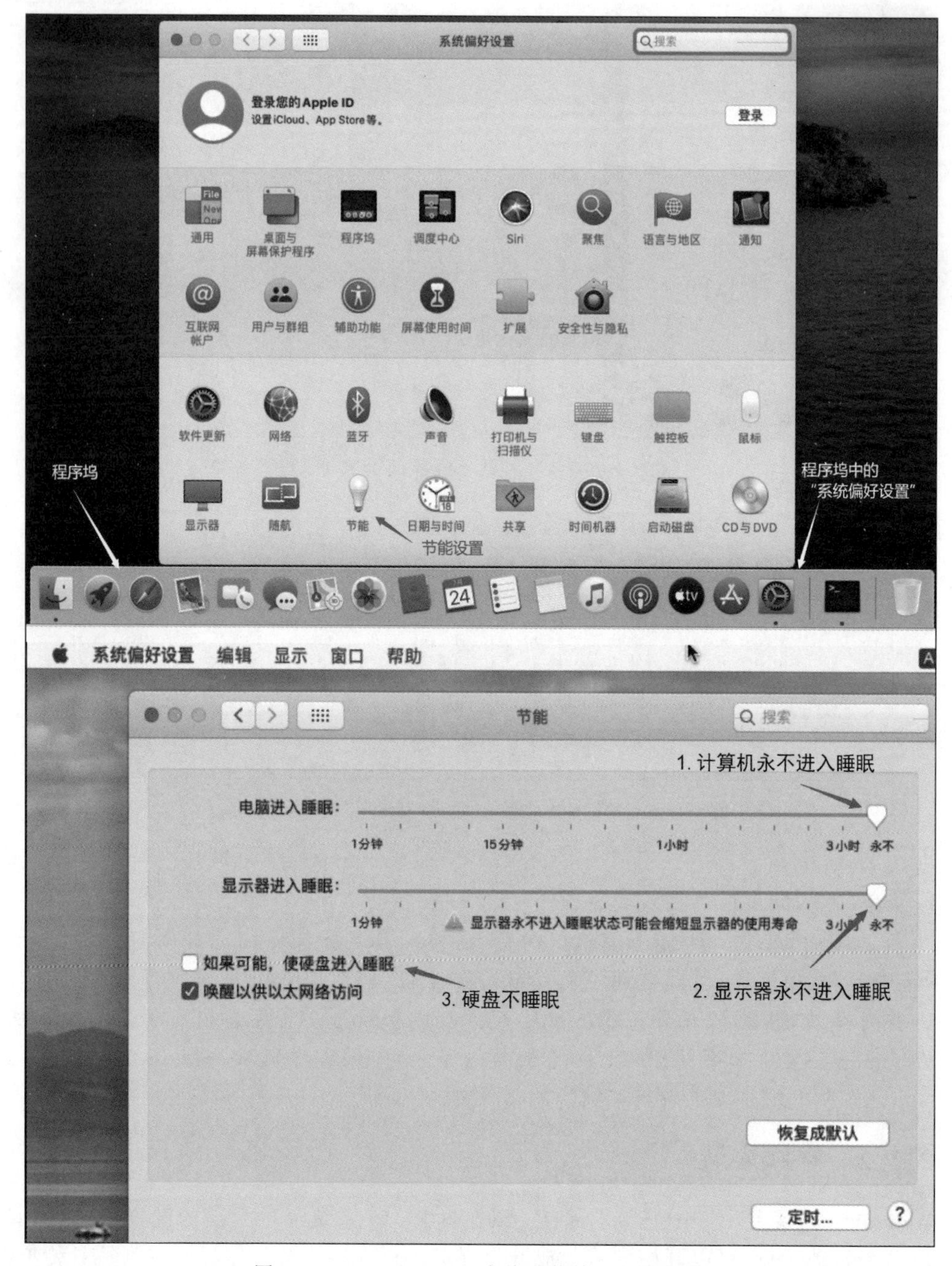

图 2.20 macOS 10.15 在线安装前的节能设置

在"开源义务"子步骤，需要了解许可协议内容，并选择"我已阅读并同意使用开源 Qt 的条款和条件"选项(必选项)和"我是个人用户，我不为任何公司使用 Qt"选项，如图 2.24 所示。其中"我是个人用户，我不为任何公司使用 Qt"选项是比较好的选择，因为不用填写上面的公司/或企业名称信息了，单击"下一步"按钮进入"安装程序-Qt"步骤。

2. 安装程序-Qt

进入"安装程序-Qt"步骤后，在线安装程序开始远程检索信息，这个过程很快，界面如

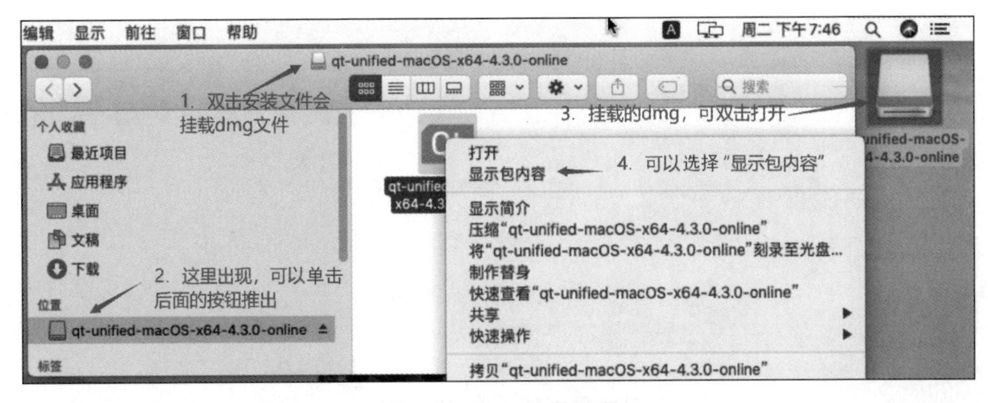

图 2.21 dmg 文件挂载

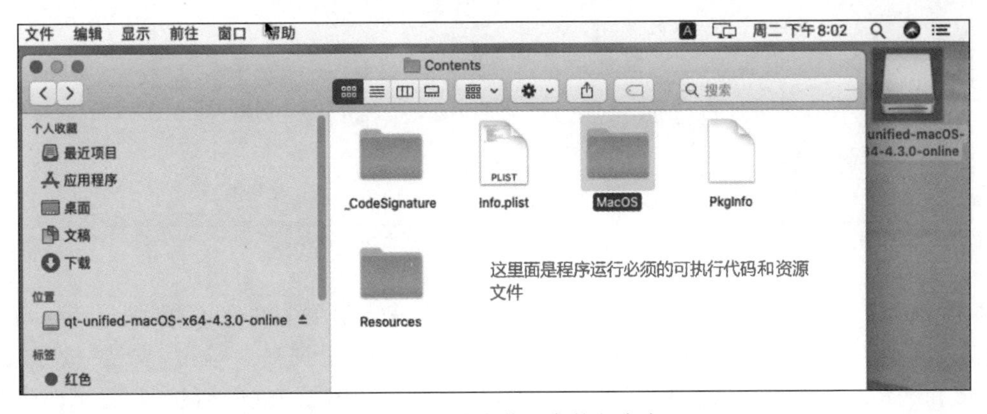

图 2.22 在线安装程序的包内容

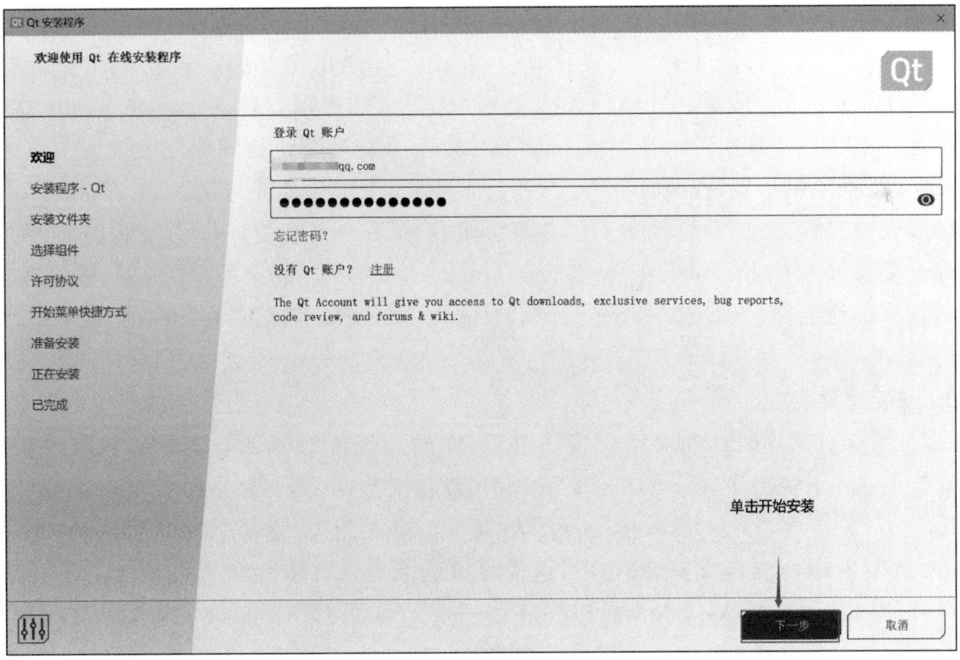

图 2.23 登录 Qt 账号

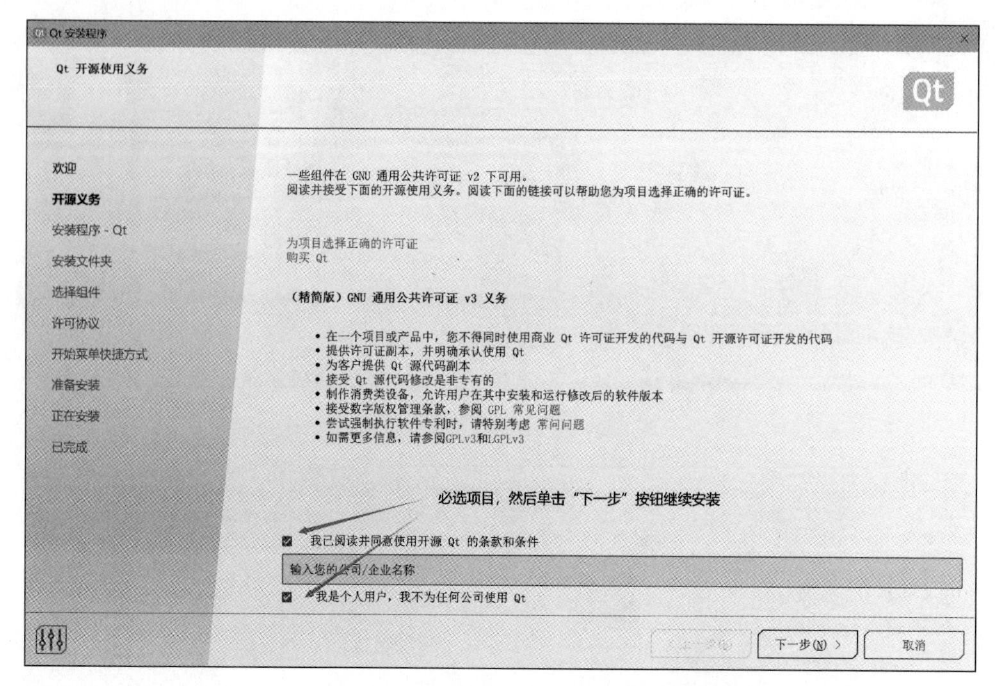

图 2.24　开源义务步骤页面

图 2.25 所示。在 macOS 10.15 系统环境下这一步如果没有安装 Xcode 和 Xcode 命令行工具，在线安装程序会弹出安装提示框，如图 2.26(a)所示，根据提示单击"安装"按钮安装 Xcode 和 Xcode 命令行工具。接着在线安装程序会弹出如图 2.26(b)所示的"许可协议"对话框，单击"许可协议"对话框中的"同意"按钮，在线安装程序会自动下载并安装 Xcode 和 Xcode 命令行工具。

Xcode 和 Xcode 命令行工具安装完成后，在提示框内单击"完成"按钮关闭提示框，如图 2.27(a)所示。之后安装程序返回如图 2.27(b)所示的提示安装 Xcode 和 Xcode 命令行工具信息界面，单击"确定"按钮，完成 macOS 10.15 系统环境特殊的软件安装工作。

在"安装程序-Qt"步骤检索信息完成后，"下一步"按钮会变成可用状态，单击"下一步"按钮继续安装过程。在"安装程序-Qt"步骤后面，3 种平台又恢复一样的安装界面，在线安装程序会动态插入 Contribute to Qt Development(给 Qt 开发做贡献)子步骤，按照图 2.28 所示的操作进行选择，给 Qt Creator 开源软件做一些贡献。然后单击"下一步"按钮，继续安装过程。

3. 安装文件夹

在"安装文件夹"步骤，需要确定安装位置，界面如图 2.29 所示。Windows 10 系统环境默认安装在 C:\Qt 路径下，CentOS 8.5 系统环境默认安装在/opt/Qt 路径下，macOS 10.15 系统环境默认安装在/User/username/Qt 路径下，按照默认路径安装即可。其后选择 Custom installation(自定义安装)选项，这样可以灵活的选择安装项，后面会详细说明各个安装部件的内容。选择 Associate common file types with Qt Creator.(将常见文件类型与 Qt Creator 关联。)选项，这样可以将常见文件类型与 Qt Creator 相关联，好处很多，但是 macOS 10.15 系统上没有此选项。然后单击"下一步"按钮，继续安装。

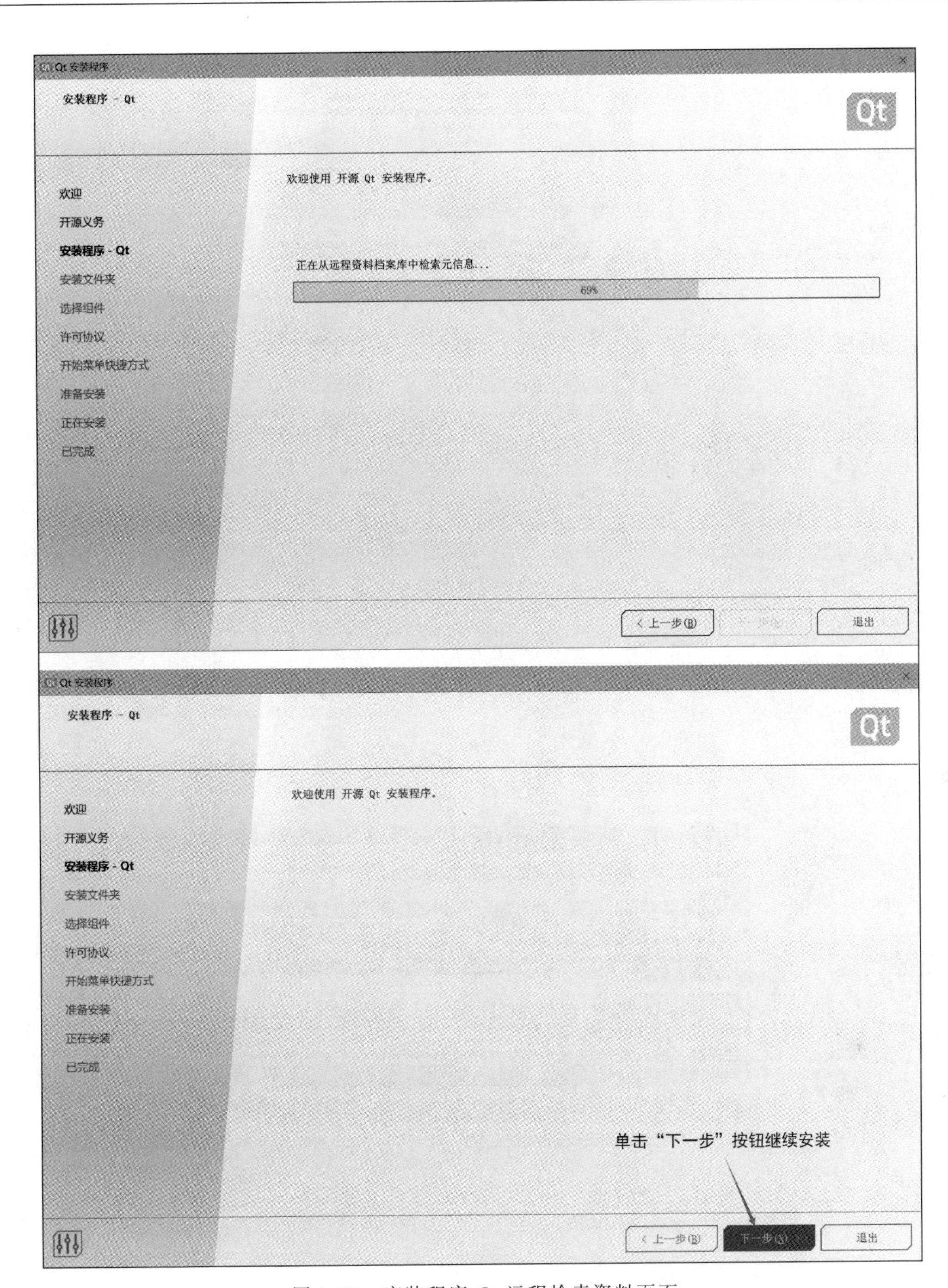

图 2.25 安装程序-Qt 远程检索资料页面

4. 选择组件

在进入“选择组件”步骤后，需要选择用户定制安装的组件，第一组页面如图 2.30 所示。选择 Preview（预览）选项，这是最新软件的预览版选项，可以安装试用这些软件。Additional libraries（其他库文件）选项全选，这是 Qt 附加库，当前学 C 语言程序设计用不上，但是如果自学 Qt 跨平台图形化窗口软件的开发，就是必不可少的了。然后向下滚动页面，可以继续选择其他组件。

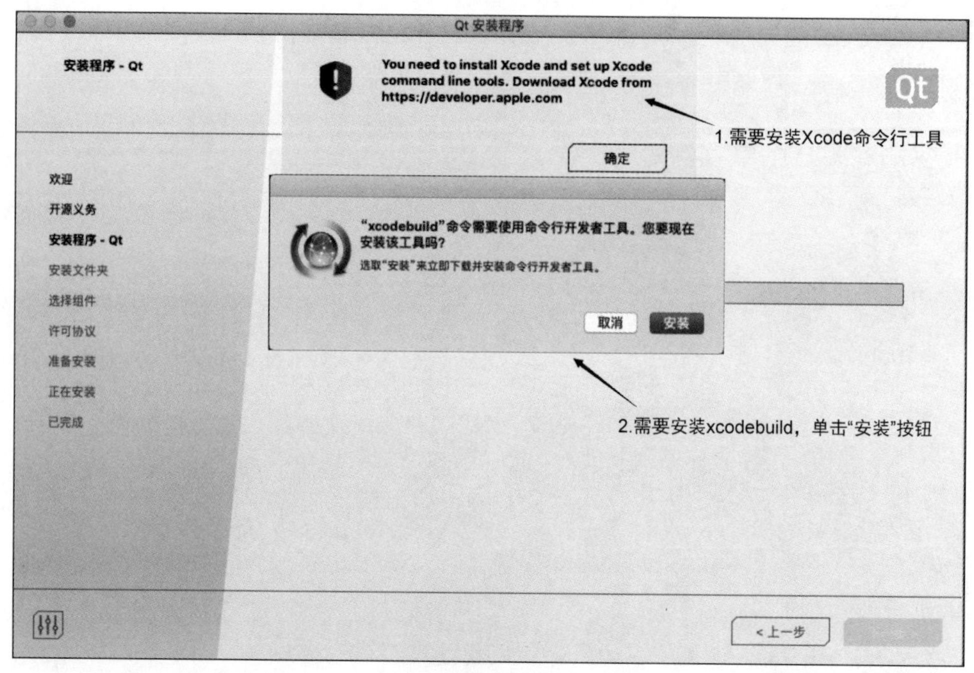

(a) 安装提示框

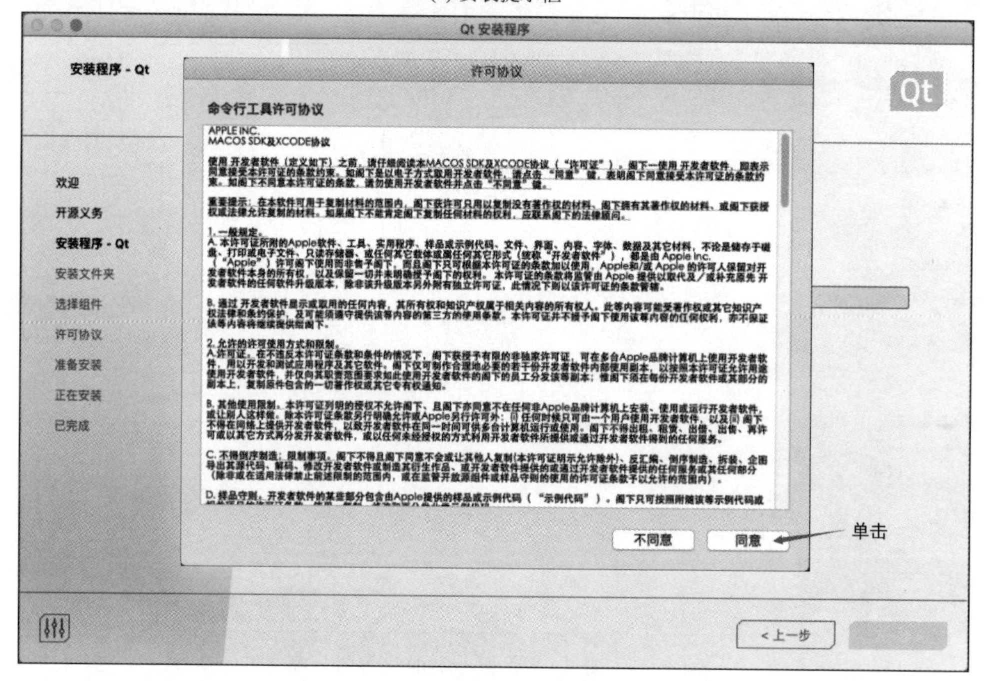

(b) “许可协议”对话框

图 2.26 macOS 10.15 安装 Xcode 和 Xcode 命令行工具及许可协议

在“安装组件”界面滚动后的第二组页面如图 2.31 所示，Qt 选项中的组件是开发 Qt 跨平台图形化窗口软件的必备组件，选择最新的稳定版本 Qt 6.2.3 即可，最新的 Qt 6.3.0-beta2 版本还不够稳定，下面的其他版本都是以前比较旧的版本，如 Qt 5.15.2 等，这些都不要选。然后继续向下滚动到下一组组件，操作界面如图 2.31 和图 2.32 所示。

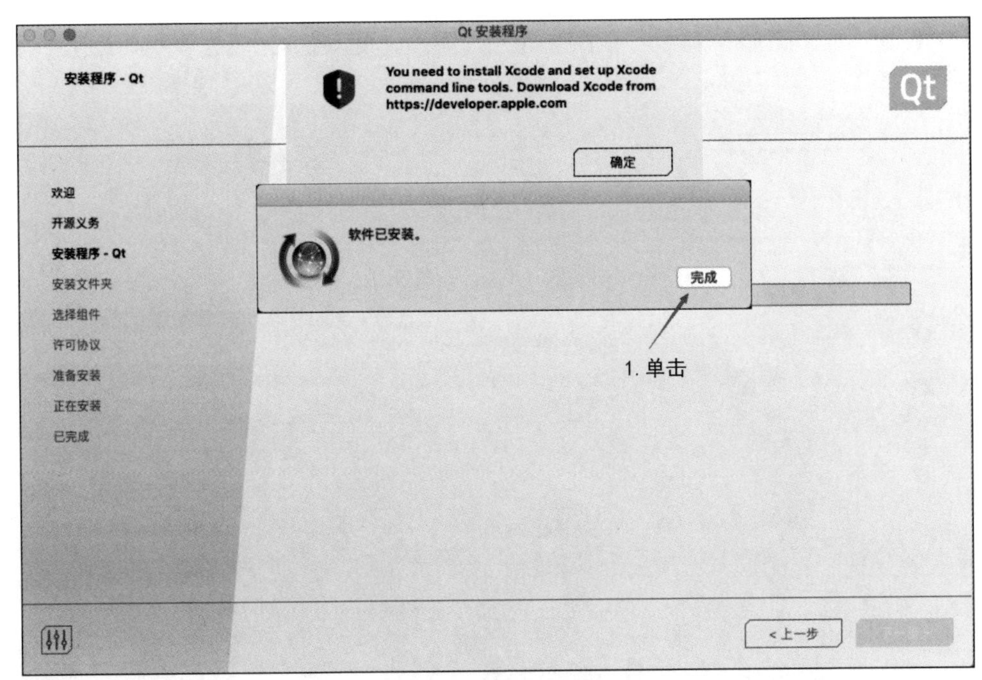

(a) 单击“完成”按钮

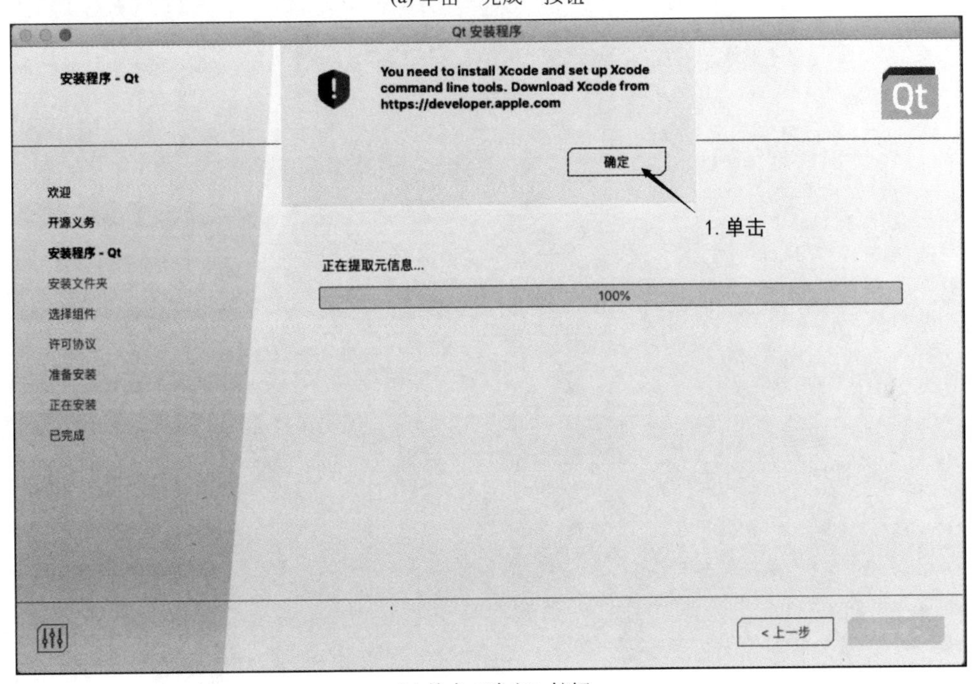

(b) 单击“确定”按钮

图 2.27 macOS 10.15 Xcode 命令行工具安装

在安装组件滚动后的第三组页面如图 2.33 所示，Developer and Designer Tools（开发人员和设计师工具）组件也是程序员和设计人员的必备组件，其中的 MinGW 11.2.0 64-bit 组件是 C/C++语言编译程序、链接程序等工具软件。MinGW 的全称是 Minimalist GNU on Windows，它实际上是经典的开源 C 语言编译程序 gcc 的 Windows 版本。按照图 2.33

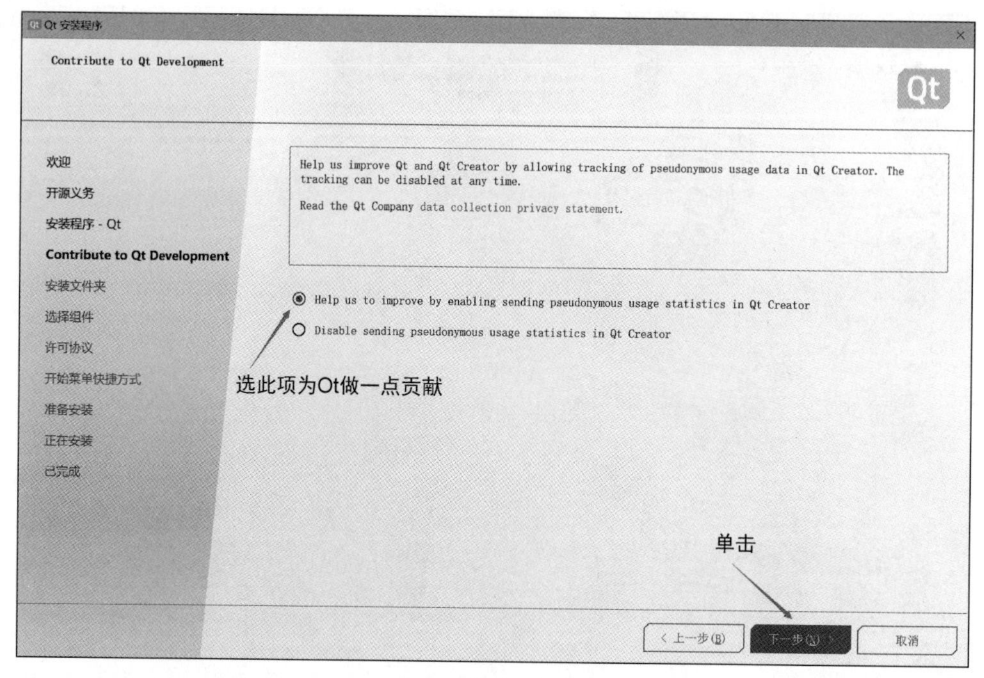

图 2.28 “给 Qt 开发做贡献”界面

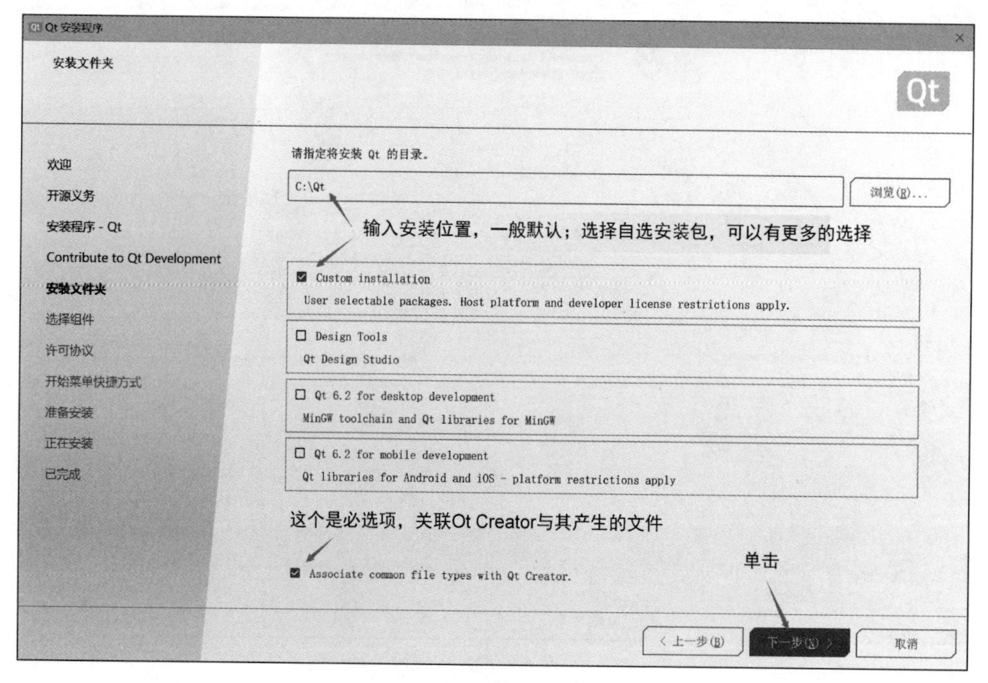

图 2.29 “安装文件夹”界面

所示进行选择，然后继续向下滚动到下一组组件选择页面。

滚动后组件选择页面如图 2.34 所示。Qt Installer Framework 4.3 是 Qt 官方的安装包制作框架软件，开发完成的 Qt 应用软件可以用此软件打包发布，开发的应用软件通常会用到其他动态库或临时加载的部件，为了保证开发的软件脱离开发环境以后还能正常运行，

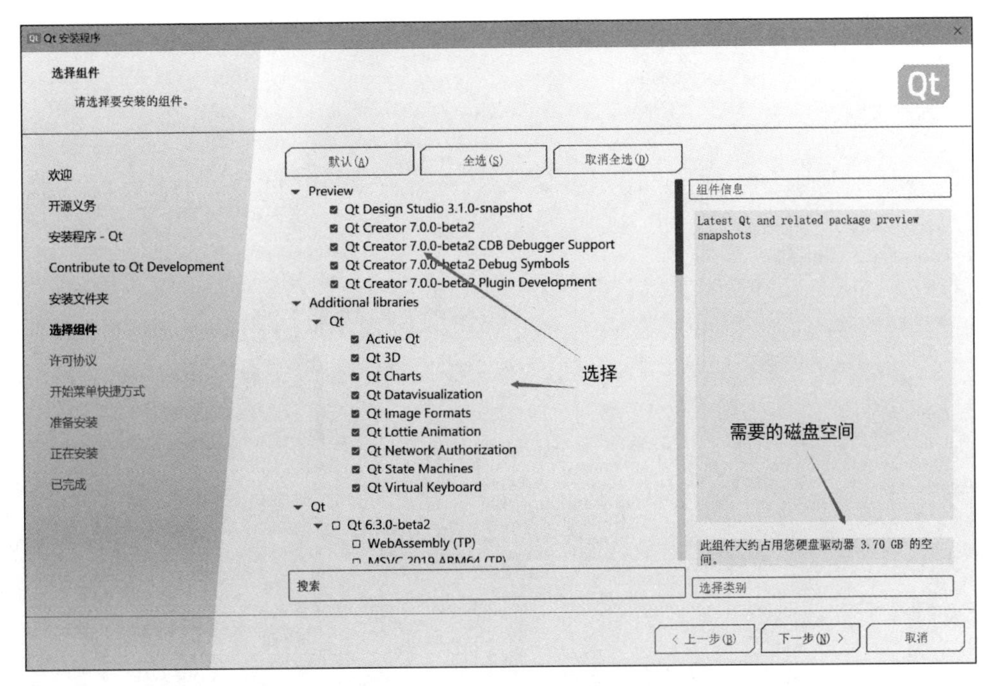

图 2.30 “选择组件”界面

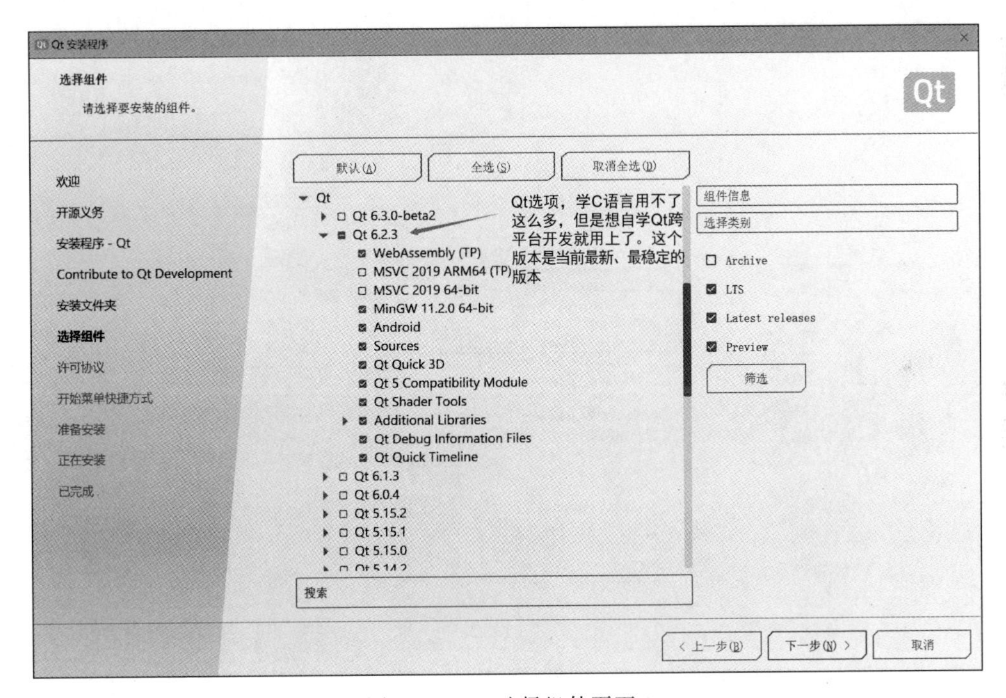

图 2.31 Qt 选择组件页面 1

那么安装上这个工具软件。

CMake 3.21.1 64-bit 组件是一组跨平台的允许构建、测试和打包应用程序的项目管理工具软件，它可以用简单的语句来描述几乎所有平台的编译过程。CMake 能够输出各种各样的 makefile 或者 project 文件，能测试编译程序所支持的 C++ 特性。CMake 项目由用

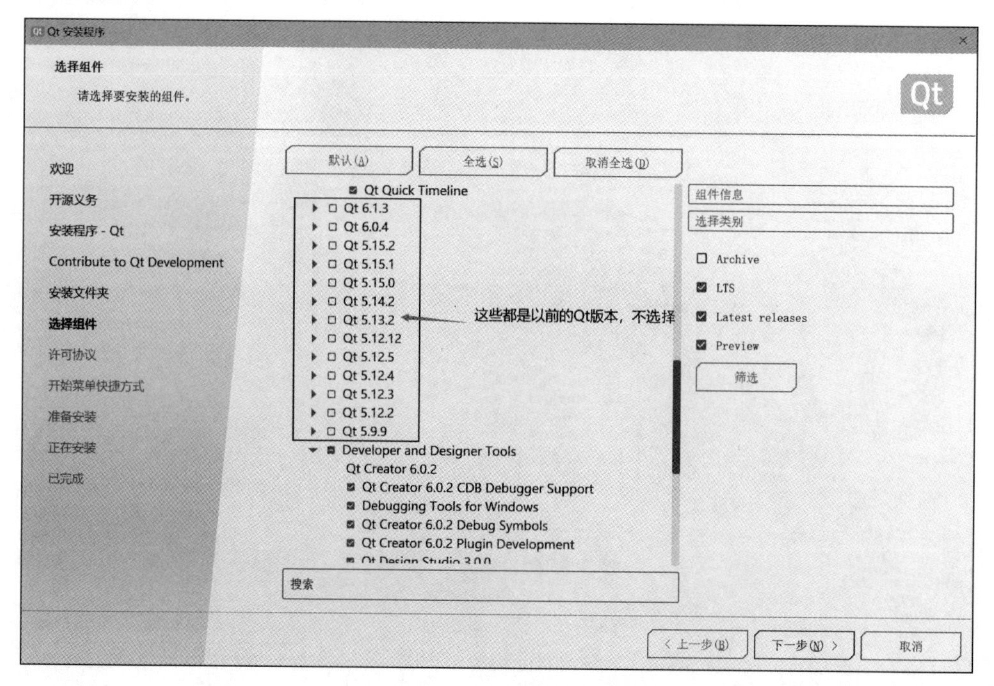

图 2.32 Qt 选择组件页面 2

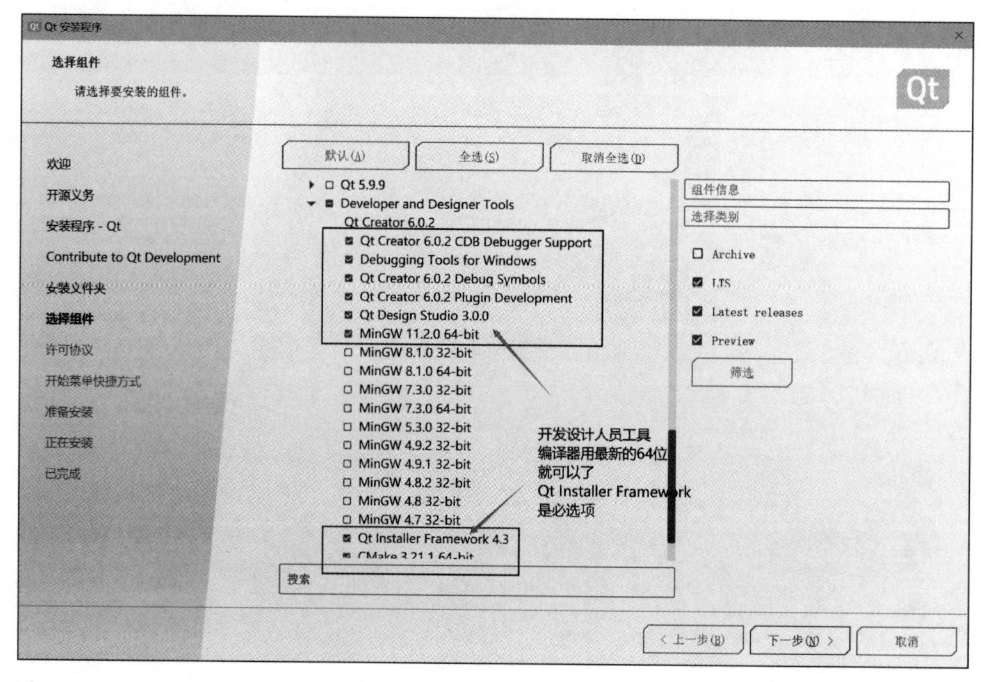

图 2.33 Qt 选择组件页面 3

CMake 语言编写的文件定义，主文件称为 CMakeLists.txt，通常与实际程序源代码放在同一目录中。

就像 Qt 的 qmake 一样，CMake 适用于所有主要的开发平台，受到各种集成开发环境的支持，包括 Qt Creator。

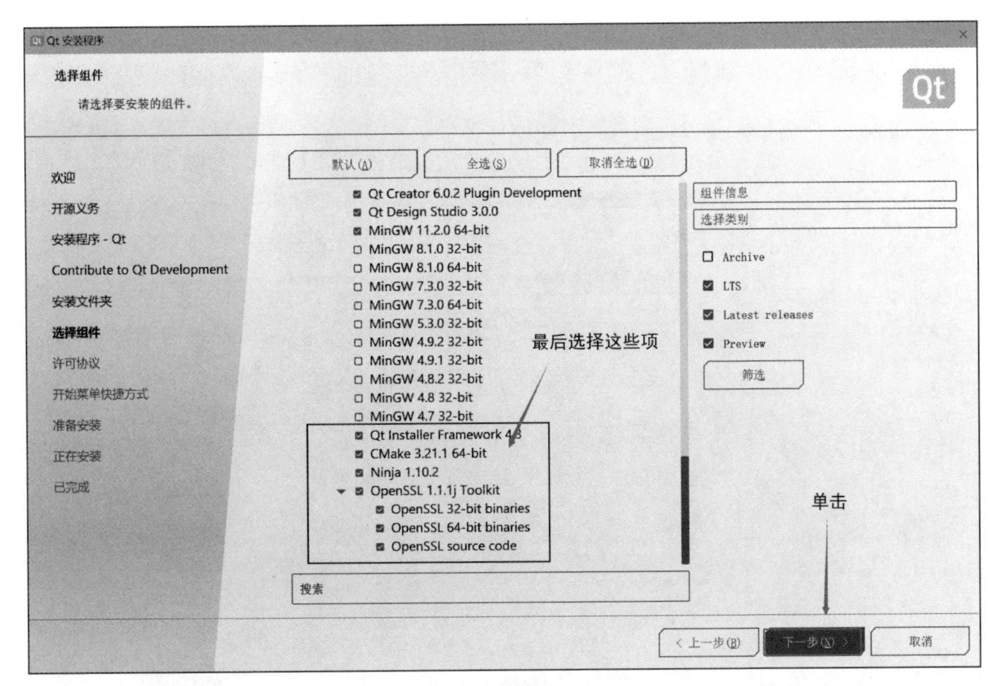

图 2.34 Qt 选择组件页面 4

Ninja 1.10.2 组件是 Google 程序员在开发 Chrome 浏览器的时候因为忍受不了 Makefile 的速度，自己重新开发出来的一套新的控制编译的工具软件，起名为 Ninja。Ninja 相对于 Makefile 这套工具来说，它更注重于编译速度。

OpenSSL 1.1.1j Toolkit 这一组安装组件可选可不选，它是一个开放源代码的软件库包，应用程序可以使用这个包来进行安全通信，避免被窃听，同时确认另一端连接者的身份。这个组件广泛地应用在互联网的网页服务器上。读者有兴趣可以选择它研究一下。到此我们已经选择确认了要安装的组件，然后单击“下一步”按钮继续安装过程，安装程序会进入“许可协议”安装步骤。

5. 许可协议

进入“许可协议”步骤后，界面如图 2.35 所示。选择 I have read and agree to the terms contained in the license agreements.（我已阅读并同意许可协议中的条款。）选项，这个许可协议是开源软件必须选择的，然后单击“下一步”按钮继续安装过程。

6. 开始菜单快捷方式

“开始菜单快捷方式”步骤是 Windows 10 系统环境特有的步骤。在“开始菜单快捷方式”步骤，需要输入快捷方式名称，默认名称是 Qt，快捷方式名称可以根据需要输入，但是最好还是用默认的 Qt 名称。操作界面如图 2.36 所示，单击右下角的“下一步”按钮继续安装过程。快捷方式名称的作用是在安装程序安装完成后，会在 Windows 界面左下角“开始”菜单弹出的应用程序组的 Q 顺序里出现这一组安装的 Qt 应用程序。

图 2.37 是安装完成后的开始菜单快捷方式显示界面，可以看到我们选择的 Preview（预览）选项内的 Qt Creator 7.0.0-beta2 程序也在里面，这是预览版，我们可以使用稳定的 Qt Creator 6.0.2 版本，也可以试用最新预览版的 Qt Creator7.0.0-beta2。

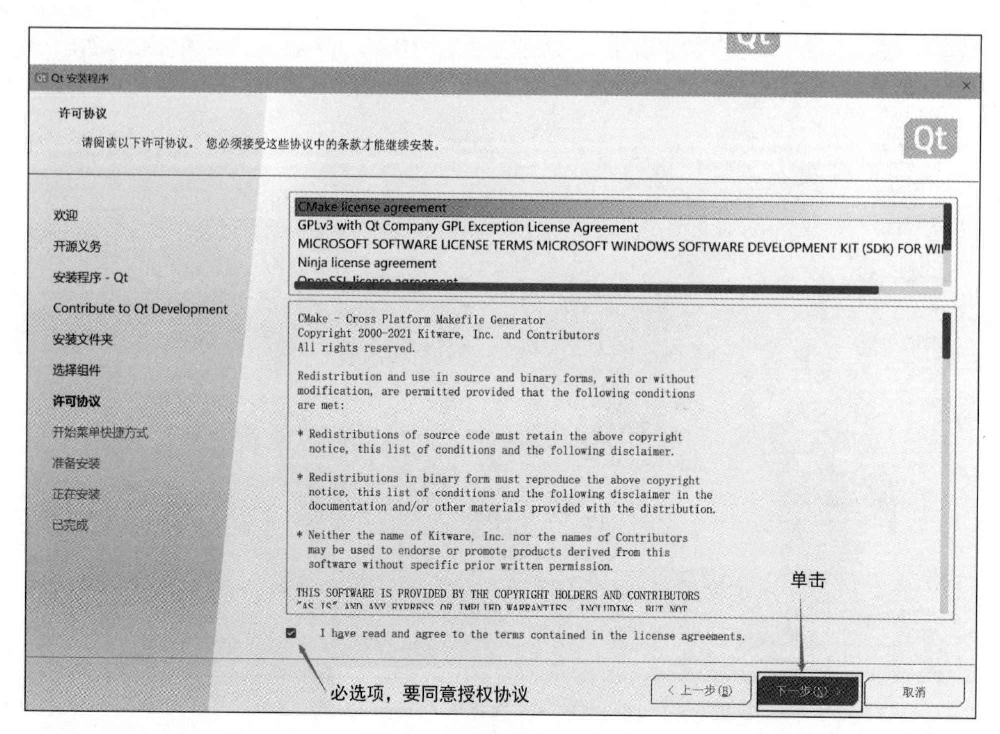

图 2.35 “许可协议”界面

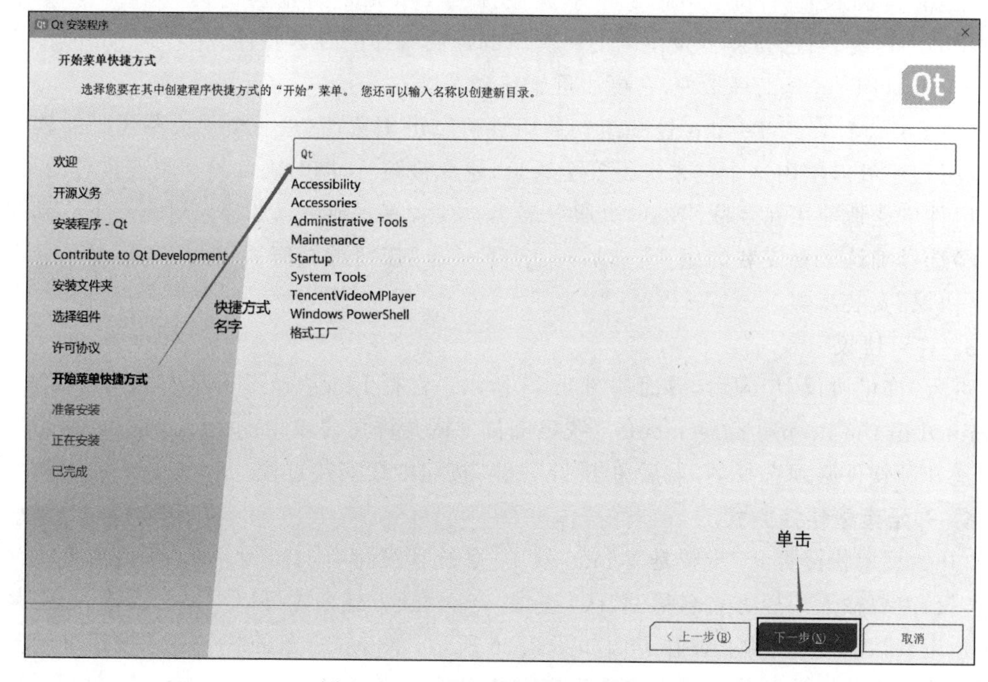

图 2.36 “开始菜单快捷方式”界面

7. 准备安装

进入“准备安装”步骤，会出现如图 2.38 所示的“准备安装”界面。这里面给出了需要多少磁盘空间来安装我们选择的组件，可以看出依据刚才的选择项，大概需要 19.63GB 的磁盘空间。单击“下一步”按钮，开始实际安装过程。

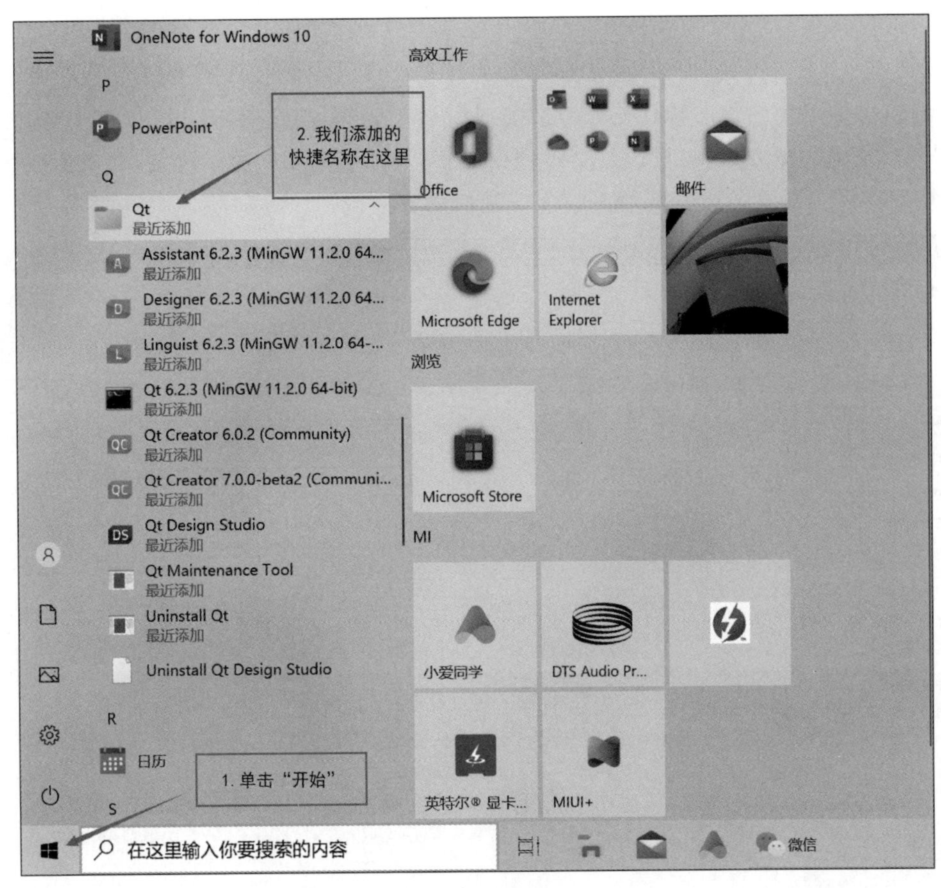

图 2.37　开始菜单快捷方式显示界面

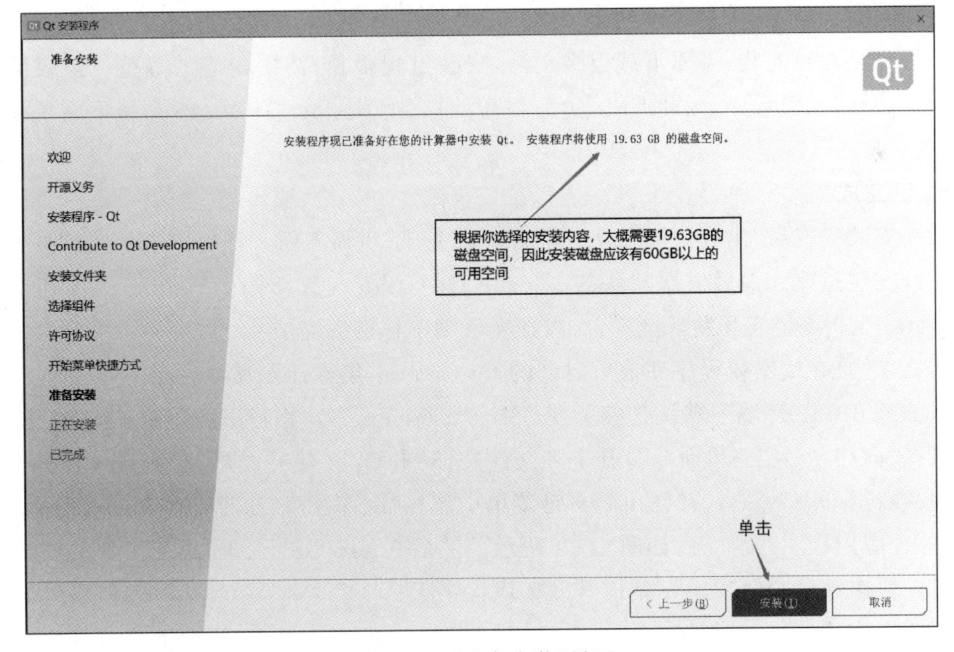

图 2.38　“准备安装”界面

8. 正在安装

现在进入“正在安装”步骤，开始在线安装过程。在线安装程序需要通过互联网连接官方服务器，下载各个组件的源代码。下载完成后会统一编译、链接成可执行程序，归档在设置的“开始菜单快捷方式”组里。这个过程很漫长，有动态进度条显示进度，大概需要 2.5 小时。图 2.39 是 Windows 10 环境下实际安装时的界面截图。

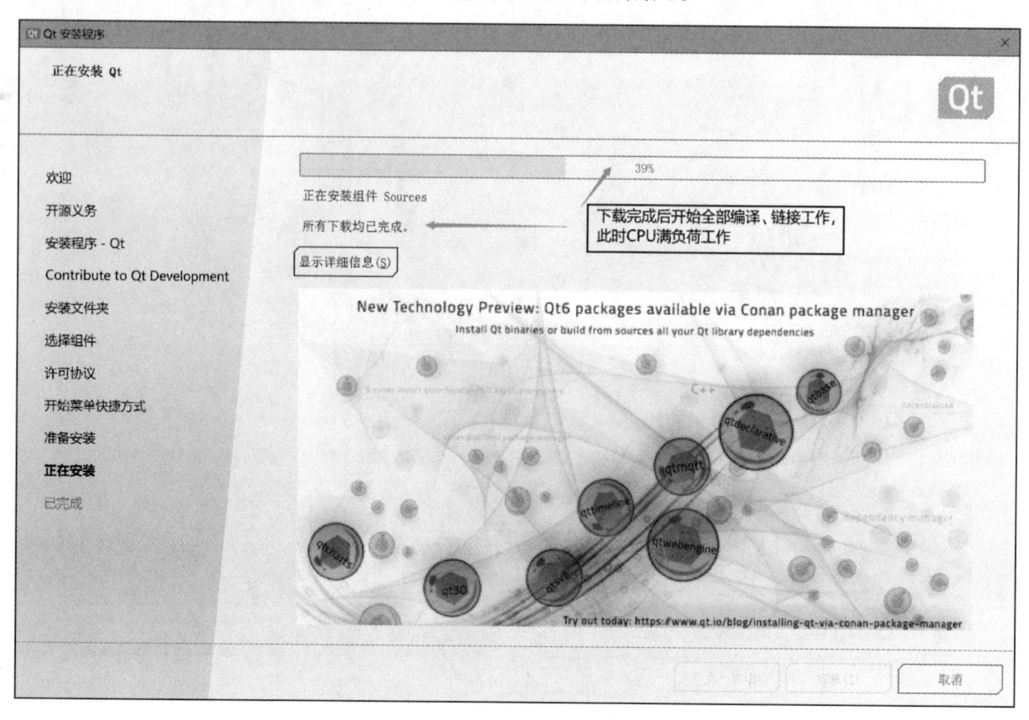

图 2.39 “正在安装”界面

因为这是在线安装，需要下载很多文件，安装过程很长，需要耐心的等待。最后阶段因为要编译、链接大量程序，因此 CPU 负荷很高，图 2.40 是 macOS 10.15 环境下高负荷状态截图。

9. 已完成

在线安装完成后，出现如图 2.41 所示的“已完成”步骤界面。此时单击“完成”按钮即可结束在线安装过程。最后根据默认的 Launch Qt Creator（启动 Qt Creator）选项还会启动 Qt Creator 6.0.2 集成开发环境平台，以证实安装工作彻底完成。

图 2.42 是在线安装程序完成后启动的 Qt Creator 集成开发环境界面。

macOS 10.15 环境下默认是安装在/User/username/Qt 路径下，在 macOS 10.15 桌面上部选择“前往-个人”菜单命令打开个人文件夹，双击 Qt 文件夹，即可看到 Qt Creator 可执行程序。右击 Qt Creator，在弹出的右键菜单中选择“制作替身”菜单命令制作替身，然后将替身拖入“应用程序”文件夹，如图 2.43 所示。然后在 macOS 10.15 桌面下部的“启动台”中就可以快速激发 Qt Creator 集成开发环境程序了。

至此完成了 Windows 10、CentOS 8.5(Linux)、macOS 10.15 环境下集成开发环境及各种组件安装结果的安装工作，可以开始集成开发环境的测试工作了。

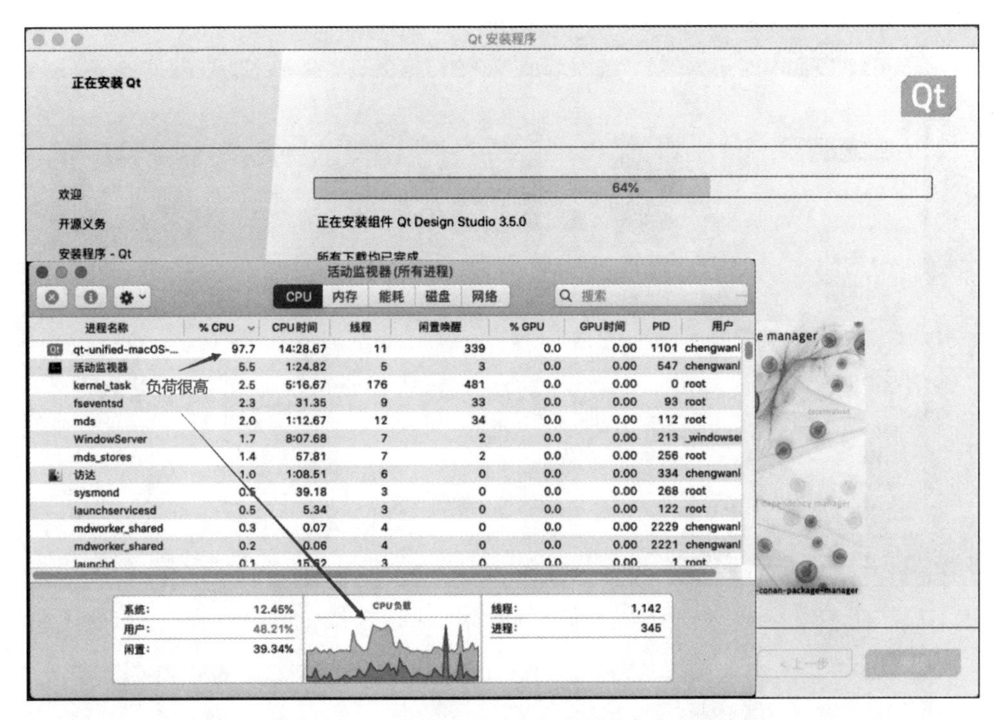

图 2.40　macOS 10.15 系统安装时高负荷状态

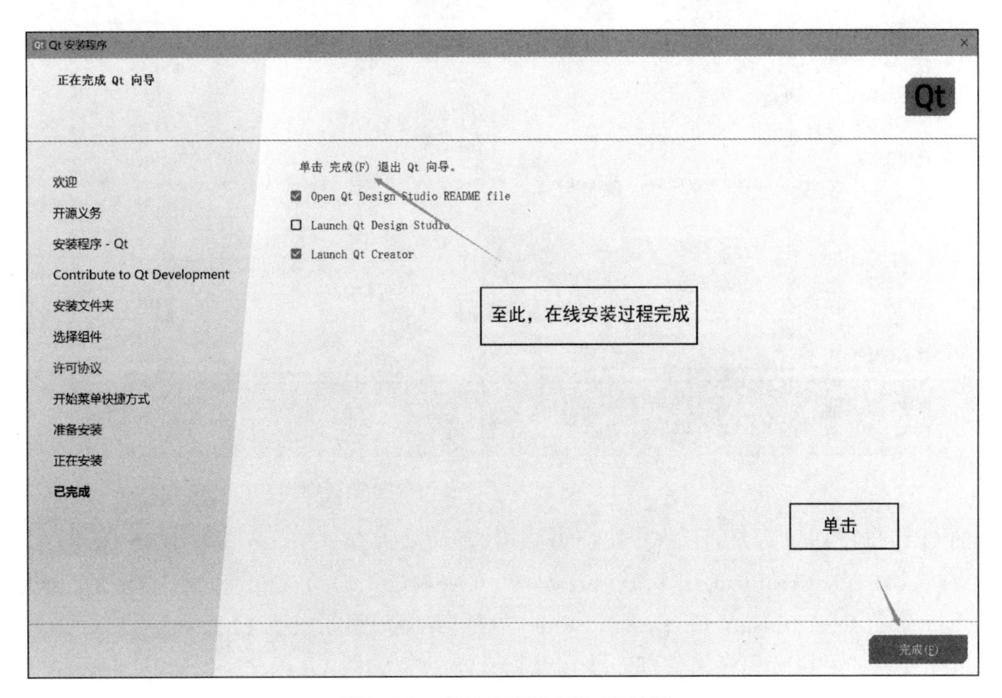

图 2.41　在线安装“已完成”界面

2.5.3　安装结果测试

安装过程结束以后，需要验证、测试在线安装程序是否按照设置的参数和位置完成了安装工作，验证安装后的软件是否正常可用。单击 Windows 左下角的“开始”菜单，在应用列

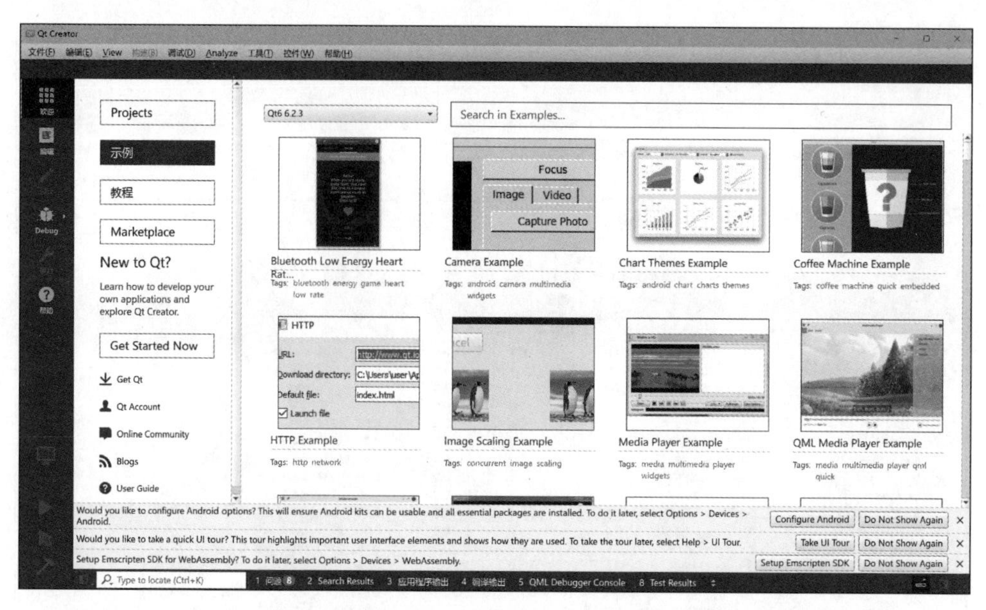

图 2.42　在线安装完成后启动的 Qt Creator 集成开发环境界面

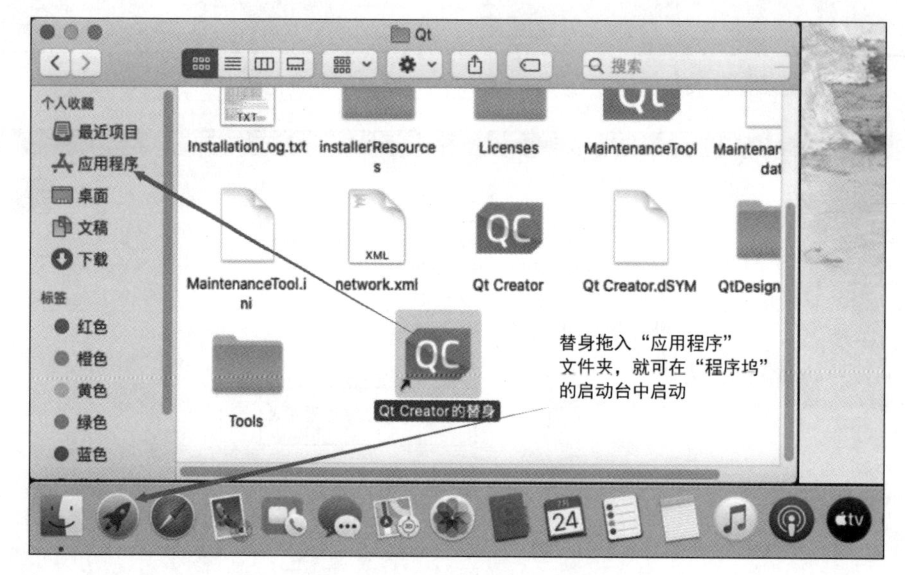

图 2.43　macOS 10.15 启动台程序制作

表里的 Q 字母序列里看是否有 Qt 快捷方式组，里面是否有 Assistant 6.2.3、Designer 6.2.3、Linguist 6.2.3、Qt Creator 6.0.2、Qt Creator 7.0.0 beta-2、Qt Design Studio、Qt Maintenance Tool、Uninstall Qt、Uninstall Qt Design Studio 项目，界面截图如图 2.44 所示。

选择安装的可执行程序组件都安装在开始菜单快捷方式 Qt 组里，单击 Qt Creator 6.0.2 (Community)打开软件，如果出现如图 2.45 所示的界面则可以认为安装成功。

在 CentOS 8.5(Linux)环境下，按照如图 2.46 所示的 1、2、3 步骤操作，就会启动 Qt Creator 集成开发环境，可以看到界面与 Windows 10 系统上面的 Qt Creator 集成开发环境完全一样。

Windows 10、macOS 10.15 环境下在线安装很少出现测试不通过的情况。Linux 环境

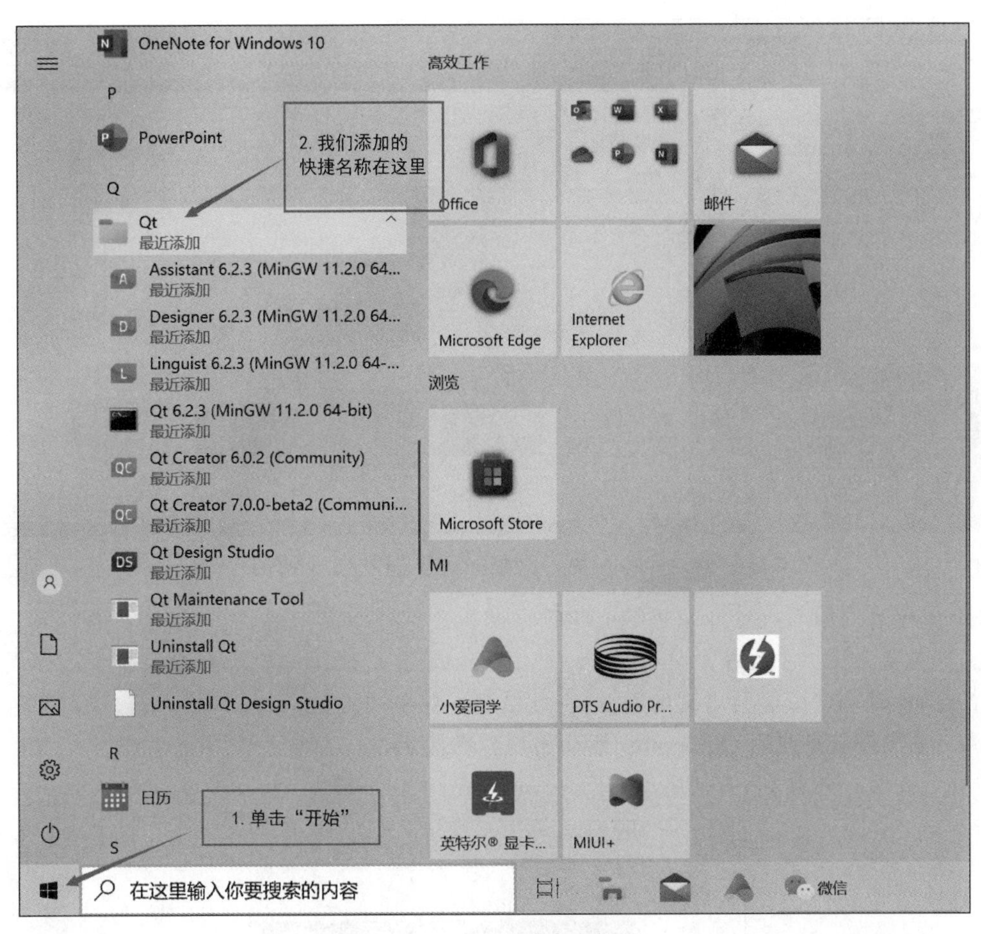

图 2.44 验证安装成功界面

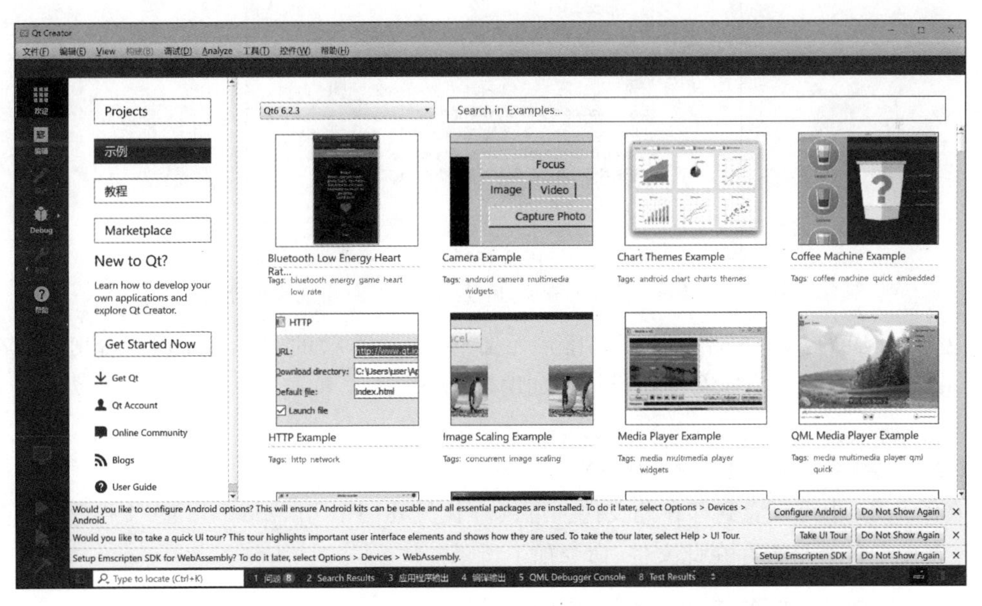

图 2.45 启动 Qt Creator 界面

图 2.46 CentOS 8.5 验证、启动 Qt Creator 界面

下在线安装有时除了已经介绍过的电源睡眠设置会有一些影响外，有时还会出现一些其他问题，这主要是因为 Linux 版本众多，每种 Linux 的目录结构可能都存在一些差异所导致的。下面就是一些可能会出现的问题，在此给出一些解决方法。

1. 在线安装完成后 Qt Creator 启动出现异常提示

在线安装一切顺利，但是启动 Qt Creator 时出现如下异常提示，如图 2.47 所示。

图 2.47 CentOS 8.5 验证、启动 Qt Creator 出现错误界面

这种情况可以在终端方式下，用下列命令进入提示的目录下，查看是不是存在 libUsageStatistic.so 文件，命令执行情况如图 2.48 所示。

```
[root@Tiger3～]＃cd /opt/Qt/Tools/QtCreator/lib/qtcreator/plugins/
[root@Tiger3 plugins]＃ ls libUsa＊.＊ -l
```

在图 2.48 中可以看到存在此文件。继续查找另外一个 libOpenGL.so 文件，可以使用 locate 直接定位看是否存在此文件，命令如下所示。

```
[root@Tiger3 plugins]＃ locate libOpenGL.so.0
```

提交命令后，没有找到，看来是缺少 libOpenGL.so 文件。编者在网上查询到了 rpm 格

```
root@Tiger3:/opt/Qt/Tools/QtCreator/lib/qtcreator/plugins
文件(F) 编辑(E) 查看(V) 搜索(S) 终端(T) 帮助(H)
[root@Tiger3 plugins]#
[root@Tiger3 plugins]# cd /opt/Qt/Tools/QtCreator/lib/qtcreator/plugins/
[root@Tiger3 plugins]# ls libUsa*.* -l
-rwxr-xr-x. 1 root root 19316712 1月  18 19:05 libUsageStatistic.so
[root@Tiger3 plugins]#
[root@Tiger3 plugins]# 
```

图 2.48 查找错误提到的文件

式安装包文件，读者可以在 Linux 系统上用 Firefox 浏览器去此网站下载。

https://centos.pkgs.org/8/centos-appstream-x86_64/libglvnd-opengl-1.3.2-1.el8.x86_64.rpm.html

在下载界面上单击二进制包文件，下载到 Linux 系统下，如图 2.49 所示。将此文件复制到自己的目录下，编者使用 root 账号安装集成开发环境，因此复制到/root 目录下。

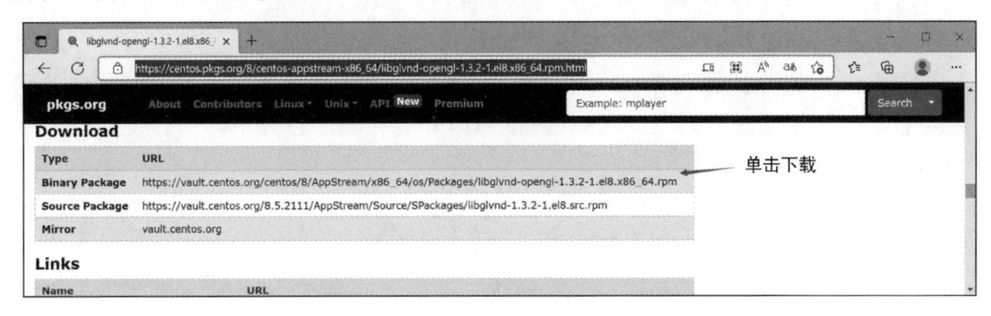

图 2.49 下载安装包

然后在终端以命令行方式安装，软件就会自动完成安装，安装完成后可以用 locate 查看一下 libOpenGL.so 文件，命令如下所示。

```
[root@Tiger3 ~]# rpm -ivh libglvnd-opengl-1.3.2-1.el8.x86_64.rpm
[root@Tiger3 ~]# locate libOpenGL.so.0
```

图 2.50 为命令行反馈信息，可以发现 libOpenGL.so 文件已经安装上了，路径在/usr/lib64 下面。再启动 Qt Creator 发现错误提示已经没有了。

```
root@Tiger3:~
文件(F) 编辑(E) 查看(V) 搜索(S) 终端(T) 帮助(H)
总用量 56
drwxr-xr-x. 2 root root     6 3月   1 13:17 公共
drwxr-xr-x. 2 root root     6 3月   1 13:17 模板
drwxr-xr-x. 2 root root     6 3月   1 13:17 视频
drwxr-xr-x. 2 root root    25 3月   1 13:19 图片
drwxr-xr-x. 2 root root     6 3月   1 13:17 文档
drwxr-xr-x. 2 root root    52 3月   8 23:44 下载
drwxr-xr-x. 2 root root     6 3月   1 13:17 音乐
drwxr-xr-x. 2 root root     6 3月   1 13:17 桌面
-rw-------. 1 root root  1547 3月   1 12:54 anaconda-ks.cfg
drwxr-xr-x. 3 root root    17 3月   2 13:16 CBook
-rw-r--r--. 1 root root  1840 3月   1 12:58 initial-setup-ks.cfg
-rwxrwxrwx. 1 root root 48424 3月   8 23:44 libglvnd-opengl-1.3.2-1.el8.x86_64.rpm
drwxr-xr-x. 2 root root    68 3月   2 10:08 QtInstall
[root@Tiger3 ~]# locate libOpenGL.so.0
/usr/lib64/libOpenGL.so.0
/usr/lib64/libOpenGL.so.0.0.0
[root@Tiger3 ~]# 
```

图 2.50 安装 libOpenGL.so.0 并查看安装位置

2. Qt Creator 编译 Qt 程序出现异常提示

Qt Creator 环境下编译普通 C 语言程序没有出现异常提示，但是构建 Qt GUI 示例程序 Chart Themes 时出现如下异常提示信息，原因是 OpenGL 库没找到，截图如图 2.51 所示。

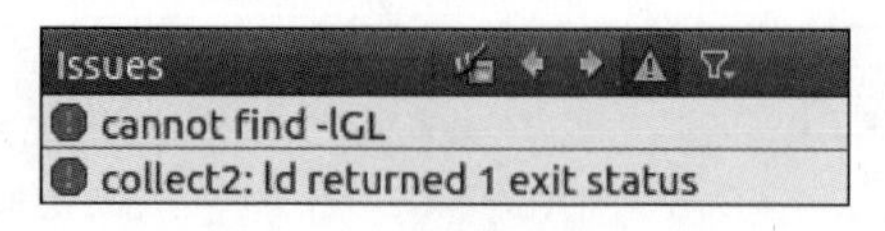

图 2.51　构建示例程序异常

可以在终端窗口用命令 locate 查询 libGL.so 文件，此文件通常会在/usr/lib 路径下，但是对于某些 Linux 系统，例如编者使用的 64 位的 CentOS 8.5 系统，这个文件在/usr/lib64 路径下，这是在/usr/lib 路径下找不到文件的原因，因此可以使用命令 ln 在/usr/lib 路径下建立一个 libGL.so 链接指向/usr/lib64 下的 libGL.so 最新版本的文件。用最新的 1.7.0 版本的 libGL.so 文件做链接文件，命令信息如下。

```
[root@Tiger3 ~]# ln -s /usr/lib64/libGL.so.1.7.0 /usr/lib/libGL.so
```

重新构建 Qt GUI 示例程序 Chart Themes，没有出现异常，构建成功。运行 Chart Themes 一切正常，界面精美。问题解决。

上述的两个异常问题是最常见的问题，一般这类问题都可以归结为找不到文件的问题，要么在网上下载软件包安装，要么是建立链接使用安装在别的目录下的所需文件。

视频讲解

2.6　Qt Creator 介绍

Qt Creator 是一个集成开发环境，它为用户提供了开发 C 语言应用程序的工具。Qt Creator 旨在让用户一次性开发 C 语言应用程序，然后将应用程序部署到多个操作系统下。Qt Creator 为用户提供了在整个应用程序开发生命周期中，从创建项目到将应用程序部署到目标平台的一系列工具，

下面先简单介绍集成开发环境 Qt Creator 的界面组成，然后演示怎么用 Qt Creator 创建“1.5 C 语言程序结构”的示例程序。通过这个示例程序的开发生命周期，完整地介绍 Qt Creator 的操作。在本节的最后一部分，再简单介绍 Qt Creator 的环境配置内容。

2.6.1　Qt Creator 界面组成

单击 Windows 10 的“开始”菜单，在应用程序组里 Q 字母序列找到 Qt 组，单击 Qt 组，在展开的应用列表里找到 Qt Creator 6.0.2，单击，启动 Qt Creator 6.0.2，界面如图 2.52 所示，开源软件汉化翻译不如商业软件，经常有中英文混用的界面出现。

图 2.52 中有 6 个主要功能区域，分别用 6 个数字标示出来。可以看出 Qt Creator 主要由主窗口显示区和菜单栏（1 区）、模式选择器（2 区）、构建套件选择器（3 区）、定位器（4 区）、输出窗格（5 区）、进度指示器（6 区）等部分组成，下面逐区简单介绍。

1. 菜单栏（MenuBar）

这个区里有 9 个菜单选项，包含了常用的功能菜单，如图 2.53 所示。

1）“文件”菜单

“文件”菜单实现的主要功能是打开、保存、关闭、打印项目文件或文本文件，包含“新建文件或项目”“打开文件或项目”“打开文件，用”“最近访问的文件”“最近使用的项目”“关闭项目”、Close All Files in Project（关闭项目中所有文件）、“关闭所有项目和编辑器”、Save（保存）、Save As（保存为）、Save All（保存所有）、“关闭”“关闭所有文件”“打印”“退出”等功

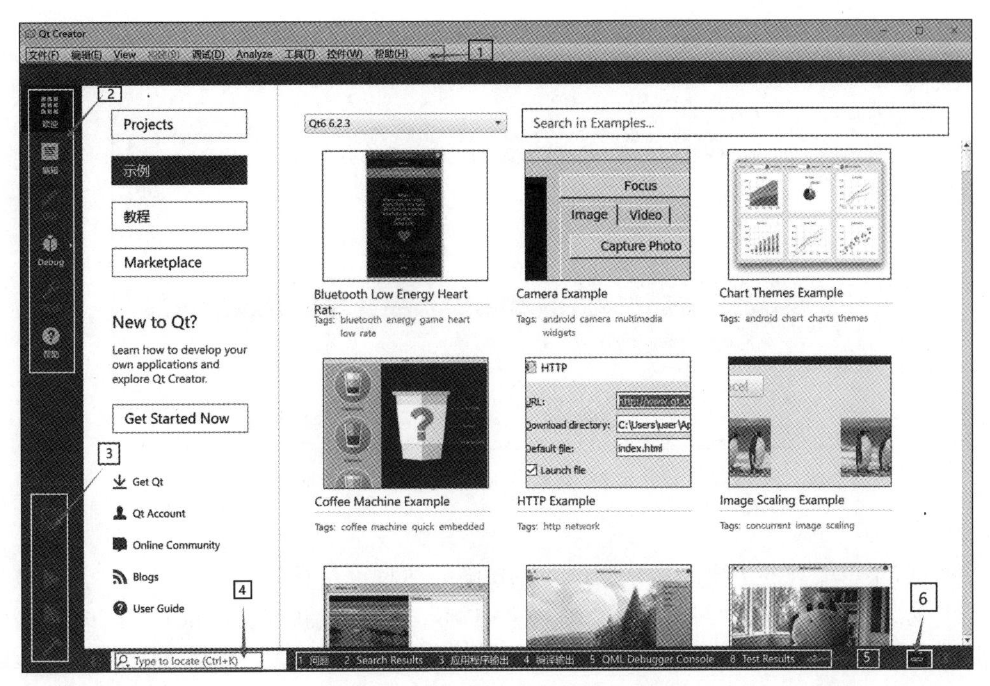

图 2.52　Qt Creator 界面分区示意图

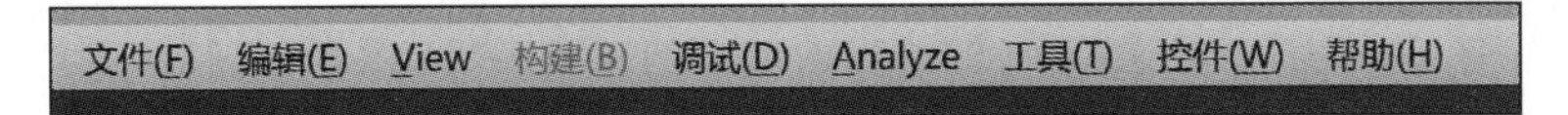

图 2.53　Qt Creator 的 9 个菜单

能菜单。

2）“编辑”菜单

“编辑”菜单实现的主要功能是编辑各种文本文件，包含 Undo（撤销）、Redo（重做）、“剪切”“复制”“粘贴”、Delete（删除）、“全选”、Advanced（高级选项）、Find/Replace（查找/替换文字）和 Select Encoding（选择编码）等功能菜单。Advanced（高级选项）菜单中还有 Visualize Whitespace（显示空白字符）、Clean Whitespace（清除空白字符）、Increase Font Size（增加字体大小）、Decrease Font Size（减小字体大小）等子菜单功能。Select Encoding（选择编码）菜单项中有当前各种文字信息编码方案，例如 ASCII、GBK、UTF-8 等编码方案，如图 2.54 所示，此菜单功能可以将当前编辑的文本转成指定的编码文件，这个功能在跨平台开发中特别有用。

3）View（视图）菜单

View（视图）菜单实现的主要功能是窗口显示区操作，包含 Show Left Sidebar（显示左侧边栏）、Show Right Sidebar（显示右侧边栏）、Mode Selector Style（模式选择器样式）、“输出窗口”等功能菜单，主要控制左右下方的边条和窗口的显示隐藏等。

4）“构建”菜单

“构建”菜单实现的主要功能是构建（编译、链接）、部署项目可执行代码程序，包含 Build All Projects（构建所有项目）、“部署”“重新构建”“清除”“构建项目”“执行 qmake”“运行”等相关功能菜单。

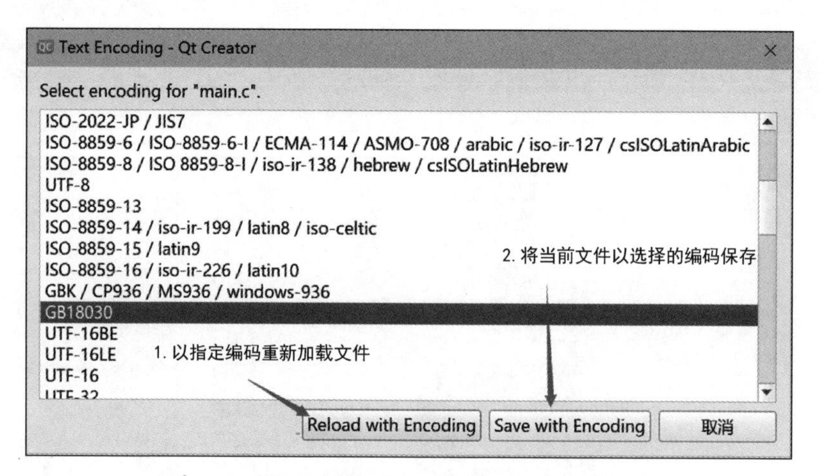

图 2.54 “编辑”菜单的 Select Encoding 功能界面

5）“调试”菜单

“调试”菜单实现的主要功能是调试存在缺陷的项目可执行代码程序，包含“开始调试”“中断”“继续”“停止调试”“终止调试”、Restart Debugging（重新开始调试）、“单步跳过”“单步进入”“单步跳出”“执行到行”“切换断点”“添加表达式求值器”等相关功能菜单。这些功能在调试应用程序排错时非常有用。

6）Analyze（分析）菜单

Analyzer（分析）菜单实现的主要功能是分析程序内存使用、程序性能等，包含 Performance Analyzer（性能分析器）、QML Profiler（QML 分析器，QML 是 Qt 推出的 Qt Quick 技术的一部分，是一种新的简便易学的描述性的脚本编程语言）、Valgrind Memory Analyzer（内存分析器）、Valgrind Function Profiler（功能分析器）、Performance Analyzer Options（性能分析器选项）等相关功能菜单。

7）“工具”菜单

“工具”菜单实现的主要功能是设置开发项目时用到的各种工具软件的参数，以达到程序员的使用要求，包含 Locate（定位）、C++（C++工具）、QML/JS（QML/JS 工具）、Tests（测试）、“粘贴代码”“书签”“外部”（外部工具软件）、“选项”等功能菜单。这里的“选项”菜单中包含了 Qt Creator 各个方面的工具软件参数设置选项，包括 Kits（工具包）、“环境”“文本编辑器”“帮助”“构建和运行”“调试器”“版本控制”等选项设置。在“文本编辑器”选项设置的 behavior（动作行为）标签页上有“文件编码”项，这个设置对跨平台开发很重要，而且对多语言的显示也很重要，后面本书展示的汉字显示乱码的解决方法，就可以从这里下手。

8）“控件”菜单

“控件”菜单实现的主要功能是操作窗口控件的切分、全屏显示、先前打开的文件窗口等，包含“全屏”、Split（上下分隔窗口显示）、Split Side by Side（并列分隔窗口显示）、“历史中先前打开的文件”等功能菜单。

9）“帮助”菜单

“帮助”菜单主要实现的是文档资料检索、关于信息、软件更新等杂项功能，包含“目录”“索引”“上下文相关帮助”、System Information（系统信息）、报告 bug（报告缺陷）、About Qt Creator（关于 Qt Creator）、Check For Updates（检查更新）和“关于插件”（插件管理）等功能菜单。

2. 模式选择器(Mode Selector)

Qt Creator 窗口左侧上部是“模式选择器”区域,包含“欢迎”“编辑”“设计”、Debug(调试)、“项目”“帮助”6 个模式,每个模式完成不同的功能。单击模式按钮可以切换模式,也可以使用快捷键来更换模式,各自对应的快捷键依次是 Ctrl+数字 1~6。

1) “欢迎”模式

启动 Qt Creator 后默认进入的模式就是“欢迎”模式,“欢迎”模式主要提供了一些示例程序、视频教程、打开项目、最近会话和项目等。单击“欢迎”模式按钮会出现子项,如图 2.55 所示。

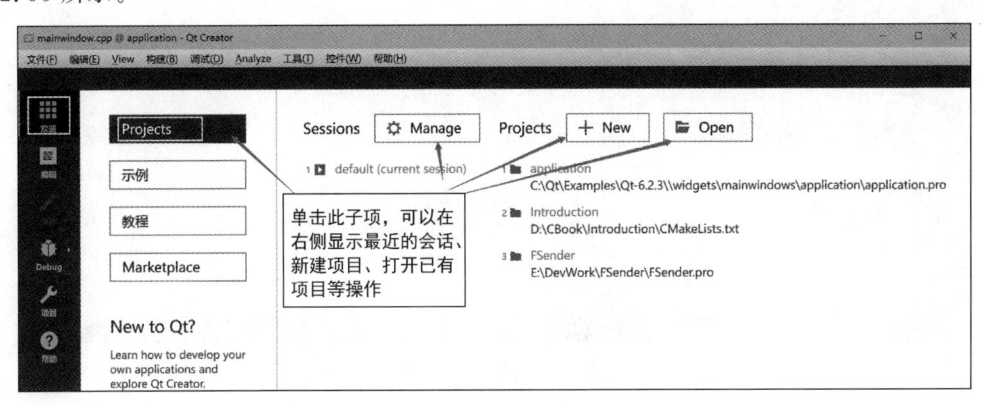

图 2.55 “欢迎”模式的 Projects 子项功能

(1) 单击 Projects(项目)子项后会显示最近打开的项目列表,在这里可以管理会话,也可以创建一个新项目或者打开一个已有项目。

(2) “示例”子项可以展示示例程序,单击示例程序可以打开此示例程序项目。

(3) “教程”子项可以展示教程文档或视频。

(4) Marketplace(市场)子项则列出很多软件或库,用户可以购买。

(5) Get Started Now(立即开始)子项可以展示 Qt Creator 教程。

(6) Get Qt(获取 Qt)子项可以下载 Qt 软件。

(7) Get Account(获取账号)子项可以登录 Qt 账号或创建 Qt 账号。

(8) Online Community(在线社区)子项可以进入 Qt 论坛。

(9) Blogs(博客)子项可以进入 Qt 星球网站。

(10) User Guide(用户指南)子项可以跳转到帮助页。

2) “编辑”模式

单击“编辑”模式按钮会进入此模式,如图 2.56 所示。这是通常的工作模式,其主要用来查看和编辑程序代码,编辑项目文件。Qt Creator 中的编辑器具有关键字特殊颜色显示、代码自动补全、声明定义间快捷切换、函数原型提示、“F1 键”快速打开相关帮助和全项目文字查找等功能。也可以在“工具—选项”菜单命令中对编辑器进行设置。

3) “设计”模式

在项目窗口中双击界面文件(*.ui 文件,C 程序里没有这类型文件),“设计”模式按钮会进入按下状态并进入“设计”模式,如图 2.57 所示,此模式整合了 Qt 设计师(Qt Designer)的功能。用户可以设计图形界面,进行部件属性设置、信号和槽设置、布局设置等

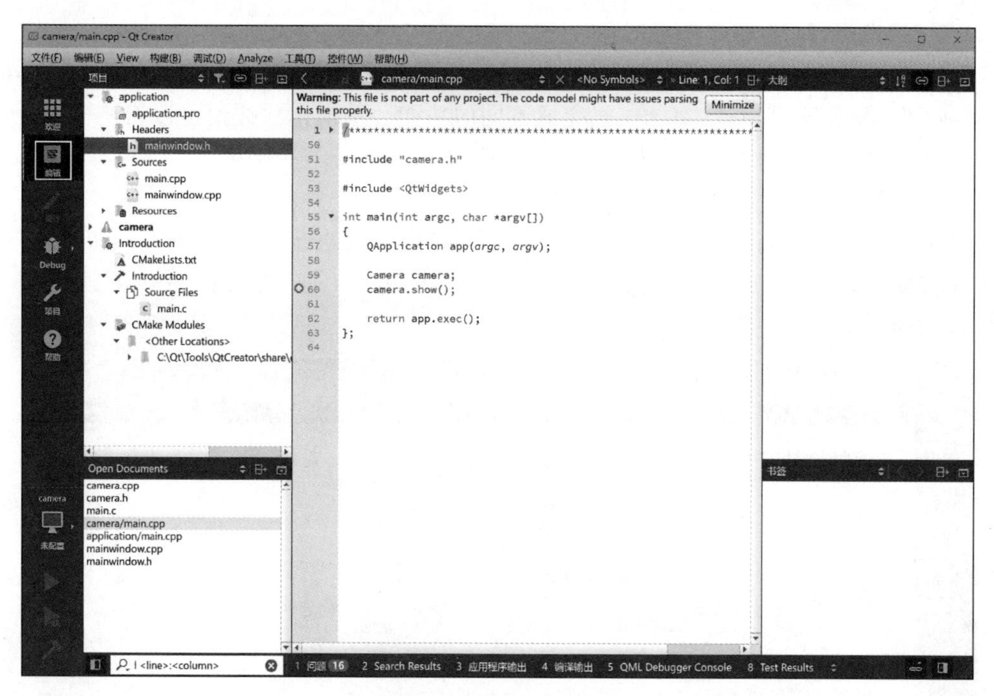

图 2.56 “编辑”模式界面

操作。如果是在 Qt Quick 项目中,还可以激活 Quick 设计器,Quick 设计器是一个全新的设计器软件。用户可以在“工具—选项”菜单命令中对设计师工具进行设置,“设计”模式在 Qt 跨平台图形化窗口软件设计上使用,纯 C 语言软件开发中用不到,这里只是做扩展知识介绍。

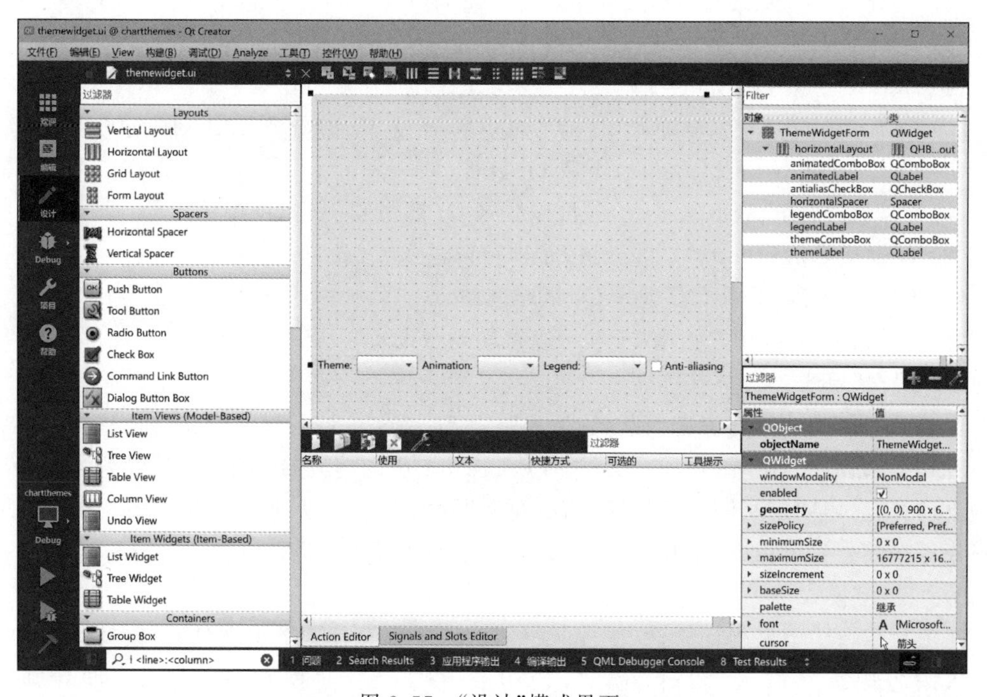

图 2.57 “设计”模式界面

4）"调试"模式

项目打开以后，单击 Debug 模式按钮即可进入"调试"模式，如图 2.58 所示。之后单击"构建套件选择器"（3 区）里的按钮，程序就开始以调试状态运行程序。调试时支持设置断点、单步调试和追踪进入子函数，跳出子函数、重新开始调试等功能，包含展示局部变量和监视器、断点、线程以及快照等查看窗口。可以在"工具—选项"菜单命令中设置调试器的相关选项。对于软件开发者而言，一个优秀的调试工具能观察发现程序运行中的各种问题，非常有利于软件开发。

图 2.58 "调试"模式界面

5）"项目"模式

包含对特定项目的 Build（构建）设置、Run（运行）设置、"编辑器"设置参数显示、"代码风格"设置、"依赖关系"设置等页面。Build（构建）设置中可以对项目的一般参数、使用的 Qt 库版本和编译步骤进行设置。Run（运行）设置中可以设置部署方法和步骤，这也是一个非常重要的打包部署环节，很多软件开发人员开发完应用程序后都不知道怎么打包部署自己的软件，现在有了打包部署工具就简单多了。在"工具—选项"设置页面中，"文本编辑器"选项页面可以设置文件的默认编码。在"代码风格"设置中可以设置自己的代码风格。

6）"帮助"模式

在"帮助"模式中 Qt Creator 将 Qt Assistant（Qt 助手）整合了进来，包含"目录""索引""查找""书签"等几个导航模式，可以在帮助中查看 Qt Creator 的配置和操作指导信息。

3. 构建套件选择器（Kit Selector）

构建套件选择器包含"目标代码选择器"（Target selector 按钮）、"运行"（Run 按钮）、Start Debugging（"调试"按钮）和"构建项目"（"构建"按钮）4 个按钮。"目标代码选择器"用来选择要构建调试版还是发行版等可执行代码类型；"运行"按钮可以实现项目的构建和运行；Start Debugging 可以构建调试版本并进入调试模式运行程序；“构建项目”可以完成项目的构建，构建时在“进度指示器”(Progress Indicator)(6 区)可以看到动态的项目构建进度。

4. 定位器(Locator)

在 Qt Creator 中可以使用“定位器”来快速定位项目、文件等。可以使用过滤器来更加准确地定位要查找的结果。

5. 输出窗格(Output Panes)

输出窗格包含“问题”、Search Results(搜索结果)、“应用程序输出”“编译输出”、QML Debugger Console(QML 调试器控制台)、“概要信息”、Version Control(版本控制)、Test Results(测试结果)8 个窗格选项，它们分别对应一个输出窗口，相应的快捷键依次是 Alt+数字 1～8。“问题”窗口显示程序编译时的错误和警告信息。Search Results 窗口显示执行了搜索操作后的结果信息。“应用程序输出”窗口显示应用程序运行过程中输出的所有信息。“编译输出”窗口显示程序编译过程输出的相关信息。QML Debugger Console(QML 调试器控制台)窗口显示 QML 调试信息。“概要信息”窗口显示概要描述信息。Version Control(版本控制)窗口显示版本控制的相关输出信息。Test Results(测试结果)窗口显示测试工具输出信息。

6. 进度指示器(Progress Indicator)

当前运行任务的进度在这里显示，通常是构建进度的进度条信息。

2.6.2 示例程序开发生命周期

本节我们用 Qt Creator 创建一个 C 语言程序来说明怎么在 Qt Creator 中进行全过程操作。这个示例程序就是“1.5 C 语言程序结构”的示例程序。

1. 创建项目

选择“文件—新建文件或项目”菜单命令，弹出“选择一个模板”对话框，如图 2.59 所示。选择 Non-Qt Project(非 Qt 项目)，然后在右侧选择 Plain C Application(普通 C 应用程序)，最后单击 Choose(选择)按钮。

在 Project Location(项目位置)页面输入名称、创建路径、设为默认的项目路径信息，然后单击“下一步”按钮，如图 2.60 所示。

在弹出的 Define Build System(定义构建体系)页面的 Build System(构建体系)项，选择 qmake 或者 CMake，如图 2.61 所示。注意，在 Qt Creator 6.0.2 中，已经增加了 CMake，以前的版本用 qmake。然后单击“下一步”按钮。

在弹出的 Kit Selection(套件选择)页面使用默认设置信息不做任何修改，然后单击“下一步”按钮，如图 2.62 所示。

在弹出的 Project Management(项目管理)页面，使用默认设置信息不做任何修改，然后单击“完成”按钮，如图 2.63 所示。

2. 编辑源代码

完成新建项目后，会出现如图 2.64 所示的项目界面，在右侧的源文件编辑窗口输入 C 程序代码，代码编辑窗口如图 2.64 右侧所示，注意此时“模式选择器”是在编辑状态。

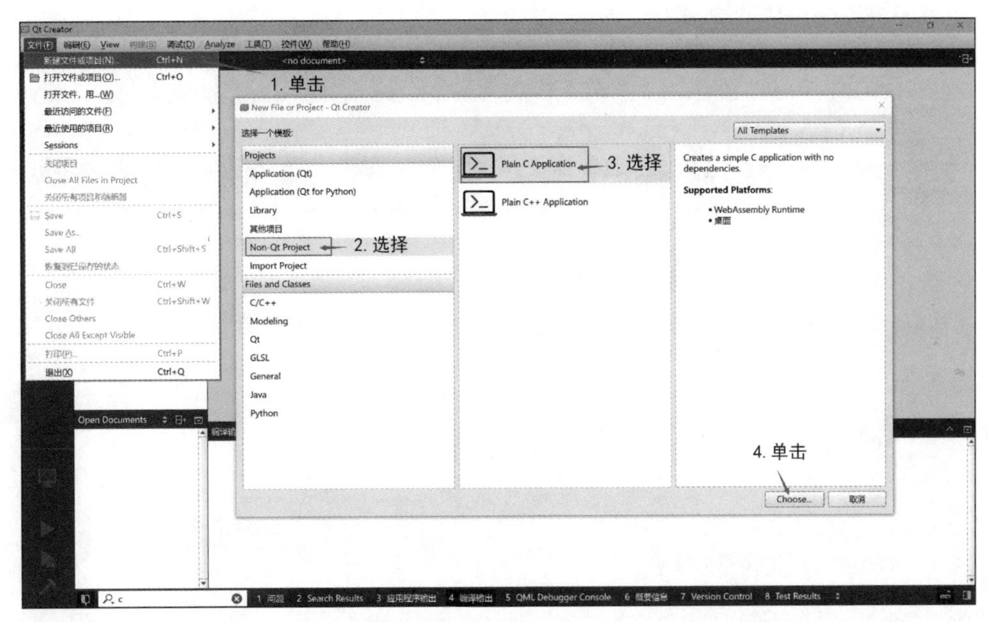

图 2.59 新建项目

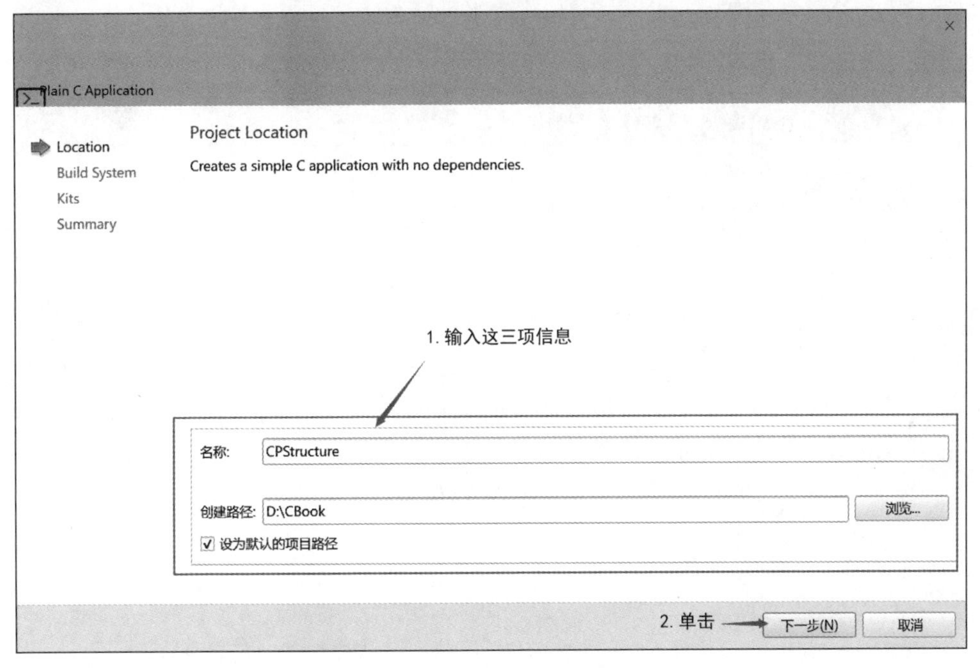

图 2.60 新建项目位置

3. 设置构建目标代码版本

编辑完源代码后,在“目标代码选择器”中选择要构建的目标代码版本。开发中一般选择 Debug(调试)版本,如果调试完成,运行也正常,可以选择构建 Release(发布)版本,如图 2.65 所示。

4. 构建目标代码

选择构建方式后,就可以有选择地构建目标代码了,如图 2.66 所示。图中“1.”“2.”两

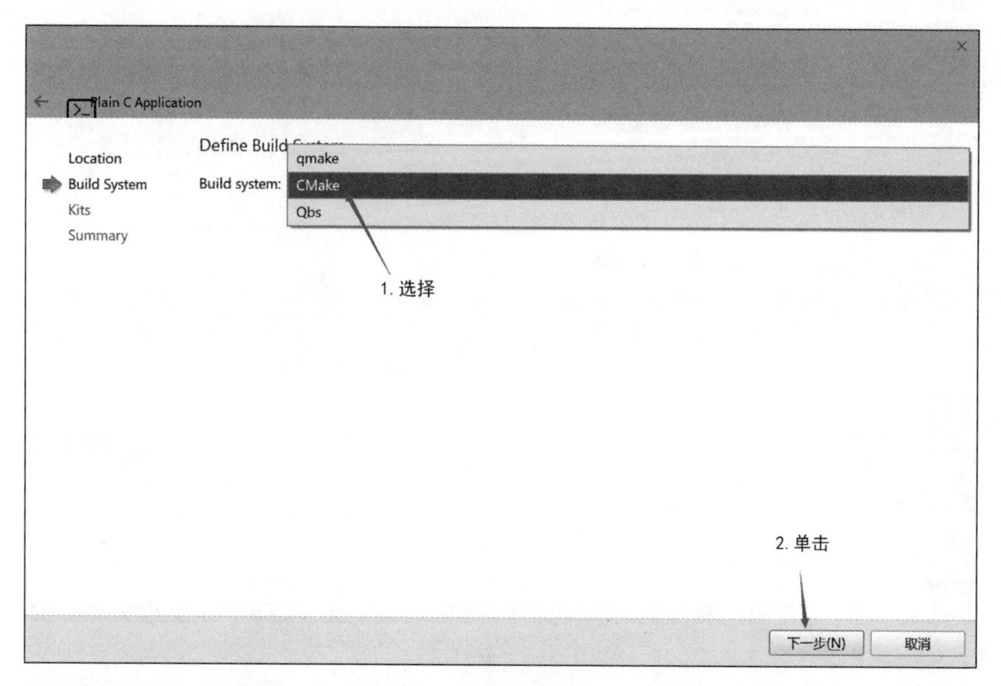

图 2.61　选择 Build system

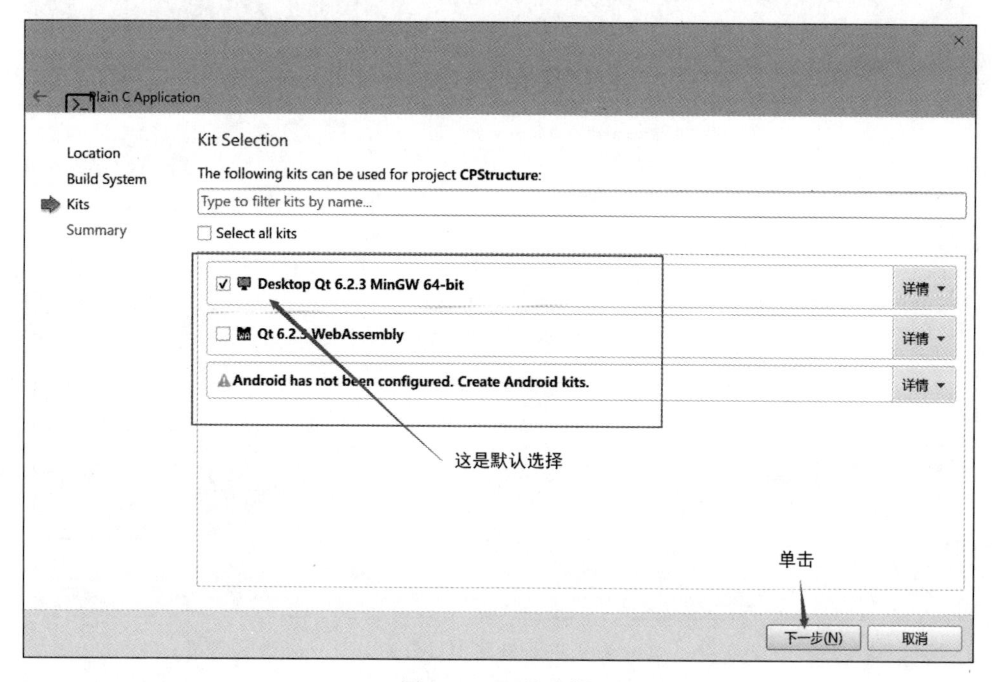

图 2.62　工具选择

种操作都可以按照设置的构建目标进行编译、链接，没有严重错误的情况下会产生项目的可执行目标代码。对于图中"3."的构建方式，则是构建(编译、链接)完成后再运行(分为发行版运行和 Debug 版调试运行两种方式)。Debug 版调试运行时是在 Qt Creator 内执行的。

5. 调试目标代码

软件开发，特别是大型软件的开发，都需要在开发过程中不断地调试程序，调试过程中

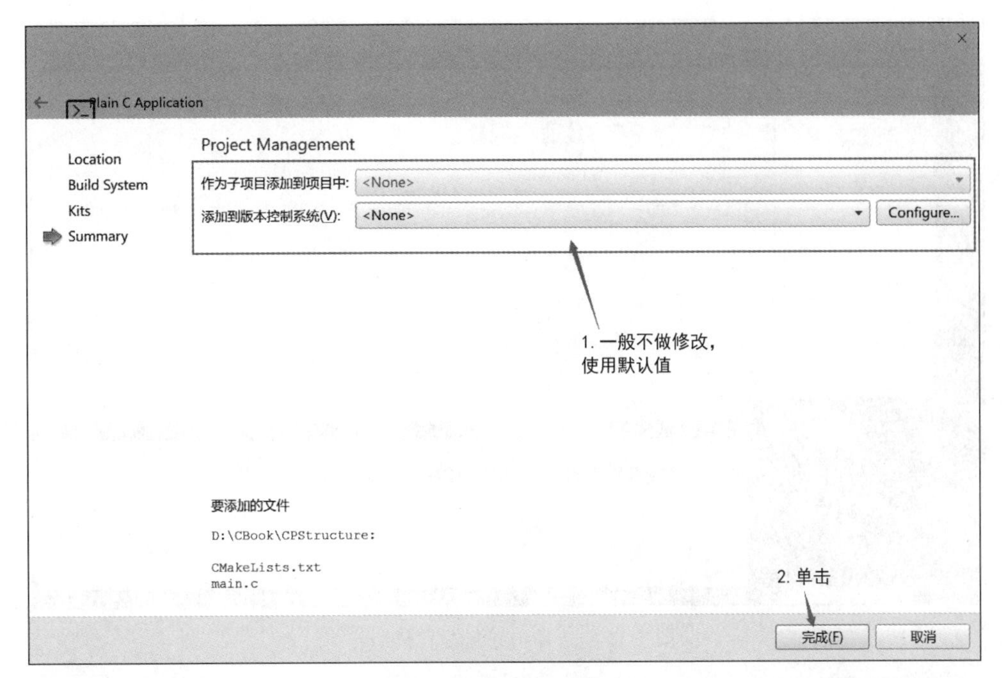

图 2.63 完成新建项目

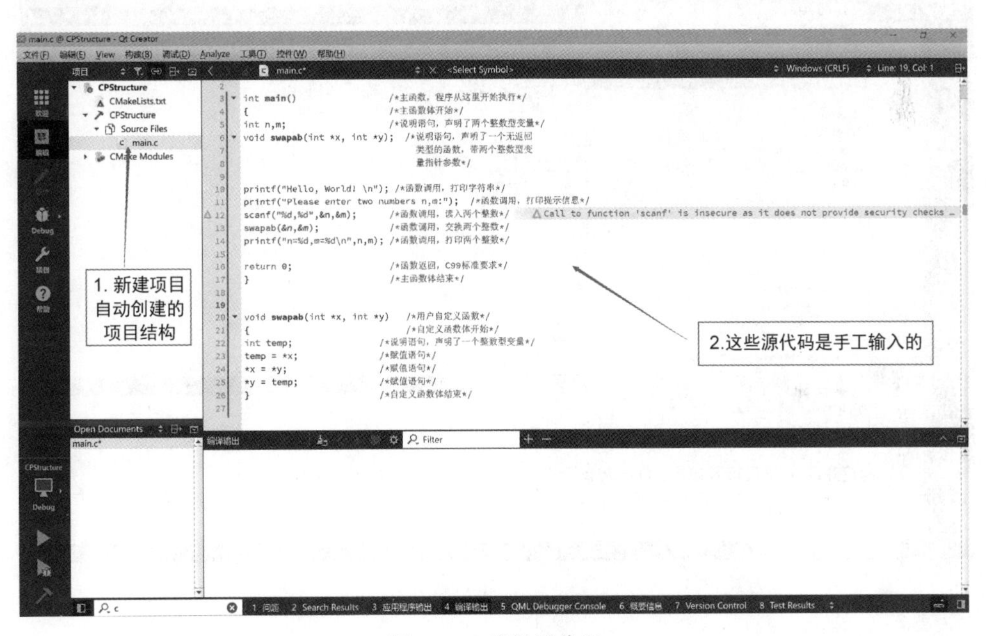

图 2.64 编辑源代码

发现了软件缺陷要重新编辑修改源代码，然后再构建目标代码。排除各种编码错误和运行时错误后，才能构建发行版，然后打包发布软件。图 2.67 是调试界面截图，调试程序时可以设置断点，也可以单步执行程序、追踪进入函数内部、停止调试等高级操作，还可以查询、修改各变量的值。

6. 设置 Release 方式构建目标代码

程序调试完成后，不再出现新的软件缺陷时，就可以选择 Release 方式，如图 2.68

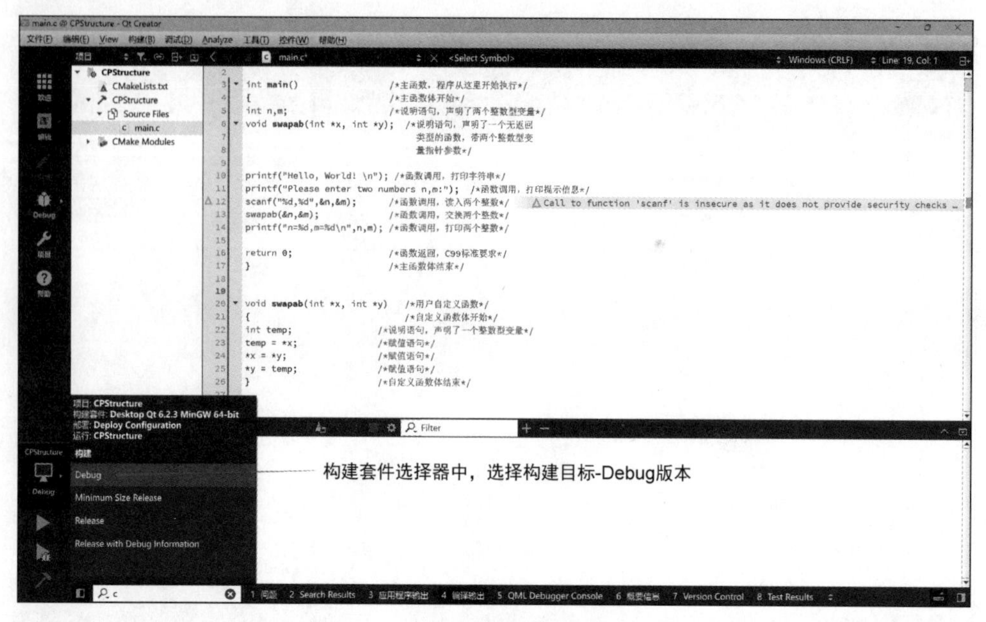

图 2.65 选择构建目标代码版本

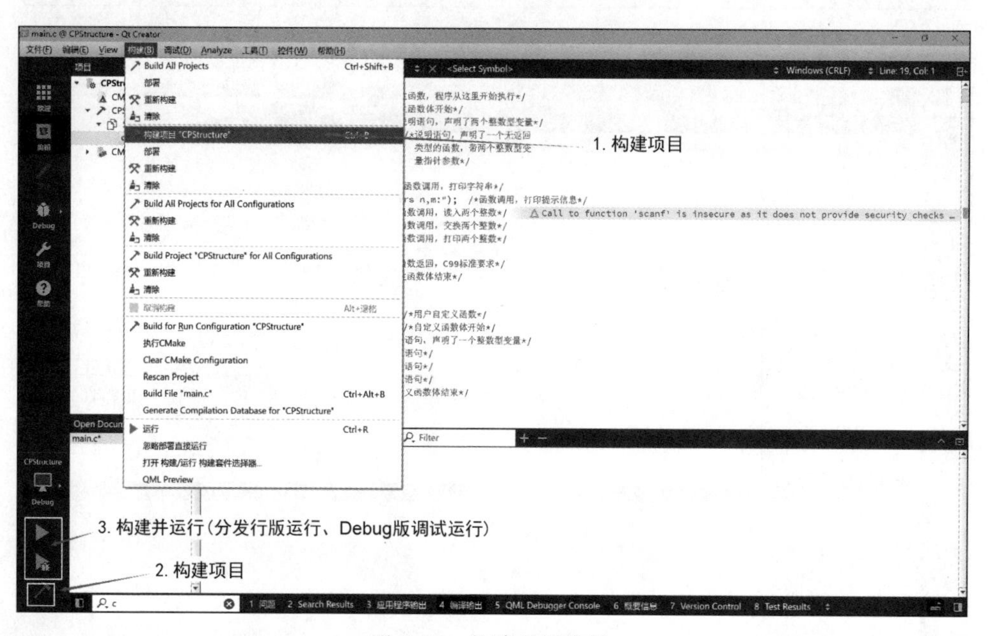

图 2.66 构建目标代码

所示。

调试程序完成后，不再出现新的软件缺陷时，也可以在“模式选择器”里单击“项目”模式，选择 Build(构建)选项，然后选择 Release 方式，如图 2.69 所示。不过这种操作方式没有上面在“构建套件选择器”里配置的方法快捷。

7. 设置部署方式构建目标代码

在“模式选择器”里单击“项目”模式，选择 Run(运行)选项，单击“添加 Deploy 步骤”(添加部署步骤)按钮，选择 CMake Build(CMake 软件构建)选项，如图 2.70 所示。之后单击出

图 2.67　调试代码

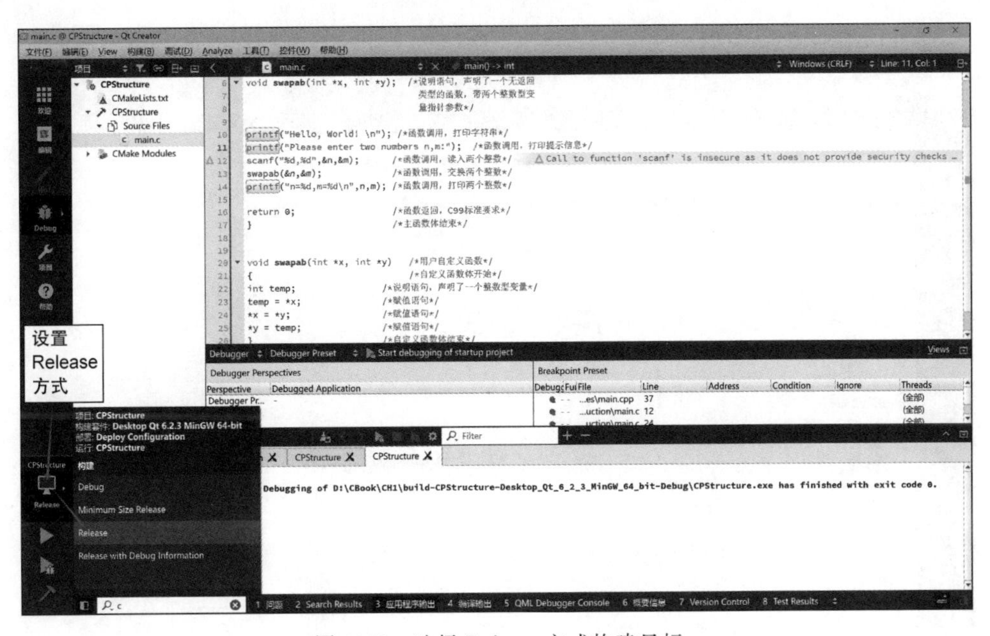

图 2.68　选择 Release 方式构建目标

现的部署步骤的“详情”按钮，设置构建目标选项；在运行选项中可以选择 Run in terminal（在命令行终端运行）选项，如图 2.71 所示。然后单击“构建套件选择器”（3 区）的按钮构建项目。

8. 运行目标代码

在工作文件夹里找到构建产生的二进制可执行目标程序代码，分别在 Windows 10 命令行方式、CentOS 8.5 终端下运行 CPStructure 可执行程序。运行界面分别如图 2.72 和

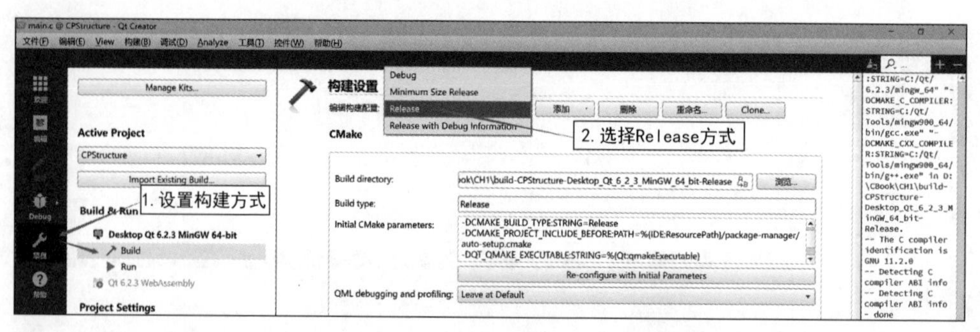

图 2.69 从项目设置 Release(发布)构建目标

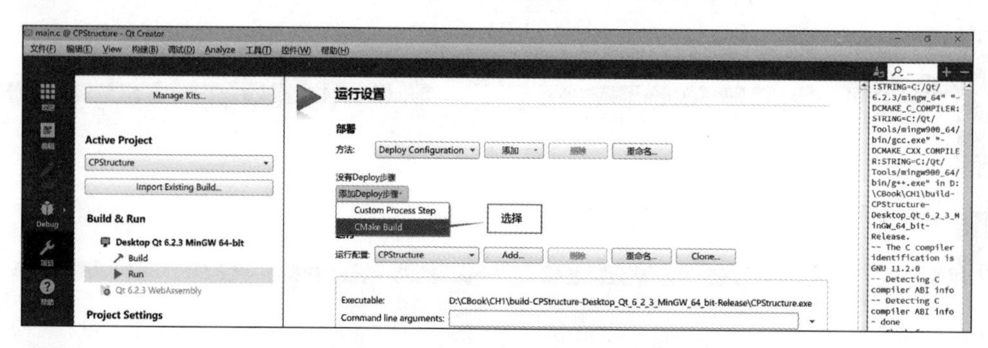

图 2.70 设置 Deploy(部署)步骤

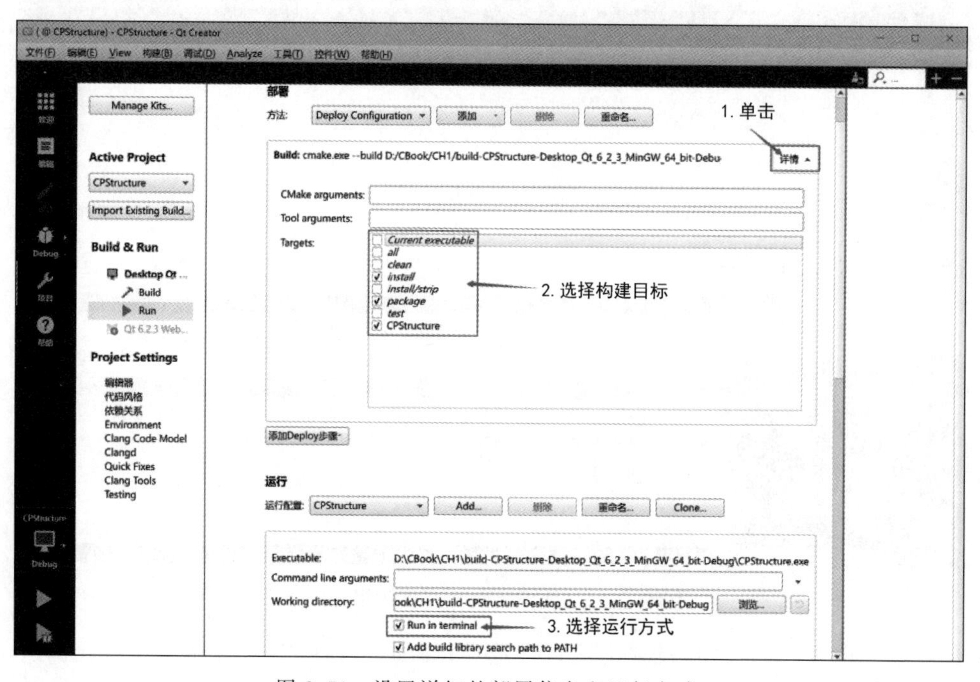

图 2.71 设置详细的部署信息和运行方式

图 2.73 所示,可以看出两者运行提示信息界面一样,功能、显示风格也一样。

2.6.3 Qt Creator 环境参数配置

在"2.5 软件安装",已经安装好了集成开发环境 Qt Creator,它作为 Qt 软件包的一部

```
管理员: C:\Windows\system32\cmd.exe
Microsoft Windows [版本 10.0.19044.1526]
(c) Microsoft Corporation。保留所有权利。

C:\Users\chengwanli>d:

D:\>cd D:\CBook\CH1\build-CPStructure-Desktop_Qt_6_2_3_MinGW_64_bit-Release

D:\CBook\CH1\build-CPStructure-Desktop_Qt_6_2_3_MinGW_64_bit-Release>CPStructure.exe
Hello, World!
Please enter two numbers n,m:1,9
n=9,m=1

D:\CBook\CH1\build-CPStructure-Desktop_Qt_6_2_3_MinGW_64_bit-Release>
```

图 2.72 Windows 10 下运行示例程序

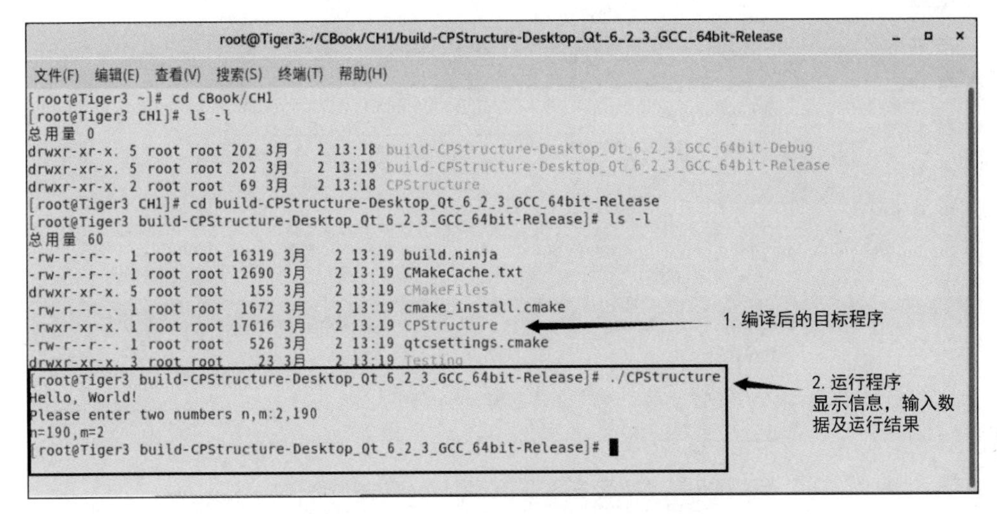

图 2.73 CentOS 8.5 终端下运行示例程序

分安装在计算机系统中，它有默认的设置和配置选项，因此可以随时运行这个集成开发环境在上面编写 C 语言程序。

要使 Qt Creator 符合自己的使用习惯，或更像自己喜欢的代码编辑器或像以前曾用过的集成开发环境，可以更改键盘快捷键、配色方案、通用突出显示、代码片段和版本控制系统的设置。此外，还可以通过管理插件来启用和禁用 Qt Creator 功能。

下面的内容可以提供 Qt Creator 配置方面的一些操作和参数设置的细节，这些配置可以让用户获得更好的使用体验。

1. 套件配置

Qt Creator 已经安装了编写 C 语言程序必须的 C 语言编译、链接程序。如果稍后更新编译程序版本，可以将其注册到 Qt Creator。在“2.5 软件安装”我们安装时已经选了 CMake 3.21.1 64-bit 工具软件和 MinGW 11.2.0 64-bit 软件包，因此 Qt Creator 可以用 CMake 定义构建、编译、链接、打包等一系列工作。真正编译、链接的工作用 MinGW 11.2.0 64-bit 软件包里的 gcc 软件进行，默认的开发套件配置如图 2.74 所示。

要添加套件，可以选择“工具—选项”菜单命令，在弹出的窗口中选择 Kits-Kits-Add(套件-套件-添加)选项添加套件。每个套件都包含一组定义值，例如设备、编译器(编译程序)等，添加后还要检查编译器(编译程序)是否列在“工具—选项”菜单命令激发的 Kits—Kits—编译器(套件—套件—编译程序)标签页中。

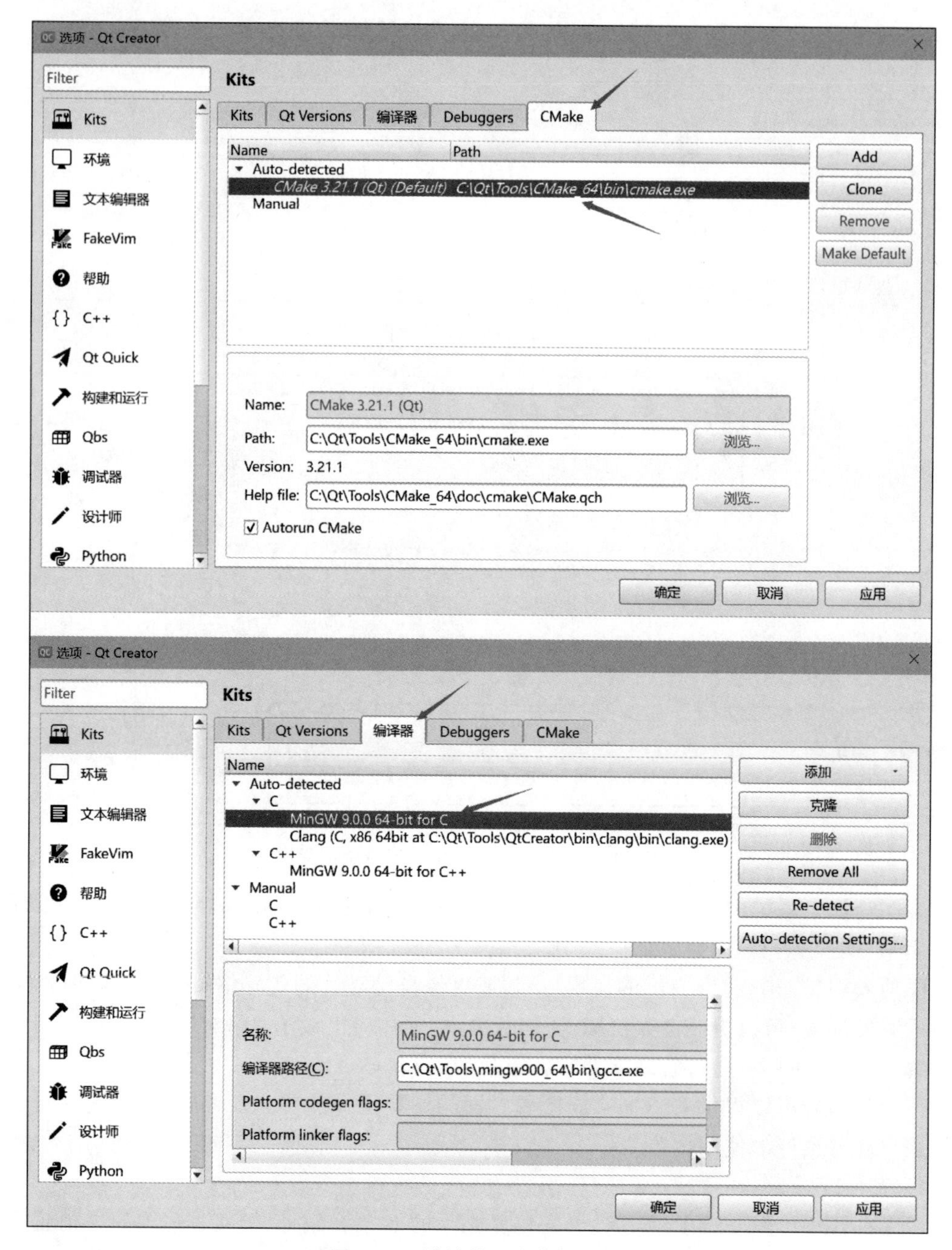

图 2.74 默认的开发套件配置

目标设备可以通过 USB 接口连接到开发计算机上，以便 Qt Creator 在此设备上运行、调试和分析应用程序。此外还可以通过 WLAN 连接基于 Linux 的设备，并在套件中指定设备，这样就可以将在当前计算机上开发的程序远程部署到 Linux 的设备上运行。要添加设备，请选择“工具—选项”菜单命令，在弹出的窗口中选择“设备—Devices—添加”(设备—设备—添加)选项添加设备并进行配置。

通常我们开发 C 语言程序用不到这些复杂的环境配置，有兴趣的人员可以查阅相关资料深入学习。

2. 环境配置

这里说的环境是如下“环境”标签页选项，包括 Interface(用户界面)、System(系统)、“键盘”、Update(更新)等，如图 2.75 所示。

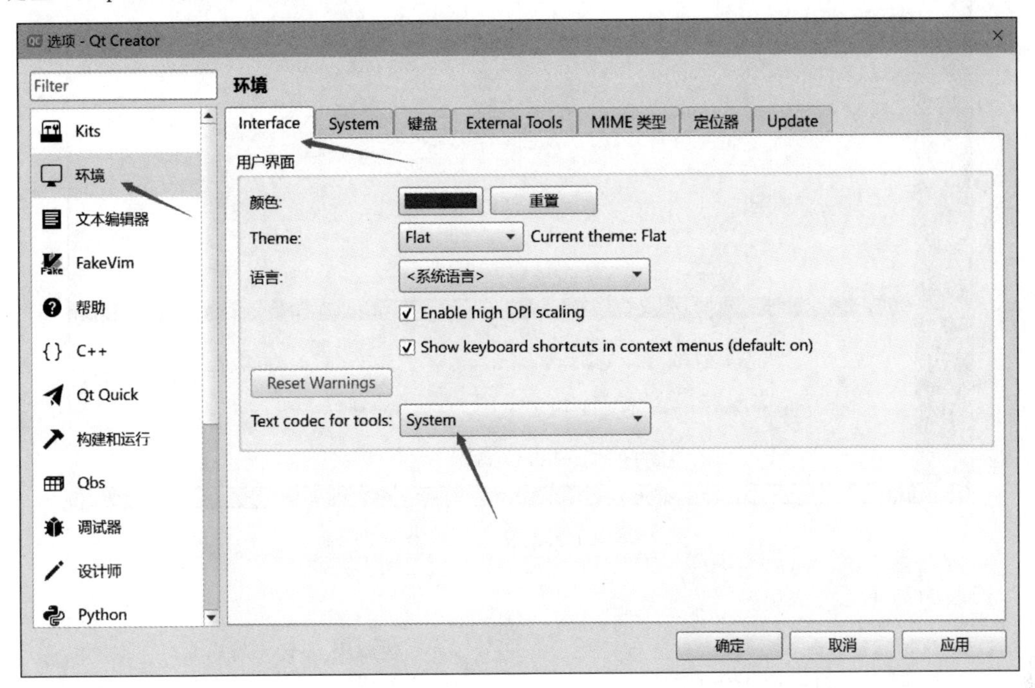

图 2.75　默认的“环境”界面配置

在环境配置里用户可以修改用户界面颜色、Theme(主题)类型(例如 Classic(经典类型))、界面使用的语言(中文或英文)、Text codec for tools(工具的文本编码标准)等。其中 Text codec for tools 选项会引发“输出窗格”(5 区)的“应用程序输出”窗口信息的显示问题，例如应用程序运行输出时，如果源代码使用的编码规则是与工具软件的文本解码器相同的编码规则，那么就不会显示乱码。如图 2.76 所示的“应用程序输出”窗口信息就显示的是正确的汉字。

3. 文本编辑器配置

选择“工具—选项”菜单命令，在弹出的窗口中选择“文本编辑器”选项，会激发文本编辑器配置界面，这里可以配置 Font & Colors(字体类型和颜色)、behavior(动作行为)标签页选项，例如字型、字号、颜色、制表符、缩进、对齐等参数选项，还可以设置文件编码、文本行号显示等。其中 behavior 标签页里面的“文件编码”选项组比较重要，因为设置不好会造成程序编辑、运行时汉字显示乱码。例如默认的是比较流行的 UTF-8 编码规则，汉字会用 3 字节或 4 字节表示，如果在 Windows 10 的命令窗口下运行程序，汉字字符串就会显示为乱码。

Windows 中文操作系统命令窗口默认用的是 GBK 编码规则，汉字是 2 字节编码规则，所以用 UTF-8 编码规则编写的程序中出现汉字输出时，命令窗口显示就会出现乱码，例如将“1.5 C 语言程序结构”的程序中下列语句行中的字符串修改为有中文的字符串。

```
printf("Hello, World! \n");                /* 函数调用,打印字符串 */
printf("Please enter two numbers n,m:");   /* 函数调用 */
```

图 2.76　工具的文本解码器配置

修改为如下语句行。

```
printf("你好, World! \n");                    /* 函数调用,打印字符串 */
printf("请输入 two numbers n,m:");            /* 函数调用 */
```

查看 Windows 10 命令行窗口属性,显示的是 ANSI/OEM-简体中文 GBK,如图 2.77 所示。

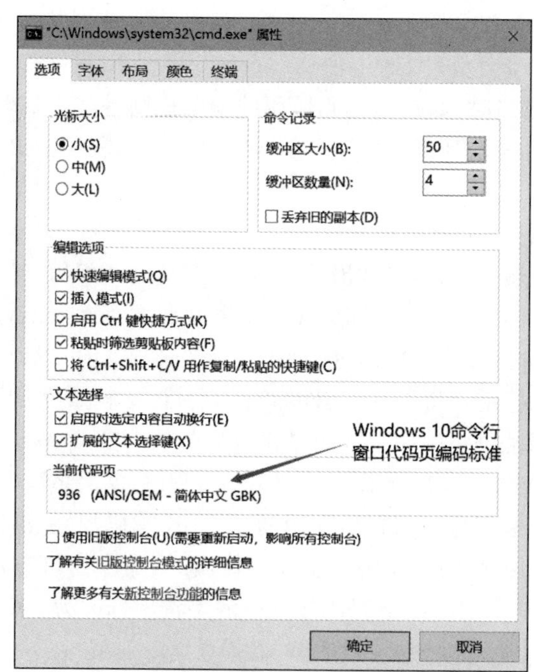

图 2.77　Windows 10 命令行窗口的解码方式

重新构建代码后，查看程序在命令窗口运行是否出现乱码，运行界面如图 2.78 所示。

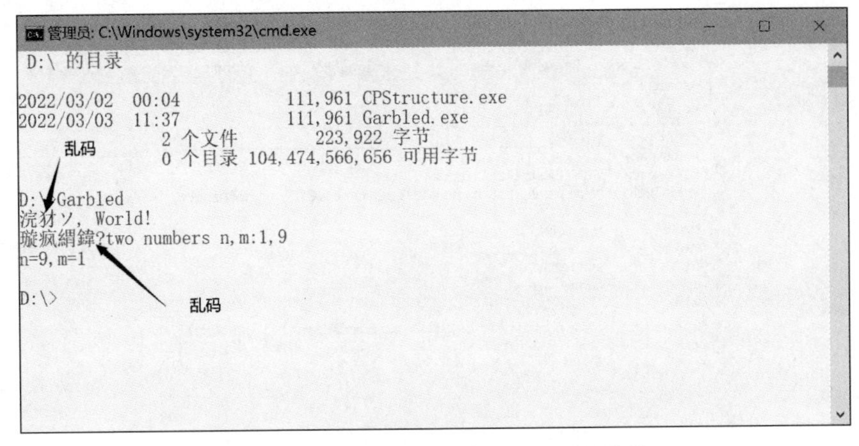

图 2.78 含有汉字的程序输出显示的乱码

从运行界面看，确实出现了乱码，这些乱码就是程序运行时输出的字符串汉字解码不正确时出现的情况。如果把 behavior 标签页里面的“文件编码”选项组改成 System(系统)，或者直接使用系统字符编码规则 GBK，那么出现的汉字就可以正确显示了，如图 2.79 所示。

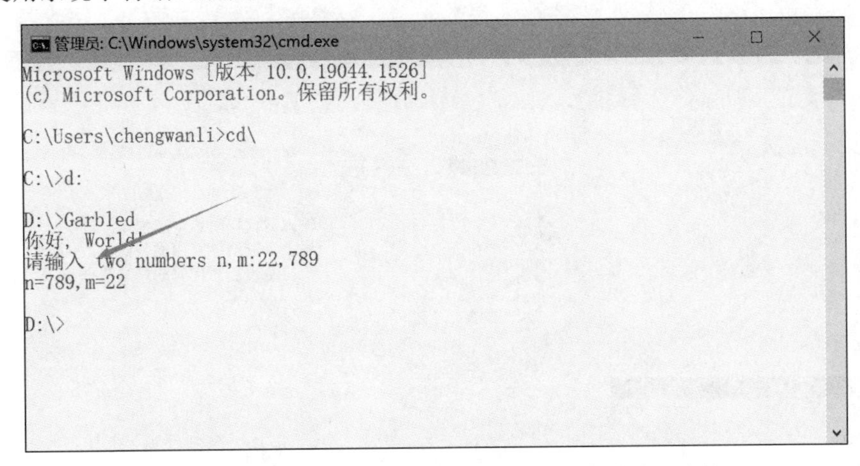

图 2.79 源文件编码与操作系统编码规范一样时无乱码

Snippets(代码片段)标签页中，“组”选择 C++，这样可以在编辑输入 C 语言源代码用到标准库函数和关键字时给出动态提示，此时按 Enter 键就可以直接输入库函数名和关键字，对编写程序帮助很大，建议设置上，界面截图及效果如图 2.80 所示。

4. 构建运行配置

选择“工具—选项”菜单命令，在弹出的窗口中选择“构建和运行—General”(构建和运行—通用项)标签页选项，在 General(通用项)标签页“构建和运行”选项组中选择“构建前保存所有文件”选项，这样构建程序时所有文件都会被保存，不至于不小心退出时，出现最新更改的最新内容没有保存的糟糕情况。

另外，在线安装完成后，可能会在 Qt Creator 中自动设置开发目标的构建和运行参数。新建项目时，会让选择一组用于构建和运行项目的工具包，必须至少有一个工具包处于活动状态，才能构建和运行项目。

图 2.80 设置片段提示提高编程序效率

要维护当前打开项目的活动套件列表，按 Ctrl+5 快捷键切换到“项目”模式，或者单击 Qt Creator 左侧上部的“模式选择器”里的“项目”，然后选择 Run(运行)，在运行项的 Command line arguments(命令行参数)编辑框里输入可执行程序需要的命令行参数(多数 C 语言程序不带命令行参数)；也可以单击“添加 Deploy 步骤”(添加部署步骤)按钮，添加部署设置内容。操作界面如图 2.81 所示。

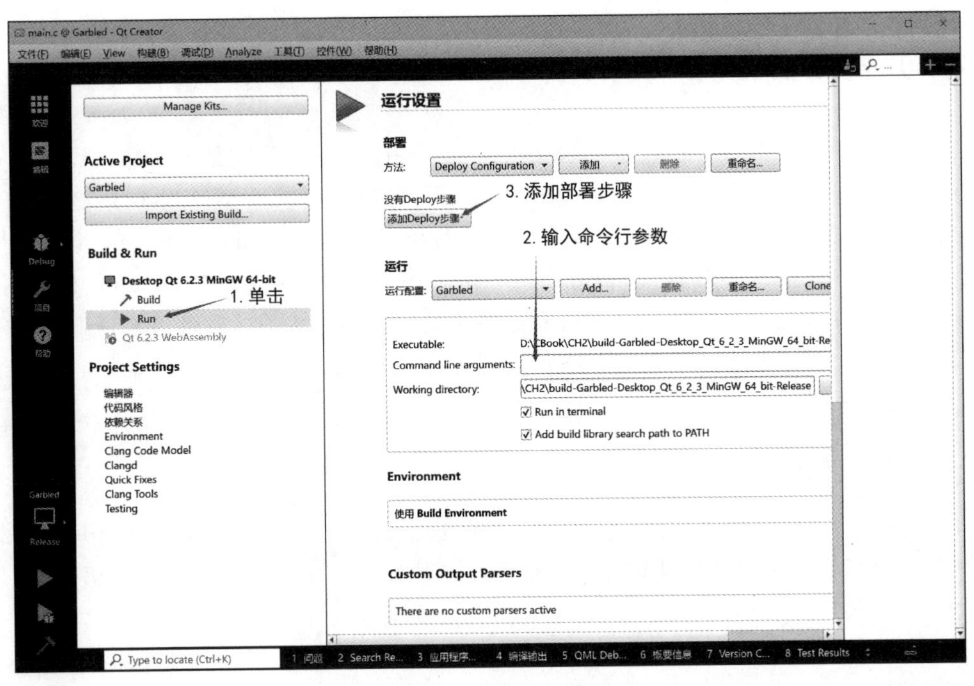

图 2.81　构建运行配置

5. 插件管理

插件管理可以安装新的插件，也可以启用、禁用已经安装的插件。选择"帮助—关于插件"菜单命令，出现如图 2.82 所示的"已安装的插件"窗口。在 Load(加载)列可以选择启用已经安装的插件；也可以取消选择，禁用已经安装的插件。单击下部的 Install Plugin(安装插件)按钮，可以安装新的插件。

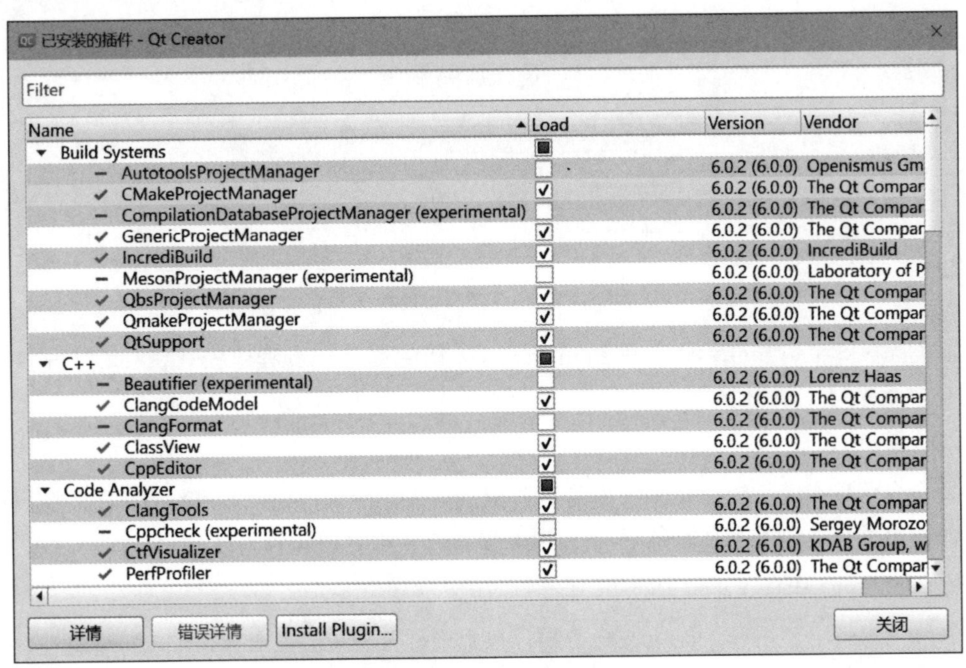

图 2.82 "已安装的插件"界面

2.7 开发工具简介

前面安装的Qt软件开发包中包含了几个很有用的工具，分别是Qt Assistant（Qt助手）、Qt Designer（Qt设计师）和Qt Linguist（Qt语言家）。可以从Windows桌面的“开始”菜单启动它们，当然也可以在默认安装的文件夹路径C:\Qt\6.2.3\mingw_64\bin下找到它们。前面两个已经被整合到Qt Creator中，剩下的Qt语言家会在“2.7.8 Qt linguist介绍”中介绍，现在提及只是想让读者知道有这些工具。更多的相关内容可以在帮助索引中搜索它们的英文关键字查看相关内容。古语说得好：“工欲善其事，必先利其器。”下面介绍这些已安装的开发工具。

2.7.1 cpp预处理程序介绍

C语言程序在编译之前，会首先进行预处理，这个处理步骤是要先处理源代码程序中的指示字，能做预处理工作的软件称为预处理程序。预处理程序的概念来源于C语言，它是C语言的一部分。

预处理程序对C语言源代码文件中以#开头的指示字处理之后，产生C语言源代码文件的修改版本。Qt Creator集成开发环境安装后包含有GNU编译程序集合，其中就有C语言预处理程序cpp。在Windows环境下cpp程序安装在C:\Qt\Tools\mingw900_64\bin目录下，安装位置如图2.83所示。

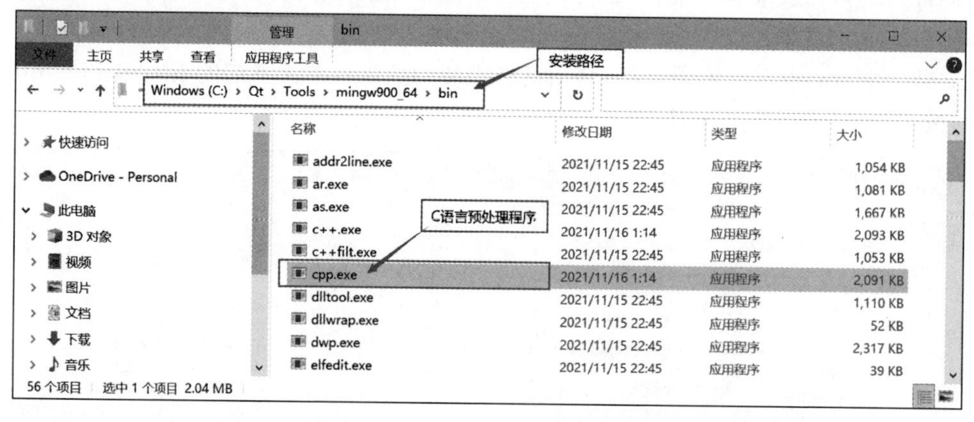

图2.83 Windows下C语言预处理程序cpp安装位置

在CentOS 8.5(Linux)系统下和macOS 10.15系统下cpp程序安装在/usr/bin目录下面。在终端窗口下使用命令。

```
echo $PATH
```

此命令可以查看系统配置文件中是否含有/usr/bin目录，含有的话就可以直接在当前C语言源代码目录下输入下面的命令，生成预处理后的C语言源代码程序precompiler.txt。

```
cpp -E -dD main.c -o precompiler.txt
```

在终端窗口下使用cat和more命令可以按空格键一屏一屏地查看生成的precompiler.txt文件内容。

```
cat precompiler.txt | more
```

在 macOS 10.15 系统下 cpp 程序也安装在/usr/bin 目录下面，使用方法与 CentOS 8.5 相同。

2.7.2 gcc 编译程序介绍

按照在线安装程序设置，Windows 10 系统的 gcc.exe 编译程序作为 MinGW 软件工具集的一部分被安装在 C:\Qt\Tools\mingw900_64\bin 目录下，为了方便执行 gcc.exe 编译程序，可以在 Windows 10 的系统变量 path 中加入 C:\Qt\Tools\mingw900_64\bin 路径，这样就可以在命令行环境下使用 gcc 随时执行 gcc.exe 编译程序。在 CentOS 8.5 系统下和 macOS 10.15 系统下，gcc 编译程序（可执行程序全名为 gcc，这两种系统可执行程序没有 exe 扩展名）都安装在/usr/bin 路径下。GCC（GNU Compiler Collection，GNU 编译程序集合，其中 C 语言编译程序可执行文件名为 gcc，在 Windows 系统下添加 exe 扩展名）是最重要的开放源码软件，事实上，其他所有开放源码软件都在某种层次上依赖于它。甚至其他语言，例如 Perl 和 Python，都是由 C 语言开发的，由 gcc 编译程序编译的。

GCC 是 GNU 项目的一个产品。该项目始于 1984 年，目标是以自由软件的形式开发一个完整的类 UNIX 的操作系统。GCC 编译程序集合可以在很多操作系统平台上运行，GCC 编译程序集合包含多种程序设计语言的编译程序，GCC 编译程序集合支持的基本语言是 C 语言，对应的编译程序文件名是 gcc（Windows 环境下添加 exe 扩展名）。用 GCC 编译程序集合中的 C 语言编译程序 gcc 有很多选项，灵活使用这些选项可以完成很多特殊功能效果，图 2.84、图 2.85 和图 2.86 分别是使用不同的选项参数进行编译的操作截图。

使用 ANSI 标准只编译不连接，将 D:\WorkDir\main.c 文件编译输出送到 D:\WorkDir\main.o 文件，截图如图 2.84 所示。

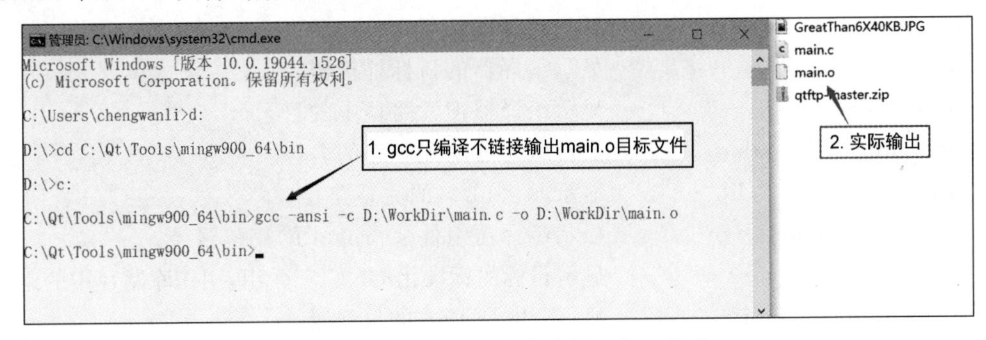

图 2.84 gcc 命令行方式编译一个 C 程序

用 gcc 编译程序也可以将 D:\WorkDir\main.c 文件编译成汇编语言代码输出到 D:\WorkDir\main.asm 文件，操作截图如图 2.85 所示。

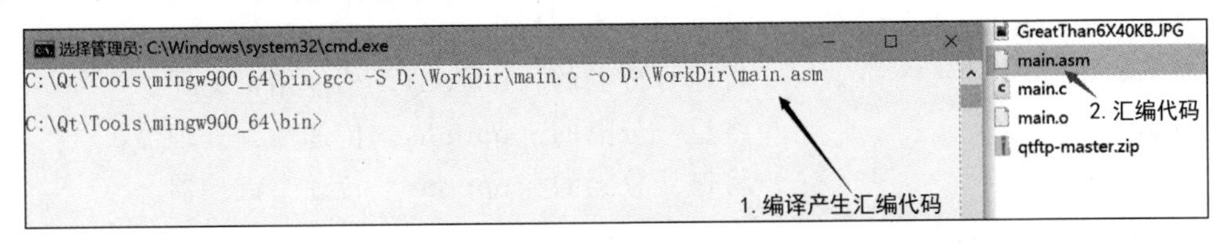

图 2.85 gcc 命令行方式编译产生一个汇编语言程序

用 gcc 编译程序还可以将 D:\WorkDir\main.o 目标文件链接成可执行程序代码输出到 D:\WorkDir\CPA.exe 文件，操作截图如图 2.86 所示。

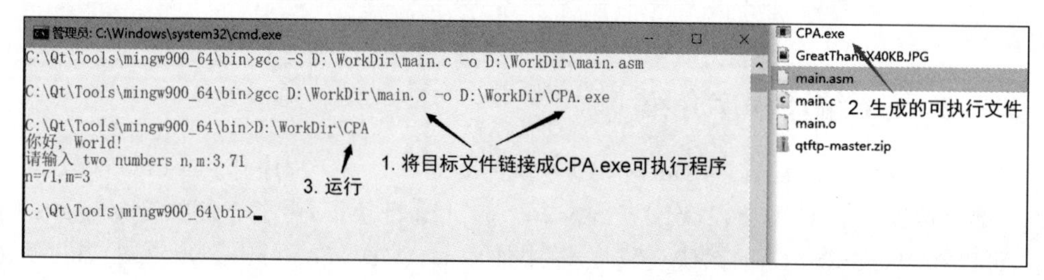

图 2.86 gcc 命令行方式链接产生一个可执行程序

gcc 编译程序的选项说明整理后放在下面，以方便有兴趣的读者查阅研究，可以在自己的计算机上练习手工编译、链接一个或多个 C 语言源代码程序，分别产生汇编代码、目标代码、可执行代码。这种经验在 Qt Creator 集成环境中一般体验不到。

用法：gcc [选项] 文件…

选项：

-pass-exit-codes　　从一个阶段以最高错误代码退出。

--help　　显示此信息。

--target-help　　显示目标特定的命令行选项。

--help={common | optimizers | params | target | warnings | [^]{joined | separate | undocumented}}[,…]　　显示特定类型的命令行选项。

使用 '-v --help' 显示子进程的命令行选项。

--version　　显示编译器版本信息。

-dumpspecs　　显示所有内置的规范字符串。

-dumpversion　　显示编译器的版本。

-dumpmachine　　显示编译器的目标处理器。

-print-search-dirs　　显示编译器搜索路径中的目录。

-print-libgcc-file-name　　显示编译器的配套库的名称。

-print-file-name=<lib>　　显示库 <lib> 的完整路径。

-print-prog-name=<prog>　　显示编译器组件 <prog> 的完整路径。

-print-multiarch　　显示目标的标准化 GNU 三元组，用作库路径中的组件。

-print-multi-directory　　显示 libgcc 版本的根目录。

-print-multi-lib　　显示命令行选项和多个库搜索目录之间的映射。

-print-multi-os-directory　　显示操作系统库的相对路径。

-print-sysroot　　显示目标库目录。

-print-sysroot-headers-suffix　　显示用于查找标头的 sysroot 后缀。

-Wa,<options>　　将逗号分隔的 <options> 传递给汇编器。

-Wp,<options>　　将逗号分隔的 <options> 传递给预处理器。

-Wl,<options>　　将逗号分隔的 <options> 传递给链接器。

-Xassembler <arg>　　将 <arg> 传递给汇编器。

-Xpreprocessor <arg>　　将 <arg> 传递给预处理器。

-Xlinker <arg>　将 <arg> 传递给链接器。
-save-temps　不要删除中间文件。
-save-temps=<arg>　不要删除中间文件。
-no-canonical-prefixes　在为其他 gcc 组件构建相对前缀时，不要规范化路径。
-pipe　使用管道而不是中间文件。
-time　记录每个子流程的执行时间。
-specs=<file>　用 <file> 的内容覆盖内置规范。
-std=<standard>　假设输入源用于<standard>。如 C89、C99 等。
--sysroot=<directory>　使用 <directory> 作为头文件和库的根目录。
-B <directory>　将 <directory> 添加到编译器的搜索路径。
-v　显示编译器调用的程序。
-###　与 -v 类似，但引用了选项并且未执行命令。
-E　仅预处理；不编译、汇编或链接。
-S　仅编译生成汇编语言；不组装或链接。
-c　编译和汇编，但不链接。
-o <file>　将输出放入 <file>。
-pie　创建一个动态链接位置无关的可执行文件。
-shared　创建一个共享库。
-x <language>　指定以下输入文件的语言。允许的语言包括 C、C++、assembler、none、'none'表示恢复为基于文件扩展名猜测语言的默认行为。

以-g、-f、-m、-O、-W 或 --param 开头的选项会自动传递给 gcc 调用的各种子进程。为了将其他选项传递给这些进程，必须使用-W <letter>选项。

有关错误报告说明，请参阅 https://sourceforge.net/projects/mingw-w64。

2.7.3　clang 编译程序介绍

clang 是苹果公司主导编写的一个 C 语言编译程序（也是 C++、Objective-C 的编译程序）。clang 编译程序可以完成 C 语言源程序的预处理、编译、链接生成可执行程序。

macOS 10.15 系统的 clang 编译程序和 GCC（GNU 编译程序集合）的 C 语言编译程序都安装在/usr/bin 路径下（可执行程序全称是 clang 和 gcc）。在 macOS 10.15 系统下，既可以使用 gcc 编译程序，也可以使用 clang 编译程序处理 C 语言源程序。在 macOS 10.15 系统终端下，输入下面的命令行可以查看 clang 编译程序帮助信息，总体来说 clang 与 gcc 的选项参数和使用非常相似。

```
clang --help
```

2.7.4　qmake 及项目文件（*.pro）介绍

在“2.5.2 在线安装”，进行在线安装时，并没有选择 qmake 工具，但是安装好之后 Qt Creator 6.0.2 默认安装有 qmake 工具包。这也是 Qt 跨平台图形化窗口软件开发包的默认工具。

qmake工具有助于简化跨不同平台开发项目的构建过程，只需要在项目文件(＊.pro)中添加几行信息，qmake就可以自动生成Makefile，使用起来非常方便。虽然qmake是Qt跨平台图形化窗口软件开发包的默认工具，但是qmake可以用于任何软件项目。本书主要讲述C语言编程，使用qmake依然是构建C语言项目工具中一个最优的选择。

qmake根据项目文件(＊.pro)中的信息生成Makefile。项目文件(＊.pro)是一个文本文件，由开发人员在Qt Creator新建项目时创建。针对简单的C语言编程项目，通常项目文件(＊.pro)内容都很简单。复杂的项目会有更多的内容，逻辑也会很复杂。qmake还可以为Microsoft Visual Studio(微软的集成开发环境)生成项目，而无须开发人员更改项目文件(＊.pro)。Qt Creator集成开发环境下qmake管理、构建项目过程如图2.87所示。

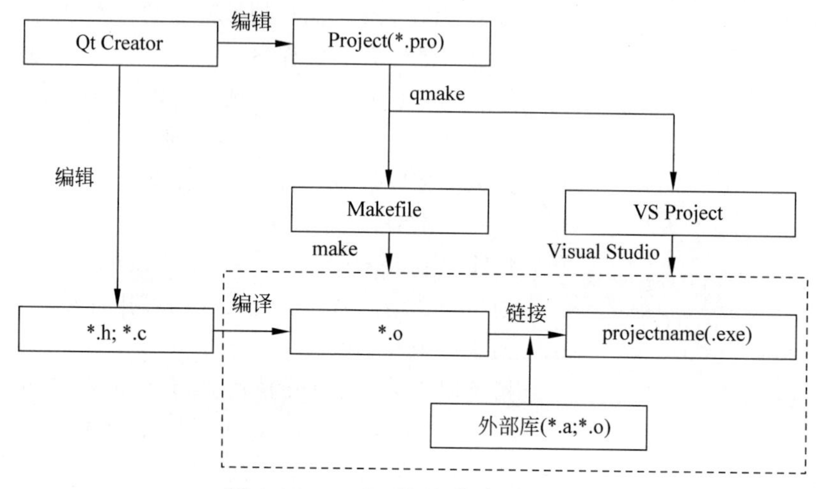

图2.87 qmake管理、构建项目过程

qmake工具提供了一个面向项目的系统，用于管理应用程序、库和其他组件的构建过程。这种方法使用户可以控制所使用的源文件，并允许简明扼要地描述流程中的每个步骤。qmakc将每个项目文件(＊.pro)中的信息扩展为一个Makefile，该Makefile文件提供执行编译和链接所需的命令。

用户开发的每个软件项目都由项目文件(＊.pro)的内容描述。qmake使用此文件中的信息生成包含构建每个项目所需的所有命令的Makefile文件。C语言项目文件通常包含源文件(＊.c)和头文件(＊.h)列表、常规配置信息以及任何特定于应用程序的详细信息，例如要链接的额外库列表或要使用的额外包含路径列表。图2.88是qmake生成的一个Makefile文件内容，它也是一个文本文件。

在“2.6.2示例程序开发生命周期”新建项目时，在弹出的Define Build System(定义构建体系)页面的Build System(构建体系)项，选择qmake而不是CMake，这样就可以在构建项目时使用qmake。注意，在Qt Creator 6.0.2中，虽然新增了CMake，但是使用qmake在项目文件(＊.pro)的编写上更简单明了。此步骤如图2.89所示。

新建项目步骤完成之后，可以在项目文件(＊.pro)中的Sources(源代码文件)项上右击，在弹出的快捷菜单中选择Add New(添加新文件)菜单命令，界面操作如图2.90所示，这样就可以创建添加新的C语言源代码文件了。当然也可以选择“添加现有文件”添加已经存在的C语言源代码文件。

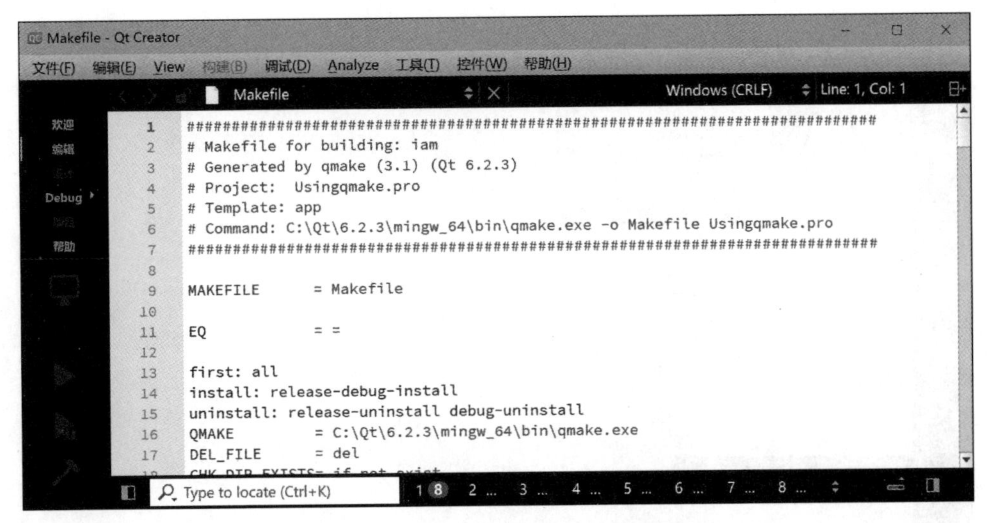

图 2.88 qmake 生成的 Makefile 文件内容

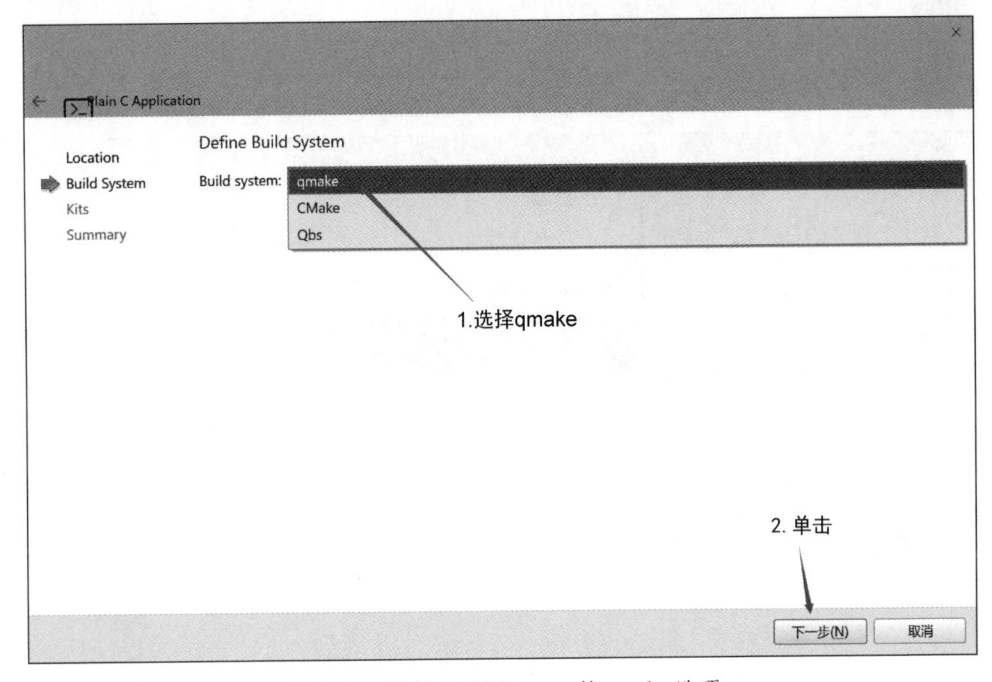

图 2.89 选择 Build System 的 qmake 选项

在弹出的 Location(位置)页面中输入要新添加的文件名,文件扩展名一定要明确指出是 h 还是 c,这会加到不同的列表里。操作如图 2.91 所示。

然后在 Project Management(项目管理)页面选择是否添加到项目(默认添加到 pro 文件)。操作界面如图 2.92 所示。

对于不想要的文件或添加错的文件,可以如图 2.93 所示选择 Remove(移除)菜单命令,从项目中将文件删除掉,可以选择永久删除(磁盘中的文件也一起彻底删掉的方式,删除 *.c 会连对应的 *.h 文件一起删除),删除后,项目窗口中就看不到此文件了,项目文件夹里也找不到此文件了。

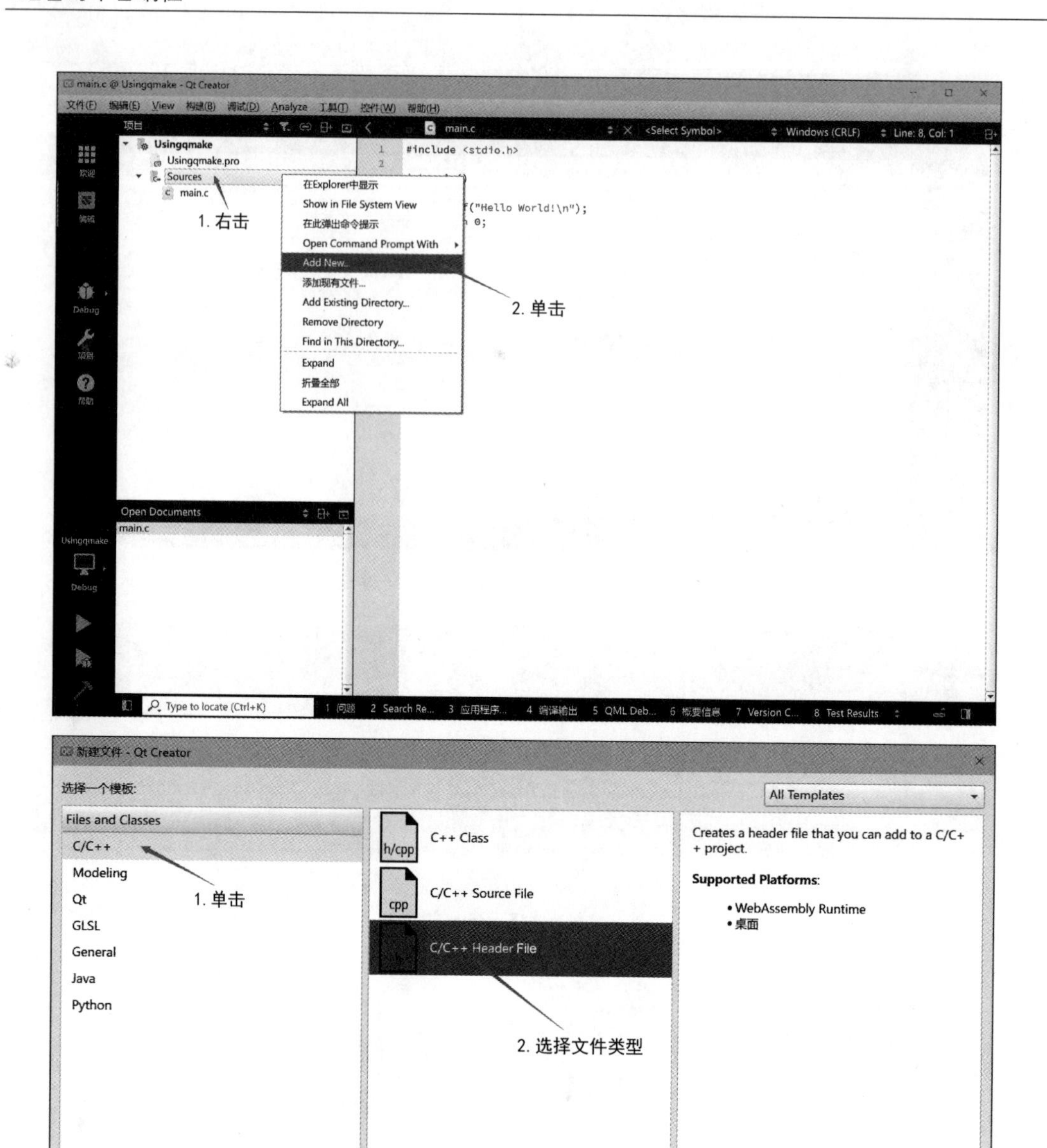

图 2.90　在项目中添加新文件

添加完所有需要的文件后，可以查看项目文件(*.pro)的内容，添加进去的所有头文件(*.h)、代码源文件(*.c)全在里面。除了这些文本文件列表，还可以看到一些常规配置信息以及任何特定于应用程序的详细信息。项目文件(*.pro)内容如图 2.94 所示。

1. 项目文件(*.pro)的编写

下面简单介绍 C 语言编程常用到的一些项目文件(*.pro)内容和 qmake 命令。假定已经创建了如图 2.94 所示的 Usingqmake 项目，在左侧项目窗口双击 Usingqmake.pro 项

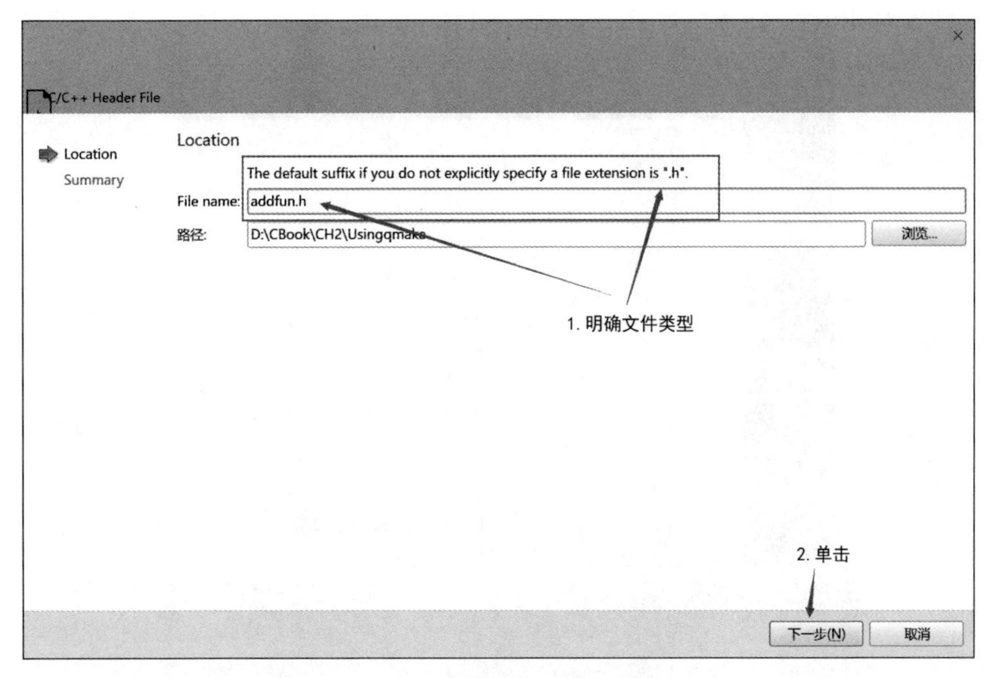

图 2.91 在项目中添加头文件

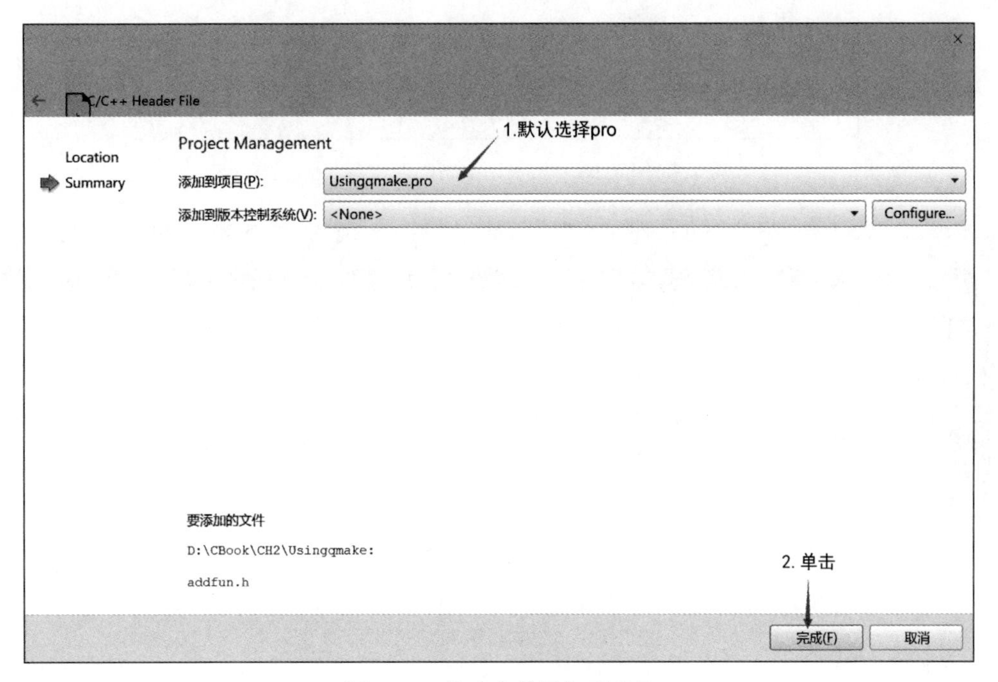

图 2.92 将头文件添加到项目

目文件,可以看到如下内容(注意,注释内容是新添加的解说内容)。

```
#向项目文件添加注释.注释以#字符开头,一直到同一行的末尾
TEMPLATE = app              #定义将要构建的项目的类型,常用的有 app,lib,vcapp,vclib
CONFIG += console           #指定应用程序的类型, 必须使用"+="或"-="
#常用的有 Windows、Console、testcase
CONFIG -= app_bundle        #取消 app_bundle,这是苹果 macOS 下的应用程序属性
```

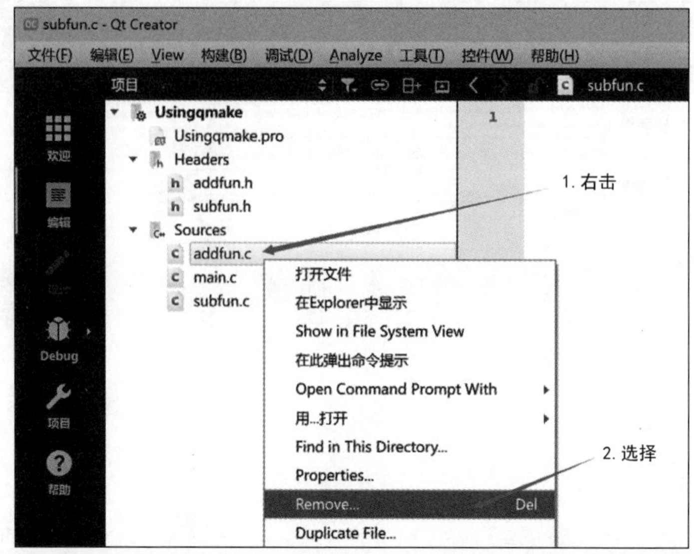

图 2.93 从项目中删除源文件

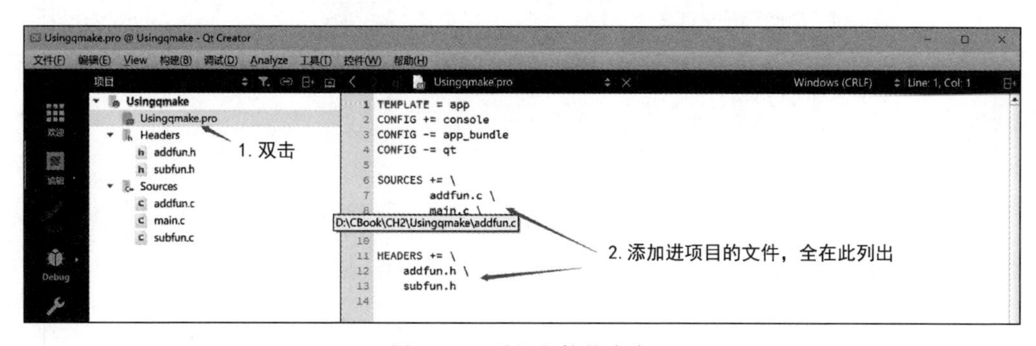

图 2.94 项目文件的内容

```
                                 # 苹果 macOS 下还有 lib_bundle,plugin_bundle
CONFIG -= qt                     # 取消 qt,本程序只是很普通的 C 程序,不是 Qt 程序,
SOURCES += \                     # 项目源代码文件列表,用\表示有续行,一行一个文件比较清晰
      addfun.c \
      main.c \
      subfun.c
HEADERS += \                     # 项目头文件列表,文件之间用空格隔开
   addfun.h \                    # 用\表示有续行,续行前最好留个空格,一行一个文件比较清晰
   subfun.h
```

表 2.1 中列出了一些 qmake 常用的变量及说明。

表 2.1 项目文件中 qmake 常用变量及说明

变 量	含 义	功 能 说 明
TEMPLATE	项目的模板	决定了构建过程的输出是应用程序、库还是插件
CONFIG	通用项目配置选项	配置最丰富的变量
DESTDIR	目标文件夹目录	构建后可执行文件和二进制文件(macOS 的应用程序还会包含一些必需的资源文件)放在这个变量指定的文件夹目录中
HEADERS	项目头文件列表	构建项目时使用的以空格隔开的头文件(*.h)的文件名列表
SOURCES	源代码文件列表	构建项目时要使用的以空格隔开的源代码文件列表
INCLUDEPATH	头文件包含路径	此变量存储特殊指定的头文件(*.h)的路径位置
DEFINES	定义预处理需要的宏	将 DEFINES 变量的值作为预处理的宏,例如:DEFINES+=COLOR1,功能上与 gcc-DCOLOR1=100 使用-D 选项将宏 COLOR1 传给预处理程序类似
DEPENDPATH	应用程序的依赖项搜索路径	qmake 将使用此变量获取目录列表,以解决依赖关系
LIBS	额外库文件	此变量存储需要链接时需要的外部库文件(*.a;*.o;*.so 等),可以全路径指明
DISTFILES	将指定的文件放在 DESTDIR 路径目录下	仅在 UNIX(macOS、Linux)下有效
DLLDESTDIR	指定复制目标 dll 的位置	指定复制目标 dll 文件的位置,仅在 Windows 下有效。一般 C 语言程序设计用不到 dll 动态链接库,不必关注
QT	QT 模块列表	构建项目时要使用的 Qt 模块名列表,Qt 模块名之间以空格隔开。例如:QT+=network xml,表示项目需要使用 QT 的 network 网络模块和 xml 模块,一般 C 程序设计用不到 Qt 模块,不必关注
RESOURCES	资源(.qrc)文件列表	要包含在最终项目中的资源文件(*.qrc)列表。在开发跨平台图形用户界面的 Qt 程序时会用到,一般 C 语言程序设计用不到 Qt 资源文件,不必关注
FORMS	UI 文件列表	项目中要由用户界面编译程序处理的用户界面设计文件(*.ui)列表,一般 C 语言程序设计用不到 Qt 的图形界面设计文件,不必关注

在项目文件(*.pro)中,还可以定义特殊的头文件目录。项目默认的当前目录存放头文件和源文件,当文件存在其他定义的路径下时,可以用如下全路径方式指明。

```
INCLUDEPATH = c:/mydev/include D:/Cbook/CH2/Usingqmake/yourdisk
```

在项目文件(*.pro)中,还可以指定生成的可执行文件名字,如下所示。

```
TARGET = iam            # 在 Windows 下生成 iam.exe, 在 Linux 下生成属性为"x"的可执行程序 iam
```

当需要链接外部库文件时,可以在项目文件(*.pro)的最后添加一行“LIBS += 库文件全路径文件名”。需要特别说明的是,路径分隔符可以用 UNIX(Linux)下的“/”号,而不必用 Windows 下的“\”号,如下所示。

```
LIBS += C:/Qt/Tools/mingw900_64/x86_64 - w64 - mingw32/lib/libws2_32.a
```

上述行信息是告诉 qmake 需要链接 Winsock 网络套接字编程时需要的外部库文件 C:\Qt\Tools\mingw900_64\x86_64-w64-mingw32\lib\libws2_32.a。

当 TEMPLATE＝lib 时，项目最终生成的是库文件。还可以将以下选项添加到 CONFIG 变量，详细定义是生成静态链接库还是动态链接库，或插件库。

```
CONFIG += staticlib          #这是要最终生成静态库,可选的还有 dll,plugin
```

除了在项目文件(*.pro)中明确说明以外，有些变量的配置是放在“模式选择器”的“项目”模式中的，如图 2.95 中就有下面的配置。

```
CONFIG += debug              #构建模式,可选的还有 build_all,debug_and_release,debug
                             #release,c99,c11,c17,strict_c,c++11,c++17,c++19,c++20
DESTDIR = D:/Cbook/CH2/build-Usingqmake-Desktop_Qt_6_2_3_MinGW_64_bit-Debug
                             #构建的可执行程序存放的目录
```

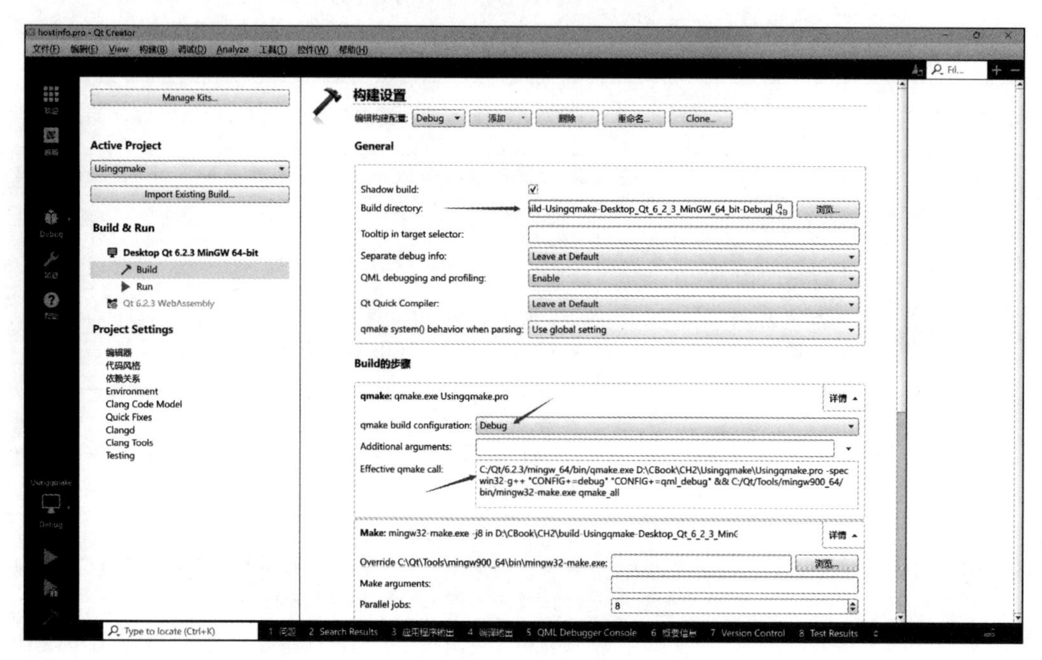

图 2.95 “模式选择器”的“项目”模式中的配置内容

这些变量的值可以通过 $$ 运算符获取，例如：

```
TEMP_SOURCESVAR = $$SOURCES
message( $$TEMP_SOURCESVAR)
#把 SOURCES 变量中的源代码文件列表赋给 TEMP_SOURCESVAR 变量,并显示变量内容
```

除了表 2.1 列出的 qmake 常用变量，qmake 还提供了一些常用的内置函数，用于控制流，如表 2.2 所示。

表 2.2 qmake 常用的内置函数及说明

内置函数	功能说明
include()	以文件名作为参数，通常是将其他项目文件(*.pro)的内容包含在项目文件中使用 include()函数的地方，例如： include(tcpserver.pro)

续表

内 置 函 数	功 能 说 明
CONFIG()	测试是否存在某些 CONFIG 变量配置选项，进行流程控制。例如： CONFIG = debug CONFIG + = release CONFIG(release, debug | release):message("release!")

exists()	检测是否存在指定的文件，并根据检测结果进行流程控制。exists()函数可以与“!”搭配使用，表示逻辑反，例如：
	!exists(main.c)
	{
	  error("No main.c file found")
	}

error()	显示错误信息并退出 qmake，例如： error("No main.c file found")
message()	显示提示信息不退出 qmake，例如： message("Keep running!")

isEmpty()	检测参数变量是否为空，并根据检测结果进行流程控制。isEmpty()函数可以与“!”搭配使用，表示逻辑反，例如：
	isEmpty(CONFIG) {
	CONFIG + = debug
	}

2. qmake 的执行

qmake 在运行时可以通过在命令行上指定各种选项来定义其行为。这些选项允许微调构建过程，为项目提供有用的诊断信息，并可为项目指定目标平台。当然在 Qt Creator 中可以不用考虑这些，通过 Qt Creator 的“构建-构建项目”菜单命令就可以直接自动执行 qmake 完成构建工作。为了能更好地使用这些选项，下面就介绍一下这些 qmake 选项的内容。qmake 的语法形式如下。

```
qmake  [mode]  [options]  files
```

根据安装时指定的路径，qmake 文件被安装在如图 2.96 所示的位置，用户可以将这个路径加入系统路径中，这样就可以在任何路径下直接用命令行方式运行 qmake 程序。

图 2.96 qmake 可执行程序的位置

files(文件)参数表示以空格分隔的一个或多个项目文件的列表。mode(模式)可以是表 2.3 所列内容。

表 2.3 qmake 的 mode 选项及说明

mode(模式)	说 明
-makefile	qmake 将输出一个 Makefile 文件
-project	qmake 将输出一个项目文件(*.pro)

其中,options(选项)可以是表 2.4 所列内容。

表 2.4 qmake 的 options 选项及说明

options(选项)	说 明
-help	qmake 将提供一些有用的帮助
-o file	qmake 输出将被定向到文件。如果未指定此选项,qmake 将尝试为其输出使用合适的文件名,具体取决于它运行的模式。如果指定了-,则输出将定向到标准输出
-d	qmake 会输出调试信息
-t tmpl	在处理 *.pro 文件之后,qmake 将使用 tmpl 覆盖设置的 TEMPLATE 变量
-tp prefix	qmake 将为 TEMPLATE 变量添加前缀 prefix
-Wall	qmake 将报告所有已知的警告
-Wnone	qmake 不会生成任何警告信息
-Wlogic	qmake 将警告项目文件中的常见陷阱和潜在问题。例如 qmake 将报告文件列表中重复出现的文件和丢失的文件
-spec spec	mode 是-makefile 时,qmake 将使用 spec 作为平台和编译程序信息的路径,并忽略 QMAKESPEC 的值。例如苹果 macOS 系统:qmake -spec macx-g++ Usingqmake.pro
-r	mode 是-project 时,qmake 将递归地查看提供的目录
-nopwd	mode 是-project 时,qmake 不会在当前的工作目录中查找源代码,而是使用指定的文件路径目录

下面的命令行会在 Windows 环境下将项目文件 Usingqmake.pro 用 qmake 处理生成 Makefile。

```
qmake -makefile -o Makefile Usingqmake.pro
```

或者简单地使用下列命令,也可以达到同样效果。

```
qmake Usingqmake.pro
```

命令处理结果截图如图 2.97 所示,产生了 Makefile 文件。

图 2.97 运行 qmake 将项目文件处理成 Makefile 文件

2.7.5 CMake 及 CMakeLists. txt 介绍

在“2.5.2 在线安装”进行在线安装时，选择了 CMake 3.21.1 64-bit 工具，CMake (Cross-Platform Make)是一个跨平台的管理应用程序、库和其他组件的构建过程的开源工具，可以用简单的语句来描述项目在不同平台的构建过程。CMake 的所有的语句都写在一个叫 CMakeLists. txt 的文件中，它又称为 CMake 构建专用定义文件。在用 Qt Creator 新建项目时，如果选择 CMake，Qt Creator 会自动产生一个 CMakeLists. txt 文件。当 CMakeLists. txt 文件确定后，可以用 cmake 命令对相关的变量值进行配置。

配置完成之后，用 cmake 命令生成相应的 Makefile 或者 build. ninja（Google 的构建文件）或者 Microsoft Visual Studio（微软的集成开发环境）的项目文件（指定用 Visual Studio 的相应编程工具编译时）。Qt Creator 集成开发环境下 CMake 管理、构建项目过程如图 2.98 所示。

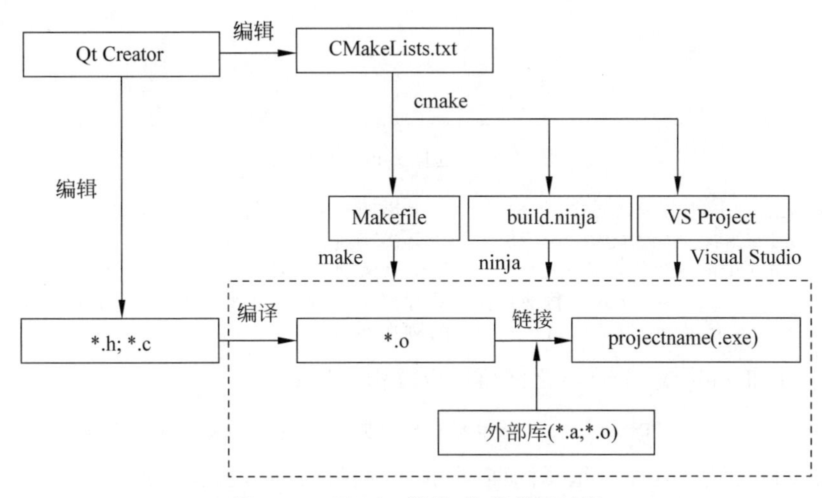

图 2.98 CMake 管理、构建项目过程

启动 Qt Creator，新建 UsingCMake 项目。在 Define Build System（定义构建体系）页面的 Build system（构建体系）选项中选择 CMake 时，在项目文件中就会产生一个 CMakeLists. txt 文件，如图 2.99 所示。

对于新建的 UsingCMake 项目，CMakeLists. txt 文件通常会有下面三行内容。

```
cmake_minimum_required(VERSION 3.5)          #声明 CMake 所需要的最低版本
project(UsingCMake LANGUAGES C)              #声明项目名称和语言
add_executable(UsingCMake main.c)            #从源文件 main.c 构建可执行程序 UsingCMake.exe
                        #UNIX 和 Linux 下构建可执行程序 UsingCMake,包含文件可执行许可位 x 设置
                        #有多个 C 文件时,以空格分隔,列在 main.c 之后
```

1. 项目文件 CMakeLists. txt 的编写

下面简单介绍 C 语言编程常用的项目文件 CMakeLists. txt 内容和 cmake 命令。假定已经创建了如图 2.100 所示的 UsingCMake 项目，在左侧项目窗口双击 CMakeLists. txt 项目文件，可以看到基本的三行文字内容。有必要说明的是，CMakeLists. txt 文件内容大小写不敏感，既可以用大写字母，也可以用小写字母，混用大小写字母也可以。特别注意的是，路径需要用/号替代 Windows 下的\号，否则偶尔会遇到\C 问题。

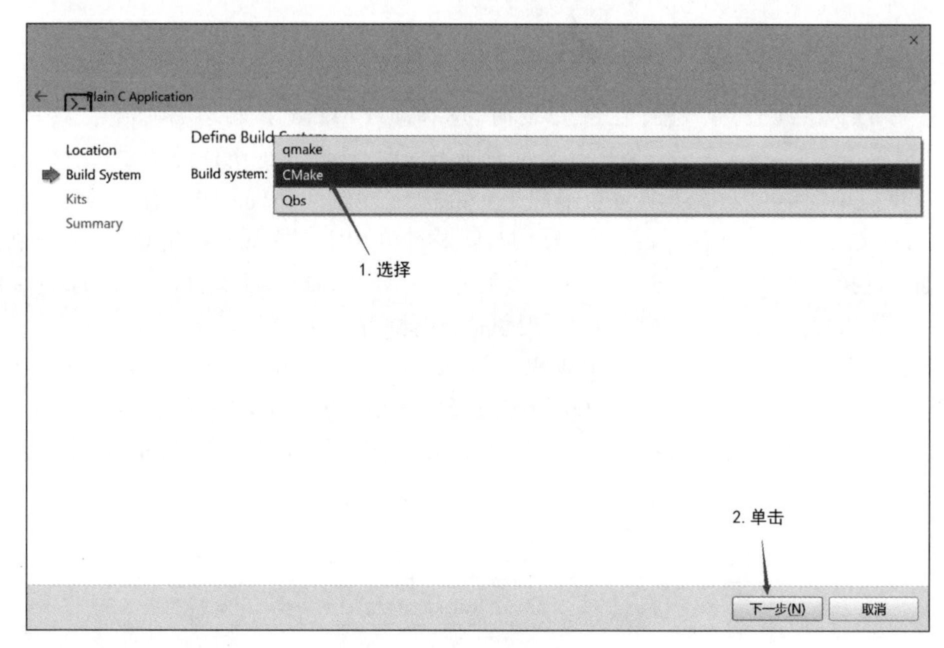

图 2.99　选择 Build system

```
cmake_minimum_required(VERSION 3.5)          #声明 CMake 所需要的最低版本
project(UsingCMake LANGUAGES C)              #声明项目名称和语言
add_executable(UsingCMake main.c)            #从源文件 main.c 构建可执行程序 UsingCMake.exe
            #UNIX 和 Linux 下构建可执行程序 UsingCMake,包含文件可执行属性位设置
            #有多个 C 文件时,以空格分隔,列在 main.c 之后
```

在 project 和 add_executable 之间可以设置构建类型。

```
set(CMAKE_BUILD_TYPE "Debug")          #设置构建类型,可选 Release、RelWithDebinfo、MinSizeRel
```

然后可以设置编译程序和编译标准,在新建项目文件时,创建的程序项目默认编译程序是 C:/Qt/Tools/mingw900_64/bin/g++.exe。这是 GNU 的 C++ 语言编译程序,虽然编译 C 语言源代码没有问题,但是严格来说不符合我们的要求,可以取消 C++ 编译程序设置,重新设置编译程序为 C 语言编译程序,并且编译标准选择 C89 标准,语句如下。

```
unset(CMAKE_CXX_COMPILER)                                  #取消 C++语言编译程序
set(CMAKE_C_COMPILER C:/Qt/Tools/mingw900_64/bin/gcc.exe)  #设置 C 语言编译程序
      #CentOS 8.5 使用 usr/bin/gcc
      #macOS 10.15 使用 usr/bin/clang 或者 usr/bin/gcc
add_compile_options(-std=c89)                              #添加编译标准为 C89 标准
```

接着可以设置包含头文件的目录,可以设置多个这样的目录路径。${变量名}是使用变量的方式,默认的当前源代码目录变量是 CMAKE_CURRENT_SOURCE_DIR;默认的当前生成并存放可执行代码的目录变量是 CMAKE_CURRENT_BINARY_DIR。用户也可以用 set 定义自己指定的新变量,然后放在下面的语句中。

```
include_directories(
    ${CMAKE_CURRENT_SOURCE_DIR}
    ${CMAKE_CURRENT_BINARY_DIR}
    ${CMAKE_CURRENT_SOURCE_DIR}/include
)
```

添加新的.h头文件或者.c源代码文件，如图2.100所示。添加文件时，要加扩展名h或c，添加后，因为CMake是新加入的构建过程管理工具，所以提示需要手工编制CMakeLists.txt文件，但是文件名已经复制到了剪切板。所以在CMakeLists.txt文件中需要添加如下各行内容。

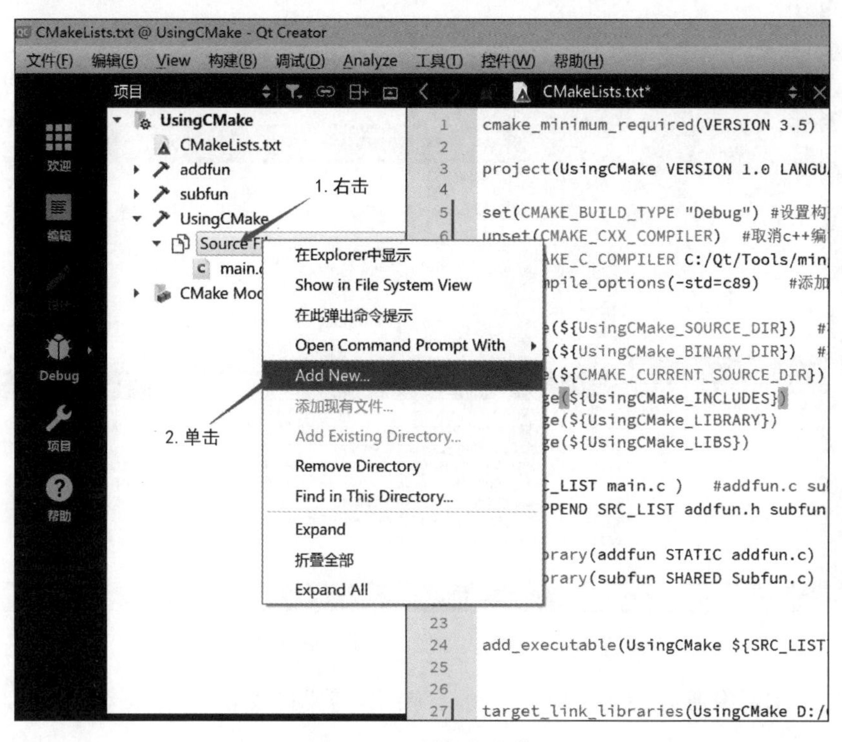

图2.100 添加新文件

```
set(SRC_LIST main.c )              # main.c 添加文件到文件列表变量,SRC_LIST 是新定义的
list(APPEND SRC_LIST addfun.c subfun.c)          #添加文件到文件列表变量
list(APPEND SRC_LIST addfun.h subfun.h)          #添加头文件到文件列表变量
#每次新加文件后,都用这一行添加文件到文件列表变量
#对应 APPEND,还可以用 REMOVE_ITEM 从文件列表变量删除后面指定的文件
add_executable(UsingCMake ${SRC_LIST})           #使用 SRC_LIST 后,要注意修改此命令行
```

用上述命令添加文件列表变量之后，选择“构建-构建项目”菜单命令时，Qt Creator的项目窗口会自动将新添加进来的文件显示在项目数据树上，如图2.101所示。

如果将一些源代码文件单独生成库文件，可以添加如下行。

```
add_library(addfun STATIC addfun.c)              #addfun.c 生成静态库 libaddfun.a
add_library(subfun SHARED subfun.c)              #subfun.c 生成动态库 libsubfun.dll
# addfun.c、subfun.c 不加入 SRC_LIST 文件列表变量,单独生成库文件
#还可以先用 set(STATIC_LIST addfun.c …),然后用${STATIC_LIST}替换库源文件名
```

在add_executable之后可以添加项目可执行程序链接时需要的外部静态库文件，库文件名可用当前目录单独文件名，也可以用全路径文件名，如下所示。

```
target_link_libraries(UsingCMake
D:/CBook/CH2/build-UsingCMake-Desktop_Qt_6_2_3_MinGW_64_bit-Debug/libaddfun.a)
        #链接时需要的静态库
# 参数 UsingCMake 是 target-name,参考 add_executable(UsingCMake main.c)
```

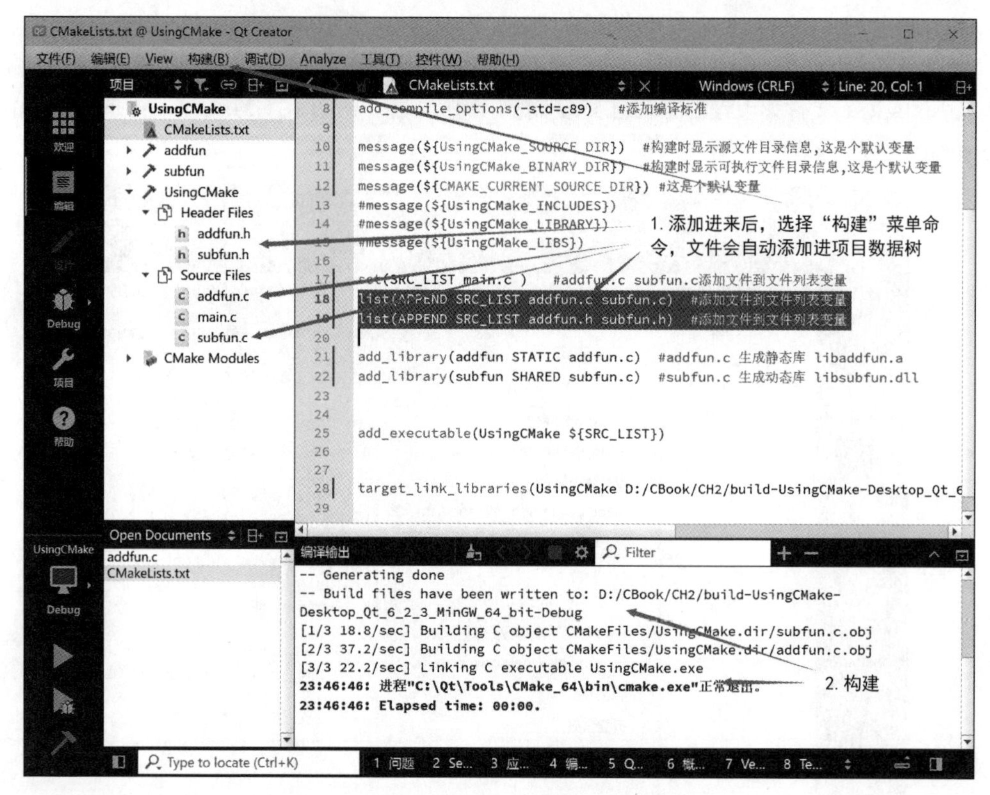

图 2.101 CMake 构建方式添加项目源代码文件和头文件方式

在“第 15 章网络通信”中用到 Winsock 套接字，需要连接静态库 libws2_32.a，也是用同样的命令。

```
target_link_libraries(UsingCMake
C:/Qt/Tools/mingw900_64/x86_64 - w64 - mingw32/lib/libws2_32.a)      # 链接 libws2_32.a
# 参数 UsingCMake 是 target - name，参考 add_executable(UsingCMake main.c)
```

上述编写 CMakeLists.txt 文件的命令已经足够 C 语言编程所用。下面介绍如何执行 cmake 命令来处理 CMakeLists.txt 文件。

2. cmake 命令的执行

cmake 在运行时可以通过在命令行上指定各种选项来自定义其行为。这些选项允许微调构建过程，提供有用的诊断信息，并可用于为项目指定目标平台。当然在 Qt Creator 中可以不用考虑这些，通过 Qt Creator 的“构建-构建项目”菜单命令直接自动执行完成构建工作。为了能更细致地学习，下面介绍这方面的内容。用于运行 cmake 的语法采用以下简单形式。

```
cmake [options] <path - to - source>
cmake [options] <path - to - existing - build>
cmake [options] - S <path - to - source> - B <path - to - build>
```

根据安装集成开发环境时指定的路径，cmake 文件被安装在如图 2.102 所示的位置，将这个路径加入系统路径中，这样就可以在任何路径下用命令行方式直接运行 cmake 程序。

在 Windows 环境下同时按下 ⊞ 键和 R 键，启动命令行窗口。输入下面三行指令即可

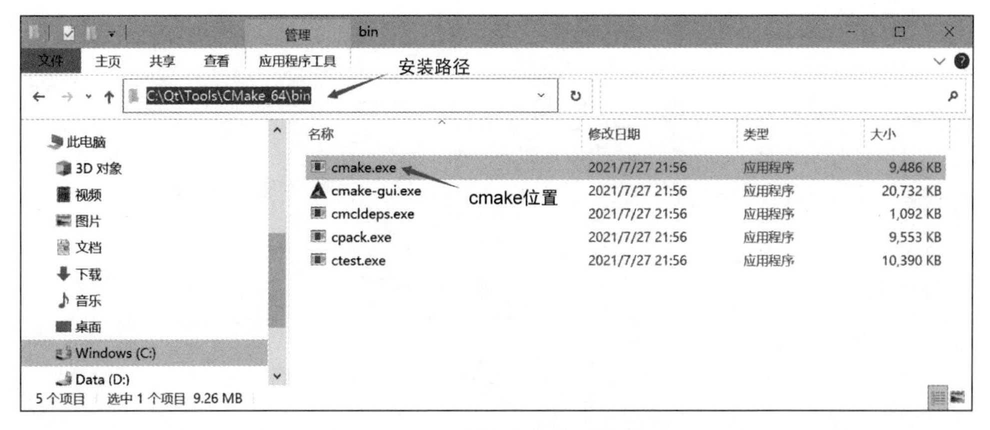

图 2.102　cmake 可执行程序位置

对生成的项目文件 CMakeLists.txt 进行处理。编者安装 Qt 时选择了 Ninja 构建工具，因此可以直接快速地生成可执行文件。用 cmake --help 命令查看 cmake 参数使用说明。图 2.103 是 cmake 执行过程截图。

```
mkdir D:\CBook\CH2\build-UsingCMake-Desktop_Qt_6_2_3_MinGW_64_bit-Debug
cd D:\CBook\CH2\build-UsingCMake-Desktop_Qt_6_2_3_MinGW_64_bit-Debug
cmake ../UsingCMake
```

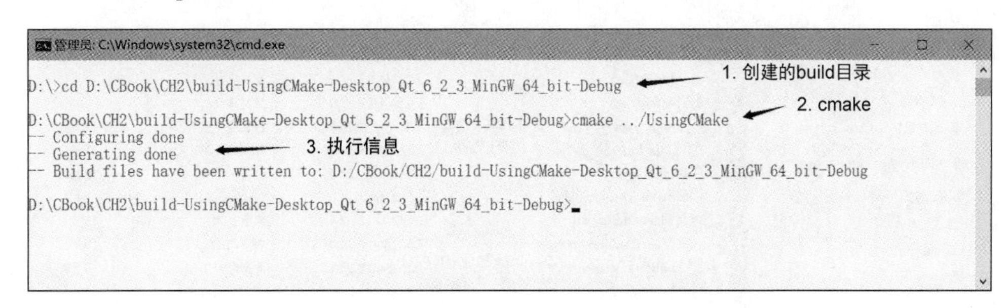

图 2.103　cmake 执行过程

在 C:\Qt\Tools\Ninja 路径下有 ninja.exe 文件，将这个路径加入系统路径中，就可以在命令行方式下，在任何目录里直接运行 ninja.exe 程序生成项目可执行文件，它默认的参数是 ninja -f build.ninja。其实这些后台的命令，通过 Qt Creator 的“构建-构建项目”菜单命令，都会自动执行，构建出用户需要的可执行程序。图 2.104 展示的就是用命令行方式执行 ninja 构建可执行程序过程的截图。

其实在 cmake 执行时，会自动调用 ninja 产生最终的库文件和可执行文件。最终在可执行文件目录有如图 2.105 所示的中间文件和最终的可执行文件。

2.7.6　Qt Assistant 介绍

按照在线安装程序设置，Qt Assistant 工具软件也会默认安装到计算机中，在编者安装设置参数里是安装在 C:\Qt\6.2.3\mingw_64\bin 下面，文件名是 assistant.exe，在 Windows 10 下面可以双击该文件直接运行。Qt Assistant 已经被整合进 Qt Creator，在 Qt Creator 里可以通过单击“模式选择器”的“帮助”模式激发。

Qt Assistant 是可配置且可重新发布的文档阅读器，可以方便地进行定制，并与 Qt 应

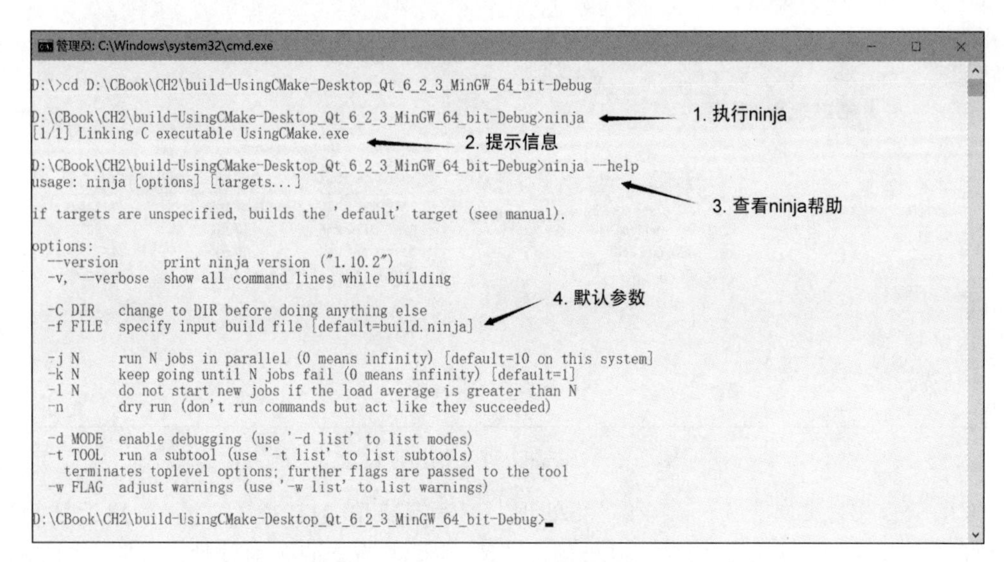

图 2.104 ninja 执行结果及帮助信息

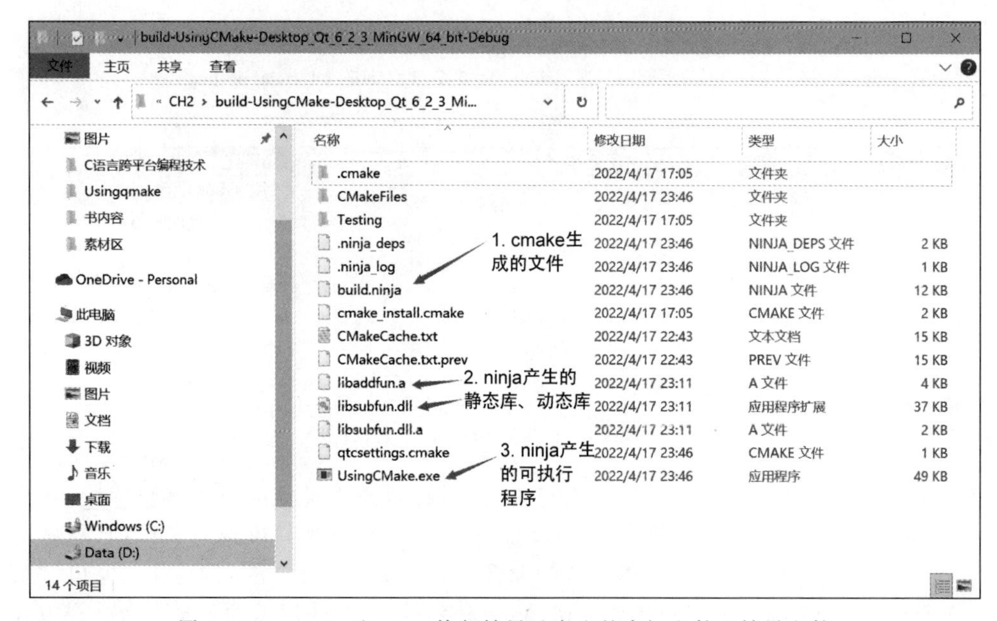

图 2.105 cmake 和 ninja 执行结果及产生的中间文件和结果文件

用程序一起重新发布。Qt Assistant 已经被整合进 Qt Creator，就是前面介绍的 Qt“帮助”模式，它的功能如下。

(1) 快速查找关键词、全文本搜索、生成索引和书签。

(2) 同时为多个帮助文档集合建立索引并进行搜索。

(3) 在本地存放文档或在应用程序中提供在线帮助。

(4) 定制 Qt Assistant 并与应用程序一起重新发布。

在目前 C 语言学习阶段，主要就是在 Qt Creator 里通过“帮助”模式查询使用手册。以后要是学习 Qt 跨平台图形化(GUI)软件开发，查询 Qt 的类库资料非常方便，它是不可或缺的助手。Qt Assistant 两种运行界面如图 2.106 所示。

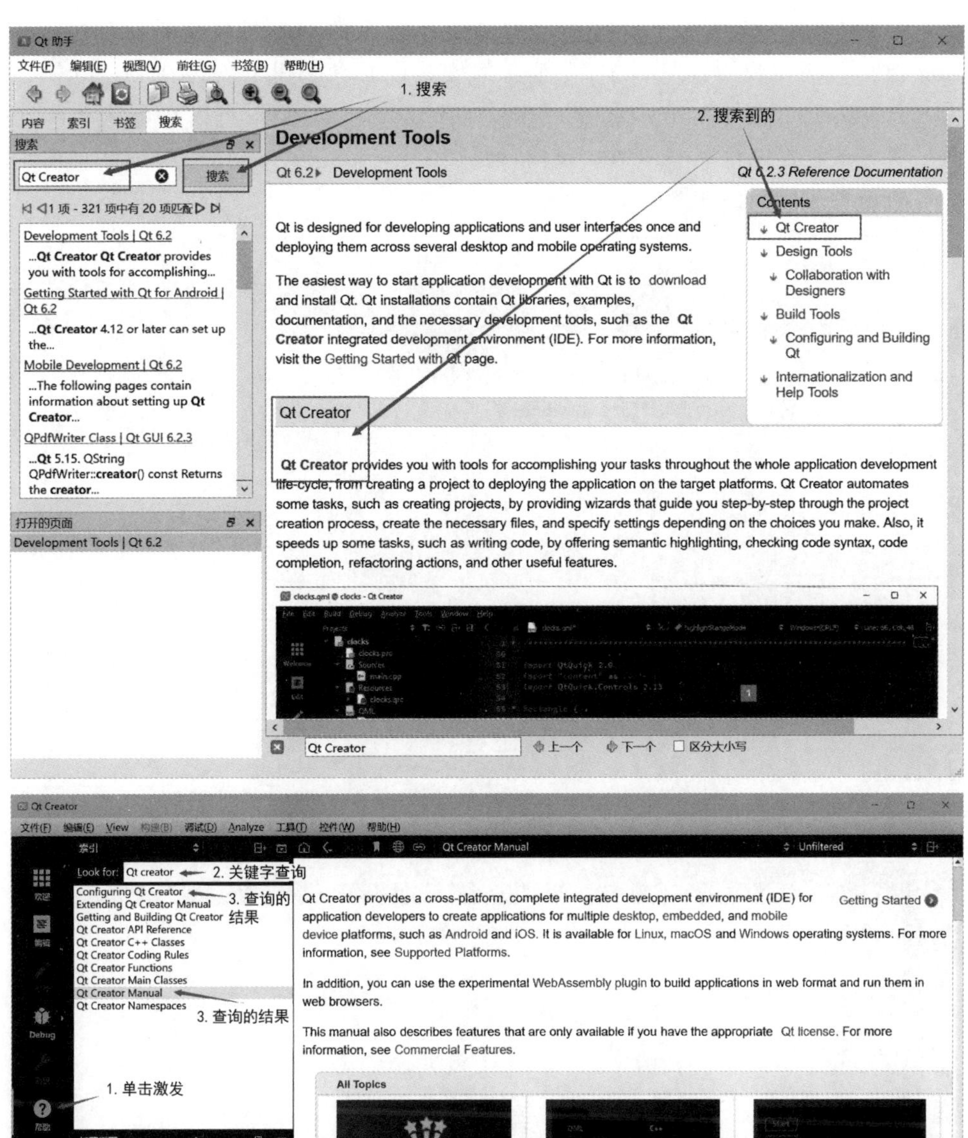

图 2.106 Qt Assistant 两种运行界面

2.7.7 Qt Designer 介绍

这部分内容在学习 C 语言程序设计时用不到，它只是 Qt 软件开发包的一个界面可视化设计工具软件。下面简单介绍这个软件是做什么用的。按照在线安装程序设置，Qt Designer 也会默认安装到计算机中，在编者的安装设置参数里是安装在 C:\Qt\6.2.3\mingw_64\bin 下面，文件名是 designer.exe，在 Windows 10 下面可以双击该文件直接运行。另一种方式就是整合在 Qt Creator 内，通过在“项目”窗口内双击 *.ui 界面文件启动运行。软件两种运行界面如图 2.107 所示。

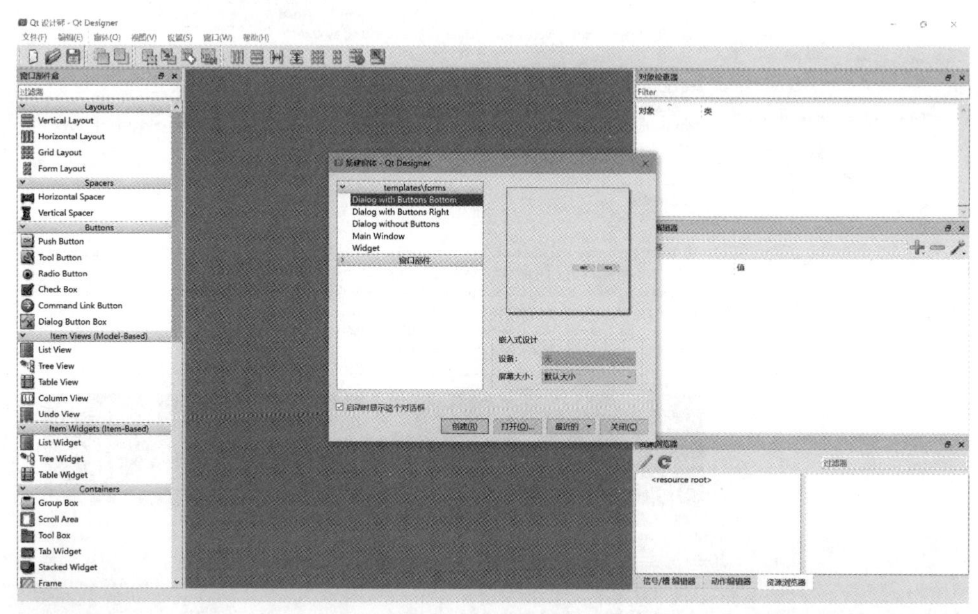

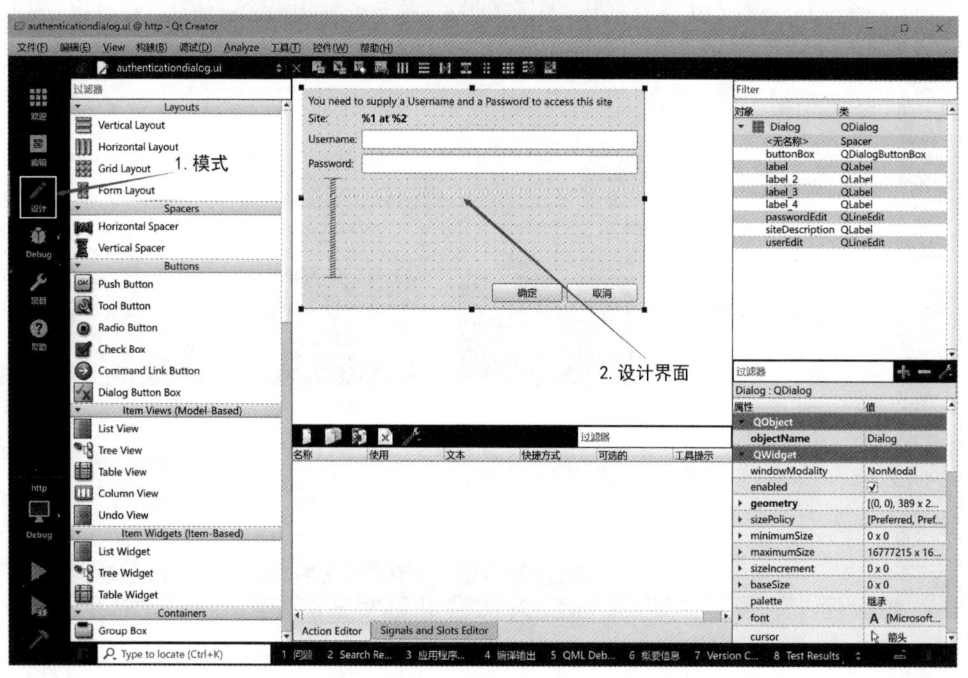

图 2.107 Qt Designer 两种运行界面

可以看出单独运行模式与 Qt Creator 中“设计”模式下界面样子有些差别。Qt Designer 是强大的跨平台 GUI 布局和格式设计工具软件。要在应用程序中使用部件，可以在窗口内左侧的标准部件中选择即可，这样可以快速设计软件界面。使用 Qt Designer 还可以创建菜单、按钮、快捷键、动作、部件以及关联信号和槽（响应函数）。使用 Qt Designer 设计的软件界面是所见即所得的外观效果，其功能和优点如下。

（1）标准部件多，样式丰富，还可定制部件。

（2）使用拖放方式设计，布局效果好，界面设计速度快。

（3）通过界面文件生成 C++代码，兼容性好。

（4）界面部件可以在自己的代码中作为对象使用，编程操作方便。

（5）不同操作系统平台 Qt Designer（Qt 设计师）界面和操作几乎一样，跨平台效果极好。

（6）可以使用动作，信号与槽机制构建功能齐全的用户界面。

Qt Designer 是 GUI 图形用户界面跨平台开发时不可缺少的用户界面设计工具。

2.7.8 Qt Linguist 介绍

这部分内容在学习 C 语言程序设计时用不到，它也是 Qt 软件开发包的一个多语言工具软件。Qt Linguist 提供了一套加速应用程序翻译和国际化的一组工具软件。在开发 Qt 跨平台图形化窗口应用软件时，最后的软件产品如果要在不同语言的国家发布、使用，那么就要将软件内所有的显示文字翻译成不同国家的语言。这种工作量是很大的，而且很容易遗漏要显示的文字内容。Qt Linguist 就是解决这种问题的一套软件工具，其功能和优点如下。

（1）可以同时支持多种语言和书写系统。

（2）软件收集所有 UI 文本产生语言文件，然后可以翻译成各种语言。

（3）软件运行时挂不同语言就可以显示不同的语言界面，甚至可以动态切换多种语言。

（4）软件运行时可切换从左向右或从右向左（阿拉伯语）的语言。

（5）使用 Unicode 编码，支持世界上大多数国家的文字字母，支持多语言混合。

第3章

C语言的基本组成

视频讲解

3.1 字符集

C 语言中使用的所有字符称为 C 语言的字符集，包括常用的字母字符、数字字符、其他专用字符。

字母字符为按字母 A～Z 和 a～z 顺序排列的 26 个大写拉丁字母和 26 个小写拉丁字母。

数字字符为按顺序排列的 10 个阿拉伯数字 0～9。

其他专用字符如：+、-、*、/、=、<、>、,、.、(、)、:、;、[、]、{、}、?、!、~、^、&、%、|、空格、"、"、@、#、制表符、换行符、'、_、各国文字字符。

有了这些符号，就可以组成词汇，由词汇再组成程序。按照 C 语言习惯，要用小写字母书写程序，大写字母在 C 程序中有特殊用途，这一点不同于其他语言，如 FORTRAN、PASCAL 等。在 C 语言中，大小写区分比较严格，大小写写错可能表示不同的含义，所以应注意大小写的书写。

随着计算机技术的发展，各个国家都大量使用计算机，而这些国家因语言不同使用的字符也是不相同的，因此在信息处理上需要规范信息编码。

EBCDIC(Extended Binary Coded Decimal Interchange Code)是 IBM 公司于 1963 年到 1964 年间推出的字符编码规则，是早期的大型计算机上使用的一种字符编码规则。编者 2003 年曾经编写过 SEGY 格式地震数据解编程序，文件开头的 3200 字节就是 EBCDIC 的文本，共 40 行 80 列，因此要想看到这些文本信息必须转换为 ASCII、ISO 8859-1 编码才能在 PC 上看到这部分描述信息。跨平台开发软件需要重点考虑字符编码问题。

ASCII(American Standard Code for Information Interchange，美国信息交换标准代码)是基于拉丁字母的一套计算机信息编码系统，主要用于显示现代英语和其他西欧语言。它是最通用的信息交换标准，并等同于国际标准 ISO/IEC 646。ASCII 第一次以规范标准的类型发表是在 1967 年，最后一次更新则是在 1986 年，到目前为止共定义了 128 个字符机器编码规则。

由于英文字符总数不多，所以标准的 ASCII 就能很好地解决问题，但对于欧洲一些特殊语言国家，例如希腊，就有其特定需要。因此，为了解决这个问题，国际化标准组织借鉴了标准 ASCII 的设计思想，创造了利用 8 位二进制数来表示字符的扩展 ASCII，就是在 0～127 部分的编码与标准 ASCII 相兼容的基础上，将 128～255 部分用作其他语言字符的编码，这样，欧洲的特殊语言就可以制定自己的扩展 ASCII 字符集，这些不同的扩展 ASCII 字符集就构成了 ISO 8859。ISO 8859 不是一个标准，而是一系列字符集编码标准的集合，用 ISO 8859-1～ISO 8859-16 表示，共 16 个字符集编码标准。这套字符集编码标准的共同特点是以同样的编码对应不同的字符集。

中国的汉字编码国家标准分为双字节部分和四字节部分。现有汉字编码有 GB 2312（全称为 GB 2312—1980，信息交换用汉字编码字符集 基本集）、GBK（汉字内码扩展规范）、GB 13000.1—1993（信息技术通用多八位编码字符集（UCS）第一部分：体系结构与基本多文种平面（idt ISO/IEC 10646.1—1993））、GB 18030（信息交换用汉字编码字符集基本集的扩充）。GB 18030 完全兼容 GBK、GB 2312，并且是后二者的替代标准，也将是今后唯一的字符集国家标准。GB 18030 编码的双字节部分和 GBK 基本完全相同；四字节部分比 GBK 多了 6582 个汉字（27 484～20 902）。GBK 是在 GB 2312 的基础上扩容后兼容 GB 2312 的标准。

UTF-8（Universal Character Set/Unicode Transformation Format）是针对 Unicode 的一种可变长度字符编码。其编码中的单字节文字仍与 ASCII 相兼容（Unicode 范围由 U+0000 到 U+007F）。带有变音符号的拉丁文、希腊文、西里尔字母、亚美尼亚语、希伯来文、阿拉伯文、叙利亚文等字母则需要 2 字节编码（Unicode 范围由 U+0080 到 U+07FF）。其他语言的字符（包括中日韩文字、东南亚文字、中东文字等）包含了大部分常用字，使用 3 字节编码。其他极少使用的语言字符使用 4 字节编码。UTF-8 使用的是 Unicode 编码方案，这让 UTF-8 编码规范突破了国界，且很少出现丢失字节的情况，随着互联网技术的发展，UTF-8 编码规范成为了现今互联网信息编码标准而被广泛使用。

Unicode 是国际组织制定的可以容纳世界上所有文字和符号的字符编码方案。Unicode 是为了解决传统的字符编码方案的局限性而产生的，所以又称为统一码、万国码、单一码，它为每种语言中的每个字符设定了统一并且唯一的二进制编码，以满足跨语言、跨平台进行文本转换、处理的要求。Unicode 用数字 0～0x10FFFF 来映射这些字符，最多可以容纳 1 114 112 个字符，或者说有 1 114 112 个码位。

在跨平台开发软件时，需要了解所涉及的操作系统的字符集编码标准。Windows 中文系统默认的是 GBK/windows-936-2000/CP936/MS936/windows-936 字符集编码标准，兼容 ASCII 字符集；UNIX（Linux）中文系统默认的是 UTF-8 可变长度字符集编码方案，也兼容 ASCII 字符集；苹果计算机的 macOS 中文系统默认的也是 UTF-8 可变长度字符集编码方案，也兼容 ASCII 字符集。GBK 标准编码与 UTF-8 可变长度编码之间必须通过 Unicode 编码才能相互转换。

3.2 标识符

标识符是用来指明程序元素的，它代表程序元素的名字。在 C 语言中标识符用来标识常量名、变量名、主函数名、数据类型、子函数名。

C 语言中标识符必须遵守如下规则：标识符必须以英文字母（大小写不限）或者下画线

(_)开头,后面可以跟若干英文字母、数字或下画线。注意,所有字符只能平写成一行,不能有上下标,字符间不能有空格。

符合规范的标识符如 Yigeshuzi、m2n5、_swapab、ma_to_mb、inputbuf_、MIN、age、sum、student、book1、tipinfo。

不符合规范的述标识符如 Segy&segd、turboc2.0、3 * 798hello、result120/2。

为了使 C 语言程序易读、易修改,标识符应该拼写恰当,能做到见文识意是基本要求,在符合规则的条件下应尽量选用一些能够较清楚地表明含义的标识符,例如利用英文单词、汉语拼音等作为使用频繁的标识符。

3.3 关键字

在 C 语言中,有些标识符有专门的意义和作用,称为关键字。关键字不能由用户当一般的标识符使用,因此在 C 语言中也称为保留字。随着 C 语言标准的发展,C 语言关键字也在增加。特别是编译程序开发商会针对主要面对的硬件平台和操作系统推出特殊的关键字,例如在以前的 DOS 操作系统下开发的 C 语言程序,经常会看到 near、far、asm 等关键字。当用这些特殊扩展的关键字编写 C 语言源代码时,这种 C 源代码程序在跨平台方面会面临许多问题。

另外有些标识符虽然没有列为 C 语言的关键字,但是在 C 语言编译程序的预处理程序中会用到,也不要随便作为一般标识符使用,例如 include、define、undef、ifdef、ifndef、endif 等。

C89 标准的 C 语言关键字一共 32 个,表 3.1 列出了这 32 个关键字。

表 3.1 C89 标准的 32 个关键字

序号	关键字	说明
1	auto	声明自动变量。auto 变量存放在栈内存,生命周期随着{之后声明 auto 变量开始},并以配对的}结束,结束时立即释放 auto 变量占用的栈内存。变量默认的存储类别都是 auto,基本都是不明写的
2	break	跳出当前循环
3	case	switch 语句分支
4	char	声明字符型变量或函数
5	const	声明只读变量
6	continue	结束本次循环,继续执行下一次循环
7	default	switch 语句中的默认分支
8	do	do 循环。先执行循环体,再执行条件判断。do…while 循环可以减少一次条件判断,性能更好
9	double	声明双精度浮点型变量或函数
10	else	条件语句否定分支(与 if 连用)
11	enum	枚举类型定义或声明枚举类型变量
12	extern	声明变量或函数是在其他文件或本文件的其他位置定义
13	float	声明浮点型变量或函数变量
14	for	for 循环
15	goto	无条件跳转语句
16	if	if 分支语句

续表

序　号	关　键　字	说　　明
17	int	声明整型变量或函数
18	long	声明长整型变量或函数
19	register	声明寄存器变量。只能修饰整型变量,表示希望这个变量存放在 CPU 的寄存器上。现代编译程序在开启优化时,能够一定程度上默认启用 register 寄存器变量。寄存器变量不能取地址
20	return	函数返回语句(可以带参数,也可以不带参数)
21	short	声明短整型变量或函数
22	signed	声明有符号类型变量或函数
23	sizeof	计算变量或类型的字节大小
24	static	声明静态变量。表示变量存在于静态存储区,基本就是全局存储区,生存周期同程序生存周期
25	struct	定义结构体。用法广泛,很重要。C 语言的重要思路就是面向过程编程,撑起面向过程的关键就是结构体
26	switch	多分支选择语句
27	typedef	类型重定义。重新定义为新的类型
28	union	定义联合类型。常在特殊库函数封装中用到,技巧性强
29	unsigned	声明无符号类型变量或函数
30	void	(1) 声明函数无返回值或无参数; (2) 声明无类型指针
31	volatile	说明变量在程序执行中可能被隐含地改变。优化器在用到这个变量时必须重新读取这个变量的值,而不是保存在寄存器里的备份
32	while	while 循环语句

C99 标准新增的 C 语言关键字共 5 个,表 3.2 列出了这 5 个关键字。

表 3.2　C99 标准新增的 5 个关键字

序　号	关　键　字	说　　明
1	_Bool	布尔值类型。等价于 unsigned char,只有 0 和 1
2	_Complex	复数类型
3	_Imaginary	虚数类型
4	inline	内联函数。从 C++语言中引入的概念,就是将小函数直接嵌入调用处代码中。C 语言的代码损耗在于函数调用时参数的栈进出,在环境允许的情况下,推荐用内联函数替代宏,宏能不用就不用
5	restrict	只用于限定指针。用于编译程序优化,告知编译程序,所有修改该指针所指向内容的操作全部都是基于该指针的,即不存在其他进行修改操作的途径。这样是帮助编译程序进行更好的代码优化,生成更有效率的汇编代码

C11 标准新增的 C 语言关键字共 7 个,表 3.3 列出了这 7 个关键字。

表 3.3　C11 标准新增的 7 个关键字

序　号	关　键　字	说　　明
1	_Alignas	内存对齐的说明符。经常和_Alignof 配合使用,指定结构的对齐方式
2	_Alignof	得到类型和变量的对齐方式运算符
3	_Atomic	原子操作,原子锁

续表

序 号	关 键 字	说 明
4	_Generic	泛型选择表达式。一种泛函机制，高级函数宏
5	_Noreturn	修饰函数，绝对不会有返回值
6	_Static_assert	编译期间断言
7	_Thread_local	存储类修饰符，限定了变量不能在多线程之间共享

3.4 用户标识符

由用户定义的标识符，如常量名、变量名、自定义函数名等，这类标识符由用户使用，称为用户标识符。用户标识符尽量遵守望文知义的原则，可以用类型符做前缀，然后紧跟着用大写字母开头的单词或汉字拼音，例如：

```
#define PI 3.1415926                        /* 定义常量 PI */
int inum, imp;                              /* 定义整型变量 inum 和 imp */
float fAge, fVolume;                        /* 定义浮点型变量 fAge 和 fVolume */
char cFlag;                                 /* 定义字符型变量 cFlag */
double calspeed(double dDistance, double dTime);
/* 自定义函数名 calspeed */
```

3.5 空白字符

C 语言中空白字符包括空格符(space)、水平制表符(tab)、垂直制表符(vertical tab)、回车符(carriage return)、换行符(line feed)和换页符(form feed)。空格符在 C 语言源程序文件中用于标识符与标识符之间、行与行之间的空白间隔等。例如将常量、变量等与其他标识符分隔。在编译时，空格符被忽略掉并不产生代码。所以在程序中加上适量的空白字符可以增强程序的可读性。其他的空白字符在 C 语言的输入输出函数语句中被用作控制字符，例如响铃符、回车符、换行符、水平制表符。其中'\0'空字符常自动加在字符串后面作为字符串的结束标志，也可以表示空指针(NULL)。表 3.4 列出了这些空白字符。

表 3.4 C 语言的空白字符

Dec（十进制）	Hex（十六进制）	转义序列	记 号	解 释
0	0x00	\0	NUL(null)	空字符
7	0x07	\a	BEL (bell)	响铃符
8	0x08	\b	BS (backspace)	退格符
9	0x09	\t	HT (horizontal tab)	水平制表符
10	0x0A	\n	LF (NL line feed, new line)	换行符
11	0x0B	\v	VT (vertical tab)	垂直制表符
12	0x0C	\f	FF (NP form feed, new page)	换页符
13	0x0D	\r	CR (carriage return)	回车符
32	0x20	□	(space)	空格符

空白字符在程序中的展示如图 3.1 所示。

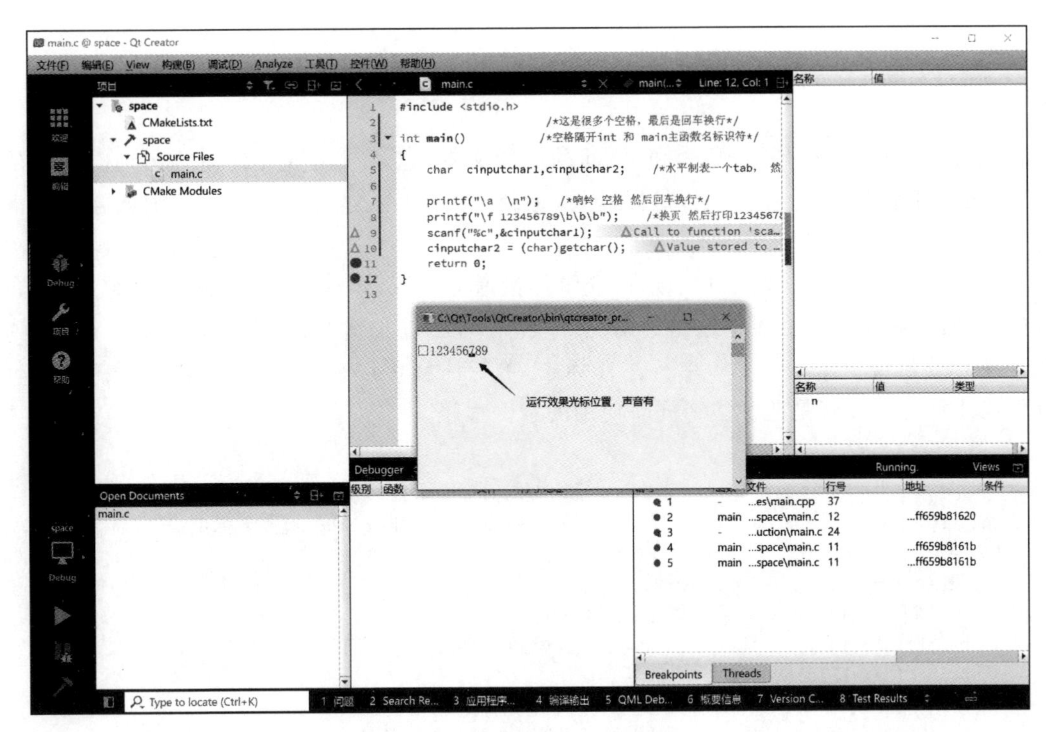

图 3.1　C 语言空白字符效果

3.6　分隔符

C 语言中分隔符是用来分隔多个变量、数据项、表达式等的符号。分隔符对 C 语言编译程序来说有特殊作用，包括分号、单引号、双引号、花括号、尖括号、反斜杠、冒号、百分号。表 3.5 描述了 C 语言的分隔符。

表 3.5　C 语言的分隔符

符　号	名　称	用　　途	例　　子
;	分号	语句结束。for 循环中括号内分隔三个表达式	x=8; for(i=0;i<10;i++)
''	单引号	单个字符	ch = 'D'
""	双引号	字符串。包含指定文件名的自定义头文件	char s[10]= "hello"; #include ".\desc\myfun.h"
{}	花括号	表示函数体，表示复合语句	void fun() { … }{int x=3; m=y;}
<>	尖括号	包括指定文件名的标准库头文件	#include　< stdio. h >
\	反斜杠	表示转义序列 用于续接	printf("%d\n"); scanf("%c",&cinputchar1);

:	冒号	标号	goto　finish;
			finish: y=t;
			case 6: f=1.0f;

%	百分号	格式控制字符的标志	printf("%d\n");

3.7 注释

在C语言中,注释是位于/*和*/间的一段文本,它可以出现在任何可出现空字符的地方,如关键字之间、行首、行尾,可以跨行,但是/*和*/必须成对出现,否则就会引起混乱。注释不产生可执行代码。

为了增加C语言程序的可阅读性,应该尽量增加注释,详细地说明代码的功能、各个参数的含义,并在文件开头注释编制日期、文件名称、输入输出情况、作者名字。

在C99标准中新增加了//单行注释标志,单行注释可以在行尾,也可以在开头将整行都作为注释。下面就是两种注释同时使用的示例程序。

```
#include <stdio.h>
                                        /*这是很多个空格,最后是回车换行符*/
int main()                              /*空格隔开 int 和 main 主函数名标识符*/
{
    char cinputchar1,cinputchar2;
/*水平制表一个 tab,然后是关键字、空格及用户变量*/
   printf("\a \n");                     /*响铃、空格,然后是回车换行符*/
   printf("\f 123456789\b\b\b");
/*换页,然后打印 123456789,再回退三个字符,光标定在 7 上*/
    scanf(" %c",&cinputchar1);          //这是 C99 新增加的注释标志
//也可以整行作为注释
    cinputchar2 = (char)getchar();
    return 0;
}
```

3.8 头文件

在"1.3 UNIX系统与C语言简介"已经介绍了C语言产生的历史,C语言与UNIX操作系统是孪生关系,是为了开发UNIX操作系统而开发的高级计算机语言。C语言产生后,随着UNIX操作系统的流行,C语言也跟着流行开来。最开始的C语言大量使用UNIX操作系统的库函数作为自己的语言扩充,包括输入输出函数、文件操作函数、科学计算函数等,随着C语言的全面流行,很多计算机上需要独立于UNIX操作系统使用这些函数,因此这些函数被单独做成了"标准函数库"。随着C语言标准的制定,这些"标准函数库"中的函数基本上都被标准化了,称为"标准库函数"。

C语言是非常小巧、高效的语言,为了能灵活使用这些扩充功能的标准库函数,需要将这些编译好的库函数用另外一种描述文件进行描述,以方便C语言编程人员根据需要扩充进自己的程序里使用,这种描述文件就是头文件。在C语言中头文件扩展名通常为h(.h文件),C语言也允许程序员编写自定义的函数和全局变量描述头文件,在源代码文件中需要使用预处理程序指示字#include来包含对应的头文件(.h文件)。

进行预处理时,#include指示字会查找指定的文件,将文件的内容插入当前源代码文件中,从而把头文件和当前源文件连接成一个源代码文件,这与复制、粘贴的效果相同。这种方式包含的文件通常是标准格式头文件(.h文件),扩展名为h,但其实可以是任意名字

和扩展名的文本文件。常用的 C 语言的 #include 指示字有 3 种形式：第 1 种是 #include 系统头文件，头文件名用尖扩号<>括起来；第 2 种是 #include 自定义头文件，头文件名用双引号""引起来；第 3 种是 #include 预处理助记符，预处理助记符是预先用 # define 指示字定义的宏，用于指定头文件的名字。这 3 种 #include 头文件的规则如下。

```
#include <可带路径的标准库头文件>
#include "可带路径的自定义头文件"
#include 预处理助记符
```

上述规则的代码示例格式如下所示。

```
#include <stdio.h>                      //#include <可带路径的标准库头文件>
#include <sys/socket.h>                 //#include <可带路径的标准库头文件>
#include "..\declare\myHeader.h"        //#include "可带路径的自定义头文件"
#define LONGJMP <setjmp.h>              //#include 预处理助记符
#include LONGJMP                        //#include 预处理助记符
```

使用尖括号和双引号的区别在于头文件的搜索路径不同。使用尖括号时，预处理程序会到系统路径下查找头文件；使用双引号时，预处理程序会首先在当前目录下查找头文件，如果没有找到，再到系统路径下查找。因此使用双引号比使用尖括号多了一条查找路径，它搜索的路径更多。

知道了尖括号和双引号的区别后，就明白标准库头文件也可以用双引号引起来。自定义的头文件，通常存放于当前项目的路径下，只能使用双引号。如下面代码所示。

```
#include "stdio.h"                      //标准库头文件 最好还是用<>
#include "myfunc.h"                     //自定义头文件
```

相对路径名可用作头文件名。例如，如果使用 #include < sys/socket.h >，预处理程序会在所有标准目录的子目录 sys 中查找头文件 socket.h。尖括号中的/号不管是在什么系统上，总是解释为路径的分隔符。不管是 Windows 系统的\号还是 macOS、UNIX、Linux 系统的/号路径分隔符，在 #include 的尖括号里都用/。因此，使用/作为尖括号里的路径分隔符总是正确的、可移植的。

在双引号的情况下，还是要区分 Windows 系统的\号和 macOS、UNIX、Linux 系统的/号。这是 #include 自定义头文件时需要注意的问题。为了提高跨平台能力，自定义头文件最好放在当前项目的路径下，不要加路径。

编译时头文件名按照字母逐个处理。它不能用宏扩展，或没有特殊意义的字符。如果 #include 指定的头文件名包含特殊符号，那么磁盘文件名也必须要包含对应的特殊符号。

一个 #include 指示字只能包含一个头文件，多个头文件需要多个 #include 指示字。文件包含允许嵌套，即在一个被包含的文件中又可以包含另一个文件。如果 #include 指示字包含非注释性程序代码，就一定会出错。

3.9 常量

视频讲解

C 语言中的常量就是在程序执行过程中，其值保持不变的量。C 语言中主要规定了 4 种常量，即字符常量、字符串常量、整数常量、浮点数常量。当把常量赋值给变量时，可能会发生自动类型转换的情况，此时要查看常量的值是否超出了变量的表达范围，例如，把一个大于 32 767 的常量赋值给 short int 类型的变量，会出现莫名其妙的数据结果，因为 short int 类型变量存不下这么大的数。在 C 语言中，常量要遵守先定义后使用的原则。下面是常量定义格式，其中，常量标识符一般用大写字母表示。

```
#define  常量标识符  常量值
```

下面的示例程序列出了 4 种类型的常量定义方法。

```
#include <stdio.h>                        //这是 C99 新增加的注释标志
#define CH 'h'                            //字符常量定义
#define HELLO "hello world!"              //字符串常量定义
#define MAXLENGTH  36                     //整数常量定义
#define PI        3.1415926               //浮点数常量定义
#define MUI        2.52E-3                //科学记数法浮点数常量定义
#define HEXINT     0X9BFC                 //十六进制整型常量定义
                                          /* 这是很多个空格,最后是回车换行符 */
int main()                                /* 空格隔开 int 和 main 主函数名标识符 */
{
    char cinputchar1,cinputchar2;         /* 绘制一个水平制表符 tab,然后是 char 关键字、空格
及用户变量 */
    printf("%s",HELLO);
    printf("\a \n");                      /* 响铃、空格,然后是回车换行符 */
    printf("\f 123456789\b\b\b");         /* 换页,然后打印 123456789,再回退三个字符,光标定
在 7 上 */
    scanf("%c",&cinputchar1);             //这是 C99 新增加的注释标志
//也可以整行作为注释
    cinputchar2 = (char)getchar();
    printf("%c, %d, %f, %e, %d\n",CH,MAXLENGTH,PI,MUI,HEXINT);
    return 0;
}
```

视频讲解

3.10 变量

变量是任何一种高级语言都需要处理的基本数据对象。C 语言的变量用标识符表示，变量是其所表示的值可以改变的量。在 C 语言程序中，所有的变量必须先声明然后才能使用，没有任何隐含的变量。变量声明主要指出变量的名称，确定变量的数据类型。变量声明是一种声明语句。它可以出现在程序执行部分的{}号之中（局部变量），也可以出现在任何{}号之外（全局变量），并且在使用该变量的语句之前先声明后使用。

变量分为字符型变量、整型变量、浮点型变量等基本数据类型变量，还有 void 类型变量、数组类型变量、结构类型变量、枚举类型变量等构造类型变量，以及较复杂的指针型变量等。一个变量能存储什么样的数据是由变量类型声明描述的。一个变量在同一个作用域内只能声明为一种类型，不可声明为两种或更多种类型。作用域不同的变量可以同名，也可以声明为不同的类型。

3.10.1 变量的类型

C 语言提供了比较丰富的数据类型，程序中的变量是在内存中存放的，存放的情况根据变量的存储类别有所不同，不同类型的变量占用的内存字节数是有区别的。C 语言提供了

三种基本数据类型,即字符类型、整型类型、浮点类型。其中浮点类型有人认为可以分拆为单精度(float)类型、双精度(double)类型两种,单独列入基本数据类型。

除了基本数据类型外,C语言数据类型还有数组类型、结构类型、联合类型、枚举类型等构造类型。这些构造类型的细分类型其实都是由C语言基本数据类型组成的。在C语言中指针类型是一个使用起来特别灵活的数据类型,指针类型变量存储的是计算机内存地址值,不同计算机系统的地址值占用的二进制位长度也不尽相同。C语言的指针类型也分为字符型指针、整型指针、浮点型指针、数组指针、结构型指针、联合型指针等。

void类型为无类型,用于声明函数返回值时,表示此函数没有返回值;放在函数参数表位置上则表示此函数无形式参数。void *为无类型指针,任何其他类型指针值都可以赋值给无类型指针变量。图3.2列举了C语言(C89标准)中的数据类型。

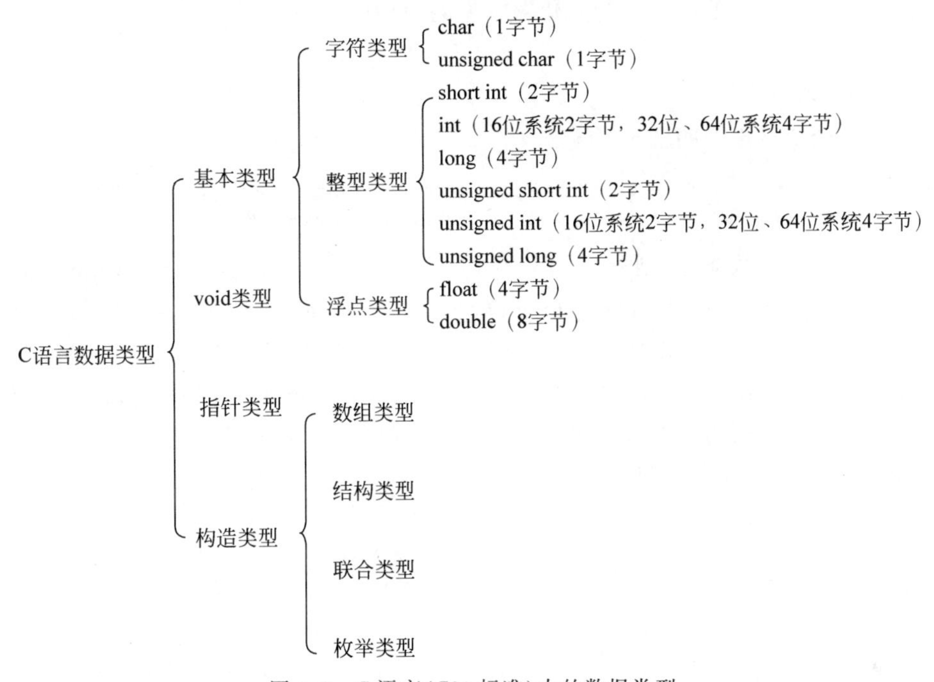

图3.2　C语言(C89标准)中的数据类型

在C语言中,声明变量的类型和名称的语句称为变量声明语句,由两个独立部分组成,并且以;结尾,而且最终变量的类型由第一部分"说明符与限定符"和第二部分"声明符"的附加类型信息共同确定。变量声明语句的语法格式如下。

说明符与限定符　声明符与初始化器列表;

其中,第一部分说明符与限定符可以分别选择可选项存储类别说明符(auto、register、extern、static、_Thread_local)中的关键字(不选时默认是auto)、可选项类型限定符(const、volatile、restrict、_Atomic)中的关键字、类型修饰符(short、signed、unsigned、long)中的关键字、必选项类型说明符(void、_Bool、char、int、long、long long、float、double、long double、float _Complex、double Complex、long double Complex、struct 结构标识符、union 联合标识符、enum 枚举标识符)或类型别名(typedef 声明的类型别名)、可选项对齐说明符(_Alignas)关键字,并且以空格符分隔这些内容。存储类别说明符将在后面的"3.10.5 变

量的存储类别”中详细介绍。

变量声明语句的第二部分是以“,”分隔的声明符(可以附带初始化器)列表。声明符就是用户标识符或加了附加类型信息的声明符(例如“第 11 章指针”中指针类型的 *),简单理解就是变量名。声明符形式如下:

```
用户标识符                        //这种形式最常见,后面 3 种在指针、数组、函数参数声明中使用
* 类型限定符(可选) 声明符          //这种形式在声明指针时经常使用(也可以声明多级指针)
非指针声明符[static(可选) 限定符(可选) 常量表达式]  //用于数组声明和函数形参声明
                                                    //非指针声明符是标识符或(声明符)
非指针声明符 (形参或标识符列表(可选))                //函数、函数指针变量的声明
(声明符)                          //这种形式在声明指向函数的指针、指向数组的指针时使用
```

初始化器用于变量的初始化,对于不同类型的变量初始化方法有一些区别,后面部分章节中会陆续出现这方面的内容。初始化器常见的两种格式如下:

```
= 表达式
= { 初始化列表 }
```

下面是几个变量声明的例子。

```
register int nBook,nLength = 10, * PtrnNum, * restrict PtrStr = &nBook; //声明 4 个变量
static double dNum,dPI = 3.1415926, * Ptrds, * const PtrdArea = &dPI;
```

在 C99 标准中数据类型增加了_Bool、long long、long double、_Complex long、_Complex float、_Complex double、_Imaginary float、_Imaginary double 这样的类型,对应配套的输入函数 scanf 和输出函数 printf 的控制字符也有相应的增加。在 stdbool.h 头文件中定义了宏 bool,用来替换数据类型_Bool,数据类型_Complex 在 complex.h 头文件中定义。根据变量声明语句的语法格式,下面的示例程序中列举了一些符合规范的变量声明语句,并附带有详细的注释说明。

```
#include <stdio.h>
#include <stdbool.h>                          //定义 bool 宏, #define bool _Bool
#include <complex.h>                          //C99 增加的复数类型
int main()
{
    char ch1 = 'u',ch2 = 'p';                 //声明两个字符型变量,并赋初值
    short int siHen = 23,siMidou = 98;        //声明两个短整型变量,并赋初值
    int iFloor = 8;                           //声明一个整型变量,并赋初值
long lBooks = 34780912,lBricks = 98765432;    //声明两个长整型变量,并赋初值
float fHeight = 678.32,fLength = 987.123;     //声明两个单精度浮点型变量,并赋初值
double dArea = 989999999.4367819;             //声明一个双精度浮点型变量,并赋初值
    /* 下面是 C99 增加的数据类型,stdbool.h 定义了#define bool_Bool */
    bool bRet = true;                         //声明一个布尔型变量,并赋初值
long long llHugeNum = -9223372036854775 80LL; //C99 声明一个长整型变量,并赋初值
long double dlHugedouble = 9.56723145E+296;   //C99 声明一个双精度浮点型变量,并赋初值
_Complex long lcPoint = 6 + 2i;               //C99 声明一个长整型复数型变量,并赋初值
_Complex float fcPoint = 3.7 + 9.2i;          //C99 声明一个单精度浮点型复数型变量,并赋初值
_Complex double dcPoint = 1.5E+131 + 5.7E+132i; //C99 声明一个双精度浮点型复数型变量,并赋初值
    printf("This is char %c, size is %d byte(s).\n",ch1,sizeof(ch1));
    printf("This is short int %d, size is %d byte(s).\n",siHen,sizeof(siHen));
    printf("This is int %d, size is %d byte(s).\n",iFloor,sizeof(iFloor));
    printf("This is long %ld, size is %d byte(s).\n",lBooks,sizeof(lBooks));
    printf("This is float %f, size is %d byte(s).\n",fHeight,sizeof(fHeight));
```

```
    printf("This is double %f, size is %d byte(s).\n",dArea,sizeof(dArea));
    printf("****************************************************\n");
    printf("The following are the data types added by the C99 standard\n\n");
    printf("This is bool %d, size is %d byte(s).\n",bRet,sizeof(bRet));
    printf("This is long long %lld, size is %d byte(s).\n",llHugeNum,sizeof(llHugeNum));
    printf ( " This is long double % LE, size is % d byte ( s). \ n", dlHugedouble, sizeof
(dlHugedouble));
    printf("This is _Complex long %ld + i%ld, size is %d byte(s).\n",__real__(lcPoint),__
imag__(lcPoint),sizeof(lcPoint));
//__real__(lcPoint),__imag__(lcPoint)是 C11 访问实部、虚部的方法
    printf("This is _Complex float %f + i%f, size is %d byte(s).\n",crealf(fcPoint),
cimagf(fcPoint),sizeof(fcPoint));
    printf("This is _Complex double  %E + i%E, size is %d byte(s).\n",creal(dcPoint),
cimag(dcPoint),sizeof(dcPoint));
    printf("Hello World!\n");
    return 0;
}
```

上述程序运行结果显示声明的各种类型变量,以及各种类型变量占用的内存字节数。程序运行结果如图 3.3 所示。

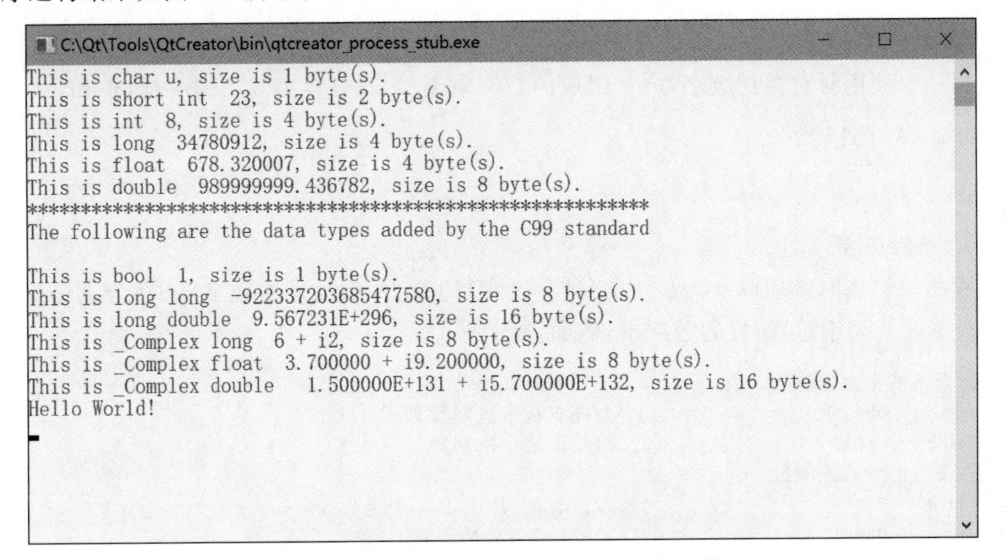

图 3.3 C 语言各种类型变量及占用内存字节数

3.10.2 数字的进位计数制

C 语言不同类型的变量在计算机内存中占用的字节数是不同的。现代的计算机内采用的进位计数制是二进制,也就是表示一位数所需的符号数目是 2,数学上称为基数。人类常用的进位计数制是十进制,经常使用计算机的科研人员为了观察方便,也使用八进制、十六进制。C 语言中这几种进位计数制都很常见,它们之间可以按照基数互相转换,C 语言中不同进制数据的表示方法如下。

1. 二进制

程序中使用时必须以 0b 或 0B(不区分大小写)开头,后边是由 0 和 1 两个数字组成的数字串,例如:

```
//合法的二进制数书写格式
int a = 0b10110101;          //换算成十进制数为 265
int c = 0B100001;            //换算成十进制数为 33
//非法的二进制数书写格式
int m = 10110101;            //无前缀 0B,相当于十进制数
int n = 0B911;               //9 不是有效的二进制数
```

2. 八进制

程序中使用时必须以 0(是数字 0,不是字母 o)开头,后边是由数字 0～7 组成的数字串,例如:

```
//合法的八进制数
int a = 065;                 //换算成十进制数为 53
int b = -0101;               //不是二进制,换算成十进制数为 -65
//非法的八进制数
int m = 365;                 //无前缀 0,相当于十进制数
int n = 03D2;                //D 不是有效的八进制数
```

注意:八进制前面的数字 0 一定要加上,而且很容易与其他进位计数制的 0 混淆,造成含义错误。

3. 十进制

程序中使用时直接用数字 0～9 组成的数字串表示,与日常书写习惯一样,例如:

```
//合法的十进制数
int a = 365;
int b = -79;
```

4. 十六进制

程序中使用时必须以 0x 或 0X(不区分大小写)开头,后边是由数字 0～9、字母 a～f 或 A～F(不区分大小写)组成的数字串,例如:

```
//合法的十六进制数
int a = 0xa3f9;              //换算成十进制数为 41977
int b = -0XA0DA;             //换算成十进制数为 -41178
//非法的十六进制数
int m = 7A;                  //没有前缀 0X,是一个无效数
int n = 0X9H;                //H 不是有效的十六进制数
```

3.10.3 变量的数据表达范围

C 语言虽然可以使用多种进位计数制,但是计算机内使用的却是二进制数,而且我们也知道了不同类型的变量占用内存的字节数不同,每种数据类型占用的二进制位数也不一样,因此变量可以表达的数据范围是不一样的。

在 C 语言中如果不注意不同类型的数据的范围,很容易造成溢出,而且这种溢出没有提示,程序运行时造成的这种错误的运算结果有时很难发现。所以有必要弄清楚不同类型数据的表达范围。下面列举了编者所用的 64 位系统上不同的数据类型所能表达的数据范围。

1. 字符型(1 字节)

字符型数据在内存中占据 8 位二进制长度。

char　　　　能表示的范围是－128～127

unsigned char　　能表示的范围是 0～255

2. 短整型(2 字节)

短整型数据在内存中占据 16 位二进制长度。

short int　　能表示的范围是－32 768～32 767

unsigned short int　　能表示的范围是 0～65 535

3. 整型(4 字节)

整型数据在内存中占据 32 位二进制长度。

int　　能表示的范围是－2 147 483 648～2 147 483 647

unsigned int　　能表示的范围是 0～4 294 967 295

long　　能表示的范围是－2 147 483 648～2 147 483 647

unsigned long　　能表示的范围是 0～4 294 967 295

4. long long 整型(8 字节)

long long 整型数据在内存中占据 64 位二进制长度。

long long　　能表示的范围是－9 223 372 036 854 775 808～9 223 372 036 854 775 807

unsigned long long　　能表示的范围是 0～18 446 744 073 709 551 615

long long int　　能表示的范围是－9 223 372 036 854 775 808～9 223 372 036 854 775 807

unsigned long long int　能表示的范围是 0～18 446 744 073 709 551 615

5. 单精度浮点型(4 字节)

单精度浮点型数据在内存中占据 32 位二进制长度。

float　　能表示的范围是－3.402 823 5E＋38～－1.401 298 5E-45 和
1.401 298 5E-45～3.402 823 5E＋38 及 0
精度：小数点后 6～7 位小数

6. 双精度浮点型(8 字节)

双精度浮点型数据在内存中占据 64 位二进制长度。

double　　能表示的范围是－1.797 693 134 862 315 7E＋308～
－4.940 656 458 412 465 4E-324 和 4.940 656 458 412 465 4E-324～
1.797 693 134 862 315 7E＋308 及 0
精度：小数点后 15～16 位小数

7. 长双精度浮点型(16 字节)

长双精度浮点型数据的定义与编译程序和平台相关，至少相当于双精度类型，在内存中可能占据 64、96、128 位二进制长度，因此能表示的范围和精度也不尽相同。下面是本书所安装的 C 语言开发系统支持的 long double 信息。

long double　　能表示的范围是－1.189 731 495 357 231 765E＋4932～
－3.645 199 531 882 474 603E-4951 和
3.645 199 531 882 474 603E-4951～
1.189 731 495 357 231 765E＋4932 及 0
精度：小数点后 18 到 19 位小数

下面的示例程序展示了 3 种浮点型变量能表示的范围和精度，供读者参考。

```
#include <stdio.h>
```

```c
#include <float.h>                          //浮点数类型极限在这里定义
int main()
{
    float ftmin = FLT_TRUE_MIN;
    double dtmin = DBL_TRUE_MIN;
    long double ldtmin = LDBL_TRUE_MIN;     //最小正值
    float fmax = FLT_MAX;
    double dmax = DBL_MAX;
    long double ldmax = LDBL_MAX;           //最大有限正值
    int fp = FLT_DIG;                       //float 精度
    int dp = DBL_DIG;                       //double 精度
    int ldp = LDBL_DIG;                     //long double 精度

    printf("%9.7E   %9.7E   %9.7E   %9.7E   %d\n", -fmax, -ftmin, ftmin, fmax, fp);
    printf("%18.16E   %18.16E   %18.16E   %18.16E   %d\n",\
           -dmax, -dtmin, dtmin, dmax, dp);
    printf("%21.18LE   %21.18LE   %21.18LE   %21.18LE   %d\n",\
           -ldmax, -ldtmin, ldtmin, ldmax, ldp);
    return 0;
}
```

示例程序在 Windows 10、CentOS 8.5、macOS 10.15 系统下运行结果如图 3.4 所示。

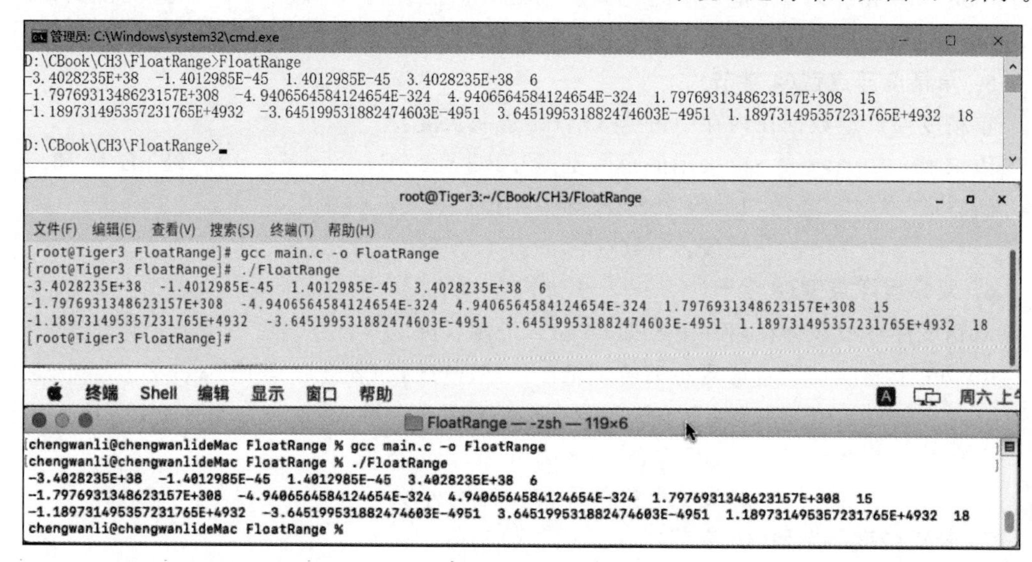

图 3.4 浮点型变量能表示的范围与精度

3.10.4 变量的作用域

C 语言提供了比较丰富的数据类型，程序运行时不同类型的变量都在内存中或寄存器中存放，但是变量存在作用域。简单地说就是当前层可以用本层和外层声明、定义的变量。在优先顺序上优先匹配使用本层定义、声明的变量，此时本层变量可以与外层定义、声明的变量类型相同或名称相同。外层位置对内嵌的{}复合语句内定义、声明的变量不可见，也不可用。

1. 全局变量

全局变量声明在所有函数体之外，因此在所有语句层都可以看到、使用全局变量。本节

的示例程序中

```
int iNum,iMember;
char cFlag;              //这里定义的是最外层全局变量
float fVolume;           //在任何层内都可以使用这些变量,但优先使用同名的局部变量
```

就是全局变量声明的源代码形式。

全局变量单独存放在内存中特定的一个区域,在程序运行时都存在,程序退出时才消失。全局变量也遵守先声明后使用的原则,因此在某个函数后面声明的全局变量,这个函数里面也不能使用这个全局变量。预先声明的全局变量可以在之后的函数中或者另外的源代码文件中(先用 extern 特别声明)全程可见、可用。

在其他源代码文件中要使用别的代码文件中声明的全局变量,需要使用“3.10.5 变量的存储类别”中的 extern 特别声明,而且类型要完全相同,变量名也要完全相同。

2. 局部变量

局部变量就是函数体内声明的变量,或者{}复合语句内声明的变量。局部变量只能在函数内声明、使用。局部变量也要遵守先声明后使用的原则,因此在某个函数体内预先声明的局部变量,可以在本层和本层嵌套的{}复合语句内可见、可用。

总结起来就是本层{}复合语句内预先声明的局部变量,外层不可见、不可用;在本层内及本层嵌套的{}复合语句内可见、可用;而且可以重新声明外层{}复合语句内的变量。内层优先使用内层预先声明的变量。内层可以逐层使用外层{}复合语句内预先声明的变量,优先使用向外层扩展过程中离自己近的层中预先声明的变量。

下面的示例程序中隐藏着 C 语言中自动数据类型转换,自动数据类型转换虽然有很大的灵活性,但也同时隐藏着危险。这部分内容将在第 4 章中介绍。

C 语言规定,在同一个作用域中不能出现两个名字相同的变量,否则会产生命名冲突;但是在不同的作用域中,允许出现名字相同的变量,它们的作用域不同,彼此之间不会产生冲突。

下面的示例程序说明了变量的不同作用域。

```
#include <stdio.h>
int iNum,iMember;
char cFlag;
float fVolume;                      //这里定义的是最外层全局变量
                                    //在任何层内都可以使用这些变量
int main()
{
    int    i,j;                     //在 main()函数及内部嵌套的{}内可见可用
    float  fLength,fWidth;
    fVolume = 9.3;
    for(i = 1;i < 10;i++)
    {
        float fVolume;              //在本层重新定义,不是错误
        for(j = 1;j < 10;j++)
        {
            fVolume = i * 2.0f * j * 2.0f * 5.0f;        //用的是 for(i = 1;i < 10;i++)
                                    //里面的 fVolume.最外层的 fVolume 还是 9.3
            iNum = i;               //iNum 用的是最外层的全局变量
            iMember = j;            //iMember 用的是最外层的全局变量
            printf(" %d  %d  %d  %d  %f\n",iNum,iMember,i,j,fVolume);
            double cFlag;           //内层可以重新声明 cFlag 不是错误
```

```
            cFlag = 6.249;          //使用本层定义的 double cFlag; 不是错误
            printf("double cFlag =  % f\n",cFlag);
        }
        printf("for(j = 1;j < 10;j++) the last fVolume = % f\n",fVolume);
        //本层定义的 fVolume,在内层使用后最后计算的值
        cFlag = 7.14;               //意思错误,内层声明的 double cFlag;已经不可见、不可用了
        //在这一层 cFlag 是最外层定义的 char cFlag; 只能存储字符
        //不能存储 double 型数据
        printf(" % c\n",cFlag);     //经过隐含类型转换,cFlag 内变成了响铃字符 7
    }
    printf("Hello World! this is the global fVolume(9.3) % f \n",fVolume);
    //这里用的是最外层的全局 fVolume,
    //不是 for(i = 1;i < 10;i++)层内定义的内部 fVolume
    return 0;
}
```

3.10.5 变量的存储类别

从"3.10.1 变量的类型"中 C 语言变量声明语句的语法规则可以看出,声明变量时可以选择同时声明变量的存储类别。

存储类别通常在变量的类型之前声明,是可选的。如果不选则局部变量都默认是 auto 类别。存储类别列表如表 3.6 所示,共分为 5 种,其中_Thread_local 是 C11 标准新增的存储类别。

表 3.6 变量的存储类别

存储类别	存储域	被声明变量的特点
auto	局部栈	为默认值,声明自动变量。进入{}语句块在栈上开辟变量,退出{}语句块时变量废弃。auto 只能在函数内用,全局变量不能用 auto 存储类别
rcgister	CPU 或局部栈	声明寄存器变量,与 auto 相同,寄存器数量够用时尽量都让变量存储在 CPU 的寄存器内,特点是速度快,但是数量少,当变量声明个数超过通用寄存器数量则变成普通 auto 变量
extern	内存中开辟的专用、永久存储空间,程序退出时才失效	声明外部变量,整个程序生命期内都存在
static	内存中开辟的专用、永久存储空间,程序退出时才失效	有静态局部变量和静态全局变量两种。 对于静态局部变量,在局部变量的情况下,静态存储类别的变量默认初始化为 0,并且该变量将保留其值以供多次函数调用。 对于静态全局变量和函数,如果将全局变量或函数定义为静态,则变量的范围仅限于定义它的 C 语言程序源文件,不能从任何其他源文件的函数访问
_Thread_local	线程栈	C11 标准引入的存储类别,定义在头文件 threads.h 中,限定了变量不能在多线程之间共享。若编译程序定义了宏常量 __STDC_NO_THREADS__,则此 C 语言系统不提供头文件 threads.h 和_Thread_local 存储类别宏定义。在线程函数外声明的_Thread_local 变量,在线程函数内使用;线程创建时线程函数拥有此变量副本,线程之间副本互不干扰。线程内用_Thread_local 声明的变量与普通函数局部变量相同

存储类别为 auto 的变量是所有局部变量默认的存储类别，全局变量不能使用，auto 存储类别使用方法的示例程序如下。

```
#include <stdio.h>
auto int nputdig; //这是错误的，正确的是下面 num 变量的声明
int main()
{
    auto int num;
    int nBooks;                        //auto 省略
    printf("Hello World! \n");
    return 0;
}
```

存储类别为 register 的变量主要分配在计算机 CPU 的寄存器里，速度很快，一般用作循环变量的控制变量。存储类别为 register 的变量声明数量不能太多，否则超过寄存器个数的 register 变量会被分配在一般内存中，这时起不到快速的效果。register 存储类别使用方法的示例程序如下。

```
#include <stdio.h>
int main()
{
    register int i;
    register int nBooks;               //声明两个 register 存储类别的变量
    for(i = 1;i < 10;i++)
    {
        for(nBooks = 1;nBooks <= i;nBooks++)
        {
            printf(" %2dX%-2d= %2d ",i,nBooks,i * nBooks);
        }
        printf("\n");
    }

    printf("Hello World! \n");
    return 0;
}
```

程序运行结果如图 3.5 所示，这是一个乘法表。

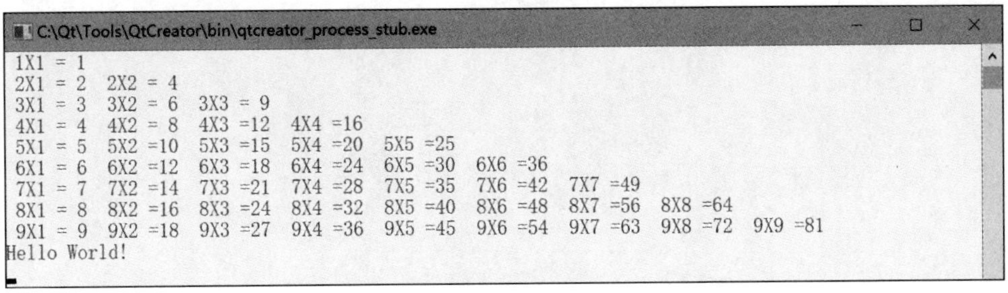

```
C:\Qt\Tools\QtCreator\bin\qtcreator_process_stub.exe
1X1 = 1
2X1 = 2  2X2 = 4
3X1 = 3  3X2 = 6  3X3 = 9
4X1 = 4  4X2 = 8  4X3 =12  4X4 =16
5X1 = 5  5X2 =10  5X3 =15  5X4 =20  5X5 =25
6X1 = 6  6X2 =12  6X3 =18  6X4 =24  6X5 =30  6X6 =36
7X1 = 7  7X2 =14  7X3 =21  7X4 =28  7X5 =35  7X6 =42  7X7 =49
8X1 = 8  8X2 =16  8X3 =24  8X4 =32  8X5 =40  8X6 =48  8X7 =56  8X8 =64
9X1 = 9  9X2 =18  9X3 =27  9X4 =36  9X5 =45  9X6 =54  9X7 =63  9X8 =72  9X9 =81
Hello World!
```

图 3.5　存储类别为 register 示例程序运行结果

存储类别为_Thread_local 的变量在线程函数外声明，在线程函数内使用。线程创建时线程函数拥有此变量副本，线程之间的变量副本互不干扰。但是各厂商编译程序对 C11 标准中的线程支持并不好，例如微软的 VS2017 支持 C11 标准中的线程库函数，但是 VS2019

反倒不再支持C11标准中的线程库函数；其他厂商的编译程序对C11标准中的线程支持更是不好。若编译程序定义了宏常量__STDC_NO_THREADS__，则此C语言系统不提供头文件threads.h，也不支持C11标准中的线程特性，总体来说使用_Thread_local存储类别的情况很少。

多文件结构的C语言源程序可以更清晰地声明extern和static存储类别的作用。下面的示例程序分为main.c、addfun.c、subfun.c三个文件，最终生成一个可运行程序。假定已经在D:\CBook\CH3文件夹下新建项目StorageClass，main.c文件已经产生，添加addfun.c、subfun.c文件的操作步骤如下。

(1) 在Qt Creator左侧的模式选择器内选择“编辑”模式，在项目窗口内操作加入源代码，如图3.6所示。

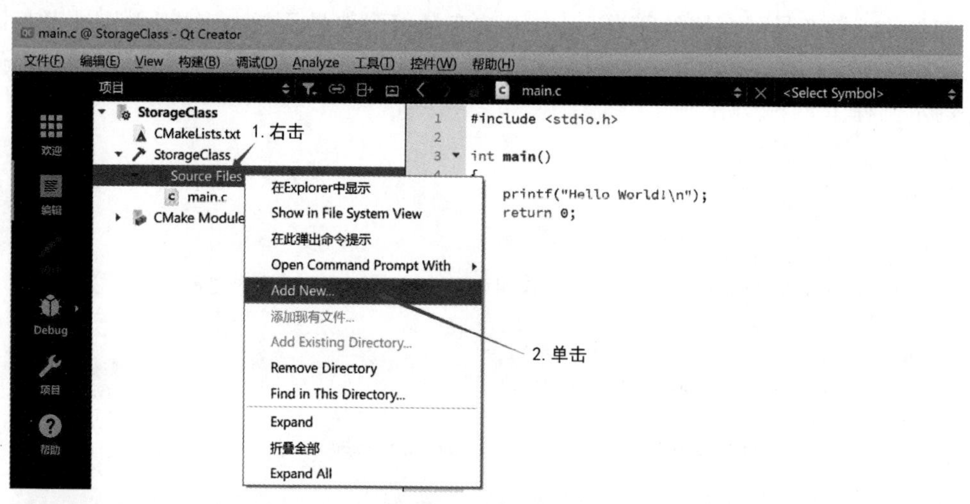

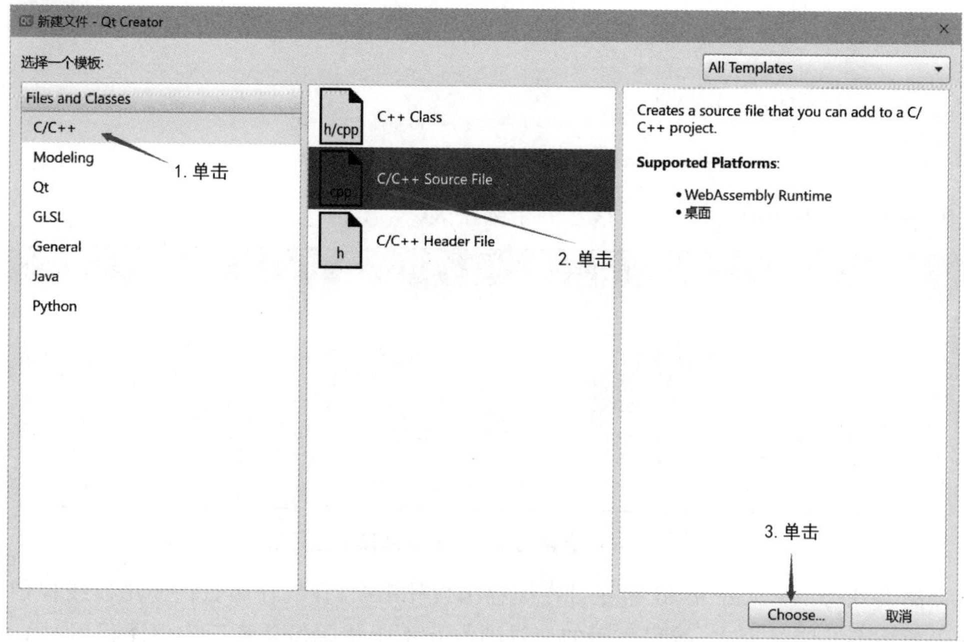

图3.6 在项目文件(*.pro)中添加新的源文件(*.c)

(2) 在出现的 Location 页面显式输入文件名和扩展名为 c 的新文件,如图 3.7 所示。

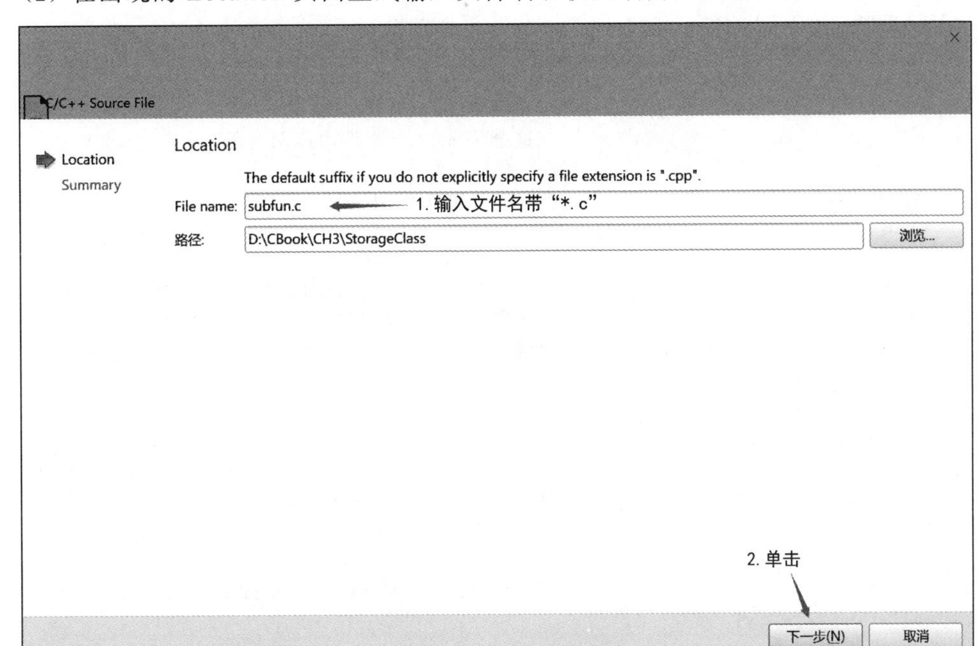

图 3.7　显式输入文件名添加新的源文件(*.c)

存储类别 extern 声明的变量(也可以是函数)是其他地方已经声明的全局变量(或函数)。extern 存储类别声明的外部变量(或函数)已经声明为全局变量,只是要在当前源代码文件中使用。声明一个全局变量(或函数)后,外部源代码文件里要使用此全局变量就要用 extern 声明,这时并不单独为 extern 声明的变量开辟内存存储空间,只是告诉程序这个变量在其他地方存储,找到即可用。extern 声明的变量一定是已有的全局变量,这个全局变量可以在定义时由常量表达式赋初值,如果没有明确赋初值,那么其值被默认初始化为 0。用 extern 声明的变量不能赋初值,因为这个全局变量已经在别的地方被初始化赋值了。

存储类别 static 声明的变量(也可以是函数)是程序运行时全程存在的变量,程序退出时才消失。

存储类别 static 声明的全局变量只能在本源代码文件范围内可见,外部源代码文件内不可见、不可使用。存储类别 static 声明的全局变量可以用常量表达式赋初值,如果没有赋初值,则在编译时会默认初始化为 0。

存储类别 static 声明的变量是局部变量时,可以用常量表达式赋初值,如果没有赋初值,则在编译时会默认初始化为 0。局部 static 变量可见范围是当前层和当前层的内层。

存储类别 static 声明的变量不管是全局变量还是局部变量,都是单独存储在特定地方,生命周期就是程序的全生命周期,直到程序退出才会消失。函数内或{}复合语句内用 static 声明的变量下次使用时是上次退出时的值,不是初始化的值(因为编译只有一次,编译时做初始化,所以也必须是常量表达式赋初值)。

多文件结构的 extern 和 static 存储类别的示例程序最后经过调试运行的源代码如下所示。

```
//This is main.c
#include <stdio.h>
extern void functionStatic(void);        //声明 main.c 外部函数
extern int addfun(int x, int y);         //声明 main.c 外部函数
extern int subfun(int x, int y);         //声明 main.c 外部函数
int multi(int x, int y);                 //这个是 main.c 文件内声明的函数
int x = 5;                               /* 全局变量 */
int myglobalvar = 50;                    /* 全局变量 myglobalvar */
int main()
{
    while(x-- )                          //先判断 x 是否不是 0,给出 while 结果,然后再进行一一运算
    {                                    //所以 while 后为 5,4,3,2,1;语句体里为 4,3,2,1,0
        functionStatic();                //函数声明的
        addfun(x,myglobalvar++);
        subfun(x,myglobalvar);
        multi(x,myglobalvar);
    }
    //printf("%d\n",addresult);          //错误地用不可见的 addresult
    return 0;
}
int addresult = 0;                       //addresult 在 main()后面声明,main()里面不可见
int multi(int x, int y)
{
    int mulresult;
    mulresult = x * y;
    printf("%d X %d = %d\n",x,y,mulresult);
    return mulresult;
}
//This is addfun.c
#include <stdio.h>

extern int x;
/* function definition */
void functionStatic()
{
    static int y = 5;                    /* 声明加赋初值 */
    y++;                                 /* static y 每次都会增加 1,退出函数后,再次调用此函数
进来数据还保存,不会每次都因为声明 static int y = 5; 被重置成 5 */
    printf("y is %d and x is %d\n", y, x);
    //x 是用 extern int x; 外部的 x
}
int addfun(int x, int y)
{
    extern int addresult;                //使用 main.c 后面一条声明 int addresult;

    addresult = x + y;                   //修改了外部变量 addresult 的值
    printf("addfun %d + %d = result is extern int addsum: %d\n",x,y,addresult);
    return addresult;
}
//This is subfun.c
#include <stdio.h>
int subfun(int x, int y)
{
    static int sum = 100;                //静态变量,退出函数时保存着
```

```
    int subret;

    subret = x - y;
    printf("subfun %d - %d = %d\n",x,y,subret);
    printf("subfun's static variable sum-- = %d\n",sum);
    sum--;
    return subret;
}
```

示例程序运行结果如图 3.8 所示。

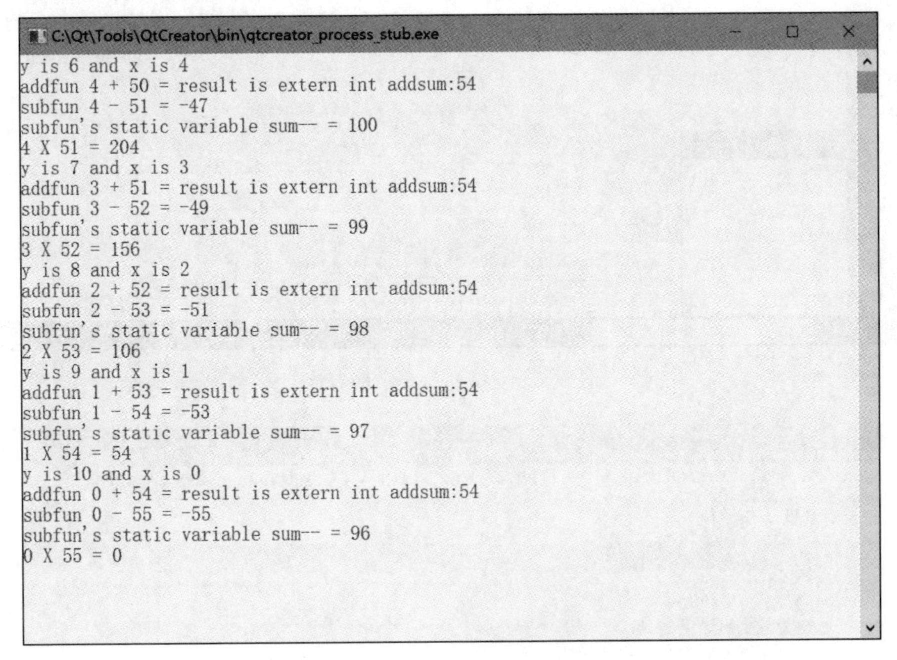

图 3.8 extern 和 static 存储类别示例程序运行结果

3.10.6 变量的初始化

C 语言要求变量先定义声明再使用。这是一种良好的编程习惯，而且要求所有变量都尽量赋初值。如果没有赋初值，有些编译程序会默认给变量赋一个不确定的数值，那么程序可能因为这个不确定的值造成不可预知的危险或错误。

1. 全局变量

默认初始化的值为 0。显式的初始化是用常量表达式初始化。

2. 静态全局变量

默认初始化的值为 0。显式的初始化是用常量表达式初始化。

3. 局部变量

默认初始化的值不确定，可能不同的编译程序会设置不同的初始值。显式的初始化可以是常量表达式初始化、含变量的表达式、带函数调用的表达式。

4. 静态局部变量

默认初始化的值为 0。显式的初始化是用常量表达式初始化。图 3.9 中的示例程序显示了各种初始化的情况，错误的显式初始化直接在编辑器内给出错误提示信息。用注释隐掉这三行错误的初始化语句后，从运行结果可以明显看出变量初始化的结果值，运行结果如图 3.10 所示。

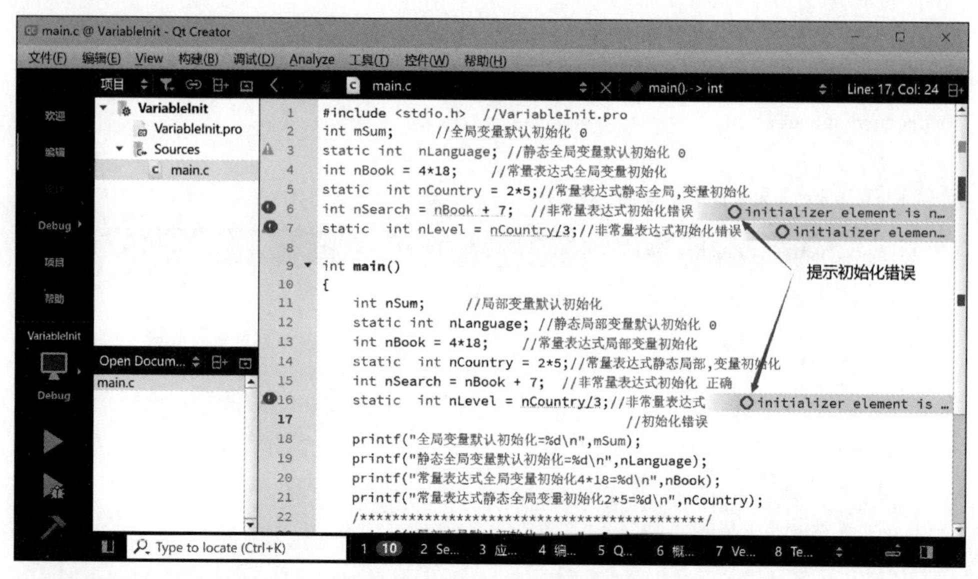

图 3.9 变量初始化示例程序

```
管理员: C:\Windows\system32\cmd.exe
D:\CBook\CH3\build-VariableInit-Desktop_Qt_6_2_3_MinGW_64_bit-Debug\debug>VariableInit
全局变量默认初始化=0
静态全局变量默认初始化=0
常量表达式全局变量初始化4*18=72
常量表达式静态全局变量初始化2*5=10
局部变量默认初始化=435
静态局部变量默认初始化=0
常量表达式局部变量初始化4*18=72
常量表达式静态局部变量初始化2*5=10
局部变量非常量表达式初始化 (nBook + 7) =79

D:\CBook\CH3\build-VariableInit-Desktop_Qt_6_2_3_MinGW_64_bit-Debug\debug>_
```

图 3.10 变量初始化示例程序运行结果

3.10.7 const 限定符

在 C 语言中有一个关键字 const，它是一个类型限定符。如果一个变量声明中带有关键字 const，虽然这个变量还称为变量，但是却无法通过赋值、增减运算来修改该变量的值。变量的类型和 const 限定符有相同的地位，换句话说类型标识符与 const 限定符前后顺序可以互换，例如：int const nConst = 365;也可以声明为 const int nConst = 365;，这样编译、链接也会通过。编写程序时可以认为 const 修饰的变量被常量化了。

C 语言中使用 const 限定符，可以看作一种道德约束而非法律约束，所以使用 const 限定符时，更多的是传递一种信息，就是告诉编译程序，也告诉读程序的人，这个变量不必也不应该被修改内容值。

```
#include <stdio.h>
int main()
{
```

```
    const int nConst = 365;
    nConst = 31;                          //const 变量不能修改值，错误
                                          //这一句注释掉就可以运行了
    int * ptrint = (int * )&nConst;       //强制转换指针
    * ptrint = 31;                        //间接方法修改 nConst 成功
    printf("nConst 被间接强行修改,从 365 变成 31! %d\n",nConst);
    return 0;
}
```

上述程序，注释掉 nConst = 31;语句后，在 Qt Creator 集成开发环境下(gcc 编译程序)通过构建可以正常运行。运行结果如图 3.11 所示。

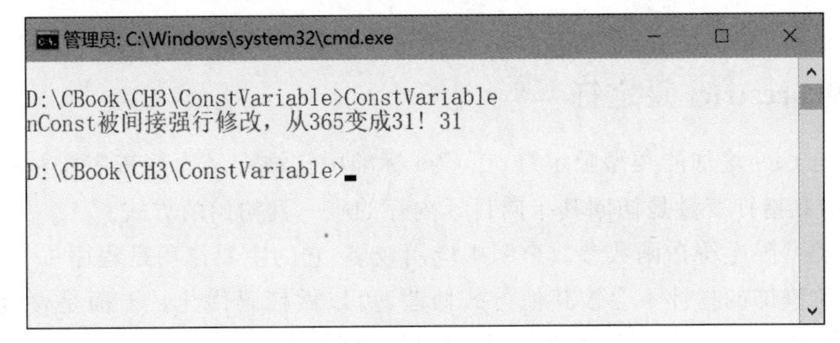

图 3.11　const 变量示例程序运行结果

3.10.8　volatile 限定符

volatile 是类型限定符，volatile 提醒编译程序，其所声明的变量在程序执行中可能被隐含地改变。因此，编译程序在程序源代码内每次需要使用这个变量时，不要对该变量的操作做优化，每次都要直接从变量内存地址中读取数据，从而提供对特殊变量的稳定访问。

这种 volatile 类型限定符在操作系统编程、硬件开发、嵌入式系统开发、多线程开发中经常会用到。在这些环境下 volatile 修饰的变量经常会被中断程序、其他系统管理程序、特殊内存端口、其他线程悄悄修改。两条紧邻的使用此变量值的语句，本应读取不同的数值，编译程序在编译源代码时如果做优化，认为都是这个变量，前一条已经将变量读到寄存器了，后面那一条直接用寄存器内的值就可以，恰恰是这个时候这个变量的值被其他程序给修改了，本应该读出不同的值，结果却用了相同的值而出现错误，这种错误就是编译程序优化程序代码造成的。

使用了 volatile 类型限定符，就可以告诉编译程序优化器在用到这个变量时必须重新从内存读取这个变量的值，而不是用保存在寄存器里的备份。这是防止因优化代码而发生错误的一种手段。

对于经常易变而且是被其他因素控制的这种易变的变量，需要特别关注。例如，一个计算平方的函数，可能因为这种易变出现计算错误，例如下面的代码。

```
double mysqr(double * dx)
{
    double a,b;
    a = * dx;                /* 此语句执行后，* dx 变量被另一个线程修改 */
    b = * dx;                /* 此 * dx 变量的值已经和 a 值不一样了 */
    return a * b;            /* 这不是一个数的平方了 */
}
```

对于这种 volatile 类型修饰的变量,一定要考虑每次使用它时都可能会被改变。上述代码改成下面的代码,才可以保持正确性。

```
double mysqr(double * dx)
{
    double a;
    a =  * dx;                    /* 此语句执行后, * dx 变量被另一个线程修改 */
    return a * a;                 /* 这是同一个数的平方了 */
}
```

对 volatile 类型修饰的变量,既要考虑它的易变造成的不同值的影响,也要考虑克服这种易变造成的逻辑错误的影响。

3.10.9 restrict 限定符

restrict 是 C99 增加的类型限定符,在 C99 标准中它被定义为用来限定指针变量(非函数指针),声明此指针变量是访问其指向目标内存的唯一且初始的方式。

restrict 类型限定符在函数参数声明中应用较多,它的主要作用是程序员告诉编译程序 restrict 限定符修饰的指针不会被其他方式修改,可以做代码优化。下面是含有 volatile 限定符禁止优化和 restrict 限定符可做代码优化的示例程序。

```
#include <stdio.h>
#include <stdlib.h>                                      //calloc 申请内存
int main()
{
    register int n;
    volatile int nArray[10] = {0};                       //易变,禁止优化
    int * restrict Ptr_restrict = (int *)calloc(10,sizeof(int));
    volatile int * Ptr_norestrict = &nArray[0];          //易变,禁止优化
    for(n = 0; n < 10; n++)
    {
        *(Ptr_restrict + n) += 2;
        *(Ptr_restrict + n) += 5;
    /* Ptr_restrict 指向内存没有别的操作修改,可以优化为 += 7 */
        *(Ptr_norestrict + n) += 2;
        nArray[n] * = n;                                 /* 修改了 Ptr_norestrict 指向内存 */
        *(Ptr_norestrict + n) += 5;
    /* Ptr_norestrict 指向内存还被 nArray 修改,不可以优化为 += 7 */
        printf("%d,%d\n", *(Ptr_restrict + n), *(Ptr_norestrict + n));
    }
    free(Ptr_restrict);
    return 0;
}
```

此示例程序可以分别用下述命令行方式编译成汇编语言代码文件,有兴趣的话可以看看代码优化效果。优化选项-O(大写字母 O)后面加数字 0~3 分别表示不同的优化级别。

```
D:\CBook\CH3\Restrict>gcc -S -O0 main.c -o normal.asm
D:\CBook\CH3\Restrict>gcc -S -O1 main.c -o rest1.asm
D:\CBook\CH3\Restrict>gcc -S -O2 main.c -o rest2.asm
D:\CBook\CH3\Restrict>gcc -S -O3 main.c -o rest3.asm
```

3.11 主函数

每个C语言程序都应该有一个且只能有一个名字为 main 的函数,即主函数 main()。正常情况下程序总是从 main()函数开始执行,其他函数都是通过 main()函数直接或间接被调用,经过一系列函数调用,最后还要返回 main()函数,然后结束程序的运行。本书中已经出现的示例程序都是这样的结构。主函数通常还可以带参数,图 3.12 就是几种常见的 main()主函数。

```
//main.c
#include <stdio.h>

int main()
{
   int i=9;
   float z=3;
   printf("%d,",i);
   return 0;
}
```

```
//main.c
#include <stdio.h>

int main(int argc)
{
   int i;
   float z=3;
   printf("%d,", argc);
   return 0;
}
```

```
//main.c
#include <stdio.h>

int main(int argc, char *argv[] )
{
   int i;
   float z=3;
   printf("%d,", argc);
   printf("%f,%s\n",z,argv[0]);
   return 0;
}
```

图 3.12 主函数及其参数

整型 argc 参数存储了在命令行方式下运行主程序的命令行有多少个参数,因为至少要输入可运行程序的名字,因此 argc 至少等于 1。

指针数组 argv[]参数存储了在命令行方式下运行主程序的命令行的每个参数,第一个肯定是可运行程序的名字,依次是 argv[0],argv[1],argv[2],…,数组下标范围是从 0 到 argc−1。

主函数 main()的返回值是整型数,其正确运行则返回 0,有错误则返回其他非零整数,这需要程序设计者使用不同的 return 或者 stdlib.h 里的标准库函数 void exit(int status);返回异常值。

3.12 表达式和运算符

C语言的运算符非常多,而且分成 15 级优先级,这在高级语言中是很少见的。正是丰富的运算符和表达式使C语言功能十分完善而且强大。这些运算符与常量、变量、函数构成各种表达式。通过表达式可以操作地址、位等其他高级语言无法完成的操作。这也是C语言的主要特点之一。

C语言的运算符不仅具有不同的优先级,而且还有一个特点,就是它的结合性。在表达式中,各运算量参与运算的先后顺序不仅要遵守运算符优先级别的规定,还要受运算符结合性的制约,以便确定是自左向右进行运算还是自右向左进行运算。这种结合性也是其他高级语言的运算符所没有的，因此也增加了C语言的复杂性。

3.12.1 表达式

表达式由操作数、运算符和配对的圆括号以合理的形式组成，它产生一个单一的值。操作数可以是直接量（字符、整数、浮点数、字符串）或常量标识符，也可以是变量，还可以是函数，甚至可以是下标表达式。在运算过程中操作数的类型还可以被转换为其他类型。下面介绍常见的表达式形式。

1. 常量表达式

常量表达式是指表达式的值不会变，而且在编译的过程中就能得到计算结果的表达式。常量表达式中的操作数可以是字符常量、整数常量、浮点型常量、枚举常量、强制类型转换以及 sizeof 表达式，下面是常见的常量表达式示例。

```
'A'<'C', 78/2, sizeof(long), 2 + 3
```

2. 初等表达式

由单个常量、变量，以及常量表达式和()、[]、->、* 运算符构成的表达式称为初等表达式。()可以改变运算顺序；[]可以表示数组下标，计算偏移量；->和 * 可以选择结构或联合的成员，下面是常见的初等表达式示例。

```
nBook, arry[nBook], stru->name, unionx.age, *p
```

3. 复合表达式

复合表达式是指含有两个或多个运算符的表达式，运算符的优先级和结合规则对复合表达式的计算顺序有决定性的影响。例如：*(ptrint++)是由三个运算符构成的复合表达式。

4. 顺序运算表达式

由“,”号组成的表达式称为顺序运算表达式。这种表达式依据从左到右的顺序依次计算左、右操作数表达式。

5. 左值表达式

能表示存储单元的表达式称为左值表达式。其变量是一种存储单元，可以存储数据，因此左值表达式可以是简单的变量。左值表达式还可以是复杂的复合表达式，后面将介绍这种复合表达式。先来看简单的左值表达式的例子。

```
nSum = 10;                    //nsum 提供存储单元,是左值表达式
cRet = 'W';                   //cRet 提供存储单元,是左值表达式
nLevel = nSum * cRet;         //nLevel 提供存储单元,是左值表达式
```

左值表达式还可以是复合表达式，下面就是一个复合表达式左值的示例代码段。

```
int i = 0, intarray[10], *ptrint;
ptrint = intarray;            /* ptrint 提供存储单元,是左值表达式 */
*(ptrint++) = i*10;           /* 复合左值表达式提供存储单元,是左值表达式 */
```

左值表达式还可以出现在赋值运算符的右侧，例如下面语句中两个整型指针赋值就是一个左值表达式在右侧的例子。

```
int *ptrint1, *ptrint2,intarray[100];
ptrint1 = intarray;
```

```
ptrint2 = ptrint1++;          //左值表达式在赋值运算符右侧
```

6. 赋值表达式

C语言里是没有专门的赋值语句,赋值是通过赋值运算符构成的赋值表达式完成的。C语言中赋值运算符有11种,含有赋值运算符的表达式称为赋值表达式;赋值运算符左侧操作数必须是可以赋值的左值表达式。下面是常见的赋值表达式。

```
nBook = 16, intptr = &nBook, ptr = &(func(),nBook)
```

7. 算术表达式

算术表达式由算术运算符、常量、变量等组成,下面是几个常见的算术表达式。

```
7.2 * 8, nBooks + nRulers + nPens/2, 100 * sizeof(float), 22/7
```

8. 关系表达式

由具有比较关系的关系运算符构成的表达式,表达式结果是0或非0。常见的关系运算符有==、<、<=、>、>=、!=,下面是常见的关系表达式示例。

```
N < m, 7 < 90, 8!= nBooks
```

9. 逻辑表达式

由逻辑运算符构成的表达式,结果为0或非0。常见的逻辑运算符有!、&&、||,常见的逻辑表达式示例如下所示。

```
N||m, a&&b, !nBooks,(n > m) || (r >= s)
```

10. 位运算表达式

由二进制位运算符构成的表达式,完成位的操作,常见的位运算表达式如下。

```
M&H, r|u, p^q, ~q, R << 6, k >> 3
```

11. 条件表达式

由条件运算符(?:)构成的表达式,结果根据条件二选一。条件表达式示例如下,其中Result不为0选a,Result为0选b。

```
Result ? a : b
```

12. 函数调用表达式

由函数名之后附加上成对圆括号,圆括号里带实参构成。函数调用表达式的值是函数返回值,类型是函数定义的返回类型,例如:

```
Hanoi(n,'A','B','C')
```

13. 泛型选择表达式

泛型选择表达式是C11标准新增加的内容。泛型选择表达式提供了一种在编译时根据控制表达式的类型从多个表达式中选择一个的方法,句法如下所示。

```
_Generic ( 控制表达式 , 关联列表 )
```

关联列表是以逗号分开的如下形式。

```
类型名 : 表达式[,类型名 : 表达式]
default : 表达式[,类型名 : 表达式]
类型名 : 表达式[,default : 表达式]
```

如果控制表达式未使用关联列表中的 default(默认类型),则其类型必须与关联列表表达式中一个类型名匹配,并选择此类型的表达式(逗号运算符除外)。从形式上来说与 switch 开关语句有些类似,switch 中表达式的值要求是常量,_generic 中控制表达式的值是数据类型。

泛型选择表达式可以实现 C++中函数重载的特性,例如根据参数类型不同,调用不同类型的求立方根函数,示例程序如下。

```
#include <stdio.h>
#include <math.h>
#define cbrt(X) _Generic((X), \
                    float: cbrtf, \
                    long double: cbrtl, \
                    default: cbrt \
                  )(X)                                    //注意这一行的(X),这是类似函数的宏
int main(void)
{
    const float x = 4.096f;
    double y = 27.0f;
    long double z = 5.12E+11;
    printf("cbrtf(4.096f) = %f\n", cbrt(x));
    //将 const float 转换为 float 调用 cbrtf (float)
    printf("cbrt(27.0f) = %f\n", cbrt(y));        //调用 cbrt (double)
    printf("cbrtl(5.12E+11) = %LE\n", cbrt(z));  //调用 cbrtl (long double)
    return 0;
}
```

3.12.2 运算符

运算符又称为操作符,C 语言中的运算符是对数值进行处理的一些特殊符号。它们指出表达式中的一个或多个操作数如何进行运算。对编译程序来说,运算符是源程序代码中不可再分割的最小单元。因此,某些由多个字符组合而成的运算符如++、<<、->、&=等中间不允许出现空格符。例如,若把下列表达式语句

```
x = y << 5;
```

写成如下运算符中间带空格的格式

```
x = y < < 5;            /* 非法表达式,中间有空格 */
```

运算符中间有空格,则是非法的表达式语句。

C 语言中的运算符繁多,而且各自都有运算优先级和结合规则。表达式的计算次序直接受到表达式中各个运算符优先级和结合规则的影响。C 语言中运算符的运算优先级共分为 15 级。1 级最高,15 级最低。在表达式中,优先级较高的运算符先于优先级较低的运算符进行运算,而在一个运算量两侧的运算符优先级相同时则按运算符的结合性所规定的结合方向处理。

C 语言中各运算符的结合性分为两种,即“左结合性”(自左至右)和“右结合性”(自右至左)。例如,算术运算符的结合性是自左至右,即先左后右,例如表达式 a－b＋7,b 应先与－结合,执行 a－b 运算,然后再执行＋7 的运算。这种自左至右的结合方向就称为“左结合

性”。而自右至左的结合方向称为“右结合性”。最典型的“右结合性”运算符是赋值运算符。如 n=b=9 由于赋值运算符=的“右结合性”，应先执行 b=9 再执行 n=(b=9)运算，C 语言运算符中有不少为“右结合性”，应注意区别，避免理解上出现偏差。

C 语言中的运算符可分类为一元、二元、三元运算符。所谓一元运算符，是指该运算符的运算对象是一个，而二元运算符的运算对象是其左右两侧的操作数，三元运算符是对三个操作数的操作。

下面按运算符在表达式中所起的作用，分类介绍它们的功能。

1. 逗号运算符

用于把若干表达式组合成一个表达式(,)。

2. 赋值运算符

用于赋值运算，分为简单赋值(=)、复合算术赋值(+=、-=、*=、/=、%=)和复合位运算赋值(&=、|=、^=、>>=、<<=)3 类共 11 种。C 语言的赋值是用赋值运算符实现的，在所有计算机高级语言中，C 语言的赋值种类有 11 种，非常丰富。

3. 条件运算符

这是一个三元运算符，用于条件求值，只有一种三元运算符(? :)。

4. 逻辑运算符

用于逻辑运算。包括与(&&)、或(||)、非(!)3 种。

5. 位操作运算符

参与运算的量，按二进制位进行运算。包括位与(&)、位或(|)、位非(~)、位异或(^)、左移(<<)、右移(>>)6 种。

6. 关系运算符

用于比较运算。包括等于(==)、不等于(!=)、大于(>)、小于(<)、大于或等于(>=)、小于或等于(<=)6 种。

7. 算术运算符

用于各类数值运算。包括加(+)、减(-)、乘(*)、除(/)、求余(%，或称模运算)、加 1(++)、减 1(--)共 7 种。

8. 取负运算符

在操作数前使用此运算符，将产生该操作数的负值，用于各类数值取负数运算。

9. 求字节数运算符

用于计算数据类型所占的字节数，只有 sizeof 一种运算符。

10. 对齐值运算符

用于按字节数求指定数据类型的对齐值，通常用在结构等数据类型的对齐值求取上。程序中常用宏 alignof(类型名)求对齐值。

11. 指针运算符

用于取指针变量所指内存地址单元内容(*)和取变量地址(&)二种运算。

12. 特殊运算符

有括号()、下标[]、成员访问(->,.)、构造指定类型的未命名对象——(类型){初始化列表}等几种。

以目前的 C11 标准，C 语言运算符的优先级和结合规则如表 3.7 所示。

表 3.7 运算符的优先级和结合规则

<table>
<tr><th>优先级</th><th>运算符</th><th>功能</th><th>结合规则</th></tr>
<tr><td rowspan="7">1</td><td>++</td><td>后缀加 1,n++。n=−1 时 n++ * (2+++n)值为−3</td><td>左到右</td></tr>
<tr><td>−−</td><td>后缀减 1,n−−。n=1 时 n−− * (2+−−n)值为 1</td><td>左到右</td></tr>
<tr><td>()</td><td>整体运算,参数表</td><td>左到右</td></tr>
<tr><td>[]</td><td>下标</td><td>左到右</td></tr>
<tr><td>.</td><td rowspan="2">存取结构、联合中成员</td><td>左到右</td></tr>
<tr><td>-></td><td>左到右</td></tr>
<tr><td>(类型){初始化列表}</td><td>构造指定类型(可以是结构、联合甚至数组类型)的未命名对象。C99 新增</td><td>左到右</td></tr>
<tr><td rowspan="11">2</td><td>++</td><td>前缀加 1,++n。n=−1 时++n 值为 0</td><td>右到左</td></tr>
<tr><td>−−</td><td>前缀减 1,−−n。n=1 时−−n 值为 0</td><td>右到左</td></tr>
<tr><td>+</td><td>一元运算符,取正,通常省略</td><td>右到左</td></tr>
<tr><td>−</td><td>一元运算符,取负</td><td>右到左</td></tr>
<tr><td>!</td><td>逻辑非</td><td>右到左</td></tr>
<tr><td>~</td><td>求反(位操作)</td><td>右到左</td></tr>
<tr><td>(类型名)</td><td>强制类型转换</td><td>右到左</td></tr>
<tr><td>&</td><td>取地址</td><td>右到左</td></tr>
<tr><td>*</td><td>取地址内容</td><td>右到左</td></tr>
<tr><td>sizeof</td><td>类型长度计算</td><td>右到左</td></tr>
<tr><td>_Alignof(类型名)</td><td>对齐值字节数。_Alignof 定义在 stdalign.h 中,在 stddef.h 中定义成宏 alignof。C11 新增</td><td>右到左</td></tr>
<tr><td rowspan="3">3</td><td>*</td><td>乘以</td><td>左到右</td></tr>
<tr><td>/</td><td>除以</td><td>左到右</td></tr>
<tr><td>%</td><td>取余</td><td>左到右</td></tr>
<tr><td rowspan="2">4</td><td>+</td><td>加</td><td>左到右</td></tr>
<tr><td>−</td><td>减</td><td>左到右</td></tr>
<tr><td rowspan="2">5</td><td><<</td><td>左移(位操作)</td><td>左到右</td></tr>
<tr><td>>></td><td>右移(位操作)</td><td>左到右</td></tr>
<tr><td rowspan="4">6</td><td><</td><td>小于</td><td>左到右</td></tr>
<tr><td><=</td><td>小于或等于</td><td>左到右</td></tr>
<tr><td>></td><td>大于</td><td>左到右</td></tr>
<tr><td>>=</td><td>大于或等于</td><td>左到右</td></tr>
<tr><td rowspan="2">7</td><td>==</td><td>等于?</td><td>左到右</td></tr>
<tr><td>!=</td><td>不等于?</td><td>左到右</td></tr>
<tr><td>8</td><td>&</td><td>位与</td><td>左到右</td></tr>
<tr><td>9</td><td>^</td><td>位异或</td><td>左到右</td></tr>
<tr><td>10</td><td>|</td><td>位或</td><td>左到右</td></tr>
<tr><td>11</td><td>&&</td><td>逻辑与</td><td>左到右</td></tr>
<tr><td>12</td><td>||</td><td>逻辑或</td><td>左到右</td></tr>
</table>

续表

<table>
<tr><th>优先级</th><th>运算符</th><th>功　　能</th><th>结合规则</th></tr>
<tr><td>13</td><td>?:</td><td>条件表达式</td><td>右到左</td></tr>
<tr><td rowspan="12">14</td><td>=</td><td>赋值</td><td>右到左</td></tr>
<tr><td>*=</td><td rowspan="11">运算且赋值</td><td>右到左</td></tr>
<tr><td>/=</td><td>右到左</td></tr>
<tr><td>%=</td><td>右到左</td></tr>
<tr><td>+=</td><td>右到左</td></tr>
<tr><td>-=</td><td>右到左</td></tr>
<tr><td>>>=</td><td>右到左</td></tr>
<tr><td><<=</td><td>右到左</td></tr>
<tr><td>&=</td><td>右到左</td></tr>
<tr><td>^=</td><td>右到左</td></tr>
<tr><td>|=</td><td>右到左</td></tr>
<tr><td>15</td><td>,</td><td>顺序运算</td><td>左到右</td></tr>
</table>

3.13　输入输出函数

在现代计算机结构理念中，计算机系统就是将需要处理的信息从输入设备输入计算机系统中，然后经过计算机系统的处理，最后通过输出设备将处理过的信息输出。在第1章的示例程序中就已经使用到了C语言的输入输出函数，在C语言中没有专门设计的输入输出语句，为了实现计算机高级语言必需的输入输出语句，C语言用函数实现了这些输入输出功能，并且将这些函数编制成了“标准I/O库”。调用这些预先编制的输入输出函数，就可以完成输入输出操作。随着C语言标准的制定，这些“标准I/O库”中的函数基本上都被标准化了。

标准I/O库函数的宏定义及声明都在C语言头文件stdio.h中描述，使用时只需要用预处理指示字包含进头文件即可。预处理指示字如下所示。

```
#include <stdio.h>
```

在UNIX系统里所有的输入输出设备都用文件来表示。因为C语言与UNIX的特殊关系，所以C语言也定义了几个标准文件来对应常用的输入输出设备，如表3.8所示。

表3.8　输入输出标准文件

文件号	文件指针	标准文件
0	stdin	标准输入(通常指用户终端)
1	stdout	标准输出(通常指用户终端)
2	stderr	标准错误(通常指用户终端)
3	stdaux	标准辅助(依赖具体的机器，通常指辅助设备端口)
4	stdprn	标准打印(依赖具体的机器，通常指打印机)

终端(键盘和显示器)通常既作为标准输入设备也作为标准输出设备。当C语言程序运行时，至少会同时打开表3.8中的前3个标准文件(编者的stdio.h文件中只定义了这3个，后两个没有定义)，对应的文件指针也处于可用状态。下面的示例程序用到了scanf和

printf 标准输入输出函数，里面用到了输入输出的格式控制字符，为了方便学习在这里讲述这部分内容，这样阅读代码时能增进对输入输出函数的理解。

```
#include <stdio.h>                    //标准 I/O 库函数头文件
int main()
{
    char ch;

    printf("输入 y 键开始查看\n");
    scanf("%c",&ch);
    if(ch!= 'y') return 0;            //直接返回退出 main
    printf("********************\n");
    printf("* stdin 文件号是:%d*\n",fileno(stdin));
    printf("* stdout 文件号是:%d*\n",fileno(stdout));
    printf("* stderr 文件号是:%d*\n",fileno(stderr));
  //printf("* stdaux 文件号是:%d*\n",fileno(stdaux));     //本机 stdio.h 里无定义
  //printf("* stdprn 文件号是:%d*\n",fileno(stdprn));     //本机 stdio.h 里无定义
    printf("********************\n");
    return 0;
}
```

在输入输出函数的格式字符串中经常会用到\n，这是一个转义字符。对于 ASCII 编码值为 0～31(十进制)范围内的字符，无法在 C 语言源代码中显示它们，也无法从键盘输入它们，因此 C 语言使用转义字符的形式来表示这些控制字符。表 3.9 中是 C 语言常用的转义字符。

表 3.9　常用的转义字符表

转义字符	十进制 ASCII 码值	含义说明
\a	007	响铃
\b	008	退格(BS)，将当前位置移到前一列
\f	012	换页(FF)，将当前位置移到下页开头
\n	010	换行(LF)，将当前位置移到下一行开头
\r	013	回车(CR)，将当前位置移到本行开头
\t	009	水平制表(HT)
\v	011	垂直制表(VT)
\'	039	单引号
\"	034	双引号
\\	092	反斜杠

3.13.1　scanf 输入函数

scanf 是 C 语言提供的标准函数库里的一个标准输入函数，它可以将一系列的用户从标准输入设备(stdin)上输入的数据按照给定的格式输入计算机内。标准输入输出库函数的声明和定义都包含在头文件 stdio.h 里，因此只要使用到标准库函数就要在 C 语言源文件开头使用这样的编译预处理指示字。

```
#include <stdio.h>
```

标准库函数头文件都用尖括号括起来，用户自定义的头文件使用双引号引起来，同时指

明文件路径。例如：

```
#include ".\college\student.h"
```

通常我们只是使用键盘终端输入数据，将用户输入的信息(字符串)用 scanf 转换为计算机内部数字量(二进制)存入对应的指针参数指定的内存中，同时显示在用户终端(stdout)上。scanf 最复杂的是格式控制部分，它是如下格式的重复(一次输出多个数字量)。

```
%[*][W][h|hh|l|ll|L|j|z|t]控制字符
```

scanf 常用格式选项如表 3.10 所示。

表 3.10 scanf 常用格式选项

选项	输入说明
*	后面的输入项被解释成特定类型，只扫描不存储
W	输入宽度，限定最多输入的字符数宽度
h	做 d、i、u、o、x、X、n 前缀，表示参数类型是 short 整型指针
hh	C99 新增选项，做 d、i、u、o、x、X、n 前缀，表示参数类型是 char 整型指针
l	做 d、i、u、o、x、X、n 前缀，表示参数类型是 long 整型指针；做 a、A、e、E、f、F、g、G 前缀，表示参数类型是 double 型指针
L	做 a、A、e、E、f、F、g、G 前缀，表示参数类型是 long double 型指针
j	做 d、i、u、o、x、X、n 前缀，表示参数类型是最大宽度的整型指针(定义在头文件 stdint.h 中的 intmax_t 或 uintmax_t 类型)
ll	C99 新增选项，做 d、i、u、o、x、X、n 前缀，表示参数类型是 long long 整型指针
z	C99 新增选项，做 d、i、u、o、x、X、n 前缀，表示参数类型是随系统而变化的 size_t 整型指针
t	C99 新增选项，做 d、i、u、o、x、X、n 前缀，表示参数类型是两个指针相减的差值(偏移量)整型指针

scanf 常用的控制字符如表 3.11 所示。

表 3.11 scanf 常用的控制字符

控制字符	参数类型	输入说明
d	整型指针	十进制有符号整数
i	整型指针	八进制、十进制、十六进制有符号整数
u	无符号整型指针	十进制无符号整数
o	整型指针	八进制无符号整数
x	整型指针	十六进制无符号整数
X	长整型指针	十六进制无符号整数
n	整型指针	返回已读取的字符数，不消耗输入内容
c	字符型指针	单个字符
s	字符型数组指针	字符串、字符型数组，自动添加结束的字符'\0'
[字符集]	字符型数组指针	只输入字符集内的字符构成的字符串、字符型数组，遇到字符集外字符即停止输入，自动添加结束的字符'\0'；常用格式是[0-9,a-z,A-Z]
f	浮点型指针	float,double 类型的数据输入，格式是[-]*****.***、[-]*.*****…e[+|-]*** 或者[-]*.*****…E[+|-]***
F	浮点型指针	float,double 类型的数据输入，格式是[-]*****.***、[-]*.*****…e[+|-]*** 或者[-]*.*****…E[+|-]***

续表

控制字符	参数类型	输入说明
e	浮点型指针	float,double类型的数据输入,格式是[—]*****. *** 或者是[—]*.***** …e[+|—]*** 或者是[—]*. ***** …E[+|—]***
E	浮点型指针	float,double类型的数据输入,格式是[—]*****.*** 或者是[—]*.***** …e[+|—]*** 或者是[—]*.***** …E[+|—]***
g	浮点型指针	可带正负号的浮点类型
G	浮点型指针	可带正负号的浮点类型
a	浮点型指针	C99新增控制字符。十六进制浮点数,如[-]0xh. h,[-]0xh. hhhp+d。p为二进制指数标志,d为十进制的指数值。例如:0x1. 0410d1b71758ep+9=520. 1314
A	浮点型指针	C99新增控制字符。大写的十六进制浮点数,例如:0X1. 0410D1B71758EP+9=520. 1314
p	指针类型指针	指针数值,可以直接读入指针值

3. 13. 2 printf 输出函数

printf是C语言提供的标准函数库里的一个标准输出函数,它可以将一系列的数据按照给定的格式输出到标准输出设备(stdout)上。标准输入输出库函数的声明和定义都包含在头文件stdio. h里,因此只要使用标准库函数就要在C语言源文件开头使用这样的编译预处理指示字。

```
#include <stdio.h>
```

通常只是使用终端,用printf将计算机内部数字量(二进制)转换为字符显示在用户终端(stdout)上。printf最复杂的是格式控制部分,它是如下格式的重复(一次输出多个数字量)。

```
%[-][+][#][w][.P] [h|hh|l|ll|L|j|z|t]控制字符
```

其中常用的printf格式选项如表3. 12所示。

表3. 12 printf常用格式选项

选　　项	输出说明
—	在W限定的长度内左对齐显示,默认为右对齐
+	带正负符号显示,默认为负时才显示负符号
#	输出o、x、X时做前缀用,如"%#X4d",大写十六进制4位宽度输出数值
W	输出宽度,有小数点时,小数点算1位宽度
P	小数点后的位数
h	做d、i、u、o、x、X、n前缀,表示参数类型是short整型
hh	C99新增选项,做d、i、u、o、x、X、n前缀,表示参数类型是char整型
l	做d、i、u、o、x、X、n前缀、表示参数类型是用long整型;做a、A、e 、E、f、F、g、G前缀,表示参数类型是double型
L	做a、A、e 、E、f、F、g、G前缀,表示参数类型是long double型
j	做d、i、u、o、x、X、n前缀,表示参数类型是最大宽度的整数类型(定义在stdint. h头文件中的intmax_t或uintmax_t类型)

续表

选 项	输出说明
ll	C99新增选项，做d、i、u、o、x、X、n前缀，表示参数类型是long long整型
z	C99新增选项，做d、i、u、o、x、X、n前缀，表示参数类型是随系统而变化的size_t整型
t	C99新增选项，做d、i、u、o、x、X、n前缀，表示参数类型是两个指针相减的差值（偏移量）整型

其中printf常用的控制字符如表3.13所示。

表3.13 printf常用的控制字符

控制字符	参数类型	输出说明
d	整型	十进制有符号整数
i	整型	八进制、十进制、十六进制有符号整数
u	整型	十进制无符号整数
o	整型	八进制无符号整数
x	整型	小写十六进制无符号整数，如0x791f
X	整型	大写十六进制无符号整数，如0X791F
n	整型	返回已写入的字符数
c	字符型	单个字符
s	字符串或字符型数组	以'\0'结束的字符串
f	浮点型	float、double类型的数据输出，[w][.P]定义宽度和小数点后位数。如"%-+6.2f"会左对齐带正负号6位宽度（值大于6位时按实际长度）小数点后2位输出浮点数+987.21。数字实际长度超过W时，按实际长度输出。宽度包含小数点
F	浮点型	float、double类型的数据输出，[w][.P]定义宽度和小数点后位数。如"%-+6.2f"会左对齐带正负号6位宽度（值大于6位时按实际长度）小数点后2位输出浮点数+987.21。数字实际长度超过W时，按实际长度输出。宽度包含小数点
e	浮点型	float、double类型的数据输出，[-][+]*.***e[+|-]**输出浮点数，如9.345e+5
E	浮点型	float、double类型的数据输出，[-][+]*.***E[+|-]**输出浮点数，如9.345E+5
g	浮点型	根据给定的数值的精度，自动选择f或e中最紧凑的方式输出
G	浮点型	根据给定的数值的精度，自动选择f或e中最紧凑的方式输出
a	浮点型	C99新增控制字符。十六进制浮点数，如[-]0xh.h，[-]0xh.hhhp+d。p为二进制指数标志，d为十进制的指数。例如：0x1.0410d1b71758ep+9=520.1314
A	浮点型	C99新增控制字符。大写的十六进制浮点数，例如：0X1.0410D1B71758EP+9= 520.1314
p	指针类型(void *)	指针数值，可以直接输出指针值

第4章

基本运算与类型转换

视频讲解

4.1 基本运算

在“3.12.2 运算符”里列出了C语言的49种运算符(截止到C11标准),通过这些运算符和操作数就可以组合成表达式完成基本运算。C语言中运算符种类繁多,不但有单操作数的一元运算符,还有双操作数的二元运算符和三操作数的三元运算符,这些运算符都有各自的优先级和结合规则,通过不同运算符和操作数灵活组合成的表达式,C语言可以完成别的计算机高级程序设计语言无法完成的运算。

C语言运算符分为15个级别,在同一个表达式中,优先级高的运算符先运算。当几个具有相同优先级的运算符并列出现时,则按照运算符的结合规则自左向右或自右向左运算。

4.1.1 顺序运算

顺序运算的运算符是“,”。它表示从左到右对它两边的表达式分别进行运算,示例代码段如下所示。

```
int i,j, nEnd = 21;
i = ( j = 100 , nEnd = 3 * nEnd);       //顺序运算,最后计算结果在nEnd,i的值是nEnd的值63
```

可以看出,运算符按从左到右的顺序运算出nEnd的值,然后赋给变量i,而不是左边的j=100,将变量j的值100赋给变量i。

4.1.2 赋值运算

计算机高级程序设计语言一般都有专门的赋值语句。C语言的赋值与其他高级语言不同,它是靠运算符实现的。C语言的49种运算符列表(截止到C11标准)中具有赋值功能的运算符就有11种之多。

C语言中具有赋值功能的运算符优先级非常低,位于倒数第二的级别,因此在其他运算符表达式运算出结果之后,才会进行赋值运算符操作,将其他表达式的运算结果赋给左值表达式。

赋值运算分为简单赋值(=)、复合算术赋值(+=、-=、*=、/=、%=)和复合位运算

赋值(&=、|=、^=、>>=、<<=)3 类共 11 种。赋值运算示例代码段如下。

```
int nRet = 0X00000001,nOut;
nOut = nRet;                    //简单赋值(=)
nOut * = 10;                    //赋值(*=)10
nOut /= 2;                      //赋值(/=)5
nOut >>= 2;                     //赋值(>>=)2
nOut <<= 3;                     //赋值(<<=)16
nOut &= 0X00000010;             //赋值(&=)16
```

4.1.3 条件运算

C 语言的条件运算是一个三元运算符,用于条件求值,书写格式是(a>b?n:m)。运算规则是根据?前面表达式的逻辑值,为非 0 值时选择:分开的左边表达式的值;为 0 值时选择:分开的右边表达式的值。示例代码段如下所示。

```
int i=5,j,k=5;
j = ( i>9 ? -k*2 : k*2 );       //条件运算,j 结果为 10
```

4.1.4 逻辑运算

C 语言的逻辑运算包括逻辑或(||)、逻辑与(&&)、逻辑非(!)3 种,它对应于命题逻辑中的 OR、AND、NOT 运算。当 P=1 或 Q=1 时,P||Q 等于 1;当 P=1 且 Q=1 时,P&&Q 才等于 1;当 P 等于 0 时,!P 等于 1;当 P 等于 1 时,!P 等于 0。

C 语言中的逻辑运算将所有非 0 的操作数都认为是 true,而操作数 0 表示 false,操作数经过逻辑运算后返回 1(true)或 0(false)。逻辑运算示例代码段如下。

```
bool bResult = false;           //赋初值 0
int nP=1,nQ=0;                  //赋初值 1,0
bResult = nP || nQ;             //逻辑或(||),结果是 1
bResult = nP && nQ;             //逻辑与(&&),结果是 0
bResult = !nP;                  //逻辑非(!),!1 结果是 0
```

4.1.5 位运算

程序中所有的数在计算机内存中都是以二进制的形式存储的。位运算就是直接对二进制操作数进行位操作,这也是 C 语言在数据操作上比其他高级语言更细微的地方。

位运算包括位逻辑运算和移位运算,位逻辑运算又分为按位或(|)、按位与(&)、按位非(~)、按位异或(^)。位逻辑运算能够方便地设置或屏蔽内存中某字节的一位或几位,也可以对两个二进制操作数按位进行位逻辑运算等。

移位运算分为左移(<<)和右移(>>),可以对内存中二进制数操作数整体左移几位或整体右移几位。对于整型二进制数,每左移一位相当于乘以 2;每右移一位相当于除以 2。

位运算示例代码段如下。

```
int nP = 0X00000002, nQ = 0X00000004,nResult = 0X00000000;
nResult = nP | nQ;              //按位或(|),结果是 0X00000006
nResult = nP & nQ;              //按位与(&),结果是 0X00
nResult = ~nP;                  //按位非(~),结果是 0XFFFFFFFD
nResult = ~nQ;                  //按位非(~),结果是 0XFFFFFFFB
nResult = nP ^ nQ;              //按位异或(^),结果是 0X00000006
```

4.1.6 关系运算

C语言的控制语句中经常要根据条件判断是否分支、是否循环、是否跳转。这种条件一部分通过关系运算获得，还有一部分通过逻辑运算获得。其中关系运算用到的关系运算符包括等于(==)、不等于(!=)、大于(>)、小于(<)、大于或等于(>=)、小于或等于(<=)6种。

关系运算符是二元运算符，在使用时它的两边都会有一个表达式，例如变量、数值、加减乘除运算表达式等。关系运算符的作用就是判断这两个表达式运算结果的大小关系。表4.1是C语言中的关系运算符的含义及对应的数学符号。

表4.1 关系运算符的含义及对应的数学符号

关系运算符	含　义	数学符号
<	小于	<
<=	小于或等于	⩽
>	大于	>
>=	大于或等于	⩾
==	等于	=
!=	不等于	≠

关系运算符的优先级低于算术运算符，高于11个赋值运算符。在6个关系运算符中，大于(>)、小于(<)、大于或等于(>=)、小于或等于(<=)的优先级相同，高于不等于(!=)、等于(==)的优先级。关系运算示例代码段如下。

```
bool bResult = false;                    //赋初值 0
int nP = 12,nQ = 24;                     //赋初值 12,24
bResult = nP > nQ;                       //大于(>),结果是 0
bResult = nP < nQ;                       //小于(<),结果是 1
bResult = nP >= nQ;                      //大于或等于(>=),结果是 0
bResult = nP <= nQ;                      //小于或等于(<=),结果是 1
bResult = nP * 2 == nQ;                  //等于(==),结果是 1
bResult = nP != nQ;                      //不等于(!=),结果是 1
```

4.1.7 算术运算

C语言中用于算术运算的算术运算符包括加(+)、减(-)、乘(*)、除(/)、求余(%，或称模运算)、加1(++)、减1(--)共7种。

算术运算符分为一元运算符和二元运算符两种。其中加1(++)、减1(--)是一元运算符，加(+)、减(-)、乘(*)、除(/)、求余(%，或称模运算)是二元运算符。加1(++)、减1(--)可以出现在操作数的左侧或右侧，其含义是不同的。

```
nNum++, nBook--;                         //先取变量使用,然后+1或-1
++nNum, --nBook;                         //先+1或-1,然后取变量使用
```

参照“3.12.2 运算符”里的运算符列表可知加1(++)、减1(--)结合规则是自右向左，假设变量nNum=6，nBook=3，那么下面的复杂算术表达式对不对呢？

```
nBook = nNum++++ + nBook;      //是表达 nBook = (nNum++) + (++nBook); 么?对不对呢
```

下面是算术运算的示例代码段。

```
#include <stdio.h>
int main()
{
    int nNum = 6, nBook = 0, i, intarray[10];
    for(i = 0; i < 10; i++) intarray[i] = i;
    i = 1;
    printf("%d %d %d执行 nBook = nNum++ + intarray[1]", nBook, nNum, intarray[1]);
    nBook = nNum++ + intarray[1];                    //加1(++),这容易混淆
    /* 你猜结果是7,7,1还是8,6,2? */
    printf("%d %d %d\n", nBook, nNum, intarray[1]);
    nNum = 6, nBook = 0, i = 1;                      //再恢复
    printf("%d %d %d %d执行 nBook = nNum--- intarray[i--]",\
           nBook, nNum, intarray[i], i);             //上面一行末尾的\是续行符
    nBook = nNum--- intarray[i--];                   //减1(--),这容易混淆
    /* 你猜结果是5,5,0,0还是8,6,0,0? */
    printf("%d %d %d %d\n", nBook, nNum, intarray[i], i);
    nNum = 6, nBook = 0, i = 1;                      //再恢复
    nBook = nNum + i + 12;                           //加(+)
    printf("%d + %d + 12 = %d\n", nNum, i, nBook);
    nBook = nNum - i - 12;                           //减(-)
    printf("%d - %d - 12 = %d\n", nNum, i, nBook);
    nBook = nNum * 2 + i;                            //乘(*)
    printf("%d * 2 + %d = %d\n", nNum, i, nBook);
    nBook = nNum / 5 + i;                            //除(/),整除 = 1
    printf("%d / 5 + %d = %d\n", nNum, i, nBook);
    float fResult;
    fResult = nNum / 5.0f + i;                       //除(/),浮点除 = 1.2 + 1
    printf("%d / 5.0f + %d = %f\n", nNum, i, fResult);
    nBook = nNum % 5 + i;                            //求余(%)
    printf("%d %% 5 + %d = %d\n", nNum, i, nBook);
    return 0;
}
```

示例程序运行时 nBook=0,nNum=6, i=1,做各种算术运算后输出运算结果,如图4.1所示。

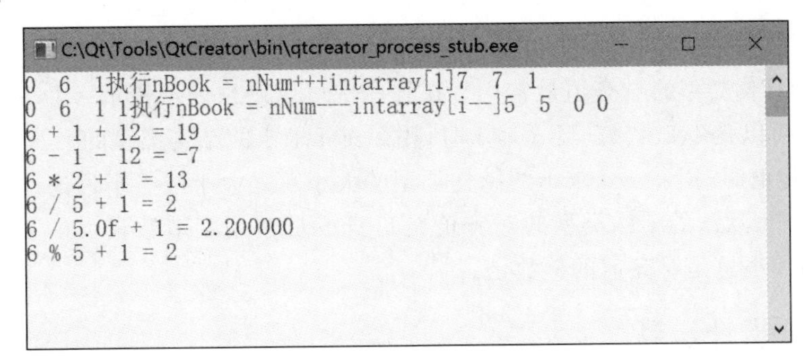

图4.1　算术运算示例程序运行结果

4.1.8　取负运算

C语言中—运算符有两种操作,前面已经介绍了算术减(—)运算符,它是一个二元运算

符。这里的取负运算符(−)是一个一元运算符,这两个运算符是同一个字母。在 49 个 C 语言运算符中(截止到 C11 标准),还有几个运算符也是复用的,例如算术运算符乘(*)与取地址内容(*)、取地址(&)与按位与(&)。

在操作数前加取负运算符(−),产生该操作数的负值,用于各类表达式取负数运算。

4.1.9 sizeof 运算

C 语言有一个专门求数据类型长度(字节数)或某数据类型变量长度(字节数)的运算符 sizeof。sizeof 是一个一元运算符,它的操作数可以是已知类型或者已知类型的变量(包括基本数据类型、数组类型、指针类型、函数、自定义类型等),也可以是一个复杂点的表达式。

如果 sizeof 的操作数是已知类型或已知类型的变量,那么 sizeof 运算结果是这种类型或这种类型的变量占用的内存字节数。如果 sizeof 的操作数是一个表达式,那么 sizeof 运算结果是表达式运算结果类型占用的内存字节数。在表达式中会存在类型自动转换的情况,也有强制转换类型的情况。

如果 sizeof 的操作数是函数,那么 sizeof 运算返回值是函数返回类型占用的字节数。在 sizeof 运算符中函数作为操作数时,函数不被调用运行,只用来求函数返回类型的字节数。sizeof 运算的示例程序如下。

```
#include <stdio.h>
int main()
{
    long lBooks = 34780912,lBricks = 98765432;                  //声明两个长整数类型
    printf("这是 long 整型长度 %d byte(s).\n",sizeof(long));    //4 byte(s).
    printf("%d byte(s).\n",sizeof(lBooks));                     //4 byte(s).
    printf("%d byte(s).\n",sizeof(main()));                     //4 byte(s). main()函数返回
                                                                 //类型 int 字节数
    return 0;
}
```

4.1.10 alignof 运算

C11 标准新增的 alignof(_Alignof 运算符的宏定义)运算是按字节数求指定数据类型的对齐值,特别是求结构类型的对齐值最常用。在程序中可以用预处理指示字 #pragma pack(n) 指定对齐值,n 可以是 1、2、4、8。当 n 是 1 时,用 sizeof 求出的结构类型的大小与理论计算值相同。n 是其他值时,用 sizeof 求出的结构类型的大小总是大于或等于理论计算值。

在 C 程序中,默认的结构类型的对齐值是自身成员占用字节数最大的那个,所以求取的结构类型的大小总是对齐值的整数倍。

4.1.11 指针运算

C 语言的指针变量保存的是内存地址。计算机是靠寻址实现内存数据读写的,指针运算就可以实现这种操作。第 11 章会有指针内容的详细介绍,此处先介绍基本的指针运算。基本的指针运算有两种:取指针地址内容(*)和取地址(&),这两种运算符都是一元运算符。需要特别注意的是,register 存储类别的变量不能用取变量地址运算符(&)获取地址,

因为寄存器不是内存,没有进行编址。

指针还可以做加(+)、减(-)运算,实现指针所指地址的前后移动,每次加(+)、减(-)整数 n,就前、后偏移 n 个指针类型大小的字节,指针类型可以是所有已知类型。

4.1.12　特殊运算

特殊运算有圆括号()、下标[]、成员(->,.)、构造指定类型的未命名对象—(类型){列表}等几种。

1. 圆括号

圆括号的运算级别最高(与后缀++、后缀--等运算符同为最高级),它可以对运算表达式中括起来的内容进行整体运算。这样就改变了默认的优先级和结合规则。合理使用括号()运算符可以增加源代码的可阅读性,提高源代码的可维护性。

圆括号的另一种运算就是函数参数表,例如 main(argc,argv[])。在声明函数或调用函数时都会用到。

2. 下标[]

下标[]是数组或者指针定位时使用的运算符,在声明数组和访问数组元素定位时使用。指针声明时不用下标[]运算符,但是可以按照数组的方式定位使用序列。在后面第 8 章、第 11 章会讲到这部分内容。

3. 成员访问(->,.)

这种成员运算符主要是用来访问构造类型的结构、联合两种类型成员的运算符。结构、联合的普通变量使用成员访问运算符(.),结构、联合的指针变量使用指针成员访问运算符(->)。在后面第 9 章、第 11 章会讲到这部分内容。

4. 构造指定类型的未命名对象-(类型){初始化列表}

C11 标准新增运算符。这种运算符主要用于构造指定类型的未命名对象,并根据初始化列表对构造的对象进行初始化,示例程序如下。

```
#include <stdio.h>
int main()
{
    int *p = (int[]){2, 4, 8};                          /*构造一个 3 个整数大小的数组*/
     struct Info {int i;double y;} *ptrInfo = NULL;
    for(int i = 0;i < 3;i++)
    {
        printf("%d\n", *p);
        ptrInfo = &(struct Info){i, *p++};          /*构造一个 struct Info 对象*/
        printf("struct Info.i = %d      struct Info.y = %f\n",\
               ptrInfo -> i,ptrInfo -> y);
        printf("************\n");
    }
    return 0;
}
```

示例程序运行结果如图 4.2 所示。

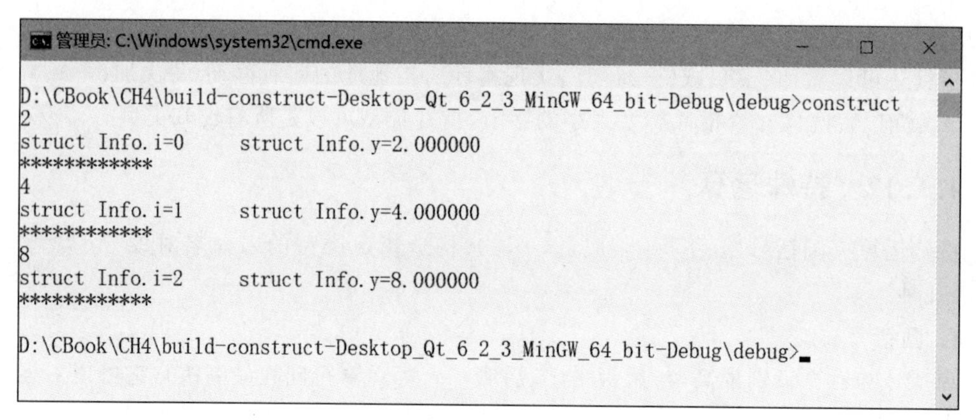

图 4.2 构造指定类型对象示例程序运行结果

4.2 类型转换

程序语句和表达式通常应该只使用同一种类型的变量和常量，但是如果混合使用不同类型的常量和变量，就需要进行类型转换。C 语言使用一个规则集合来完成数据类型的自动转换。这种转换规则分为自动类型转换和强制类型转换两种。

4.2.1 自动类型转换

在表达式中出现不同类型的常量、变量进行混合运算时，编译程序就会自动地转换数据类型，将参与运算的所有数据先转换为同一种类型，再进行计算。这种自动类型转换是编译程序根据源代码的上下文环境自行判断的结果。

自动类型转换是编译程序默默地、隐式地进行的一种类型转换，不需要编程人员在代码中显式表现出来。换句话说，自动类型转换不需要程序员干预，会在程序员毫无知觉的情况下发生。编译程序在将源代码程序处理成可执行代码时，这种转换已经完成了。

自动类型转换按照 C 语言规则将表达式中的数据类型转换为另一种类型，下面是一些 C 数据类型转换的基本规则。

（1）当出现在表达式中时，有符号和无符号的 char 类型和 short 类型都将自动转换为 int 类型。

（2）在包含两种数据类型的任何运算中，较低级别类型将会转换为运算中另一个较高级别的数据类型。

（3）数据类型级别从高到低的顺序是 long double、double、float、unsigned long long、long long、unsigned long、long、unsigned int、int。可能的例外是当 long 类型和 int 类型具有相同大小时（例如 64 位环境下的 gcc 编译程序），unsigned int 类型级别高于 long 类型；short 类型和 char 类型由规则 1 被提升到 int 类型。这种转换顺序如图 4.3 所示（64 位 gcc 编译程序）。

（4）在赋值运算中，运算结果将被转换为要被赋值的那个变量的类型，这个过程可能导致级别提升（被赋值的变量类型级别高）或者级别降低（被赋值的变量类型级别低），级别提升通常是一个平滑无损的过程，然而级别降低可能导致真正的问题，例如可能会导致数据失

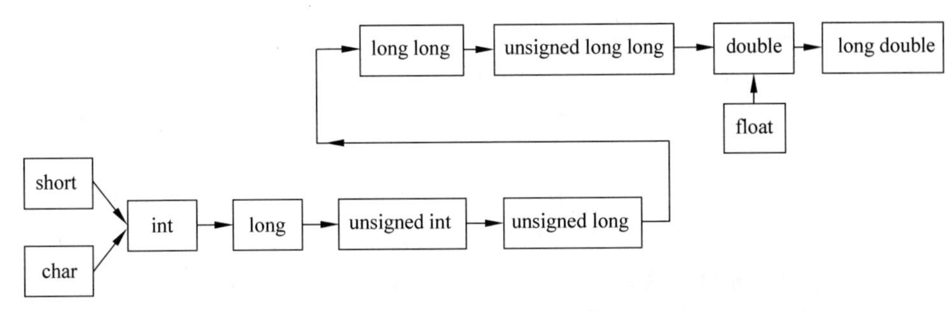

图 4.3 数据类型自动转换级别

真，或者精度降低。通常编译程序会对这种情况给出警告提示。

(5) 作为函数的参数被传递时，char 类型和 short 类型会被转换为 int 类型，float 类型会被转换为 double 类型，但可以通过函数原型的显式指定阻止自动提升的发生。

(6) 函数有返回值时返回表达式的类型会被转换为返回值类型。

图 4.3 中其他数据类型不转换为 float 类型，而是 unsigned long long 类型和 float 类型都转换为 double 类型。这种转换路径有些人不理解，其实在 C 语言中所有浮点类型数据的运算都是按照 double 类型进行的。这也是在图 3.2 中基本数据类型中先说浮点类型，然后分成 float 类型和 double 类型的原因，而且 scanf 和 printf 函数输出控制字符也没有区分 float 类型和 double 类型。

计算机有专门的浮点运算器，不必要再开发出一个精度较低的浮点运算器进行 float 类型的浮点运算。不管是硬件还是软件实现浮点类型数据运算，一个高精度的运算器就足够了。

在赋值运算中，赋值号两边的数据类型不同时，需要把右边表达式的类型转换为左边变量的类型，这可能会导致数据失真，或者精度降低。所以，自动类型转换并不一定是安全的。对于不安全的类型转换，编译程序一般会给出警告。

从图 4.3 中还能看出这种转换其实是以数据表达范围为基础的。自动类型转换总是往表达范围大的级别转换。赋值运算出现高级别类型表达式将运算结果赋值运算给低级别类型左值时，会出现数据溢出或精度降低的风险。例如浮点数向整型变量赋值时，会丢失小数点后的小数。

下面就展示这种赋值风险，示例代码段如下。

```
double dData = 65540.63636363f;
short int nNum;
float fResult = 0.0f;
nNum = dData;                          //超过 32767 溢出
fResult = dData * 3.4E+38;             //超过 3.4E+38 溢出
```

4.2.2 强制类型转换

编译程序根据源代码的上下文环境自行判断是否需要进行数据类型转换，并不能满足所有的类型转换需求。这种判断有时并不是那么“智能”，所以有时候还是需要编程人员显式地在源代码中明确地提出要进行的类型转换，这种类型转换方式称为强制类型转换。

强制类型转换需要考虑转换后的数据值是否在强制转换类型的范围内，否则会溢出或者丢失数据。例如浮点数值强制转换为整型数值，小数点后面的数据会被舍弃。如果这个浮点数值大于 32 767 或小于－32 768，转换为 short int 类型就会溢出而丢失数据；如果这个浮点数值大于 2 147 483 647 或小于－2 147 483 648，转换为 int 类型或 long 类型也会溢出而丢失数据。

double 类型数据转换为 float 类型时，double 类型数值大于 3.402 823 5E＋38 或小于－3.402 823 5E＋38 会溢出而丢失数据；double 类型数值在－1.175 494 35E－38～1.175 494 35E－38 时，精度会降低。

进行强制类型转换需要编程人员对各种类型的数据表达范围非常熟悉，而且还要对程序运行时动态的数据范围了如指掌，保证不会出现超范围数据的强制类型转换。

强制类型转换是程序员明确提出的，需要通过特定格式的代码来明确指明的一种类型转换。如下所示。

```
(类型名) 操作数表达式
```

这种强制类型转换的代码段书写表达形式如下。

```
int x = 200, y = 900;
short int s;
float f;
s = (short int)x;
f = (float)(x * y);
```

下面通过强制类型转换示例程序来看如何做强制类型转换。这里是将 int 类型变量强制转换为 char 类型，并赋值运算给字符串里的指定位置下标字符。示例程序如下。

```
#include <stdio.h>
int main()
{
    int nCR = 0X0000000D;
    unsigned nLF = 0X0000000A;
    char s[100] = "喂猪大似象老鼠个个死";
    int i;
    printf("%s\n",s);                    //输出原始字符串
    for(i = 20;i > 9;i -- )
    {
        s[i + 2] = s[i];
    }
    s[10] = (char)nCR;                   //强制将 int 类型转换为 char 类型
    s[11] = (char)nLF;                   //强制将 int 类型转换为 char 类型
    printf("%s\n",s);                    //输出现在的字符串
    return 0;
}
```

强制类型转换示例程序运行结果如图 4.4 所示。

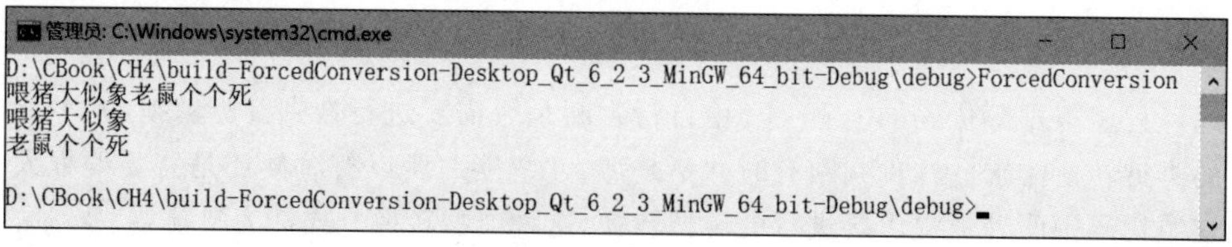

```
管理员: C:\Windows\system32\cmd.exe
D:\CBook\CH4\build-ForcedConversion-Desktop_Qt_6_2_3_MinGW_64_bit-Debug\debug>ForcedConversion
喂猪大似象老鼠个个死
喂猪大似象
老鼠个个死

D:\CBook\CH4\build-ForcedConversion-Desktop_Qt_6_2_3_MinGW_64_bit-Debug\debug>
```

图 4.4　强制类型转换示例程序运行结果

第5章

预处理程序

预处理程序的概念来源于C语言，它是C语言程序设计的一部分。早期C语言的一个独特的优点就是提供了预处理功能。C语言的预处理程序为C语言开发的软件能够移植到不同的计算机系统上提供了有效的工具。

5.1 预处理

视频讲解

预处理是在编译程序开始进行第一遍扫描即词法扫描和语法分析之前，对编写的C语言源代码文件进行的文件处理。这种可以对C语言源代码文件进行预先处理的软件称为预处理程序。

预处理程序和编译程序一样都是一个可运行的软件工具。预处理程序读出源代码，对其中内嵌的指示字(directive)进行相应处理，产生源代码的修改版本，修改后的版本紧接着会被编译程序读入进行处理，最后变成二进制目标代码。

预处理程序在很长一段时间内都被认为是C语言特有的内容。最近这些年也被有限地用于预处理其他语言的源代码文件，例如用它实现了FORTRAN和Java的条件编译。

在"2.5 软件安装"里安装的集成开发环境里就有C语言的预处理程序，它被作为GCC(GNU Compiler Collection，GNU编译程序集合)的一部分，安装在指定安装路径C:\Qt\Tools\mingw900_64\bin下面，预处理程序的可执行文件名是cpp.exe。本书所讲的预处理程序指示字内容全部是基于安装的Qt Creator集成开发环境的C语言预处理程序的指示字。使用预处理程序参数选项可以查看预处理结果。

```
cpp -E -dD main.c -o precompiler.txt
```

-E是只预处理，不编译、汇编、链接。

-d后面的字母D、I、M、N对预处理程序有特殊含义，如下所示。

D：与-E选项一同使用时，除了预处理后的正常输出外，还输出所有的宏定义。

I：与-E选项一同使用时，预处理程序输出#include指示字，还输出其他预处理程序的输出。

M：与-E选项一同使用时，预处理程序将在所有的预处理后输出有效的宏定义列表。

N：与-E 选项一同使用时，除了在预处理后的正常输出外，还包含以 # define name 简单形式定义的所有宏的列表。

上述命令行方式将产生预处理后的文件 precompiler. txt，在 Windows 10 下可以用命令行 type precompiler. txt 查看内容；在 CentOS 8. 5(Linux)下可以在终端方式下用命令行 cat precompiler. txt 查看内容。在各种图形化窗口环境下也可以用系统自带的文本编辑器打开查看。图 5.1 是安装路径 C:\Qt\Tools\mingw900_64\bin 下面的 C 语言预处理程序位置。

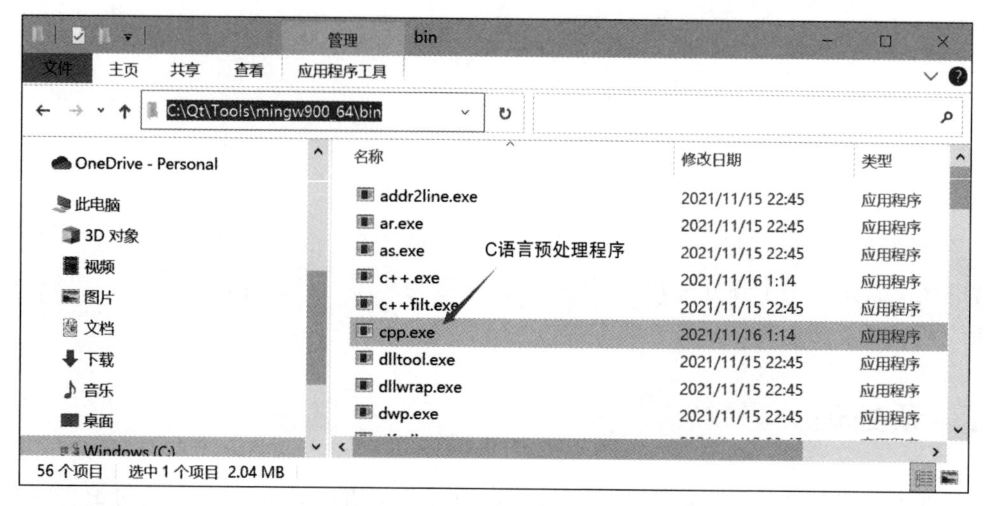

图 5.1　C 语言预处理程序位置

5.2　指示字

源代码中的预处理指令称为指示字，从源代码中可以很容易地发现，它们以 # 开始，每行第一个非空字符都是 #，这是指示字的标志。# 后面紧跟着指示字的关键字。指示字书写格式如下。

#关键字　其他信息

C 语言预处理程序的常用指示字及其描述如表 5.1 所示。

表 5.1　C 语言预处理程序的常用指示字及其描述

指　示　字	描　　述
# define	定义宏名字，预处理程序会把这个宏扩展到使用该名字的位置
# undef	删除前面用 # define 指示字创建的定义
# error	产生出错消息，挂起预处理程序
# warning	由预处理程序创建一个警告信息
# include	查找指示字列表，直到找到指定的文件，然后将文件内容插入，就好像在文本编辑器中插入一样
# include_next	和 # include 一样，但该指示字从找到当前文件的目录之后的目录开始查找
# if	如果计算算术表达式的结果为非 0 值，就编译指示字和它匹配的 # endif 之间的代码
# ifdef	如果已经定义了指定的宏，就编译指示字和它匹配的 # endif 之间的代码

续表

指 示 字	描 述
#ifndef	如果没有定义指定的宏，就编译指示字和它匹配的#endif之间的代码
#else	如果#if、#ifdef或#ifndef为假，则提供一个用于编译的可选代码集合
#elif	由#if指示字提供一个用于计算的可选表达式
#endif	与#if、#ifdef、#ifndef配对的、不可缺少的指示字
#line	指出行号及可能的文件名，报告给编译程序，用于创建目标文件中的调试信息
#pragma	提供额外信息的标准方法，可用来指出一个编译程序或一个平台
##	连接运算符，可用于宏内，将两个字符串连接成一个

根据指示字指令要求，预处理程序是可以修改源代码的，而不是修改指示字。预处理程序总是对分散在C语言源程序代码中的特定指示字（用#作前缀的指令）进行识别和处理。

C语言提供了多种预处理指示字（预处理命令）功能，如文件包含、宏定义、条件编译等，合理地使用它们会使编写的程序便于阅读、修改、移植和调试，也有利于模块化程序设计。下面会详细介绍这些预处理命令。

5.3 宏定义

#define称为宏定义指示字，它也是C语言预处理程序指示字的一种。所谓宏定义，就是用一个用户标识符来表示一个字符串，如果在后面的代码中出现了该用户标识符，那么就全部替换成该用户标识符后面指定的字符串。在宏定义中可以指定参数作为扩展宏的一部分。

大多数宏定义在效果上为常数。这些名字传统上为大写字母。例如，下面的指示字定义了宏PI和MAXINT，无论何时在C语言源代码中出现该宏的地方都会替换为字符串"3.1415926"和"2147483647"。

```
#define  PI  3.1415926
#define  MAXINT  2147483647
```

在C语言源代码中定义PI、MAXINT之后，凡是源代码中出现PI、MAXINT的地方，都会被宏后面定义的字符串"3.1415926"和"2147483647"替换。通过运行“5.1预处理”里的cpp预处理程序，带预处理参数选项来看这种效果。完整的示例程序代码如下。

```
#include <stdio.h>
#include <math.h>
#define  PI  3.1415926
#define  MAXINT  2147483647
int main()
{
    double dx = 0.0f;
    dx = sin(PI/6); printf("sin(PI/6) = %E\n",dx);
    dx = sin(PI * 1.5/2); printf("sin(PI * 1.5/2) = %E\n",dx);
    if(dx < PI) printf("%E比PI小\n",dx);
    else printf("%E大于或等于PI\n",dx);
    printf("最大的整数是%d\n",MAXINT);
    return 0;
}
```

经过预处理后，根据设置的参数，预处理程序保留了所有的宏定义和处理后的正常输出。可以看到这两个宏被扩展到源代码中。预处理后的C语言程序代码如图5.2所示。

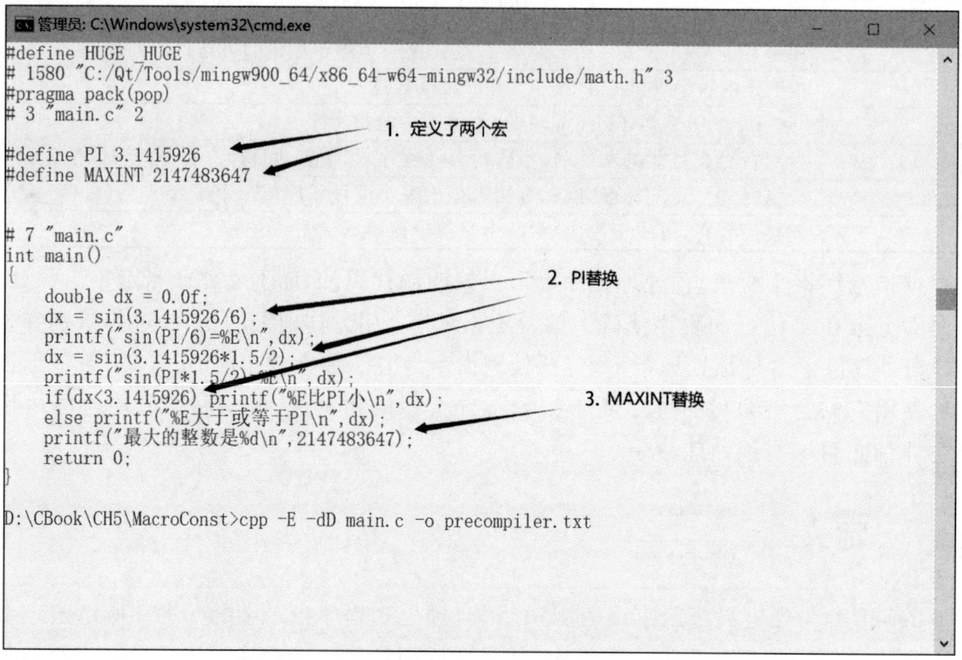

```
管理员: C:\Windows\system32\cmd.exe
#define HUGE _HUGE
# 1580 "C:/Qt/Tools/mingw900_64/x86_64-w64-mingw32/include/math.h" 3
#pragma pack(pop)
# 3 "main.c" 2

#define PI 3.1415926
#define MAXINT 2147483647


# 7 "main.c"
int main()
{
    double dx = 0.0f;
    dx = sin(3.1415926/6);
    printf("sin(PI/6)=%E\n",dx);
    dx = sin(3.1415926*1.5/2);
    printf("sin(PI*1.5/2)=%E\n",dx);
    if(dx<3.1415926) printf("%E比PI小\n",dx);
    else printf("%E大于或等于PI\n",dx);
    printf("最大的整数是%d\n",2147483647);
    return 0;
}

D:\CBook\CH5\MacroConst>cpp -E -dD main.c -o precompiler.txt
```

1. 定义了两个宏
2. PI替换
3. MAXINT替换

图5.2 常量宏定义预处理后的C语言程序代码

宏定义还可以不带字符串，也就是只有宏标识符。这种方式主要是给#indef和#ifndef提供测试的标记，在头文件的编写方面有特殊的效果，在后面的“5.14 指示字使用技巧”中会介绍这部分内容。只有宏标识符的定义规则如下所述。

```
#define  HUFMANHEADER_H
```

宏定义也遵循C语言的先定义、声明后使用的原则，因此在宏定义之前使用宏，不会出现宏替换。只有在定义之后才会在使用宏的地方替换成宏定义的字符串，例如下面的示例代码。

```
int  nSum = 0, B = 29;
#define  SB  10
    nSum = SB + B;                    //这个地方会保留B,会使用变量B
    printf("nSum = SB + B; %d  %d  %d\n",nSum,SB,B);
#define  B  99
    nSum = SB + B;                    //这个地方SB和B全部被替换
    printf("nSum = SB + B; %d  %d  %d\n",nSum,SB,B);
```

上述宏定义示例代码经过预处理程序处理之后，变成如下源代码，看看有什么变化。

```
int nSum = 0, B = 29;
#define SB 10
    nSum = 10 + B;                    //还会用变量B
    printf("nSum = SB + B; %d  %d  %d\n",nSum,10,B);
#define B 99
    nSum = 10 + 99;                   //变量B已经无影无踪了
    printf("nSum = SB + B; %d  %d  %d\n",nSum,10,99);
```

5.4 带参数的宏定义

在C语言中宏的用处很多,也很强大。很多学习C语言编程的人员很少接触到预处理程序方面的内容,在工作以后,开发软件时也很少在源代码中使用预处理指示字。使用预处理指示字编写C语言源代码后才会理解预处理指示字的强大功能。

前面讲述了定义普通的带字符串值和不带字符串值的宏的定义规则,在宏定义规则中,还有一种很强大的带参数的宏定义规则。更进一步,在C99标准中宏不但可以带确定个数的参数,还可以带不确定数目的参数。

下面是一个大家都熟悉的宏,它使用参数来创建一个表达式,可以返回两值中的较大值。

```
#define max(a,b) ( (a)>(b) ? (a) : (b) )
```

在C语言源代码中出现max(a,b)的任何地方,都会被宏后面定义的字符串((a)>(b) ? (a) : (b))替换。在源代码中使用宏时,其中参数a,b可以用其他标识符(变量名,或表达式都可以)替换。

需要特别注意的是,宏名标识符内不能出现空格,带参数的宏名字与(号之间也不能出现空格,一旦这些地方出现空格,后面的内容都会被认为是宏的字符串值。

通过“5.1 预处理”里的cpp预处理程序,带参数命令来看这种效果。完整的示例程序代码如下。

```
#include <stdio.h>
#define  max(a,b)  ( (a) > (b) ? (a) : (b) )
int main()
{
    int   x = 12, y = 18;
    float fx = 8.9f, fy = 3.2f;
    double dx = 3.9E+123, dz = 9.2E+99;
    printf("x = 12, y = 18 最大值是: %d\n",max(x,y));
    printf("fx = 8.9f, fy = 3.2f 最大值是: %E\n",max(fx,fy));
    printf("dx = 3.9E+123, dz = 9.2E+99 最大值是: %E\n",max(dx,dz));
    printf("宏定义太方便了!\n");
    return 0;
}
```

源代码中printf输出函数参数使用了已经定义的宏max(a,b),经过预处理后,根据设置的参数,预处理程序保留了所有的宏定义和处理后的正常输出。可以看到这个宏被扩展到源代码中printf函数里了,宏参数也都正确处理了。处理后的C语言程序代码如图5.3所示。

1. 参数个数不确定的宏定义

在C99标准中定义宏时,参数个数不确定的情况可以用省略号代替,这些参数被保存在字符串中作为变量__VA_ARGS__,它会在宏内部进行扩展。参数个数不确定的宏有如下两种形式。

```
#define MYOUT(...)  printf(__VA_ARGS__)
#define YOUROUT(a,b,...) printf("Line %d : Row %d ",a,b); \
                         printf(__VA_ARGS__)
```

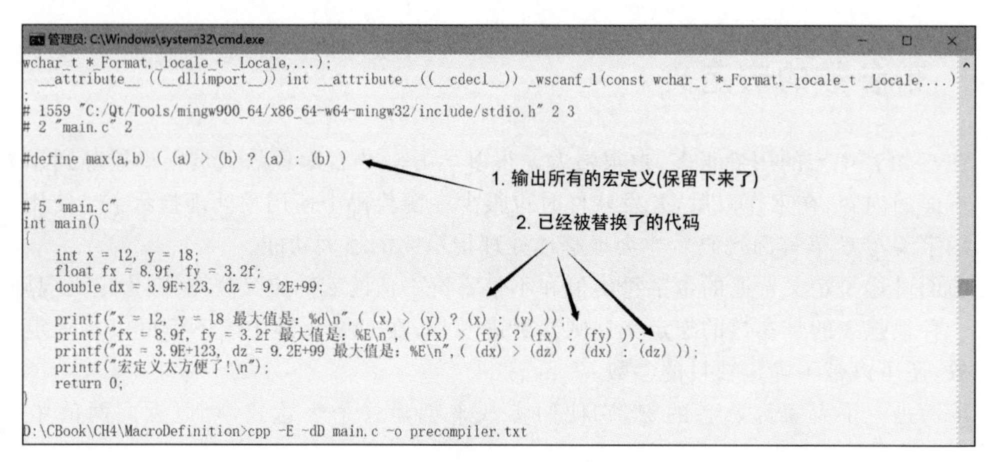

图 5.3 处理后的 C 语言程序代码

第二种宏定义中，确定的参数是两个，不确定的参数放在确定参数后面，宏定义一行写不完可以在行尾用\说明有续行，还可以多次续行写完宏定义。

在进行了上述的宏定义之后，在源代码中如果出现如下代码。

```
MYOUT("%-s %d\n","出现异常的门牌号是",5);
YOUROUT(76,nSum*3, "号武汉服装仓库\n");
```

预处理之后替换成如下代码。

```
printf("%-s %d\n","出现异常的门牌号是",5);
printf("Line %d : Row %d ",76,nSum*3); printf("号武汉服装仓库\n");
```

2. 字符串宏参数的特殊替换

程序中如果字符串内出现宏的名字，这时预处理程序不会进行替换。但是字符串宏参数是可以加入字符串中的。#加宏的参数可以将宏参数字符串化，从而做到修改 C 语言源代码字符串的效果。例如下面的例子中定义的宏。

```
#define INSERTSTR(EMBEDDED_STR) \
    printf("现在要插入宏参数:"#EMBEDDED_STR" 插入结束.\n")
#define GRADE(STR,NAME)  "欢迎"#STR"年级学生:"#NAME
```

在进行了上述的宏定义之后，在源代码中如果出现如下代码。

```
INSERTSTR(我是宏参数 EMBEDDED_STR);
printf("%s\n",GRADE(九,大黄蜂));
```

经过预处理程序处理之后，替换成如下代码。

```
printf("现在要插入宏参数:""我是宏参数 EMBEDDED_STR"" 插入结束.\n");
printf("%s\n","欢迎""九""年级学生:""大黄蜂");
```

5.5 #undef 指示字

#undef 指示字用于将之前由#define 指示字定义的宏取消。在不需要使用已经定义的宏，或者需要用这个宏标识符重新定义成别的新值时，就可以用#undef 指示字，例如：

```
#define DESKCOLOR   COLOR
```

```
#define  COLOR  4009242
    int  wudesk = DESKCOLOR;
#undef COLOR
#define  COLOR  3153936
    int  sundesk = DESKCOLOR;
```

经过预处理程序处理之后，上述代码会被替换成如下代码。

```
#define DESKCOLOR COLOR
#define COLOR 4009242
    int wudesk = 4009242;
#undef COLOR
#define COLOR 3153936
    int sundesk = 3153936;
```

C 语言源代码中虽然 wudesk、sundesk 都是用 DESKCOLOR 赋值，但是它的字符串值是 COLOR，于是取消宏 COLOR 之后再定义给宏 COLOR 不同的值就可以不改变 C 语句而实现语句变化。这就是嵌套的宏定义与重新定义宏的组合用处。

另外源代码中用到宏，但是却没有给出宏定义，例如：

```
int wudesk = COLOR1;
int sundesk = COLOR2;
```

这种源代码需要在编译时用－D 参数选项传入宏 COLOR1 和宏 COLOR2，命令行参数如下。

```
gcc -DCOLOR1=100 -DCOLOR2=900 main.c -o abc.exe
```

5.6 #error 与 #warning 指示字

#error 指示字会引起预处理程序报告致命错误或中断。它可以用来捕获尝试按照某种不可能工作的形式进行编译的条件。例如，下面的例子只有在定义了__MAC_10_15 的情况下才能成功预处理并编译、链接。如果没有定义宏__MAC_10_15，不管是在集成开发环境构建，还是在 gcc 命令行方式下编译，更或是在 cpp 命令行方式预处理，编译都过不去，也不可能产生可执行程序。

```
#include <stdio.h>
int main()
{
#ifndef __MAC_10_15
#error "这个程序只能在 macOS 10.15 上运行"
#endif
    printf("Hello World!\n");
    return 0;
}
```

#warning 指示字和#error 指示字的工作原理一样，它的条件不是致命性错误，而是预处理程序在发出消息之后会继续进行下去，不会像#error 那样停止。

```
#include <stdio.h>
int main()
{
```

```
#ifndef __MAC_10_15
#warning "这个程序生成 macOS 10.15 代码,\
            需要在 macOS 10.15 上运行"
#endif
    printf("Hello World!\n");
    return 0;
}
```

程序构建之后运行,可以打印出 Hello World!。程序运行结果如图 5.4 所示。

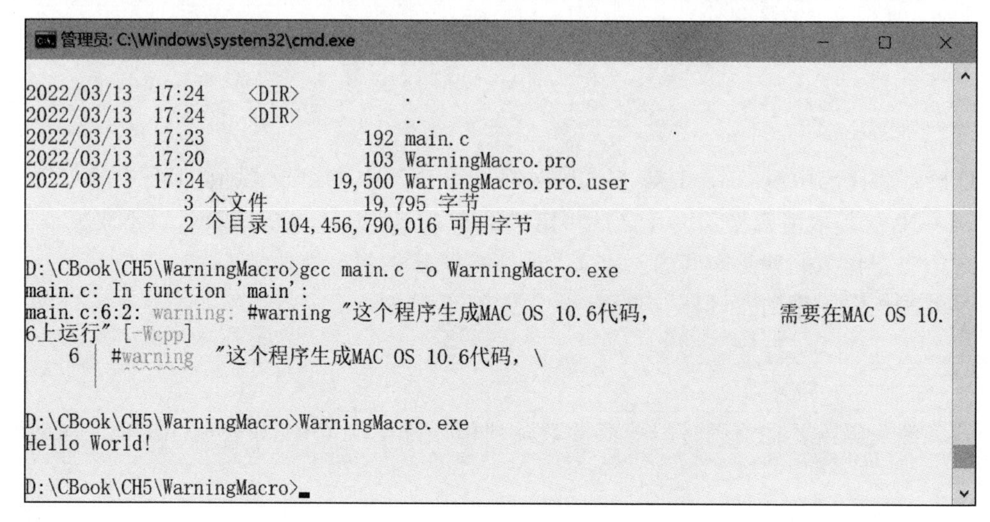

图 5.4 #warning 指示字的运行结果

5.7 #include 指示字

#include 指示字又称为文件包含命令,用来引入对应的头文件(.h 文件)。#include 指示字会查找指定的文件,将文件的内容插入当前源代码文件,从而把头文件和当前源文件连接成一个源文件,这与复制、粘贴的效果相同。这种方式包含的文件通常是头文件(.h 文件),扩展名为 h,但其实可以是任意名字和扩展名的文本文件。

#include 指示字有 3 种形式:第 1 种是#include 系统头文件,头文件名用尖扩号括起来;第 2 种是#include 自定义头文件,头文件名用双引号括起来;第 3 种是#include 预处理助记符,预处理助记符是预先用#define 指示字定义的宏,用于指定头文件的名字。这 3 种#include 头文件的代码示例如下所示。

```
#include <stdio.h>                   //#include <可带路径的标准库头文件>
#include <sys/socket.h>              //#include <可带路径的标准库头文件>
#include "..\declare\myHeader.h"     //#include "可带路径的自定义头文件"
#define LONGJMP <setjmp.h>           //#include 预处理助记符
#include LONGJMP                     //#include 预处理助记符
```

gcc 编译程序的-I 选项(字母 i 的大写字母)可用来修改指定的查找目录。使用此选项参数后,头文件查找由使用-I 选项说明的目录开始,然后继续查找系统目录的标准集合。例如在 D:\CBook\CH11\PtrDescription 目录下有 main.c、variable.c、variable.h 三个 C 语言源代码文件。现在将 main.c、variable.c 文件复制到 D:\WorkDir\Ipara 目录下,然后将

variable.h 文件复制到 D:\WorkDir\myster 目录下，这样.h 文件就分散在不同的目录下，如果直接用图 5.5 中的命令编译会出错，因为找不到 variable.h 文件。运行 gcc 时如使用如图 5.6 中-ID:\WorkDir\myster 参数选项就能顺利找到 variable.h 文件，通过编译生成 lpara.exe 可执行文件。

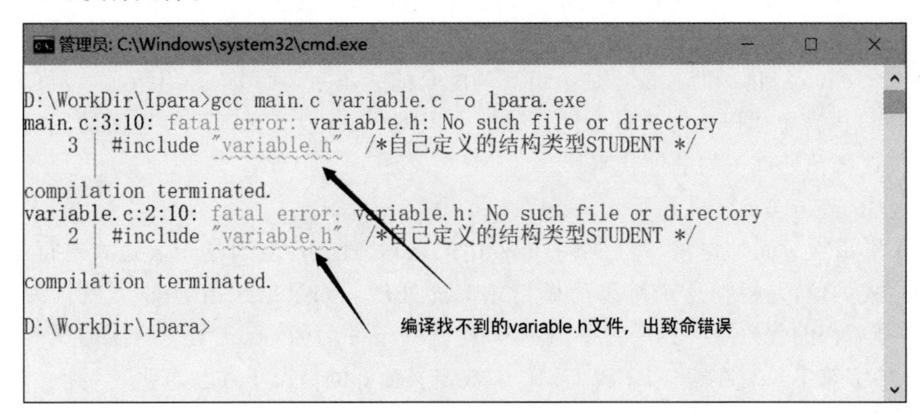

图 5.5　gcc 不使用参数-I 的使用效果

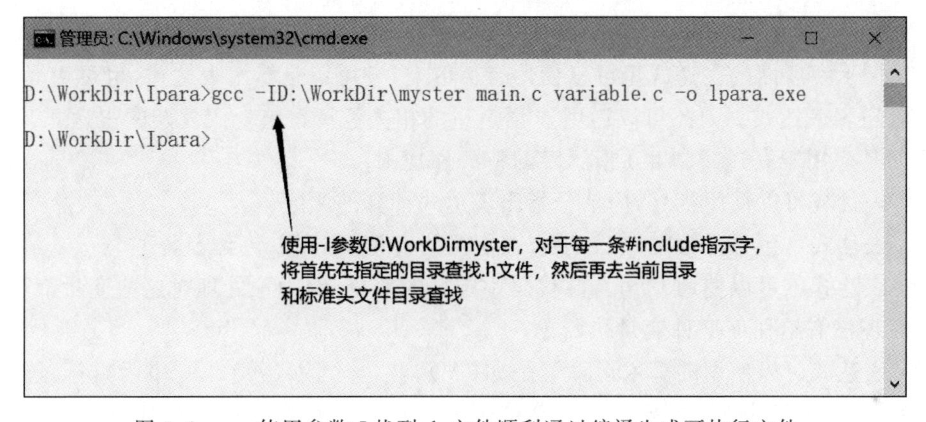

图 5.6　gcc 使用参数-I 找到.h 文件顺利通过编译生成可执行文件

5.8　#include_next 指示字

#include_next 指示字只用于某些特殊情况。它用在头文件内部来包含其他头文件，会令新头文件的查找由找到当前头文件的目录之后的目录开始。

例如，如果头文件的正常查找会依次查找目录 dir1、dir2、dir3、dir4 和 dir5，而当前头文件位于目录 dir3，则#include_next 指示字会要求在目录 dir4、dir5 中查找新的头文件。

该指示字可用于增加或修改系统头文件的定义，而不必修改文件本身。例如，系统头文件/usr/include/stdio.h 包含宏定义 getc，它会从输入流中读出单个字符。要改变这个宏定义，让它总是返回同一个字符，但保留头文件的其他内容，可以创建自己的 stdio.h 头文件，包含下面内容。

```
#include_next "stdio.h"
#undef getc
```

```
#define getc(fp) ((int)'G')
```

使用该头文件会包含系统的 stdio.h,以及自己重新定义的宏 getc(fp)。

5.9 #if、#elif、#else 和 #endif 指示字组

#if、#elif、#else 和 #endif 是一组互相配合的指示字,使用这一组指示字可以让预处理程序对 C 语言源代码文件进行条件预处理。根据 #if 和 #elif 指示字里面的逻辑表达式的值进行选择预处理不同的源代码块。

1. #if

#if 指示字后面加空格,然后跟一个表达式,预处理程序会对这个表达式进行运算,计算出表达式的值,并根据这个结果值做出相应的处理。如果结果值为非 0,就认为条件为真,会编译后面的代码块。如果结果值为 0,就认为条件为假,不会编译后面的代码块。例如,下面的字符串只有在宏 NEEDCOMP 未被定义为 0 的情况下才会声明。

```
#if NEEDCOMP
        char *conststr = "宏 NEEDCOMP 是非 0 值才会有这个字符串";
#endif
```

#if 指示字后面的表达式里可以使用有值的宏,它可以是算术表达式,也可以是关系表达式或者逻辑表达式。因此可以运用 C 语言里的相关运算符组合成复杂的表达式。

下面是应用于表达式和 #if 指示字的特征和规则。

(1) 表达式可以使用括号,用括号指出表达式计算的顺序。

(2) 表达式可包含整数常数,如果宏被定义为有值,也可以包含宏名。

(3) 表达式不可以使用 C 语言源代码中定义的变量,因为预处理时这些变量都不存在,编译程序还没有给任何这种变量初始化。

(4) 表达式可以使用的算术运算符是加(+)、减(-)、乘(*)、除(/)运算符,这些算术运算符和 C 语言中对应的整数算术运算符用法一致。所有算术运算符都可操作预处理程序(系统平台)支持的最大长度二进制位数的整数,通常为 64 位整数。

(5) 表达式可以使用的位运算符是左移(<<)和右移(>>)位运算符,这两个位运算符和 C 语言中对应的整数位运算符用法一致。

(6) 表达式可以使用的关系运算符是等于(==)、不等于(!=)、大于(>)、小于(<)、大于或等于(>=)、小于或等于(<=),它们和 C 语言中的相应运算符一样。

(7) 表达式可以使用的逻辑运算符是逻辑或(||)、逻辑与(&&)、逻辑非(!),它们和 C 语言中的相应运算符一样。

(8) 为 #if 指示字新增的预处理程序运算符是 defined 运算符。它可以用来判定宏操作数是否被定义了。例如,已经定义了宏 DESKCOLOR,那么下面的表达式就为真。

```
#if defined(DESKCOLOR)
```

逻辑非运算符(!)通常和 defined 运算符一起使用来测试宏是否被定义,如下所示。

```
#if  !defined(DESKCOLOR)
```

(9) 如果表达式中有用户标识符未被定义为宏,那么表达式的值总是会等于 0。

-Wundef 选项可用于在这种环境下产生警告信息。

(10) 具有参数的宏可以定义为只计算出结果 0。-Wundef 选项可用于在这种情况下产生警告。

2. #elif

#elif 指示字可用于提供一个可选的表达式。格式是#elif 指示字后面加空格,然后跟着一个表达式,预处理程序会对这个表达式进行运算,计算出表达式的值,并根据这个结果值做出相应的处理。#if 指示字与#elif 指示字组成的一组条件判断,按照先后出现的次序逐个判断,遇到任何一个条件为非 0 值时就不再进行其他条件判断,只处理此非 0 值后面的代码块。#elif 指示字不能出现在#else 指示字与#endif 指示字之间。

如果#elif 中的表达式结果值为非 0,就认为条件为真,如果有#else 指示字,那么#elif 指示字与#else 指示字之间的代码块会被继续预处理和编译;如果没有#else 指示字,那么#elif 指示字与#endif 指示字之间的代码块会被继续预处理和编译。

如果#elif 中的表达式结果值为 0,就认为条件为假,如果有#else 指示字,那么#elif 指示字与#else 指示字之间的代码块不会被继续预处理和编译;如果没有#else 指示字,那么#elif 指示字与#endif 指示字之间的代码块不会被继续预处理和编译,示例如下所示。

```
#if DESKCOLOR <= 512            //表达式结果值为非 0,到#else 的代码块都会预处理、编译
#define COLOR 311
#elif DESKCOLOR > 1256          //#if 表达式结果值为 0,#elif 表达式结果值为非 0 下面代码
                                //块都会预处理、编译
#define COLOR1 211
#elif DESKCOLOR == 1000         //#if 表达式结果值为 0,#elif DESKCOLOR > 1256 结果值也为 0
//#elif DESKCOLOR= 1000         //结果值为非 0,下面代码块都会预处理、编译
#define COLOR2 111
#else                           //#if 和#elif 表达式结果值为 0,到#endif 的代码块都会预处
                                //理、编译.可以没有 else
#define COLOR 88
#endif //有#if 就必须有#endif 结尾
```

3. #else

#else 指示字可用来提供用于继续预处理和编译的可选代码。#if 指示字与#elif 指示字后面的表达式结果值只要有一个为非 0,那么#else 指示字与#endif 指示字之间的代码块就不会被继续预处理和编译;#if 指示字与#elif 指示字后面的表达式结果值全部为 0,那么#else 指示字与#endif 指示字之间的代码块就会被继续预处理和编译,示例如下所示。

```
#if DESKCOLOR <= 512
#define   COLOR   311           //DESKCOLOR <= 512 这一条被预处理
#else
#define   COLOR   88            //DESKCOLOR > 512 这一条被预处理
#endif
```

4. #endif

#endif 指示字是#if 指示字的配对结尾指示字。每个#if 指示字可以没有#else 指示字,但是必须要有#endif 指示字进行配对。如果#if 指示字没有#endif 指示字配对,则预处理程序会给出警告信息。

#if…#endif 指示字是可以嵌套使用的,例如下面的嵌套结构就是 stdio. h 系统头文

件中的代码。

```
#ifndef NULL
#ifdef __cplusplus
#ifndef _WIN64
#define NULL 0
#else
#define NULL 0LL
#endif /* W64 */                    //这个对应的是#ifndef _WIN64
#else
#define NULL ((void *)0)
#endif                              //这个对应的是#ifdef __cplusplus
#endif                              //这个对应的是#ifndef NULL
```

5.10 #ifdef、#ifndef、#else 和#endif 指示字组

#ifdef、#ifndef、#else 和#endif 是一组互相配合的指示字，使用这一组指示字可以根据#ifdef 指示字或者#ifndef 指示字后面的宏是否定义，判断是否让预处理程序对 C 语言源代码文件进行条件预处理。根据#ifdef 指示字或者#ifndef 指示字后面的宏是否定义选择预处理、编译不同的源代码块。

1. #ifdef

跟在#ifdef 指示字后的代码块只有在指定宏被定义的情况下才会被继续预处理、编译。#ifndef 指示字与#ifdef 指示字正好相反；跟在#ifndef 指示字后的代码块只有在指定宏未被定义的情况下才会被继续预处理、编译。

如果#ifdef 指示字后面的宏定义了，就认为条件为真，如果有#else 指示字，那么#ifdef 指示字与#else 指示字之间的代码块会被继续预处理和编译，#else 指示字与#endif 指示字之间的代码块不会被继续预处理和编译；如果没有#else 指示字，那么#ifdef 指示字与#endif 指示字之间的代码块会被继续预处理和编译。

如果#ifdef 指示字后面的宏没有定义，就认为条件为假，如果有#else 指示字，那么#ifdef 指示字与#else 指示字之间的代码块不会被继续预处理和编译，#else 指示字与#endif 指示字之间的代码块会被继续预处理和编译；如果没有#else 指示字，那么#ifdef 指示字与#endif 指示字之间的代码块不会被继续预处理和编译。

#ifdef 指示字应该与另一个指示字#endif 配对终止。如果不配对，预处理程序会发出警告信息。例如，下面的 floatarray 数组只有在定义了宏 WIN32 || WIN64 || WINNT 的情况下(Windows 系统下)才会被声明。

```
#ifdef WIN32 || WIN64 || WINNT
    float floatarray[MINTARRAY];     //宏 WIN32 || WIN64 || WINNT 定义了
                                     //(即在 Windows 系统下),才会继续预处理、编译
#else
    int intarray[100];               //非 Windows 系统下,这一条被预处理、编译
#endif                               /* (非 Windows 系统下), */
```

注意：注释、续行等 C 语言规则在预处理指示字行同样适用。

2. #ifndef

#ifndef 指示字是#ifdef 指示字的反义词，它只在宏未被定义的条件下才编译这些条

件代码。＃ifndef 指示字是＃ifdef 指示字的另一种替代，两者二选一与后面的＃else 指示字和＃endif 指示字配套。

如果＃ifndef 指示字后面的宏没有定义，就认为条件为真，如果有＃else 指示字，那么 ifndef 指示字与＃else 指示字之间的代码块会被继续预处理和编译，＃else 指示字与＃endif 指示字之间的代码块不会被继续预处理和编译；如果没有＃else 指示字，那么＃ifndef 指示字与＃endif 指示字之间的代码块会被继续预处理和编译。＃ifndef macro 与＃if！ defined(macro)等价。

如果＃ifndef 指示字后面的宏定义了，就认为条件为假，如果有＃else 指示字，那么＃ifndef 指示字与＃else 指示字之间的代码块不会被继续预处理和编译，＃else 指示字与＃endif 指示字之间的代码块会被继续预处理和编译。如果没有＃else 指示字，那么＃ifdef 指示字与＃endif 指示字之间的代码块不会被继续预处理和编译。

＃ifndef 指示字应该与另一个指示字＃endif 配对终止。如果不配对，预处理程序会发出警告信息。例如，如果定义了 DESKCOLOR，变量 xarray 的类型为字符型，否则会为整型。

```
#ifndef DESKCOLOR
    int xarray;                //宏 DESKCOLOR 没有定义,这一条被预处理、编译
#else
    char xarray;               //宏 DESKCOLOR 定义了,这一条被预处理、编译
#endif/* DESKCOLOR */
```

3. ＃else

＃else 指示字可用来提供用于继续预处理和编译的可选代码。＃ifdef 指示字或＃ifndef 指示字宏测试条件成立，那么＃else 指示字与＃endif 指示字之间的代码块就不会被继续预处理和编译。＃ifdef 指示字或＃ifndef 指示字宏测试条件不成立，那么＃else 指示字与＃endif 指示字之间的代码块就会被继续预处理和编译，示例如下所示。

```
#ifdef DESKCOLOR
#define COLOR 311              //DESKCOLOR 定义了,这一条被预处理
#else
#define COLOR 88               //DESKCOLOR 没有定义,这一条被预处理
#endif
```

4. ＃endif

＃endif 指示字是＃ifdef 指示字或＃ifndef 指示字的配对结尾指示字。每个＃ifdef 指示字或＃ifndef 指示字可以没有＃else 指示字，但是必须要有＃endif 指示字。如果＃if 指示字没有＃endif 指示字配对，预处理程序会给出警告信息。

＃ifdef、＃ifndef…＃endif 指示字是可以嵌套使用的，例如下面的嵌套结构就是 stdio. h 系统头文件中的代码。

```
#ifndef _STDIO_DEFINED
#ifdef _WIN64
  _CRTIMP FILE * __cdecl __iob_func(void);
#define _iob __iob_func()
#else
#ifdef _MSVCRT_
extern FILE _iob[];                              /* A pointer to an array of FILE */
```

```
#define __iob_func()(_iob)
#else
extern FILE ( * __MINGW_IMP_SYMBOL(_iob))[];      /* A pointer to an array of FILE */
#define __iob_func()( * __MINGW_IMP_SYMBOL(_iob))
#define _iob __iob_func()
#endif                                            //这个对应的是#ifdef _MSVCRT_
#endif                                            //这个对应的是#ifdef _WIN64
#endif                                            //这个对应的是#ifndef _STDIO_DEFINED
```

5.11 #line 指示字

调试器运行时需要将文件名和行号与数据项和可执行代码关联起来,这样跟踪原始文件名字和行号。但是预处理程序会组合(例如#include)一些文件,因此需要预处理程序将这类定位信息插入编译程序的输出结果。编译程序在编译插入目标代码中的表时,会使用这些数字。

通常,预处理程序通过计算来确定行号,但也有可能用其他一些处理来去掉这些行号。例如,实现SQL语句的通常方法就是将它们写成宏,然后用特殊的处理器将这些宏扩展成具体的SQL函数调用。这些扩展可在很多代码行中运行,这样计算行号就很困难。预处理程序会通过在输出中插入#line指示字进行更正,这样预处理程序就会跟踪原始源代码的行号。

下面是可用于#line指示字的特征和规则。

(1) 为#line指示字指定一个数字,会令预处理程序将当前行号替换为指定行号。从插入#line指示字的行开始,以后每处理一行源代码该行号就增加1。例如,下面的指示字设置当前行号为137。

```
#line 137
```

(2) 为#line指示字指定行号和文件名,会令预处理程序改变行号以及当前文件的名字。如果源代码文件#include了很多其他文件进来,在源代码正式开始处用#line指示字指定行号和文件名将是非常正确的决定。例如,下面的指示字会设置当前位置为文件myheader.h的第一行。

```
#line 1 "myheader.h"
```

(3) #line指示字修改预定义宏__LINE__和__FILE__的内容。参看附录C了解这两个参数的意义。

(4) #line指示字对由#include指示字查找到的文件名或目录没有影响。

5.12 #pragma 指示字和_Pragma 运算符

#pragma指示字提供一种标准方法用来让编译程序执行某些特殊操作。根据标准,编译程序可以执行#pragma指示字希望的操作。通常#pragma指示字书写规则如下。

```
#pragma 参数表
```

其中,参数表的各参数之间用空格隔开,常用的几种形式如下所示。

1. #pragma once

#progma once 指示字用于C语言头文件编译次数控制，只要在头文件的最开始加入这条#progma once 指示字就能够保证头文件被编译一次。#progma once 是和具体的编译程序相关，但现在基本上已经每个编译程序都支持这个定义了。gcc 编译程序支持#progma once 指示字和参数。

#progma once 指示字除了可以做到头文件只被编译一次之外，还可以用#if、#ifndef 指示字配合#define 指示字做到头文件只被编译一次，而且这种方法通用性更好，后面的指示字使用技巧中会有介绍。

2. #pragma message

#progma message 指示字用于在编译时输出信息，并不做其他控制动作。示例代码段如下。

```
#pragma message("this is message 马上警告")
```

3. #pragma pack(n)

#pragma pack(n)指示字用于指定编译程序内存对齐方式或取消编译程序当前内存字节对齐方式。其中 pack(n)中的 n 为 1、2、4、8、16 等数字。

```
#pragma pack()                  //取消当前对齐方式
#pragma pack(1)                 //按照 1 字节对齐方式
#pragma pack(2)                 //按照 2 字节对齐方式
#pragma pack(4)                 //按照 4 字节对齐方式
```

因为对齐方式不一样，会在计算复杂的构造类型变量占用内存大小字节数上出现一些不一致的情况，通常#pragma pack(1)总会让 sizeof 的计算结果和理论上学习的类型大小相同。例如下面的示例程序中理论上 stu1 和 stu2 都应该是 8 字节，但运行结果就出现了偏差。

```
#include <stdio.h>
struct student1
{
    char cGender;               //1 字节
    short int nAge;             //2 字节
    char cStatus;               //1 字节
    int nSerialNO;              //4 字节
} stu1;                         //理论上是 8 字节
struct student2
{
    char cGender;               //1 字节
    char cStatus;               //1 字节
    short int nAge;             //2 字节
    int nSerialNO;              //4 字节
} stu2;                         //理论上也是 8 字节
int main()
{
    printf("stu1 大小：%d 字节;stu2 大小：%d 字节\n",sizeof(stu1),sizeof(stu2));
    return 0;
}
```

一般编译程序总是以 1、2、4……方式进行内存对齐，很多都是默认以 4 字节方式对齐，这样可以提高内存读写速度。gcc 编译程序也是默认以 4 字节方式对齐，这个内存对齐方式与特定数据类型对齐方式不同。图 5.7 是运行结果。

图 5.7 默认内存对齐方式构造类型大小运行结果

可以看出理论上应该大小相同的构造类型变量，实际用 sizeof 运算符求出来的大小却不一样。在定义结构型变量前用 #pragma pack(1)让编译程序按照 1 字节内存对齐方式对齐，这样结构中的成员变量就按单字节顺序强制连续排列了，结构大小与理论值就一样了。但是这样却会增加程序运行时读取内存周期数，让运行效率降低一点。这属于软件优化的范畴。在上面的示例程序中定义结构类型之前，用 #pragma pack(1)指示字让编译程序按照 1 字节内存对齐方式对齐，运行结果如图 5.8 所示。

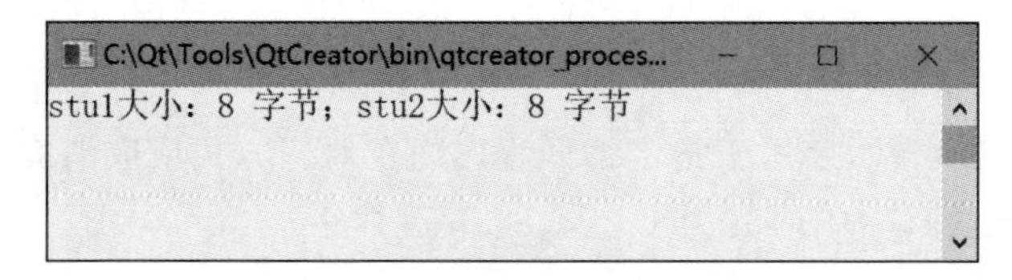

图 5.8 #pragma pack(1)内存对齐方式构造类型大小运行结果

这次求出来的内存大小就与理论计算大小一样了。

4. pragma GCC

所有 GCC 专用参数都包含两个参数：第一个为 GCC；第二个为指定的 pragma 的名字。

1) #pragma GCC dependency

#pragma GCC dependency 会测试当前文件的时间戳，对比其他文件的时间戳。如果其他文件更新一些，预处理程序就会发出警告消息。例如，下面的指示字会测试文件 myfun.obj 的时间戳，如果需要更新则会给出提示信息。

```
#pragma GCC dependency "myfun.obj"
```

如果 myfun.obj 比当前文件新，预处理程序就会产生如下消息。

```
warning: current file is older than "myfun.obj"
```

上述的 pragma 指示字中还可以加入其他文本提示信息，它会作为警告消息的一部分，示例如下所示。

```
#pragma GCC dependency "myfun.obj" Source myfun.c needs to be updated
```

它会创建下面的警告消息。

```
MulticastListener.c:26:warning: current file is older than "myfun.obj"
MulticastListener.c:26:warning:Source myfun.c needs to be updated
```

2) #pragma GCC poison

#pragma GCC poison 在每次使用指定标识符时预处理程序都会发出消息。因此可用它确保源代码中从未出现某函数被调用的情况。例如 char * gets(char * str)系统标准库函数在 C99 标准中被弃用，需要特别注意这个不安全的函数，那么下面的 pragma 指示字会让预处理程序在源代码中发现调用 gets()、getchar()函数时发出警告消息。

```
#pragma GCC poison   gets   getchar
    str = gets(str);
```

预处理程序会为该函数调用代码产生如下警告消息。

```
MulticastListener.c:38:9:attempt to use poisoned "gets"
```

3) #pragma GCC system_header

#pragma GCC system_header 指示字会让预处理程序从此行开始到文件尾的代码被看作系统头文件的一部分。编译系统头文件代码有一些不同，由于运行时库不能被改写，因此它们是严格的纯 C 语言标准格式。系统头文件编译会限制所有警告消息（除了#warnings 指示字）。使用这种#pragma GCC system_header 指示字方法可以让某些宏定义和扩展不会发出警告消息。

4) _Pragma

不同厂商的 C 语言预处理程序和编译程序之间通常总是会有些扩展功能上的差异，因此有些#pragma 指示字不能作为扩展中的一部分包含进来，这就造成兼容性问题。为了解决这类#pragma 指示字问题，C99 标准设计了预处理程序的_Pragma 运算符用于生成内部的#pragma 指示字。例如为了创建内部的 poison pragma，可以编写如下 C 语言代码。

```
_Pragma("GCC poison printf gets")
```

完整的示例程序如下所示。

```
#include <stdio.h>
_Pragma("GCC poison printf gets")
int main()
{
    char str[80];
    gets(str);
    printf("%s,Hello World!\n",str);
    return 0;
}
```

使用 gcc 编译时会给出错误信息提示，而且因为产生的是 error 类型信息，所以没有通过编译，也没有生成可执行程序_Pragma.exe。编译信息如图 5.9 所示。

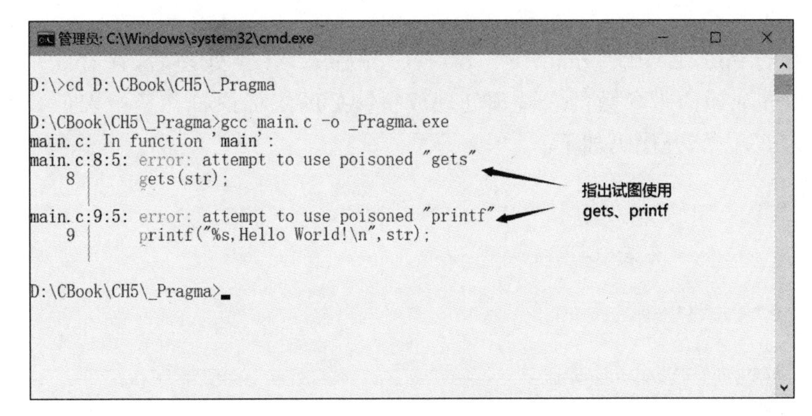

图 5.9 _Pragma 运算符效果

在使用_Pragma 生成内部的＃pragma 指示字时，与 C 语言定义一样，可以用反斜线字符产生转义字符，可用这种方式插入引用的字符串来创建 dependency pragma 指示字。

```
_Pragma("GCC dependency \" myfun.obj \"")
```

5.13 ＃＃连接指示字

＃＃连接指示字用于宏内部将两个源代码权标连接成一个，可用来构造不会被解析器错误解释的名字。例如，下面示例程序中的两个宏会实现连接操作。

```
#include <stdio.h>
#define COLOR(a)   a##CAR                  //参数连接 CAR
#define COMPOUND(a,b)   a##b               //两个参数拼接
#define REDCAR 100
#define BLUECAR 101
#define GRAYCAR 102
#define SILVERCAR 103
#define SMALLHOUSE 500
#define FARMHOUSE 501
#define RANCHHOUSE 502
#define TOWNHOUSE 503
int main()
{
    int nCarcolor,nHousetype;
    nCarcolor = COLOR(RED);
    printf("%d\n",nCarcolor);
    nCarcolor = COLOR(BLUE);
    printf("%d\n",nCarcolor);
    nCarcolor = COLOR(SILVER);
    printf("%d\n",nCarcolor);
    nHousetype = COMPOUND(RANCH,HOUSE);
    printf("%d\n",nHousetype);
    nHousetype = COMPOUND(TOWN,HOUSE);
    printf("%d\n",nHousetype);
    printf("Hello World!\n");
    return 0;
}
```

使用命令行 cpp -E -dD main.c -o precompiler.txt 预处理后，查看 precompiler.txt 文件，主函数 main()内带参数的宏被预处理成拼接后的宏标识符并且被宏值替换。预处理后主函数 main()内部分代码如下。

```
int main()
{
    int nCarcolor,nHousetype;
    nCarcolor = 100;
    printf("%d\n",nCarcolor);
    nCarcolor = 101;
    printf("%d\n",nCarcolor);
    nCarcolor = 103;
    printf("%d\n",nCarcolor);
    nHousetype = 502;
```

```
    printf(" %d \n",nHousetype);
    nHousetype = 503;
    printf(" %d \n",nHousetype);
    printf("Hello World!\n");
    return 0;
}
```

5.14　指示字使用技巧

本章已经介绍了很多 C 语言预处理程序的指示字，有些是通用的，有些则是 GCC 专有的指示字。虽然有示例程序但是多是讲这些指示字怎么用，下面就介绍一些实际编程中的指示字使用技巧。

5.14.1　头文件包含检测

C 语言源代码很多都以 #include 开头，包含很多系统头文件，还有自己定义的头文件。由于头文件还可能会包含其他头文件，因此源代码程序很有可能多次包含同样的头文件。这会导致出错信息，因为一些已经定义了的宏可能因为头文件多次包含会被再次定义。为防止发生这样的情况，使用“5.12 #pragma 指示字和_Pragma 运算符”里的 #progma once 指示字就能够保证头文件只被编译一次。不过为了更通用，还可以使用如下方法编写头文件。

```
/* myheader.h */
#ifndef  MYHEADER_H
#define  MYHEADER_H
/* The body of the header file */
#endif /* MYHEADER_H */
```

在这个例子中，通过 #ifndef 指示字和 #define 宏定义来检测自身是否已经被包含。头文件第一行测试是否已经定义了宏 MYHEADER_H，如果已经定义了，就会跳过整个头文件。如果 MYHEADER_H 未被定义，立即定义它并预处理头文件且编译头文件。

系统头文件都使用了这种技术。它们定义的宏名字都由下画线字符开始，以防止和用户定义的其他宏名字冲突。定义宏名字的规则是全部使用大写字母，包含文件的名字。例如 stdio.h 文件里定义的方式就是。

```
#ifndef _INC_STDIO                     //是不是想起了 include stdio
#define _INC_STDIO                     //定义_INC_STDIO
//头文件体
#endif                                 //整个头文件结束
```

GCC 预处理程序能识别这种结构，并保存头文件使用的过程。通过这种方式识别头文件名，并在已经包含该文件的情况下根本不再读文件，就能够优化头文件的处理过程。

5.14.2　使用预定义宏的定位信息

GCC 预定义了大量的宏。这些预定义宏依赖于被编译的语言、指定的命令行选项、使用的平台、目标平台、使用的编译程序的版本以及设置的环境变量。可以使用命令行方式执行预处理程序，使用-dM 选项来查看完整列表，命令如下。

```
cpp -E -dM myprog.c | sort | more
```

由该命令输出的包含#define指示字的宏列表是处理特定输入源文件和所有包含头文件之后在预处理程序中定义的宏。

预定义的宏可用来自动构造出错消息，它包含发生错误的位置的详细信息。附录C中列出了常用的预定义宏，预定义的宏__FILE__、__LINE__和__func__包含这些信息，但它们必须用于创建信息的那个时刻点上。由于在预处理程序处理源代码时，这些宏的值是在不断重新定义并变化着。因此，如果写一个函数包含这些预定义宏，就会在函数被调用时输出出错消息内容及其定位信息。

完美的解决方法就是定义一个包含它们的宏。当预处理程序扩展宏时，它们都处于正确位置并含有正确信息。下面是一个定义出错宏的例子，这个宏将定位信息和错误消息写到标准错误输出终端中。

```
#define msg(str) fprintf(stderr,"File: %s Line: %d Function: %s%s\n",\
__FILE__,__LINE__,__func__,str);
```

为从代码中的任意位置激活该宏，可以将描述错误的字符串作为宏参数使用宏，例如：

```
msg("There is an error here.");
```

这样做的另一个优势是处理错误条件的方法可以简单通过改变宏来实现。它可以转换为抛出异常或将错误信息记录到文件中。由本例产生的消息如下所示。

```
File:myfunc.c Line:822 Function: hashcompress There is an error here.
```

5.14.3 源代码安全去除与恢复

在调试代码的过程中，经常会尝试暂时去掉(或隐掉)一些代码看看程序运行会怎么样，并且会在以后需要的时候恢复这些代码。有人可能认为用/*…*/注释包围起来就可以了，但这会引起问题，因为C语言中的/*…*/注释不能嵌套，而在需要被隐掉的代码中可能含有大量注释。一种清晰而安全的方式就是通过使用预处理程序的#if指示字来省略代码，如下所示。

```
#if 0        //使用0值，直接让#if和#endif之间的代码块全部失效
/* 代码块全部失效 */
#endif
```

这不仅能够清晰地处理/*…*/注释，而且很明显就是要有意地去掉这部分代码。

第6章

流程控制语句

1965年，Edsger Wybe Dijkstra提出了结构化程序设计方法，这是软件发展史上的一个重要里程碑。结构化程序设计方法采用自顶向下、逐步求精的程序设计方法；通过模块化将复杂的问题分解成简单的小问题即小的模块来解决，从而将复杂的问题解决。

视频讲解

在结构化的程序设计中，存在顺序结构、分支结构（包括多分支结构）、循环结构这三种基本的程序结构形式。结构化程序设计方法限制使用goto语句。

现在有两种主流的程序设计方法：结构化程序设计方法和面向对象程序设计方法。虽然面向对象程序设计方法是一种更接近人类认识世界、解决现实问题的方法和过程，但结构化程序设计方法的思想却依然在面向对象程序设计方法中大量存在。在很多具体的工业控制领域和开源软件领域，结构化程序设计方法依然在蓬勃发展着。

6.1 语句综述

C语言语句类型分为不可执行语句与可执行语句两大类。

1. 不可执行语句

不可执行语句即由编译程序处理后不生成CPU指令的语句，包括预处理语句、数据类型定义语句、变量声明语句、函数声明语句、圆括号、注释、标号语句（三种形式分别是“标识符：”“case 常量表达式：”“default：”）。

如果想研究这些语句，可以按照“2.7.2 gcc编译程序介绍”中介绍的命令行将含有这些语句的C语言程序处理成汇编语言代码程序进行研究。

2. 可执行语句

可执行语句即由编译程序处理后生成CPU指令的语句，分为以下4种。

1）空语句

C语言中的空语句就是单独以;表示的语句。它在C语言中应用比较多，如在循环语句中出现较多。

2）表达式语句

在“3.12.1 表达式”中介绍的各种表达式，后面加上;就构成了表达式语句。包括左值表达式和赋值表达式构成的赋值运算加上;就形成了赋值表达式语句。

3）复合语句

用{}括起来的一组有序的语句就是一个复合语句。复合语句后面不加；。

4）流程控制语句

流程控制语句即用来控制程序中各语句执行顺序的语句，通常分为分支结构（包括多分支结构）控制语句、循环结构控制语句、无条件转向控制语句，包括 if…else 语句、switch 语句、for 循环语句、while 循环语句、do…while 循环语句、goto 语句、return 语句、break 语句、continue 语句。

下面详细介绍流程控制语句。

6.2 条件语句

条件语句是分支结构控制语句的一种，此语句依据条件表达式的值选择所要执行的语句，从而改变程序执行的顺序。在 C 语言中，常见的条件语句有如下几种形式。

6.2.1 if 条件语句

if 条件语句的代码书写表达形式如下所示。

```
if(表达式) 语句 1
语句 2
```

if 条件语句表示，如果表达式的值为非 0，则条件成立，此时执行语句 1，然后执行语句 2；如果表达式的值等于 0，则直接执行后继的语句 2。代码书写表达形式中语句 2 不是 if 条件语句的内容，只是为了说明 if 条件语句的执行顺序关系。if 条件语句中的表达式必须用()括起来。

在语句执行逻辑关系上，当表达式的值为非 0 时，相当于执行顺序中插入执行语句 1；当表达式的值为 0 时，相当于执行顺序中剔除语句 1。

下面是 if 条件语句的示例程序，当输入一个大于 5 的整数时，打印“大于 5”并换行，然后打印“小于或等于 5?”；当输入一个小于或等于 5 的整数时，只打印“小于或等于 5?”，示例程序如下。

```
#include <stdio.h>
int main()
{
    int nNum = 0;
    printf("输入一个整数:\n"); scanf("%d",&nNum);
    if(nNum>5) printf("大于 5\n");          //这是语句 1
    printf("小于或等于 5?\n");              //这是语句 2
    return 0;
}
```

图 6.1 是上述示例程序输入 7 时的运行结果截图。

6.2.2 if…else 条件语句

if…else 条件语句的代码书写表达形式如下所示。

```
if(表达式) 语句 1
```

```
else 语句 2
语句 3
```

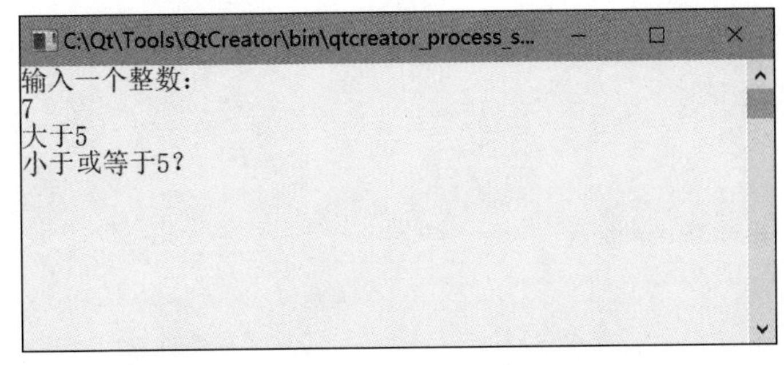

图 6.1 if 条件语句示例程序运行结果

if…else 条件语句表示，如果表达式的值为非 0，则条件成立，此时执行语句 1，然后执行语句 3；如果表达式的值等于 0，则执行 else 对应的语句 2，然后执行语句 3。代码书写表达形式中语句 3 不是 if…else 条件语句的内容，只是为了说明 if…else 条件语句的执行顺序关系。

语句 1 和语句 2 可以是一条简单语句，也可以是用{}括起来的复合语句。if…else 条件语句中的表达式必须用()括起来。

在语句执行逻辑关系上，当表达式的值为非 0 时，相当于执行顺序中跳过语句 2；当表达式的值为 0 时，相当于执行顺序中跳过语句 1。

下面是 if…else 条件语句的示例程序，当输入一个大于 5 的整数时，打印“大于 5”并换行，然后打印“这个数是”和输入的数字并换行。当输入一个小于或等于 5 的整数时，打印“小于或等于 5”并换行，然后打印“这个数是”和输入的数字并换行，示例程序如下所示。

```
#include <stdio.h>
int main()
{
    int nNum = 0;
    printf("输入一个整数:\n"); scanf("%d",&nNum);
    if(nNum>5) printf("大于 5\n");          //这是语句 1
    else printf("小于或等于 5\n");          //这是语句 2
    printf("这个数是%d\n",nNum);            //这是语句 3
    return 0;
}
```

图 6.2 是上述示例程序输入 6 时的运行结果。

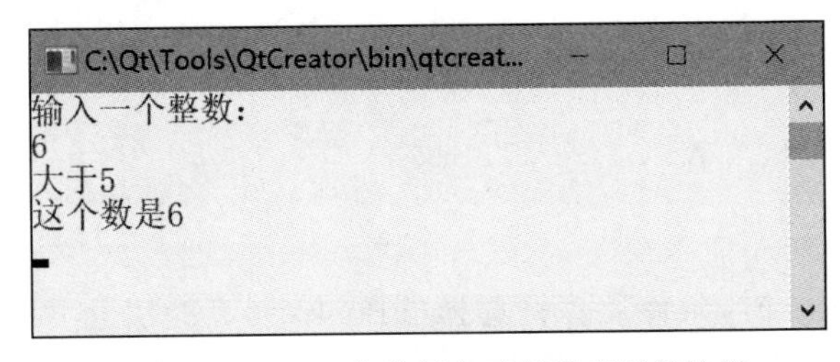

图 6.2 if…else 条件语句示例程序运行结果

if 条件语句和 if…else 条件语句可以互相嵌套，形成比较复杂的条件判断结构，例如：

```
if(表达式 1)
{
    语句 1
    if(表达式 2) 语句 2
    else
    {
        语句 3
        if(表达式 3) 语句 4
        语句 5
    }
}
else
{
    if(表达式 4) 语句 6
    else 语句 7
    语句 8
}
语句 9
```

在 if…else 条件语句嵌套结构中，else 总是与紧接着的上一条 if 条件语句组合成 if…else 条件语句，它们之间只能有一条语句，就是 if 条件语句后面的那一条语句，多于一条语句，就不能匹配成 if…else 条件语句。可以理解成 else 前面只能是}或者 if 条件语句后面的那一条语句，否则会出错。

在 C 语言中有一个条件运算符可以提供与 if…else 条件语句相同的功能。条件运算符是一个三目运算符，代码书写表达形式如下。

```
表达式 1 ? 表达式 2 : 表达式 3
```

此条件运算的功能是先计算表达式 1 的值，若为非 0 则选择表达式 2；若为 0 则选择表达式 3。表达式 2 和表达式 3 可以是使用 49 种 C 语言运算符的任何正确的表达式。运算规则是根据？前面表达式的值，选择后面的两个表达式之一。为非 0 值时选择:分开的左边表达式的值；为 0 值时选择:分开的右边表达式的值。示例程序如下所示。

```
#include <stdio.h>
int main()
{
    int nNum = 0,nBook = 0,nSize = 0;
#if 0                    //学的预处理指示字技巧用上,用 0、1 选择编译的语句块
    nSize = nNum > nBook ? (nNum = 2 * 6) : (nBook = 6 * 8);
#else
    nSize = nNum > nBook ? (nNum = 2 * 6,nBook = 5 * 8) : \
                            (nNum = 3 * 6,nBook = 6 * 8);        //还可以是这样
#endif
    printf("%d  %d  %d\n",nSize,nNum,nBook);
    return 0;
}
```

预处理指示字#if 1 时，条件运算符选择(nBook＝6 * 8)表达式，这是个赋值表达式，nBook 被赋值 48，然后 nBook 作为右值表达式又将值(48)赋给了 nSize。(nNum＝2 * 6)表达式没有被选择执行，因此 nNum 的值还是原来的 0 值。

预处理指示字#if 0时，条件运算符选择(nNum=3 * 6,nBook=6 * 8)表达式。这是个复合表达式，顺序从左到右执行，先执行 nNum=3 * 6,nNum 被赋值 18；然后执行 nBook=6 * 8,nBook 被赋值 48，最后操作的 nBook 作为左值表达式又将值(48)赋给了 nSize。(nNum=2 * 6,nBook=5 * 8)表达式没有被选择执行，因此 nSize、nNum、nBook 的值依次是 48、18、48。运行结果如图 6.3 所示。

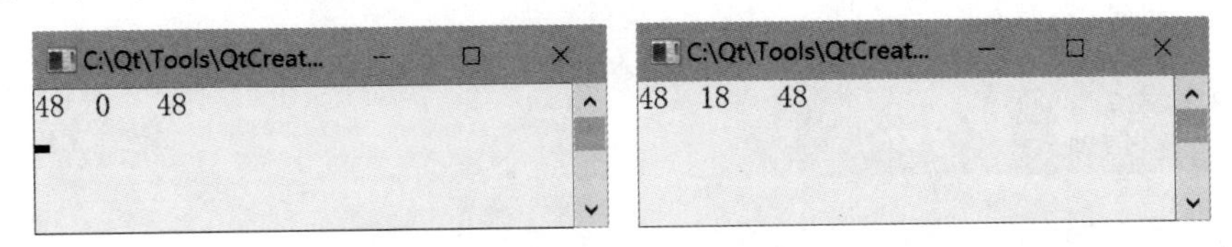

图 6.3 条件运算符示例程序运行结果

6.2.3 switch 语句

在条件语句中，一个表达式可能出现两种情况，即非 0、等于 0。在实际生活中一个表达式可能会出现多种结果，这时需要根据结果值具体分析，按照实际情况，通过 switch 语句去解决。switch 语句的代码书写表达形式如下。

```
switch(表达式)                      //表达式必须用()括起来
{
case 表达式 1:
        语句 11;
        …
        语句 1m;
        break;                      //没有 break 语句还会继续判定 case 表达式 2
case 表达式 2:
        语句 21;
        …
        语句 2n;
        break;
    …
case 表达式 n:
        语句 n1;
        …
        语句 nk;
        break;
default:                            //只能出现一次,不一定在最后,可以放在前面
        语句 x1;
        …
        语句 xp;
        break;
}                                   //以"}"号结尾,不以";"结尾
```

其中，表达式为开关控制表达式，通常为整型表达式或字符型表达式。注意，不要使用浮点型表达式，因为浮点型存在精度问题，让浮点型数据比较相等是概率很低的事情。

表达式 1…表达式 n 是常量表达式，类型与开关控制表达式类型匹配。:号后面的语句可以是多条语句，也可以是用{}括起来的复合语句。

break 语句是中断当前语句(这里是 switch 语句)，将控制跳出当前语句，从当前语句的后一条语句开始继续执行。switch 语句本身带一个{}，这里使用 break 语句是跳出 switch 语句。

在 gcc 的 C 扩展中，case 后面的表达式 1…表达式 n 还可以使用区间方式表达，例如：

```
switch(表达式)                        //表达式必须用圆括号括起来
{
case 表达式 1:
        语句 11;
        …
        语句 1m;
        break;                        //没有 break 语句还会继续判定 case 表达式 2
case 表达式 2:
        语句 21;
        …
        语句 2n;
        break;
   …
case 表达式 3 … 表达式 n:              //用区间 … 表达更方便
        语句 n1;
        …
        语句 nk;
        break;
default:                              //只能出现一次，不一定在最后，可以放在前面
        语句 x1;
        …
        语句 xp;
        break;
}                                     //以"}"号结尾，不以","结尾
```

下面的示例程序是一个猜大写字母顺序的小游戏程序，提示“输入一个大写字符:”，输入 A～Z 的 26 个大写字母，然后打印出字母顺序，直到输入的字母不是大写字母为止，并打印 9999 和 Game Over！结束。

```
#include <stdio.h>
int main()
{
    char ch = 'C';
    int nNum = 0;
start:                                //标号语句
    printf("输入一个大写字符:"); scanf(" %c",&ch);getchar();
    switch(ch)
    {
    case 'A':                         //条件 1,标号语句 ASCII 值 65
        nNum = 1;
        printf(" %d \n",nNum);
        break;
    case 'B':                         //条件 2,标号语句 ASCII 值 66
        nNum = 2;
        printf(" %d \n",nNum);
        break;
    case 'C'...'Z':                   //条件 3,区间值,标号语句 ASCII 值为 67～90
        nNum = 1 + ch - 65;           //65 是'A'的 ASCII 值
        printf(" %d \n",nNum);
        break;
    default:                          //其他值,标号语句
        nNum = 9999;
```

```
            printf("%d\nGame Over!\n",nNum);
            goto The_end;              //跳转到 The_end 标号语句
            break;
        }
        printf("下面是 goto 语句\n");
        goto start;                    //跳转到 start 标号语句
    The_end:                           //标号语句
        return 0;
    }
```

示例程序运行结果如图 6.4 所示。

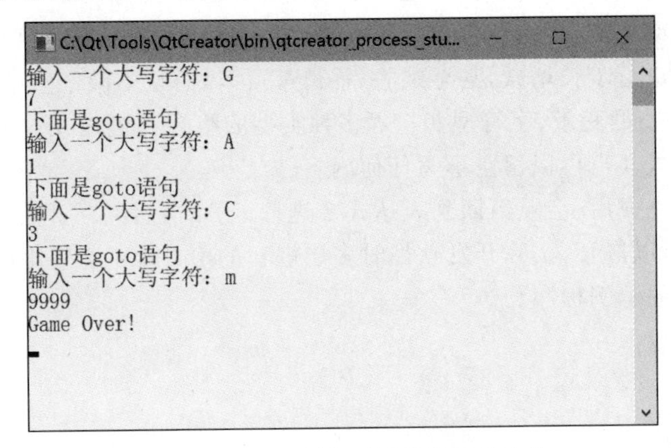

图 6.4　switch 语句示例程序运行结果

6.3　for 循环语句

for 循环语句是最标准的循环语句，几乎所有的计算机高级语言都有类似的循环语句。for 循环语句的基本功能是当循环控制变量在给定的范围内变化时，它重复执行循环体语句。重复的次数是由语句中的控制变量的初值、终值和控制变量的步长变化增量(或者减量)一起决定的，一般与循环体语句的执行情况无关。其代码书写表达形式如下。

```
for(表达式 1; 表达式 2; 表达式 3)  语句
```

for 循环语句中有三个表达式，用两个分号隔开，并且这三个表达式要用圆括号括起来。循环体语句可以是简单的单条语句，也可以是用花括号括起来的复合语句。

C 语言的表达式非常丰富，因此 for 循环语句的三个表达式能做出各种变换。基于三个表达式的功能，for 循环语句可以理解成如下格式。

```
for(初值; 循环条件; 循环控制变量步长变化)  语句
```

表达式 1 可以理解为用来实现循环控制变量的初始化或赋初值。通常的理解是用一个整型变量赋初值作为控制变量的初值；实际是可以用很多变量赋初值作为控制变量的初值，而且可以是浮点型变量、整型变量、字符型变量等多种类型的组合。

表达式 1 会首先被执行，且只会执行一次。表达式 1 允许用户声明并初始化任何循环控制变量，也可以不在这里写任何语句，只要有一个;出现即可。这一点从 C 语言的表达式的多样性就可以领会，因此既可以将 for 语句写得很空洞，也可以将 for 语句写得繁花似锦。

表达式 2 通常为循环终止条件，表达式值非 0 时循环继续；表达式值为 0 时循环停止，程序控制转到 for 循环语句的下一条语句继续执行。表达式 2 在每次循环之前先运算，根据运算结果值判断是否执行循环体语句。通常的理解是对一个整型循环控制变量做关系运算得出结果值，例如 i<30;。实际可以对表达式 1 中的多个控制变量进行复杂的关系运算、逻辑运算、位运算，最后得出非 0 值或 0 值即可。表达式 2 也可以留空不写任何内容，只留下;。

执行完 for 循环体语句后，计算表达式 3 的值，用来调整控制循环变量步长变化。因为循环控制变量不变化，循环一旦进去就是一个死循环。通常的理解是用一个整型循环控制变量做加步长常量或减步长常量，例如 i++、i--、i=i+2、i=i-3 等。实际可以对表达式 1 中的多个控制变量进行步长增减，甚至乘除、移位都可以，而且不限于整型变量，因为表达式 1 中的浮点型变量、整型变量、字符型变量等多种类型的组合都可以在这里进行各种有数值变化的运算。表达式 3 也可以留空不写任何内容。

表达式 3 计算完成后，会重新回到表达式 2 进行运算，然后判断开始新一轮循环。

for 循环语句可以嵌套，实际开发软件时多层嵌套的 for 循环语句比比皆是。下面是一个打印九九乘法表的示例程序。

```
#include <stdio.h>
int main()
{
    register int i,j;                    //声明两个 register 存储类型的变量
    for(i = 1;i < 10;i++)                //第一层 for 循环，i 是控制变量
    {                                    //第一层 for 循环用复合语句了
        for(j = 1;j <= i;j++)            //第一层 for 循环，j 是控制变量
        {                                //第二层 for 循环也用复合语句了
            printf(" %2dX% - 2d = %2d ",i,j,i * j);
        }                                //第二层 for 循环复合语句结束
        printf("\n");
    }                                    //第一层 for 循环复合语句结束
    return 0;
}
```

这个示例程序还可以用复杂一点的一个循环语句完成，这都得益于 C 语言强大的表达式。代码如下。

```
#include <stdio.h>
int main()
{
    register int i, j;                   //声明两个 register 存储类型的变量
    for(i = 1,j = 1;i < 10 && j <= i;((i == j) ? (i++,j = 1) : (j++)))
        //两层嵌套 for 循环语句改成一层 for 循环语句的示例程序
    {
        printf(" %2dX% - 2d = %2d ",i,j,i * j);
        ((i == j) ? printf("\n") : i);
    }
    return 0;
}
```

两个程序运行结果完全相同，运行结果如图 6.5 所示。

for 循环语句的表达式 2 是循环条件，如果这个表达式留空不写，这种情况会默认为循

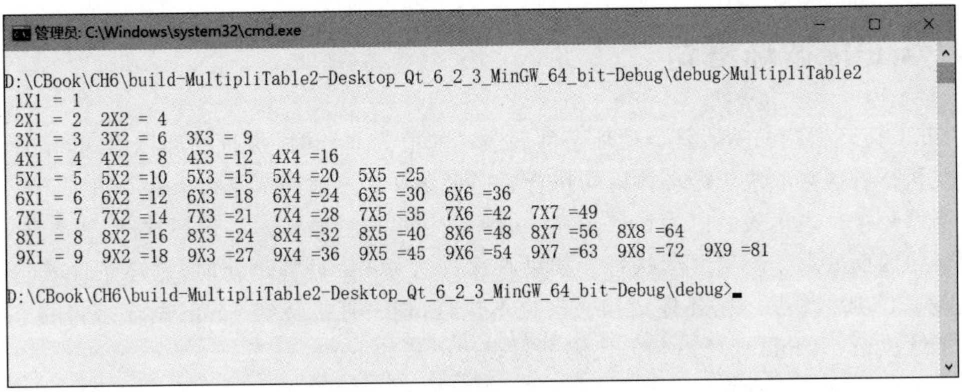

```
管理员: C:\Windows\system32\cmd.exe

D:\CBook\CH6\build-MultipliTable2-Desktop_Qt_6_2_3_MinGW_64_bit-Debug\debug>MultipliTable2
 1X1 = 1
 2X1 = 2  2X2 = 4
 3X1 = 3  3X2 = 6  3X3 = 9
 4X1 = 4  4X2 = 8  4X3 =12  4X4 =16
 5X1 = 5  5X2 =10  5X3 =15  5X4 =20  5X5 =25
 6X1 = 6  6X2 =12  6X3 =18  6X4 =24  6X5 =30  6X6 =36
 7X1 = 7  7X2 =14  7X3 =21  7X4 =28  7X5 =35  7X6 =42  7X7 =49
 8X1 = 8  8X2 =16  8X3 =24  8X4 =32  8X5 =40  8X6 =48  8X7 =56  8X8 =64
 9X1 = 9  9X2 =18  9X3 =27  9X4 =36  9X5 =45  9X6 =54  9X7 =63  9X8 =72  9X9 =81

D:\CBook\CH6\build-MultipliTable2-Desktop_Qt_6_2_3_MinGW_64_bit-Debug\debug>
```

图 6.5 嵌套 for 循环语句改成单循环语句示例程序运行结果

环条件一直满足，那么这个 for 循环语句就会变成一个无限循环的 for 循环语句。

for 循环语句的表达式 3 是循环控制变量增减变化的，如果这个表达式 3 留空不写，那么每次循环后循环控制变量都没有增减变化，这个 for 循环语句也会变成一个无限循环的 for 循环语句。当然 C 语言这么精巧，还是有别的方法解决这种问题的，例如可以在循环复合语句中用代码增减控制变量让它出现变化，效果与写明表达式 3 是一样的。

如果只需要一个无限循环的控制结构，在循环中可以根据条件适时地退出循环，那么可以使用 if 语句，配合 break；语句或 return 表达式；语句就可以达到目的。这种适时退出循环的代码书写表达形式如下。

```
for(; ;)
{
    语句 1;
    …
    if(条件表达式 1) break;              //条件表达式 1 为非 0,退出循环
    语句 m;
    if(条件表达式 2) return 表达式 3;      //条件表达式 2 为非 0,退出当前函数
    语句 n;
}
```

for 循环语句还可以在循环体语句中使用一个辅助控制语句 continue，它执行时，将省略循环体语句中 continue 语句之后的语句，立即开始下一次循环。

for 循环语句如果省略了表达式 3，并且循环体语句中使用了 continue 语句，循环体内语句修改控制变量的增减变化又位于 continue 语句之后，那么可能会因为没有控制变量的增减变化，造成 for 循环成死循环。

这种立即开始新循环的代码书写表达形式如下。

```
for(表达式 1; 表达式 2; 表达式 3)
{
    语句 1;
    …
    if(条件表达式 4) continue;            //continue 语句执行时,语句 m;不再执行,
    //直接计算表达式 3,然后计算表达式 2 判断循环是否继续.若继续,则开始新循环
    //语句 m;
}
```

6.4 while 循环语句

while 循环语句的功能是当循环条件表达式的值为非 0 时，执行循环体语句，循环体语句重复执行的次数取决于循环体语句执行后循环条件表达式的值是否为非 0 值。

当循环条件表达式的值为 0 时，while 循环语句不执行循环体语句，程序控制转到 while 循环语句后面的那条语句继续执行。如果首次进入 while 循环语句时，循环条件表达式的值就等于 0，那么 while 循环体语句一次也不执行，程序直接转到 while 循环语句的下一条语句继续执行。while 循环语句的代码书写表达形式如下。

```
while(表达式)
语句
```

while 循环语句的循环条件表达式要用()括起来。循环体语句可以是简单的单条语句，也可以是用{}括起来的复合语句。如果能在表达式中将循环体应该做的都做完了，那么 while 循环语句中甚至可以用;空语句当循环体语句。是不是再一次体会到了 C 语言表达式的强大？

那就先体验一下空语句循环体的 while 循环语句示例。

```
#include <stdio.h>
int main()
{
    while(putchar(getchar())!= 0X0A)
        ;                                    //循环体语句是空语句
    printf("Game Over!\n");
    return 0;
}
```

这个小程序在循环条件表达式中读输入的字符，并原样在屏幕上打印出来，一直遇到换行控制字符(0X0A)为止。该做的工作在循环条件表达式中已经做完了，在循环体语句处反倒不再需要做什么了，用个;空语句就解决问题了。示例程序运行结果如图 6.6 所示。

```
管理员: C:\Windows\system32\cmd.exe
D:\CBook\CH6\build-WhileStatement-Desktop_Qt_6_2_3_MinGW_64_bit-Debug\debug>WhileStatement
hcisdhfoiHEFUHBNADSIF'sdjfijh
hcisdhfoiHEFUHBNADSIF'sdjfijh
Game Over!

D:\CBook\CH6\build-WhileStatement-Desktop_Qt_6_2_3_MinGW_64_bit-Debug\debug>
```

图 6.6 while 循环语句示例程序运行结果

当只需要一个无限循环语句结构时，除了用 for(;;)实现外，现在还可以用 while(1)实现。当然这时候也需要像 for(;;)实现的方法一样，在循环体复合语句中使用 if 语句配合 break 语句或者 return 表达式；语句适时地退出循环，否则 while 循环语句也成了死循环。

这种适时退出 while 循环语句的代码书写表达形式如下。

```
while(1)
{
    语句 1;
```

```
    …
    if(条件表达式 1) break;              //条件表达式 1 为非 0,退出循环
    语句 m;
    if(条件表达式 2) return 表达式 3;    //条件表达式 2 为非 0,退出当前函数
    语句 n;
}
```

下面编写一个使用 while 循环语句将摄氏度温度转换为华氏度温度的小程序。摄氏度温度 C 转换为华氏度温度 F 的公式如下。

$$F=C*9/5+32$$

转换范围从 50 摄氏度到－50 摄氏度，每 2 摄氏度计算一个华氏度温度值。完整的 C 语言程序如下所示。

```
#include <stdio.h>
int main()
{
    double dFahrenheit;
    int     nCelsius;

    nCelsius = 50;
    printf("摄氏度          华氏度     \n");
    printf("==========================\n");
    while(nCelsius >= -50) //
    {  //while 循环用复合语句了
        dFahrenheit = nCelsius * 9.0f/5.0f + 32.0f;
        printf("%6d            %6.2f\n",nCelsius,dFahrenheit);
        nCelsius -= 2;                       //减运算且赋值
    }                                        //while 循环复合语句结束
    printf("==========================\n");
    return 0;
}
```

示例程序在 macOS 10.15、Windows 10 系统下运行结果如图 6.7 所示。

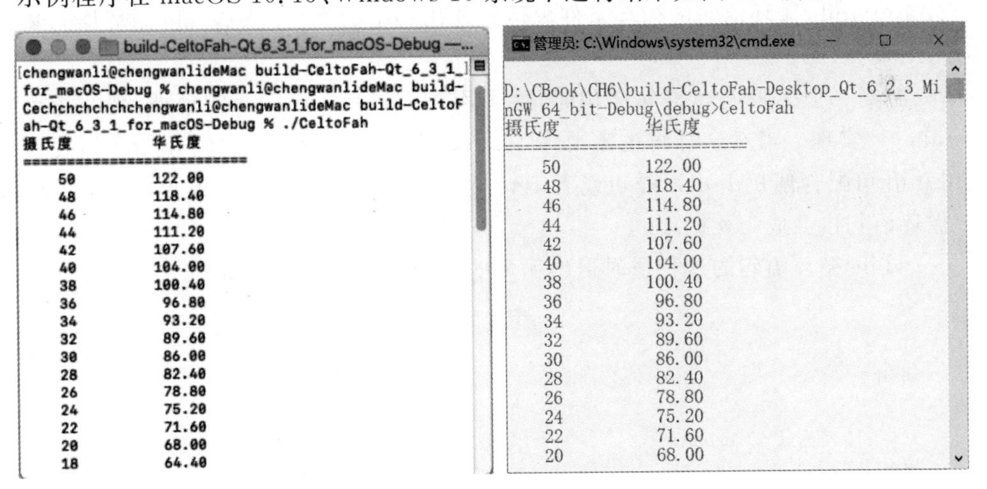

图 6.7 while 循环摄氏度转换为华氏度示例程序运行结果

while 循环语句还可以在循环体语句中使用一个辅助控制语句 continue，它执行时，将省略循环体语句中 continue 语句之后的语句，返回 while 语句准备开始下一次循环。

这种立即开始新循环的代码书写表达形式如下。

```
while(表达式)
{
    语句 1;
    …
    if(表达式 2) continue;              //continue 语句执行时,语句 m;不再执行
     //直接计算表达式,判断循环是否继续.若继续,则开始新循环
    语句 m;
    …
    语句 n;
}
```

6.5 do…while 循环语句

do…while 循环语句的功能是首先执行循环体语句,执行完以后再计算循环条件表达式的值进行判断,为非 0 时,继续执行循环体语句;为 0 时,不再执行循环体语句,退出 do…while 循环语句,程序控制转向 do…while 循环语句的下一条语句继续执行。do…while 循环语句体重复执行的次数取决于循环体语句执行后循环条件表达式的值是否为非 0 值。

do…while 循环语句与 for 循环语句、while 循环语句的明显区别是:do…while 循环语句至少会执行一次循环体语句,而 for 循环语句、while 循环语句可以一次循环体语句都不执行。

do…while 循环语句的代码书写表达形式如下。

```
do
语句
while(表达式);                          //注意这里必须有";"
```

do…while 循环语句的循环体语句可以是简单的单条语句,也可以是用{}括起来的复合语句,do…while 循环语句的循环条件表达式要用()括起来。do…while 循环语句最后必须要用;结束。

当只需要一个无限循环语句结构时,除了用 for(;;)、while(1)实现外,现在还可以用 do…while(1)实现。当然这时候也需要像 for(;;)、while(1)实现一样,在循环体复合语句中使用 if 语句配合使用 break 语句或者 return 表达式;语句适时地退出循环,否则 do…while 循环语句也会成为死循环。

do…while 循环语句的这种适时退出循环的代码书写表达形式如下。

```
do
{
    语句 1;
    …
    if(条件表达式 1) break;              //条件表达式 1 的值为非 0,退出循环
    语句 m;
    if(条件表达式 2) return 表达式 3;     //条件表达式 2 的值为非 0,退出当前函数
    语句 n;
} while(1);
```

do…while 循环语句也可以在循环体语句中使用一个辅助控制语句 continue,它执行

时，将省略循环体语句中 continue 语句之后的语句，跳到 do…while 循环语句的循环条件表达式值的判断，准备开始下一次循环。

do…while 循环语句的这种立即开始新循环的代码书写表达形式如下。

```
do
{
    语句 1;
    …
    if(表达式 2) continue;              //continue 语句执行时，不再执行语句 m;到语句 n;
     //直接计算表达式，判断循环是否继续. 若继续，则开始新循环
    语句 m;
    …
    语句 n;
} while(表达式);                        //注意这里必须有";"
```

下面设计一个计算正实数平方根的小程序。这个小程序不使用标准平方根库函数，而是使用牛顿迭代法计算一个正实数的平方根。一个正数的平方根有正负两个函数值，它们的绝对值相等。

牛顿迭代法求正实数平方根的方法描述是：如果 root 是正实数 x 的平方根的一个近似值，那么(x/root + root)/2.0 就是一个更好的近似值。将这个近似值作为新的 root，不断迭代求出更新的 root，直到精度满足要求为止。

牛顿迭代法求正实数平方根是逐渐逼近的方法，在计算机实现时，比较容易实现的方法是判断 x-root * root 的绝对值是不是小于某个精度要求。这个条件可以用来作为程序循环终止的判定条件。

源代码程序如下，注释内容有助于理解程序原理。

```
#include<stdio.h>
#define ACCURACY 1.0E-8                     //定义常量误差精度

intmain()
{
double dx = 0.0f;
double droot = 1.0f;
double dAccuracy = 0.0f;
int nNegative = 0;

printf("输入一个正实数:");
scanf("%lf",&dx);
if(dx > 0)
{
do
{
droot = (dx/droot + droot)/2.0f;            //迭代方法
printf("%E\n",droot);                       //看看每次逼近的值是多少
dAccuracy = droot * droot;                  //可以减少计算量
dAccuracy = ((dx - dAccuracy > 0.0f)?\
dx - dAccuracy:dAccuracy - dx);
//求 dx - root * root 的绝对值
}while(dAccuracy > ACCURACY);               //循环条件
printf("%10.8E 的平方根是 ± %10.8E\n",dx,droot);
}
```

```
else printf("输入数字不是正实数,程序结束.\n");
return 0;
}
```

在运行时输入正实数,查看运行结果是否正确。图 6.8 是示例程序在 macOS 10.15、Windows 10 系统下实际运行两次的结果。

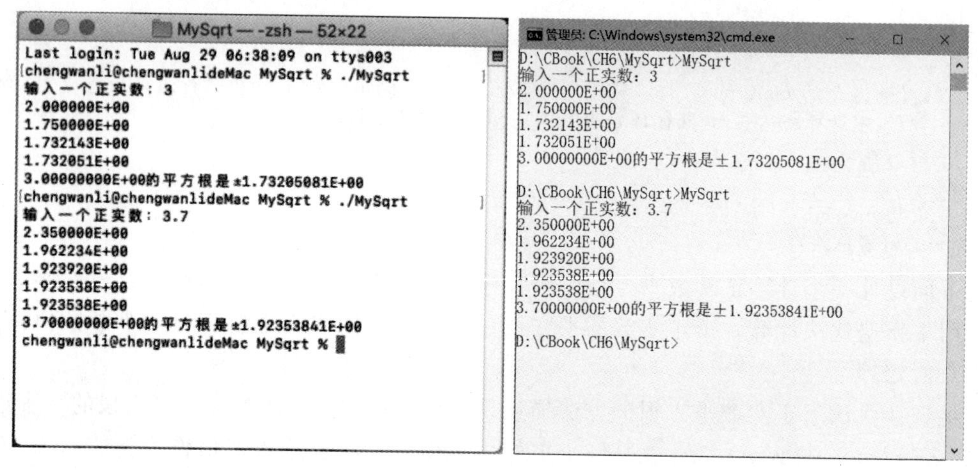

图 6.8　do…while 循环语句求正实数平方根示例程序运行结果

6.6　goto 语句

在 C 语言中 goto 语句是无条件转向语句。goto 语句的代码书写表达形式如下。

```
goto 标号;
    …
标号:语句
```

标号是用户标识符,例如 start、the_end 都可以作为标号使用。“6.2.3 switch 语句”中的示例程序有 goto 语句的使用示范。goto 语句执行时,将程序控制强行跳转到标号语句处。

goto 标号;语句与标号:语句必须在同一个函数内,即只能在本函数内跳转,不能从一个函数跳转到函数外,或跳转到别的函数内。

标号:语句只是一个标记,当标号:语句在 goto 标号;语句前时,也就是向前跳转,程序执行到标号:语句时,不会有任何特殊操作。

6.7　break 语句

在 C 语言中 break 语句是中断语句,它在 switch 语句中使用非常广泛,甚至是不可缺少的。执行 break 语句时,程序将控制跳出当前语句,从当前语句的后一条语句开始继续执行。例如在 switch 语句中,跳出 switch 语句。

break 语句经常在循环语句的循环体中使用,例如在 While 循环语句、do…while 循环语句、for 循环语句中使用。break 语句表示立即中断循环语句的执行,将控制从循环语句中立即跳出,执行循环语句后面的语句。它通常与 if 语句配合,达到在一定条件下中断循环语句,并退出的目的,而不必等待循环结束。在多重循环的情况下 break 语句从包含着 break 语句的那一层循环中跳出。要想一次跳出多层嵌套的循环,可以使用 return 表达式;语句或 goto 标号;语句。

break 语句的代码书写表达形式如下。

```
break;
```

break 语句经常和 if 语句配合使用。示例程序可以查看“6.3 for 循环语句”。

6.8　continue 语句

在 C 语言中 continue 语句会将程序控制转移到包含它的 for 循环语句、while 循环语句、do…while 循环语句的循环条件判断上,准备下一次循环。其意思是当执行 continue 语句时,循环体内位于 continue 语句之后的语句不再执行,程序控制转到循环条件表达式判断,然后直接准备下一次循环。

continue 语句的代码书写表达形式如下。

```
continue;
```

continue 语句经常和 if 语句配合使用。下面的示例程序打印到 3 时,会执行 continue 语句,然后跳过后面两条语句,没打印输出就继续下一个循环。如果不跳过后面两条语句,就会执行 break 语句跳出 do…while 循环语句不打印 4～10。示例程序如下。

```
#include <stdio.h>
int main()
{
    int i = 0;
    do
    {
        if(i == 3) continue;          //后面语句跳过,直接到 while(i++<10);
        if( i == 3 ) break;           //continue 语句会跳过这条语句,继续循环
        printf("%d\n",i);
    }while(i++<10);
    printf("Hello World!\n");
    return 0;
}
```

示例程序实际运行结果如图 6.9 所示。

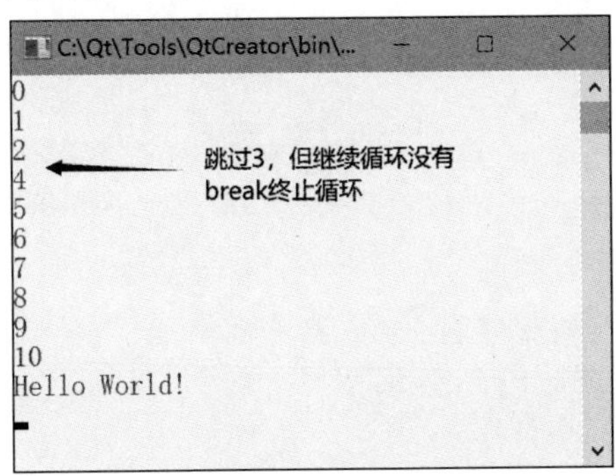

图 6.9　continue 示例程序运行结果

6.9 return 语句

C 语言中的 return 语句有两种形式：不带参数的 return;语句用来终止当前函数的执行,并返回调用点；带参数的 return 表达式;语句用来终止当前函数的执行,并把表达式的值返回给调用者。return 语句两种形式的代码书写表达形式如下。

```
return;
return 表达式;
```

第7章

函　　数

在使用C语言开发软件时，一个源代码文件里面会有很多语句。从逻辑上分析会发现一段语句完成了某个独立的功能，另外一段又完成了另外一个功能。这些不同的功能块可以单独分离出来写成一个独立的语句块，与其他功能块之间通过传入一些变量进行联系，执行完自己的多条语句后，返回结果值或再通过一些变量将更多的处理结果传出去，给其他功能块使用。在C语言中这种语句块就称为函数。

视频讲解

在使用C语言进行结构化程序设计时，通常的做法是将要解决的问题从逻辑上分割成若干小模块，这些模块之间通过一些参数来传递信息。将这些模块定义成C语言的函数，将这些传入、传出传递信息的参数定义为函数的参数和返回值。然后按一定逻辑顺序调用这些函数(模块)就可以完成要解决的问题。如果觉得这些小函数(模块)还不够小，还可以继续将其细分成更小的函数(模块)，这就是不断细化的过程，通常直到将每一个函数(模块)分成只包含几十条语句的函数(模块)为止。通常的标准是每个函数包含语句不超过50条，最多不超过100条，这个标准并不是绝对标准，但是遵循这种原则可以让程序更易读、易理解、易维护。

每个C语言程序都至少有一个函数，即主函数main()，早期的main()函数无返回值声明，最后也不用return语句返回值。那时的规范是不显式标明返回类型，实际的默认返回类型为int，也就是说main()等同于int main()声明，编译程序也会在最后默认插入return语句返回一个整数。在C89标准中，不声明main()的返回值类型是可以接受的。但在C99标准中，要求编译程序对这种不声明main()返回值类型的情况至少给出警告信息。下面是用C89标准编译运行的一个示例程序。图7.1是编译和运行结果。

```
#include <stdio.h>                    /* main.c */
int count;
extern void write_extern(void);
main()                                //C89 标准可以不声明返回值
{
    count = 5;
    write_extern();
}                                     //C89 标准 main()可以没有 return 语句
#include <stdio.h> /* file2.c */
extern int count;
```

```
void write_extern(void)
{
    printf("count is %d\n", count);
    return;
}
```

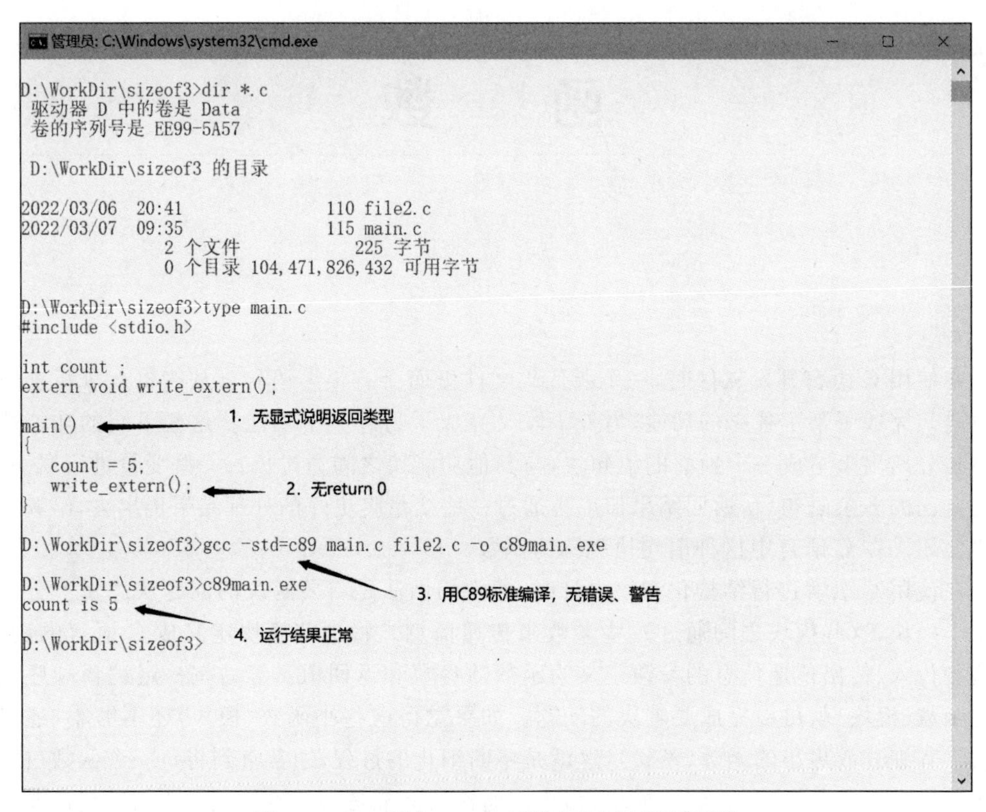

图 7.1 C89 标准 main()函数允许不声明返回值

每个 C 程序还有一些标准库函数，这些标准库函数是在 C 语言标准下预先定义实现的函数，这些函数组成了 C 语言的标准函数库。标准库函数扩充了 C 语言的内容，极大地方便了使用 C 语言开发软件的人员。例如用#include <stdio.h>预处理指示字，告诉 C 语言编译程序在实际编译之前要包含 stdio.h 文件，这里面就包含了 scanf、printf 等编程的输入、输出函数。其他的还有 math.h、string.h 等，包括有数学计算处理、字符串处理等方面的函数。

前面我们已经讲了设计 C 语言程序时逐渐细化分割出函数的过程，这些函数是用户自己定义的函数，称为自定义函数。自定义函数也要遵守先声明后使用的原则。

C 语言中函数声明有如下层次。主函数前先声明主函数中调用的子函数，观察先前的示例程序就会发现，主函数前首先使用“#include 标准库头文件”，将标准库函数括进来，完成标准库函数的预先声明，这样就可以在主函数中调用这些标准库函数了。使用如下 gcc 选项就会产生预处理后的文本文件 main.i，在 Windows 下可以用 type main.i（在 Linux 下用 cat main.i）查看括进来的标准库函数头文件是什么内容。

```
gcc -E main.c -o main.i
type main.i
```

下面的图 7.2 是部分内容,可以看到有 printf 函数的定义内容。

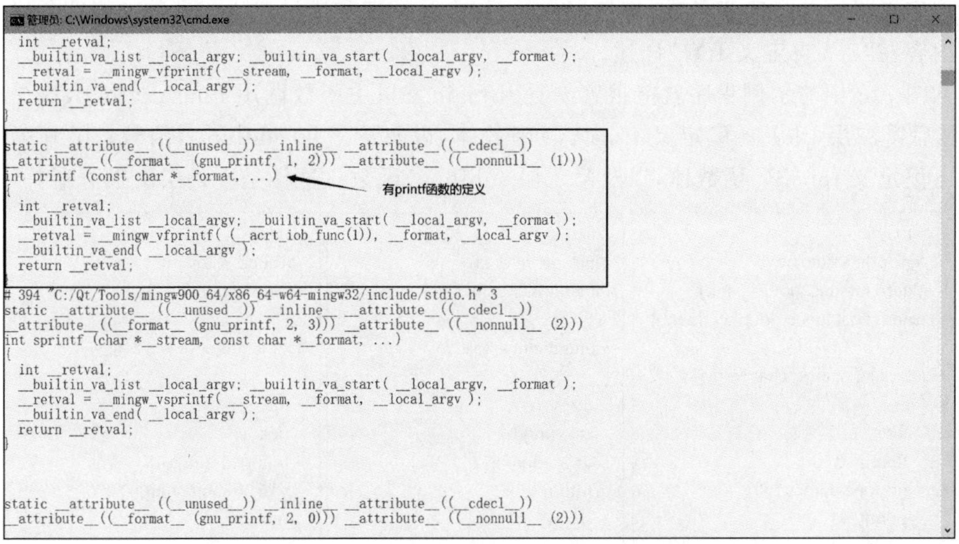

管理员: C:\Windows\system32\cmd.exe

有printf函数的定义

```
  int __retval;
  __builtin_va_list __local_argv; __builtin_va_start( __local_argv, __format );
  __retval = __mingw_vfprintf( __stream, __format, __local_argv );
  __builtin_va_end( __local_argv );
  return __retval;
}

static __attribute__ ((__unused__)) __inline__ __attribute__((__cdecl__))
__attribute__((__format__ (gnu_printf, 1, 2))) __attribute__ ((__nonnull__ (1)))
int printf (const char *__format, ...)
{
  int __retval;
  __builtin_va_list __local_argv; __builtin_va_start( __local_argv, __format );
  __retval = __mingw_vfprintf( (__acrt_iob_func(1)), __format, __local_argv );
  __builtin_va_end( __local_argv );
  return __retval;
}
# 394 "C:/Qt/Tools/mingw900_64/x86_64-w64-mingw32/include/stdio.h" 3
static __attribute__ ((__unused__)) __inline__ __attribute__((__cdecl__))
__attribute__((__format__ (gnu_printf, 2, 3))) __attribute__ ((__nonnull__ (2)))
int sprintf (char *__stream, const char *__format, ...)
{
  int __retval;
  __builtin_va_list __local_argv; __builtin_va_start( __local_argv, __format );
  __retval = __mingw_vsprintf( __stream, __format, __local_argv );
  __builtin_va_end( __local_argv );
  return __retval;
}


static __attribute__ ((__unused__)) __inline__ __attribute__((__cdecl__))
__attribute__((__format__ (gnu_printf, 2, 0))) __attribute__ ((__nonnull__ (2)))
```

图 7.2　include 预处理之后的 main.i 中间文件内容

然后紧接着要声明用户自定义函数。自定义函数体可以在其他地方定义,当与 main()主函数在一个源代码文件中时,可以在 main()主函数前定义,也可以在 main()主函数后定义;自定义函数体与 main()主函数不在同一个源代码文件中,却要在 main()主函数中被调用,这时要在 main()函数前面使用 extern 声明为外部函数就可以了,这表明此自定义函数是一个外部函数。

7.1　函数的结构

前面我们已经讲了 C 语言函数的 main()主函数、标准库函数、自定义函数,那怎么声明定义这些函数呢? C 语言中的函数在逻辑上是一组一起完成一个或多个功能的语句块,它有自己的定义规则,如下所示。

```
说明符与限定符   非指针声明符(形参或标识符列表(可选))    //函数定义时()内允许不带类型
形参声明(可选)                                          //的标识符列表
{
        变量声明语句(可选)
        语句 1(可选)
        语句 2(可选)
        其他函数调用语句(可选)
        语句 3(可选)
        …
        语句 n(可选)
        返回语句(可选)
}
```

为了源代码的整洁,通常都在调用的函数前先声明自定义函数,而不先定义描述函数体内容,声明自定义函数语法格式如下。

```
说明符与限定符   非指针声明符(形参列表(可选));              //函数声明必须是带类型的形参
```

函数声明以后，在文件作用域（全局作用域）对函数体进行描述。这样可以分多个源代码文件定义不同的自定义函数，维持层次关系，容易阅读和维护代码。函数的声明与定义的细节内容在"7.3 自定义函数"详述。

从图 7.3 中的示例程序就能很容易看出 main.c 里主函数调用 funcA、funcB，这是第一层；然后第二层 file1.c 里定义 funcA()函数体，以及第三层 addfun()函数；还有第二层 file2.c 里定义 funcB()函数体，以及第三层 subfun()函数。这样是不是层次很清晰？

```
//main.c
#include <stdio.h>
extern int funcA(int x,float b);
extern float funcB(double x,float b);

int main(int argc, char *argv[] )
{
    int i;
    float z=3;
    i = funcA(argc,z);
    printf("%d,",i);
    z = funcB((double)(i),z);
    printf("%lf,%s\n",z,argv[0]);
    return 0;
}
```

```
//file1.c
#include <stdio.h>
int addfun(int r,int s);

int funcA(int x,float b)
{
    int l,y;
    l=x+(int)(b);
    y=2*addfun(x,l);
    return y;
}

int addfun(int r,int s)
{
    return (r+s);
}
```

```
//file2.c
#include <stdio.h>
int subfun(int r,int s);

float funcB(double x,float b)
{
    int l;
    float y;
    l=(int)(x)+(int)(b);
    y=2.0f*subfun((int)(x),l);
    return y;
}

int subfun (int r,int s)
{
    return (r-s);
}
```

图 7.3 分层细化的程序设计方法

7.2 标准库函数

C 语言标准下预先定义实现的函数组成了 C 语言的标准函数库。这些标准库函数扩充了 C 语言的内容，极大地方便了使用 C 语言开发软件的人员。这些标准库函数使用时也遵循先声明后使用的原则。

使用标准库函数时，先查到标准库函数在哪个标准库的头文件里，读者可以查询附录 A 中的 C89 标准库头文件及里面定义的标准库函数名称及参数描述，然后正确地使用标准库函数。

7.3 自定义函数

编写 C 语言程序时，除了经常使用标准库函数外，更多的是用户根据设计细分的结果，将不同的功能模块定义成自己的函数使用，这种函数就是自定义函数，它遵守"7.1 函数的结构"里定义函数的规则。自定义函数也遵循先声明后使用的原则。

7.3.1 声明一个自定义函数

一般为了源代码的整洁，通常都在调用的函数前先声明自定义函数，而不描述定义函数体内容。预先声明的函数与变量声明一样有其作用域，例如函数 A()内声明的函数 B()只能在函数 A()内可用（函数定义出现之后，则其后的所有函数全局可见、可用），main()函数前声明的函数，其后所有函数都可见、可用。声明自定义函数语句的格式如下所述。

```
说明符与限定符  非指针声明符(形参列表(可选));          //声明语句必须以;结尾
```

其中，第一部分说明符与限定符可以分别选择可选项存储类别说明符(extern、static)中的关键字、可选项函数说明符(_Noreturn、inline)中的关键字、类型修饰符(short、signed、unsigned、long)中的关键字、必选项类型说明符(void、Bool、char、int、long、long long、float、double、long double、float _Complex、double Complex、long double Complex、struct 结构标识符、union 联合标识符、enum 枚举标识符)或类型别名(typedef 声明的类型别名)，并且以空格符分隔这些内容。

函数声明语句的第二部分"非指针声明符(形参列表(可选))"是声明符，它是以,分隔的声明符(可以附带初始化器)列表。声明符就是用户标识符或加了附加类型信息的声明符(例如"第 11 章指针"中指针类型的 * 号)，简单理解就是变量名。

声明符形式如下。

```
用户标识符                      //这种形式最常见,后面 3 种在返回指针值、函数参数声明中使用
 * 类型限定符(可选) 声明符      //在声明返回指针类型时经常使用(也可以声明多级指针)
非指针声明符[static(可选) 限定符(可选) 常量表达式]      //用于函数形参数组声明
```

在理解上普通函数声明可以分成如下几个步骤。

```
(1) 说明符与限定符 非指针声明符(形参列表(可选));
                                //非指针声明符(形参列表(可选))是一种函数声明符
(2) 说明符与限定符 用户标识符(形参列表(可选));
                                //用户标识符就是函数名,替换步骤(1)的非指针声明符
(3) 函数形参声明展开             //和变量声明一样,但是不是语句,不带;号结尾
```

返回指针值的函数声明可以分成如下几个步骤。

```
(1) 说明符与限定符  非指针声明符(形参列表(可选));
                                //非指针声明符(形参列表(可选))是一种函数声明符
(2) 说明符与限定符  * 类型限定符(可选) 声明符(形参列表(可选));
                                //* 类型限定符(可选) 声明符,替换步骤(1)的非指针声明符
(3) 说明符与限定符  * 类型限定符(可选)  用户标识符(形参列表(可选));
                                //用户标识符就是函数名,替换步骤(2)的声明符,函数返回指针值
(4) 函数形参声明展开             //和变量声明一样,但是不是语句,不带;号结尾
```

例如下面 2 行代码声明了 3 个函数。

```
extern float myfuncName(int x, int nNum);   //myfuncName(int x, int nNum) 是声明符
float myfuncClick(int nBook);               //myfuncClick(int nBook) 是声明符
int * FunA(float x[10]);                    //* FunA(float x[10])是声明符,形参是长度为 10 的
                                            //浮点数组
```

再如下面 2 行代码声明了 2 个函数指针，确切地说这是变量声明的形式，具体细节参考"3.10.1 变量的类型"中的内容。

```
float ( * myfuncClickP)(int nBook);         //myfuncClickP 是函数指针声明符
int * ( * FunAP)(float x[10]);              //FunAP 是函数指针声明符,它指向的函数的返回值
                                            //是整型指针
```

注意，函数声明语句后面是带;的，;是声明语句结束符。不带 extern 声明的函数应该在本源代码文件内定义此函数。带 extern 声明的函数在本源代码文件外的其他源代码文

件里定义函数。函数声明包括以下4部分。

1. 存储类别

存储类别由函数说明符与限定符中的存储类别说明符定义，对于函数来说，能使用的只有省略、extern、static 3种情况。而且有先声明函数的语句时，函数定义时的存储类别要保持和本源代码文件内先前声明函数的存储类别一致。

所有函数都在程序运行时具有全生命期（函数定义要在所有其他函数之外，即全局作用域），与全局变量和静态变量寿命期一样。函数的存储类别的3种情况描述如下。

1）省略（留空白不写）

存储类别省略时，函数默认的存储类别就是全局的，意思是在所有源代码文件中可见。当在其他的源代码文件中使用时，需要先用extern声明，这样就可以在别的源代码文件中找到此函数进行正确的调用。

2）extern

存储类别extern用于声明此函数是外部函数，在别的源代码文件中定义，仅在本源代码文件内要调用。

3）static

存储类别static用于声明此函数是静态函数，只能在本源代码文件范围内可见。本文件内其后的其他函数都可以调用此函数，但是其他源文件代码文件里的函数“看”不到此静态函数，不能调用。其他源代码文件内因为“看”不到此静态函数，所以还可以定义同名的函数。需要特别注意的是，在函数内用static存储类别声明一个函数是错误的用法。

2. 返回类型

返回类型是指函数的返回类型，由“说明符与限定符”中的类型修饰符、类型说明符、typedef声明的类型别名与“非指针声明符”共同定义，可以是基本数据类型，也可以是指针类型，还可以是用户自定义的构造类型。函数返回值只有一个，在实际使用函数时，可以利用指针参数传入、传出更多需要的数据。

使用void类型作为函数返回类型时，说明此函数无返回值。返回类型为void类型的函数体中最后无return语句。函数体中间出现强制返回时，可以使用不带表达式的return;语句。

3. 函数名

自定义函数的函数名由“非指针声明符”产生，其常见形式是一个用户标识符，函数名后面必须要跟一对圆括号()，无论圆括号中有没有参数，这一对圆括号必须有。C语言程序中，自定义函数的函数名所用标识符最好是有助于理解和记忆的名字。

4. 形参列表（可选）

形参列表可选项位于函数名后面的圆括号中。形参列表是一系列以逗号分开的“参数类型 参数名”格式的形参声明列表，没有参数时可以用void声明，也可以省略。调用函数时，可以通过形参列表中的各个实际参数传递信息。形参列表的代码表达形式如下。

```
int addfun(int x, int y)                    //形参列表中声明两个参数 int x, int y
```

7.3.2 定义一个自定义函数

多数小巧的函数可以在main()函数之前直接定义函数体，将声明函数与定义函数放在一起。但多数情况下还是需要先声明函数，然后再定义函数。例如在其他源代码文件中定义的函数，就需要先用 extern 声明函数，否则找不到被调用的函数在哪儿。即使函数定义与函数声明在一个源代码文件里，将函数声明与函数定义分开，将较大的函数定义放在调用它的函数后面也能让调用层次更清晰。

函数定义必须出现在文件作用域（全局作用域），不能出现在其他函数内。定义一个自定义函数格式规则如下所述。

```
说明符与限定符 非指针声明符(形参或标识符列表(可选))    //函数定义中，函数头后面不带;
形参声明(可选)                              //函数定义中允许标识符列表，不带类型
{
    变量声明语句(可选)
    语句 1(可选)
    语句 2(可选)
    其他函数调用语句(可选)
    语句 3(可选)
    …
    语句 n(可选)
    返回语句(可选)
}
```

第一行函数头部分已经在“7.3.1 声明一个自定义函数”里讲述了，下面分别介绍其他部分的内容。

1. 形参或标识符列表（可选）

函数定义部分的形参或标识符列表可选项位于函数名（由“非指针声明符”产生）后面的圆括号中，函数定义部分最后的）后面不以;结尾。函数定义部分的形参或标识符可以是只列出用,分隔的标识符列表，但是这时候必须要有后面的形参声明部分。

较新的 C 标准允许将形参或标识符列表与形参声明合并写在形参或标识符列表位置，此时形参或标识符列表内容变成一系列以逗号分隔的“参数类型 参数名”形式的参数列表，与函数声明部分的形参列表相同。函数没有参数时可以用 void 声明，也可以省略。

2. 形参声明

形参声明是当函数名后面括号里是标识符列表（只列出形参名的一种方式）时，对函数形参进行类型声明的部分。形参声明部分要逐个声明标识符列表里各个参数的类型，它符合变量声明的语法格式。当函数没有参数时可以没有形参声明部分。形参声明示例如下。

```
int voidfun(x, y)                //参数表中不直接声明类型，只有形参标识符列表
int x;                           //形参声明，声明参数类型
int y;                           //形参声明，声明参数类型
{
    extern int addresult;        //声明 int addresult;
    addresult = x + y;           //修改了外部变量 addresult 的值
    printf("addfun %d + %d = result is extern int addsum: %d\n",\
    x,y,addresult);
    return addresult;
}
```

较新的 C 标准允许将形参列表与形参声明合并写在形参或标识符列表位置。形参声明常见代码描述形式如下。

```
int addfun(int x, int y)         //形参列表中直接声明类型 int x, int y
```

```
{
    extern int addresult;          //声明 static int addsum;
    addresult = x + y;             //修改了外部变量 addsum 的值
    printf("addfun %d + %d = result is extern int addsum: %d\n",x,y,addresult);
    return addresult;
}
```

3. 函数体

函数体是一对儿用花括号{}括起来的语句块，函数体中可以有变量声明、函数声明以及其他一些可以执行的语句。函数体可以是个空体，但花括号不能缺少。

4. 函数的返回

函数通常都明确声明返回值类型，因此当函数需要将控制返回时，需要使用 return 语句返回对应的返回类型的表达式值。函数中不一定只有一条返回语句，函数内根据逻辑判断可能会有多处出现 return 返回语句。如果函数返回类型是 void，函数体中最后可以无 return 语句，函数体中间出现强制返回时，可以使用不带表达式的 return;语句。函数的返回语句常见代码描述如下。

```
int addfun(int x, int y)           //形参列表中直接声明类型
{
    extern int addresult;          //声明 static int addsum;
    if(x == 1) return y;           //此处返回
    else if(y < 0) return x * y;   //此处返回
    addresult = x + y;             //修改了外部变量 addsum 的值
    printf("addfun %d + %d = result is extern int addsum: %d\n",x,y,addresult);
    return addresult;              //此处返回
}
```

5. 函数的 void 返回类型

函数返回类型是 void 时，表明函数体中最后可以无 return 语句，函数体中间出现强制返回时，可以使用不带表达式的 return;语句。函数的返回语句常见的代码描述如下。

```
void fun(int x, int y)             //形参列表中直接声明类型，函数返回类型是 void
{
    extern int addresult;          //声明 static int addresult;
    if(x == 1) return;             //此处返回
    else if(y < 0) return;         //此处返回
    addresult = x + y;             //修改了外部变量 addresult 的值
    printf("addfun %d + %d = result is extern int addsum: %d\n",x,y,addresult);
}                                  //函数最后无返回语句
```

7.4 函数的形参与实参

声明函数和定义函数时，形参或标识符列表中的参数称为形式参数，简称形参。形参只是声明这些参数的类型和名称，在编写代码时标识变量。在程序运行调用函数时，需要将实际的数据值或者表达式的值传入函数，这些代替形参的数据、表达式称为实参。

实参可以是基本数据类型的数据，也可以是后面的章节将要介绍的结构、联合、指针等复杂类型的数据或者表达式的值。这些参数在被调用的函数内可以当函数内部自动变量使用，与函数内声明的其他自动变量使用方法相同。

函数调用时，实参参数有两种传递方式：传值和传地址。

1. 传值

函数调用时，传值方式只是将参数表达式的值复制一份，存在计算机内存的栈区，在函数内通过参数名使用此数据，函数调用后栈恢复到调用前的状态，这些实参在栈中的存储区域被释放，数据不再有效，也不再可用。当表达式是变量时，真正的变量还在原来的存储区存放，值还是调用函数前的数值。传值方式函数调用示例程序如下所示。

```
#include <stdio.h>
int bigadd(int i,int j);            //声明一个函数,带两个整型变量,形参
int main()
{
    int nValue1 = 3,nValue2 = 5,nRet = 0;
    printf("函数调用前数值:%d  %d\n",nValue1,nValue2);
    nRet = bigadd(nValue1,nValue2);
    printf("函数调用后数值:%d  %d\n",nValue1,nValue2);
    printf("返回值%d\n",nRet);
    return 0;
}
int bigadd(int i,int j)
{
    i++; j++;                       //实参值变化
    return i * j;
}
```

可以看出，传值方式调用函数时，函数内修改实参的值，函数外部实参对应的变量的值并没有改变。示例程序运行结果如图 7.4 所示。

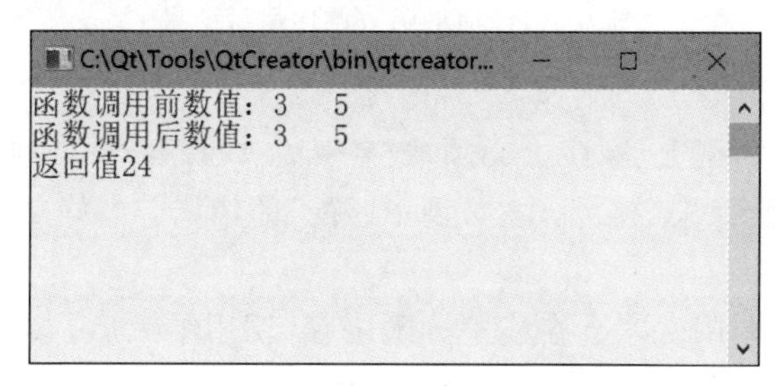

图 7.4 传值函数调用运行结果

2. 传地址

函数调用时，向函数传入的参数值是变量的地址，这种传递参数的方式称为传地址方式。这个地址在调用函数时也被压入栈区，但是由于使用时是当地址使用，因此函数不是直接使用栈区的这个变量的值，而是将栈区的这个变量的值当作内存地址，去按此地址寻找存储单元进行操作。这样在修改存储单元的值时函数外面被实参地址指向的变量数值就会被修改。因此当实参是以传地址的方式传递参数时，函数内部对此地址指向的存储单元进行数值修改时，函数外的变量的值就会被修改。

地址的概念与 C 语言的指针紧密相关，这方面的内容将会在“第 11 章指针”中介绍。传地址方式函数调用示例程序如下所示。

```
#include <stdio.h>
int bigadd(int *i,int *j);          //声明一个函数,带两个整型指针,形参
int main()
```

```
{
    int nValue1 = 3,nValue2 = 5,nRet = 0;
    printf("函数调用前数值:%d  %d\n",nValue1,nValue2);
    nRet = bigadd(&nValue1,&nValue2);
    printf("函数调用后数值:%d  %d\n",nValue1,nValue2);
    printf("返回值%d\n",nRet);
    return 0;
}
int bigadd(int *i,int *j)       //传地址
{
    (*i)++; (*j)++;             //地址指向的存储单元(整型变量)的值变化
    return (*i)*(*j);
}
```

可以看出,传地址方式调用函数时,在函数内修改地址指向的存储单元内容时,函数外部对应的变量的值发生改变。这是在被调用的函数内操作函数外部数据的一种方法。示例程序运行结果如图 7.5 所示。

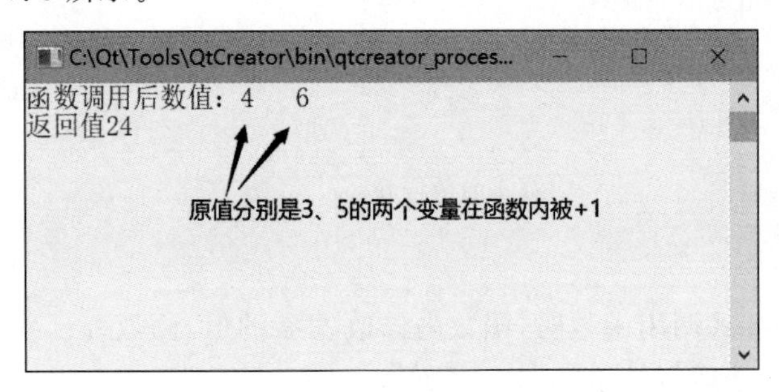

图 7.5 传地址函数调用运行结果

函数的形参与实参的区别总结如下。

(1) 实参和形参在类型上、顺序上必须严格一致,如果类型不匹配,系统会进行自动类型转换,如果自动类型转换失败会发生"类型不匹配"的错误。最好是进行强制类型转换,保证类型匹配。

(2) 函数只有在被调用时才会在栈中分配内存,调用结束后,参数、局部变量占用的内存立刻从栈中释放,形参变量作为函数内可用的参数变量只在函数内部可见、可用。

(3) 实参可以是常量、变量、表达式、函数调用返回值等,无论实参是何种类型的数据,在进行函数调用时,它们都必须有确定的值,然后把这些值作为实参传给函数。所以应该提前通过初始化、赋值运算、表达式计算、函数调用等方法使实参获得确定值。

(4) 函数调用中发生的数据传递是单向的,只能把实参的值传递给形参,而不能把形参的值反向地传递给实参。即使是传地址,传入的地址值不会变化,只是通过间接寻址可以修改地址指向的内存数值。

7.5 函数中变量的作用域

C 语言函数内可以使用程序专用内存存储区的全局变量,也可以使用函数内自己定义声明的存在栈区的局部变量,甚至经常使用动态申请的内存堆中的存储单元。这些不同的变量因为存储类别不同或出现在不同的{}复合语句层内而有不同的作用域。

不同类型的变量都在内存中或寄存器中存放，但是变量存在作用域。简单地说就是当前层可以用本层和外层声明、定义的变量。在优先顺序上优先匹配使用本层定义、声明的变量，此时本层变量可以与外层定义、声明的变量类型相同或名称相同。外层位置看内嵌的{}复合语句内定义、声明的变量不可见，也不可用。下面分别描述函数中可使用的不同形式的变量的作用域。

1. 同一个源代码文件内的全局变量

C语言函数内可以使用函数外的已经预先声明的全局变量。同一个源代码文件内，全局变量必须在本源代码文件中使用此全局变量的函数定义之前声明。在函数定义之后声明的全局变量，即使它是全局变量，函数内依然不可见、不可用。

2. 其他源代码文件内的全局变量

函数要使用的全局变量不在本函数所在的源代码文件中时，需要在函数内使用此外部全局变量之前，使用 extern 存储类别声明此全局外部变量。

3. 同一个源代码文件内的 static 全局变量

同一个源代码内的 static 全局变量与普通全局变量一样，也遵循在函数定义前先声明，然后在其后出现的函数内使用的原则。

4. 函数的形参变量

函数调用时的实参按照对应的形参名使用，在函数体内相当于定义在函数体{}内开始处的 auto 存储类别的变量，所以在这一层不能再声明与参数名相同的变量。函数的参数变量在整个函数体内都可见、可用。

5. 函数体内定义声明的变量

在函数体内声明的变量称为局部变量，默认都是 auto 存储类别的局部变量，遵循先声明后使用的原则。局部变量只在本函数内有效，在其他的函数中无效。因此，不同函数之间的局部变量可以重名。

在函数体内的各{}复合语句内可以重新定义与外层变量同名的变量，但是优先使用本层{}复合语句内预先声明的变量，本层定义声明的变量，在外层{}复合语句内不可见、不可用。

在本层{}复合语句内定义的变量，在本层的内部嵌套的各层{}复合语句内可见、可用。

6. 函数体内定义声明的 static 变量

函数体内定义声明的 static 存储类别的变量，存储在程序特殊存储区，并且由编译程序在编译阶段根据常量表达式的值初始化。如果没有显式初始化，编译程序默认初始化为 0 值。程序运行时，就是使用的这个初始化值作为初值。函数多次调用时，此 static 存储类别的变量的值是上次退出时的值，而不是代码显式初始化的值。

下面的示例程序说明了函数中可用的不同形式变量的作用域，它是一个多文件结构的 C 语言源代码程序。

```
//This is main.c 和 file1.c 不是一个文件
#include <stdio.h>
extern int bigadd(int x, int y);            //声明一个函数,带两个整型变量,形参
int nRet = 100;
int main()
{
    int nValue1 = 3,nValue2 = 5,nRet = 0;
    for(int i = 1;i < 3;i++)
```

```
        {
            printf("*****第%d次调用函数*****\n",i);
            printf("函数调用前数值:%d   %d\n",nValue1,nValue2);
            nRet = bigadd(nValue1,nValue2);
            printf("函数调用后数值:%d   %d\n",nValue1,nValue2);
            printf("返回值%d\n",nRet);
            printf("************************\n",i);
        }
        return 0;
}
//This is file1.c 和 main.c 不是一个文件
#include <stdio.h>
int bigadd(int x, int y)                //参数作为函数内可见、可用变量使用
{
        extern int nRet;                //声明外部变量,后面可见可用
        x++; y++;                       //修改参数值
        {
            printf("参数%d   %d\n",x,y);  //先用外层的x,y
            int x = 0,y = 0;            //局部变量,后面可见、可用
            static int nn;              //静态变量,编译时默认初始化为0
            nn++;                       //静态变量保持在特殊区域,函数退出后依然保存
            printf("静态变量%d\n",nn);
            x++; y++;                   //局部变量优先
            nRet = x*y;                 //外部全局变量可见、可用
        }
        return nRet;
}
```

可以看出,两次传值方式调用函数时,虽然函数内修改了参数的值,但是函数退出后,变量的值并没有改变。前面讲的函数中变量的作用域内容在示例程序中都涉及了。示例程序运行结果如图7.6所示。

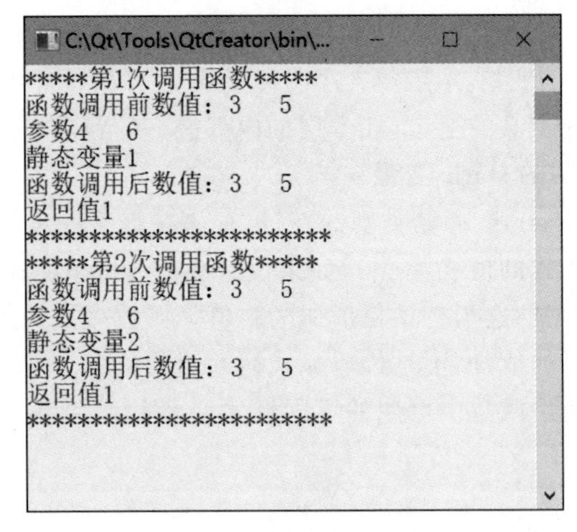

图7.6　函数中变量作用域示例程序运行结果

7.6　复合语句与分程序结构

在C语言中,不允许将一个函数定义在另一个函数中,即函数不能嵌套定义。但是C

语言允许分程序结构的存在。在前面很多章节中，都提到了复合语句（compound statement），复合语句概念上属于分程序结构。

使用花括号把多条不可执行语句（预处理语句、声明语句、注释、标号语句等）和可执行语句组合到一起，形成的一条语句称为复合语句。复合语句又称为语句块。

在 if 语句、for 语句、while 语句、do…while 语句中经常使用到复合语句，前面的例子也相当多。根据复合语句的定义，复合语句还可以单独出现，也就是在出现单条语句的地方。当需要独立的使用一组语句，而且还需要自己独立的局部变量声明时，就可以使用复合语句。

在复合语句内，声明语句通常放在可执行语句之前的头部。在 C99 标准中允许声明语句等不可执行语句放在复合语句内的任何地方，但对变量依旧有先声明后使用的要求。

复合语句的代码书写表达形式如下所示。

```
int bigadd(int x, int y)
{
    extern int nRet;
    x++; y++;
    {                                    //这是单独的一个复合语句
        printf("参数 %d   %d\n",x,y);
        int x = 0,y = 0;                 //声明局部变量,后面可见、可用
        static int nn;                   //声明静态变量,编译时默认初始化为 0,函数再入时
为上次退出时的值
        nn++;
        printf("静态变量 %d\n",nn);
        x++; y++;                        //局部变量优先
        nRet = x * y;                    //外部全局变量可见、可用
    }                                    //单独的复合语句结束,不用;结尾,用}结尾
    return nRet;
}
```

7.7 递归函数

递归（recursion）是指在函数的定义中使用函数自身的方法，这种函数就称为递归函数。实际上，递归包含了两个意思：“递”和“归”，这正是递归思想的精华所在。递归问题必须可以分解为若干规模较小、与原问题形式相同的子问题，这些子问题可以用相同的解题思路来解决。这些问题的演化过程是一个从大到小、由近及远的过程，并且会有一个明确的终点（临界点），一旦到达了这个临界点，就不用再往更小、更远的地方走下去。最后，从这个临界点开始，原路返回到原点，原问题解决。

更直接地说，递归的基本思想就是把规模大的问题转换为规模小的相似的子问题来解决。特别是在函数实现时，因为解决大问题的方法和解决小问题的方法是同一个方法，所以就产生了函数调用它自身的情况，这也正是递归的定义所在。格外重要的是，这个解决问题的函数必须有明确的结束条件，否则就会导致无限递归的情况。

因此在实际工作中要用递归函数解决问题需要明确以下 3 点。

1. 明确递归终止条件

应该有一个明确的临界点，程序一旦到达了这个临界点，就不用继续往下传递，而是开

始实实在在地归来。换句话说,该临界点就是一种简单情境,可以防止无限递归。

2. 给出递归终止时的处理办法

在递归的临界点存在一种简单情况,在这种简单情况下可以直接给出问题的解答。一般在这种简单情况下,问题的解答是直观的、容易的。

3. 提取重复的逻辑,缩小问题规模

递归分解成的与原问题形式相同的子问题可以用相同的解题思路来解决。从程序实现的角度而言,就是需要抽象出一个简单重复的逻辑,以便能够使用相同的方式解决子问题。

在C语言程序设计中,设计具有这类递归逻辑结构的用户自定义函数称为递归函数设计。递归函数在递归调用、逐步解决问题时,需要消耗大量的栈空间,因为每次调用函数都要将当前寄存器内容等现场信息保存在栈中,然后将被调用函数的参数压入栈,局部变量也在栈中分配。当递归函数参数较多,局部变量也很多时压入栈的数据就会很多。如果递归解决的问题需要递归调用很多次,而且还有很多分支递归调用时,栈开销非常大,如果计算不好会出现栈溢出,这时程序就半途而废了。关于函数调用压栈情况可以将C语言程序用gcc处理成汇编代码去研究。为了让递归调用有足够的栈空间,在用gcc编译时可以设置较大的栈空间。让编译程序将栈空间调整为50MB,命令如下。

```
gcc -Wl,--stack=50000000 main.c -o HanoiTower.exe
```

为了直观地理解递归函数设计,我们来看一个关于汉诺塔求解的示例。汉诺塔(Tower of Hanoi)源于印度传说,大梵天创造世界时造了三根金刚石柱子,其中一根柱子自底向上叠着64片黄金圆盘。大梵天命令婆罗门把圆盘从下面开始按大小顺序重新摆放在另一根柱子上。并且规定,在小圆盘上不能放大圆盘,在三根柱子之间一次只能移动一个圆盘。

初看这个问题很难解决,但是用递归的方法却很简单。假设这三根金刚石柱子分别为A、B、C。A柱上有N个盘子,从小到大依次从上到下放置,分别编号1,2,3,…,N,如图7.7所示。

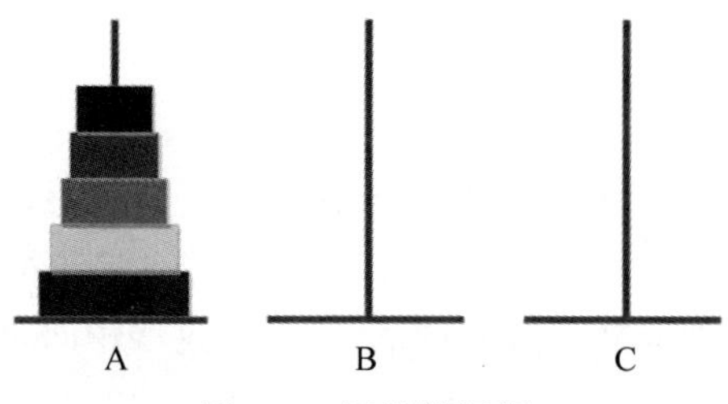

图7.7 汉诺塔问题

若将A柱上的N个盘子移到C柱上,只需将A柱上的最上面的$N-1$个盘子移到B柱上,然后将A柱上的N号大盘子移到C柱上,最后再将B柱上的$N-1$个盘子移到C柱上即可完成移动。现在问题转成了将B柱上的$N-1$个盘子经过A柱移动到C柱上。此时只需将B柱上的最上面的$N-2$个盘子移到A柱上,然后将B柱上的$N-1$号大盘子移到C柱上,最后再将A柱上的$N-2$个盘子移到C柱上即可完成移动。如此递归下去,最后递归终止条件是,将1号(最小的那个)盘子从A或B(看当时情况)柱上移动到C柱上。最小的1号直接移动到C柱上就开始逐层回归,全部调用逐级返回,最后到主程序,问题得到解决。

C语言程序代码如下所示，运行时根据提示信息输入盘子数量即可打印出每一步移动方法，并且最后输出总的移动步数。

```
/**
 * 目的:实现汉诺塔问题递归求解
 * 作者:程万里   时间:2022-3-9
 */
#include <stdio.h>
static int nSteps = 0;                              //记录移动步数
int main()
{
  int   n;
  void  Hanoi(int n,char a,char b,char c);          //递归函数
printf("**************************************************************************\n");
  printf("*这是汉诺塔问题,把A塔上编号从小号到大号的圆盘从A塔通过B辅助塔移动到C塔
上去 *\n");
printf("**************************************************************************\n");
  printf("请输入圆盘的个数:"); scanf("%d",&n);
  Hanoi(n,'A','B','C');                             //调用递归函数
  printf("共移动%1d步\n",nSteps);
  printf("移动结束!\n");
  return 0;
}
void Hanoi(int n,char a,char b,char c)
{
  if( n == 1 )
  {
      printf("移动盘%1d从%c柱子到%c柱子\n",n,a,c);
      nSteps++;                                     //移动步数加1
  }
  else
  {
      Hanoi(n-1,a,c,b);                             //先将上面n-1个盘从a移动到b
      printf("移动盘%1d从%c柱子到%c柱子\n",n,a,c);      //再将n盘从a移动到c
      nSteps++;                                     //移动步数加1
      Hanoi(n-1,b,a,c);                             //然后将n-1个盘从b移动到c
  }
}
```

在Windows 10、macOS 10.15系统下3个盘子时示例程序运行结果如图7.8所示。

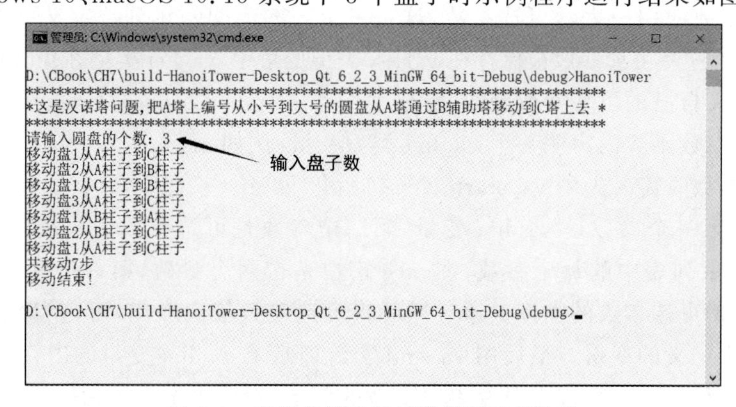

图7.8 汉诺依塔递归函数调用运行结果

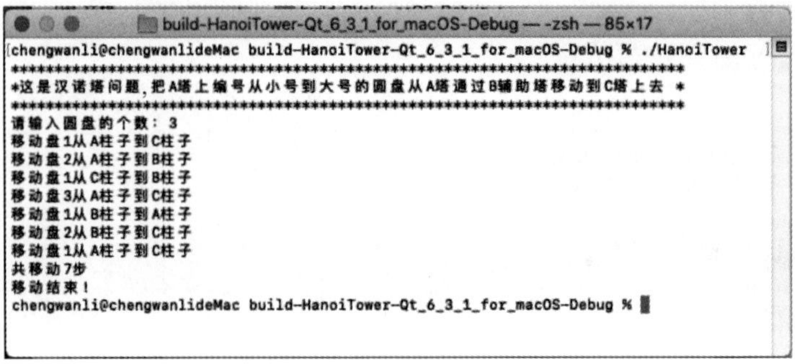

```
build-HanoiTower-Qt_6_3_1_for_macOS-Debug — -zsh — 85×17
chengwanli@chengwanlideMac build-HanoiTower-Qt_6_3_1_for_macOS-Debug % ./HanoiTower
*************************************************************************
*这是汉诺塔问题,把A塔上编号从小号到大号的圆盘从A塔通过B辅助塔移动到C塔上去 *
*************************************************************************
请输入圆盘的个数: 3
移动盘1从A柱子到C柱子
移动盘2从A柱子到B柱子
移动盘1从C柱子到B柱子
移动盘3从A柱子到C柱子
移动盘1从B柱子到A柱子
移动盘2从B柱子到C柱子
移动盘1从A柱子到C柱子
共移动7步
移动结束!
chengwanli@chengwanlideMac build-HanoiTower-Qt_6_3_1_for_macOS-Debug %
```

图 7.8 (续)

7.8 可变参数函数

在“5.4 带参数的宏定义”中介绍了参数个数不确定的宏定义,可以看出参数个数不确定的宏能解决很多问题。那么是不是有参数个数不确定的函数定义方式呢？确实有。在声明和定义函数时,当函数参数表中参数个数是可变数量时,称为可变参数函数。

在 C 语言标准库函数中,也能发现这类函数,例如:

```
int   printf(const char * format, …);
int   scanf(const char * format, …);
int   sprintf(char * str, const char * format, …);
int   sscanf(const char * str, const char * format, …);
int   fprintf(FILE * stream, const char * format, …);
int   fscanf(FILE * stream, const char * format, …);
int   vfprintf(FILE * stream, const char * format, …);
int   vfscanf(FILE * stream, const char * format, …);
```

这类函数在函数参数表中使用了…来声明有不确定个数的参数。C 语言允许定义参数数量可变的函数,这种函数需要至少 1 个固定的强制参数(mandatory argument),然后是数量可变的可选参数(optional argument)。

从上面这些可变参数的标准库函数的声明中就可以看出来这样的规则：前面的强制参数还应该含有后面参数个数和类型的信息,上面的标准库函数中的 format 字符串中就含有后面可选参数的个数和类型信息。

可变参数函数使用…表示可选参数,这是三个·的无间隔排列。定义可变参数函数需要操作可选参数,这些可选参数被保存在 va_list 类型变量中,va_list 类型在头文件 stdarg.h 中定义,因此要定义自己的可变参数函数,需要使用 #include < stdarg.h >指示字包含此头文件,然后在可变参数函数内声明一个 va_list 类型变量(例如 arg)。

操作可选参数时需要先用 va_start 宏来初始化 va_list 变量为一个参数列表,va_start 宏带两个参数,第一个参数是 va_list 变量,第二个参数是可选参数的个数。然后使用 va_arg 宏来访问参数列表中的每个参数,va_arg 宏也是带两个参数,第一个参数是 va_list 变量,第二个参数是可选参数的类型。通过循环将可选参数依次取出,可选参数可以是常量,也可以是程序中定义的变量。最后用 va_end 宏清理赋予 va_list 变量的内存。

下面的示例程序是一个定义可变参数函数的例子,程序中定义了两个可变参数函数,其中函数 sum()模拟 printf 函数的 format 字符串定义参数的个数和类型；函数 nsum()用第一个强制参数指定可变参数个数。这两个可变参数函数都是求参数的累积和，示例程序如下。

```
#include <stdio.h>
#include <string.h>
#include <stdarg.h>                                    /* 可变参数必须包含 */
double sum(char * format, … );                          /* 模拟 printf 取个数和类型 */
long long int nsum(int nNums,  … );                     /* 全是整数 */
int main()
{
    int     n1 = 75,n4 = 18,n5 = 59;
    double  dx,d2 = 31.58f,d3 = 36.92f,d6 = 28.72f;
    long long int nt;
    dx = sum("%d%f%f%d%d%f",n1,d2,d3,n4,n5,d6);  /* 可变参数函数调用 */
    printf("%-1s%f\n", "sum(\"%d,%f,%f,%d,%d,%f\",n1,d2,d3,n4,n5,d6) = ",dx);
    nt = nsum(5,23,95,n4,n5,69);                        /* 可变参数函数调用 */
    printf("nsum(5,23,95,n4,n5,69) = %d\n", nt);
    return 0;
}
double sum(char * format, … )
{
    double dTotal = 0.0f,dTemp;
    int i,nStrLen,nNum = 0,nTemp;
    char typearray[260] = {0};                          /* 全初始化为'\0' */
    long long lTemp;
    va_list arg;                                        /* 可变参数表 */
    nStrLen = strlen(format);
    for(i = 0;i < nStrLen;i++)
    {
        if(format[i] == '%')
        {
            switch(format[i + 1])
            {/* 参数类型 */
            case 'd':
            case 'D':
                typearray[nNum] = 'd';
                break;                                  /* int 类型 */
            case 'l':
            case 'L':
                typearray[nNum] = 'l';
                break;                                  /* long long 类型 64 位 */
            case 'f':
            case 'F':
            case 'e':
            case 'E':
            case 'G':
            case 'g':
                typearray[nNum] = 'f';
                break;                                  /* 浮点类型 */
            }
            nNum++;                                     /* 参数个数 */
        }
    }
```

```
    va_start( arg, nNum );                          /* 初始化 arg 为 nNum 个参数 */
    for (i = 0; i < nNum; i++)
    {/* 访问 arg 的各个类型参数 */
        switch(typearray[i])
        {/* 参数类型 */
        case 'd':
        case 'D':
            nTemp = va_arg(arg, int);               /* 整型类型 */
            dTotal += (double)nTemp;
            break;                                  /* int 类型 */
        case 'l':
        case 'L':
            lTemp = va_arg(arg, long long int);     /* 64 位整型类型 */
            dTotal += (double)lTemp;
            break;                                  /* long long 类型 64 位 */
        case 'f':
        case 'F':
        case 'e':
        case 'E':
        case 'G':
        case 'g':
            dTemp = va_arg(arg, double);            /* 浮点类型 */
            dTotal += dTemp;
            break;                                  /* 浮点类型 */
        }
    }
    va_end(arg);                                    /* 清理为 arg 保留的内存 */
    return dTotal;
}
long long int nsum(int nNums, ...)
{
    long long int nTotal = 0,lTemp;
    int i = 0,nTemp;
    va_list arg;                                    /* 可变参数表 */
    va_start( arg,nNums );                          /* 初始化 arg 为 nNum 个参数 */
    for (i = 0; i < nNums; i++)
    {
        nTemp = va_arg(arg, int);                   /* 访问 arg 的各个参数 */
        nTotal += (long long int)nTemp;
    }
    va_end(arg);                                    /* 清理为 arg 保留的内存 */
    return nTotal;
}
```

示例程序运行结果如图 7.9 所示。

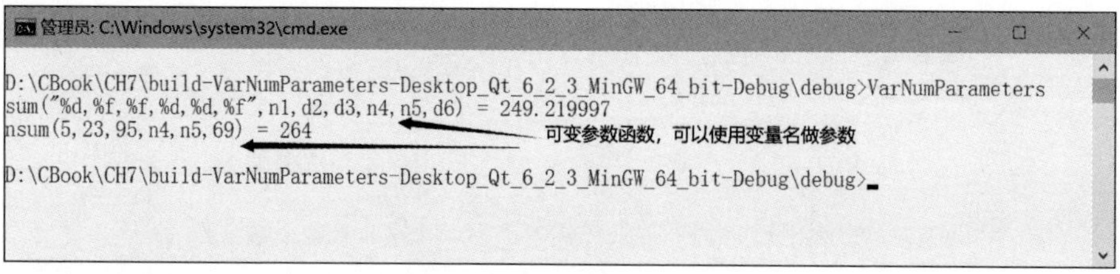

```
管理员: C:\Windows\system32\cmd.exe

D:\CBook\CH7\build-VarNumParameters-Desktop_Qt_6_2_3_MinGW_64_bit-Debug\debug>VarNumParameters
sum("%d,%f,%f,%d,%d,%f",n1,d2,d3,n4,n5,d6) = 249.219997
nsum(5,23,95,n4,n5,69) = 264        可变参数函数，可以使用变量名做参数

D:\CBook\CH7\build-VarNumParameters-Desktop_Qt_6_2_3_MinGW_64_bit-Debug\debug>
```

图 7.9 可变参数函数调用运行结果

7.9 内联函数

在C语言中,inline函数称为内联函数,这是C99标准中新增的内容,是从C++语言中借鉴过来的有益内容。函数调用时需要将参数和局部变量压栈,这些操作都要耗费时间,有没有效率更高的方法呢?

宏定义可以解决部分问题,通过直接替换代码能解决部分问题,但是宏定义和宏替换是不检查类型的。为了解决这种函数调用开销,C语言从C++语言中引入内联函数的概念,对于追求更高调用效率的函数调用,可以使用内联函数。

函数变成内联函数后,编译程序可能会用内联代码替换函数调用,因此C99标准中要求内联函数的定义与调用必须在同一个源代码文件中。这需要看不同的编译程序具体实现方法。当然,有些编译程序可能对内联函数不起作用。

gcc编译程序中对内联函数存储类别的描述如下。

inline:对同一.c/.cpp文件,函数将会在被调用处展开;对外部文件,此函数等同于extern存储类别函数。

static inline:与C99标准中相同。

extern inline:仅用于同一C/C++文件内部,在被调用处展开。

内联函数要求定义与调用必须在同一个源代码文件中,如果多个代码文件中都需要使用同一个内联函数,那么可以把内联函数的定义写在一个头文件中,然后在C语言源代码文件中包含此头文件即可。递归函数不能定义为内联函数,即内联函数不能递归。

内联函数也要先声明,声明格式与普通函数相同,而且函数说明符也不必使用inline关键字,规则如下所述。

```
说明符与限定符  非指针声明符(形参列表(可选));          //声明语句必须以;结尾
```

定义内联函数时与普通函数格式规则基本相同,只是函数说明符必须包含inline关键字,如下所述。

```
说明符与限定符  非指针声明符(形参或标识符列表(可选)) //函数说明符必须包含 inline
形参声明(可选)                                   //定义允许标识符列表,不带类型
{
    变量声明语句(可选)
    语句 1(可选)
    语句 2(可选)
    其他函数调用语句(可选)
    语句 3(可选)
    …
    语句 n(可选)
    返回语句(可选)
}
```

内联函数通常都是因为要被频繁调用才定义成内联函数,目的也是节省调用开销,提高调用运行效率,所以在循环语句中调用的函数可以使用inline关键字定义成内联函数,特别是多重循环语句中如果出现调用的函数,定义成内联函数是很有必要的。下面的示例程序就是在循环体中使用了内联函数计算长方体体积和比较整数大小的程序,看看内联函数分开声明、定义和内联函数合并声明、定义有什么区别。

```
#ifndef MYINLINE_H                    /* 指示字技巧,头文件只包含一次 */
#define MYINLINE_H                    /* Visual Studio 经常这么用 */
/* This is myinline.h */
static inline double Volume(x,y,z)
int x;
int y;
int z;
{
    double result;
    result = x * y * z;
    return result;
}
#endif // MYINLINE_H
/* This is main.c */
#include <stdio.h>
#include "myinline.h"
int maxint(int a,int b);
int main()
{
    register int i,j,k;
    double xxx;
    int nmax;
    for(i = 1;i < 10;i++)
        for(j = 20;j > 10;j -- )
            for(k = 5;k < 20;k++)
            {
                xxx = Volume(i,j,k);
                printf(" %d X %d X %d =  %8.2f\n",i,j,k,xxx);
                nmax = maxint(j,k);
                printf(" %d , %d max is: %d\n",j,k,nmax);
            }
    return 0;
}
inline int maxint(a,b)
int a,b;
{
    if(a > b) return a;
    else return b;
}
```

在 Windows 10 命令行方式下示例程序运行结果如图 7.10 所示。

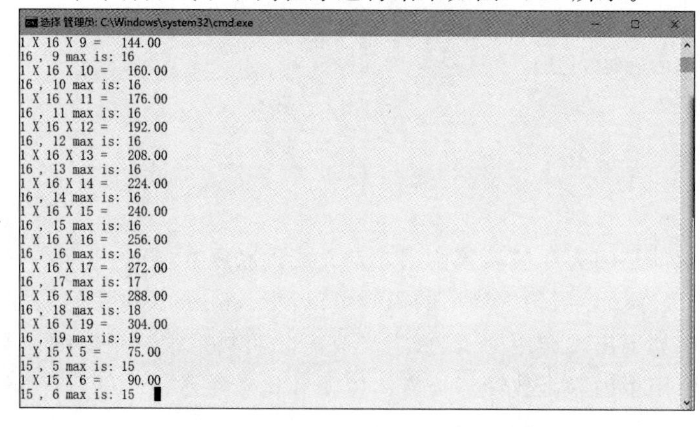

图 7.10 内联函数调用运行结果

7.10 无返回函数

在C语言中,用函数说明符_Noreturn声明的函数称为无返回函数,这是C11标准中新增的内容,说明此函数执行时不会执行到函数体结尾而返回或执行时不会执行到return语句。这种函数要使用特殊函数调用结束函数的执行,如调用longjmp()函数、abort()函数、exit()函数、quick_exit()函数等,下面是无返回函数的示例程序。

```
#include <stdio.h>
#define LONGJMP   <setjmp.h>
#include LONGJMP                          //#include 预处理助记符
static jmp_buf buf;
_Noreturn void myLoopfun(int * i);    //无返回函数
int main()
{
    int i;
    printf("%d ",i = setjmp(buf));    //第一次输出0,第二次输出longjmp的第二个参数
    if(i < 10) myLoopfun(&i);          //无返回函数调用
    printf("\n");
    return 0;
}
_Noreturn void myLoopfun(int * i)     //无返回函数
{
    (*i)++;
    longjmp(buf,(*i));                 //可自行修改第二参数查看不同结果
}                                      //执行到longjmp()总是跳转走,永远不会执行到函数自然返回
```

示例程序在Windows 10、CentOS 8.5、macOS 10.15系统下运行结果如图7.11所示。

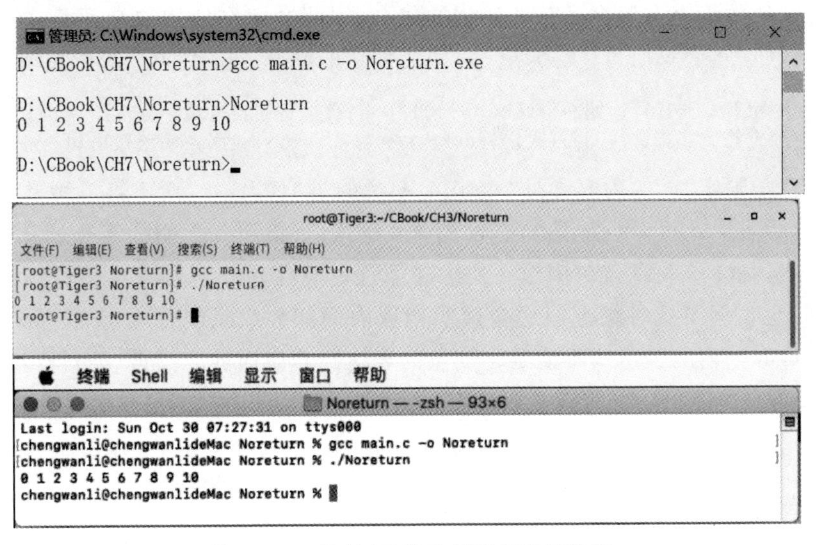

图7.11 无返回函数示例程序运行结果

第8章

数　　组

数组类型属于构造数据类型。C语言中提供了4种复杂的数据类型,即数组类型、结构类型、联合类型、枚举类型,这4种复杂的数据类型合称为构造类型。一个数组可以分解为多个数组元素,这些数组元素可以是基本数据类型或是构造类型。因此按数组元素的类型不同,数组又可分为字符型数组、整型数组、浮点型数组、指针型数组、构造类型数组等各种类别。

视频讲解

8.1　数组的概念

数组(array)就是一些具有相同类型的数据的集合,这些数据在内存中连续存放,彼此之间没有缝隙。数组是有数据类型的数据的集合,因此数组在使用前必须显式声明数组存储类别、数组数据类型等信息,要遵循先声明后使用的原则。数组的声明形式如下。

```
说明符与限定符　非指针声明符[static(可选) 限定符(可选) 表达式(可选)];　//常见的形式
说明符与限定符　非指针声明符[限定符(可选) * ];　　　　//仅限声明函数语句的形参声明中
```

其中,"说明符与限定符"的内容参见"3.10.1 变量的类型"内容。对于第一种常见的数组声明形式,[]内的表达式可以是常见的整数常量表达式,直接明确声明数组长度;当[]内的表达式是变量表达式时,程序会在执行流到达这里时在栈内开辟指定大小的连续栈内存空间给数组,同时也说明了这种情况只适合声明函数内局部数组或复合语句内局部数组;声明全局数组变量时[]内的表达式不能是含变量的表达式。后面的非指针声明符可以是下面的4种形式,从而产生指向数组的指针或结束声明符推演。

```
非指针声明符[static(可选) 限定符(可选) 表达式(可选)]　//多维数组声明和函数数组形参声明
(声明符)　　　　　　　　　　　//这种形式在声明指向数组的指针时使用
用户标识符　　　　　　　　　　//这种形式最常见,就是数组名
* 类型限定符(可选) 声明符　　 //这种形式在声明指针数组时经常使用
非指针声明符(形参列表)　　　　//声明的数组更复杂,指向函数的函数指针数组、函数返回数组等
```

非指针声明符是用户标识符时,就是一维数组的声明形式,例如:int narray[12] = {0};声明了一个长度是12的整型数组,数组变量名是narray。

当非指针声明符又是一个"非指针声明符[static(可选) 限定符(可选) 表达式(可选)]"

时，就变成了二维数组声明形式——非指针声明符[static(可选) 限定符(可选) 表达式(可选)][static(可选) 限定符(可选) 表达式]，例如：double darray[2][2] ={ {1.0,2.0}, {6.0,8.0}};声明了一个 2 行 2 列可存 4 个双精度数据的双精度型数组，数组变量名是 darray。依次类推可以声明 *N* 维数组。

当[]内无内容时，表明是可变长度数组，多维数组只能第一维是可变长度，其他维度长度必须是确定长度；而且对于可变长度数组必须使用初始化器初始化数组，从而让编译程序隐性获得数组长度，否则编译时会给出错误信息。

对于上面的 2 种数组声明形式，当非指针声明符是第 2 种声明符形式“(声明符)”时，而声明符再推导成“* 类型限定符(可选) 声明符”时，最终就会成为 int (* Ptrarray)[12];，这声明的是一个指向 1 个长度是 12 的整型数组指针，或者 double (* Ptrdarray)[2][2];，这声明的是一个指向一个 2 行 2 列可存 4 个双精度数据的双精度型数组指针。这种指向数组的指针使用时需要动态申请数组内存，具体细节参考“11.7 动态内存申请与释放”内容。

上述声明数组的形式思考起来比较复杂，简化的数组声明形式如下。

```
说明符与限定符  数组变量名[整型常量表达式 1][整型常量表达式 2]…;
```

数组声明语句中，数组变量名是用户标识符，不可省略；整型常量表达式 1 是编译时就可以计算出结果的整数常量表达式；后面的“[整型常量表达式 2]…”是可选的可重复的多维定义形式。如果有这部分，则声明此数组是多维数组，最后的;表明数组声明语句结束。

在 C 语言中，数组元素的下标是从 0 开始的，对于一维数组，第一个数组元素是“数组变量名[0]”，第二个数组元素是“数组变量名[1]”，依次类推。数组元素在内存中是连续存储的，因此通过下标运算符[]可以定位数组元素。每个数组元素都是内存中指定数组数据类型的一个存储单元，所以通过运算符[]定位的数组元素都可以作为左值进行赋值运算。

8.2 一维数组

声明数组时，如果数组变量名后面只有一对中括号[]，那么这种数组称为一维数组。一维数组的各个元素连续存放在内存中，占用连续的内存区域。数组占用的内存区域大小(按字节数计算)是可以计算的，一维数组占用内存的字节数等于(整型常量表达式 1 * sizeof(数据类型))，这是很容易理解的一个计算公式。另外还可以通过 sizeof(数组变量名)直接求出数组占用内存的字节数。

在编译程序编译 C 语言程序时，数组变量名是作为一个指针变量，它存储的是指向数组第一个元素的地址。一维数组的下标是从 0 开始的，到(整型常量表达式 1-1)结束，一共有(整型常量表达式 1)个元素，这一点需要特别注意。C 语言数组的下标不是从 1 开始的，而其他很多计算机程序设计语言的数组下标是从 1 开始的。

在函数调用时，可以通过数组下标运算符[]将某个数组元素以传值的方式作为实参传入函数内。这时只是将数组数据类型的单个元素(分量)复制一份作为参数传入函数，在函数内修改此参数变量不会修改数组任何一个元素的值。

在函数调用时，以“数组变量名”方式传入的实参实际是传地址方式。这时在函数内通过数组下标运算符[]对数组元素进行的赋值将修改数组元素的值。下面的示例程序声明了数组的使用方法和函数调用时传数组名的传地址调用方法。

```
//这是 file1.h
#ifndef FILE1_H                          //用上 5.14.1 头文件包含检测技巧了
#define FILE1_H                          //定义个宏防止头文件重复包含多次
#define  NSIZE  30                       //常量,可在多个源代码文件中使用
#endif // FILE1_H 预处理指示字使用技巧
//这是 main.c
#include <stdio.h>
#include "file1.h"                       //包含自定义的头文件
extern float sumarray(float fArray[ ],int nSize);
//声明一个累加数组元素的外部函数, float fArray[const NSIZE]编译时会检查数组长度
extern float fArray[NSIZE];              //外部全局数组变量
float fSum = 0.0f;                       //全局变量
int main()
{
    int i;
    printf("********** 原数组内容 **********\n");
    for(i = 0;i < NSIZE;i++)
    {
        fArray[i] = i + 1.0f;            //数组运算符[]表达式作为左值表达式
        if( (i + 1) % 5 == 0 ) printf("%5.1f \n",fArray[i]);
        else printf("%5.1f ",fArray[i]); //[]运算符
    }
    fSum = sumarray(fArray,NSIZE);       //调用外部函数,传参数,计算数组和
    printf("数组累加和等于:%f\n",fSum); //打印数组和值
    printf("********** 新数组内容 **********\n");
    for(i = 0;i < NSIZE;i++)
    {
        if( (i + 1) % 5 == 0 ) printf("%5.1f \n",fArray[i]);
        else printf("%5.1f ",fArray[i]); //运算符[]
    }
    return 0;
}
//这是 file1.c
#include <stdio.h>
#include "file1.h"                       //包含自定义的头文件
float fArray[NSIZE];                     //全局变量
float sumarray(fArray,nSize)
float fArray[];                          //参数声明,声明是浮点型数组即可,长度不必声明
int nSize;                               //参数声明
{
    extern float fSum;                   //声明外部变量
    int j;
    fSum = 0.0f;                         //使用外部变量
    for(j = 0;j < nSize;j++)
    {
        fSum = fSum + fArray[j];         //使用外部变量
        fArray[j] = 100;                 //修改数组元素的值
    }
    return fSum;                         //返回
}
```

示例程序中先对数组赋值,并按照一行 5 个数组元素的方式打印,一共 6 行,总计 30 个数组元素。然后调用计算数组元素累积和的自定义外部函数,计算数组所有元素的累积和,并在函数内利用数组名(数组首元素地址)传地址的特点,将数组各元素值全部修改为 100。

退出函数后打印累积和数值，并再次打印全部数组元素的值。示例程序在 Windows 10、macOS 10.15 系统下运行结果如图 8.1 所示。

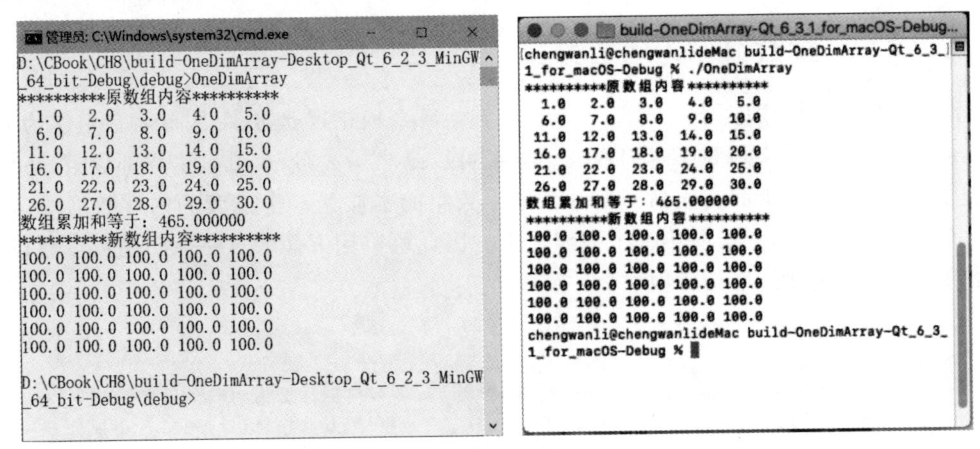

图 8.1 一维数组示例程序运行结果

8.2.1 一维数组初始化

前面的示例程序中，通过 for 循环语句对数组进行初始化赋值。这是用可执行代码的方式进行数组的初始化，如果每个数组元素的值没有可计算的规律，那么就需要通过赋值一个一个地进行数组的初始化。这样做是一件很麻烦的事情。

在 C89 标准中，编译程序并不对局部数组变量进行默认值初始化，因此没有初始化的一维数组里面各个元素的值是不确定的。如果程序员认为数组各元素都默认初始化为 0 值了，那么直接使用就会出现很多意想不到的问题。在 C89 标准中，支持如下形式的数组初始化。

```
int  intarray[3] = {0};                    //全部初始化为 0
int  barray[4] = {6};                      //第一个为 6,其他都是 0
int  carray[3] = {21,98,5};                //每个都初始化为指定的值
int  *Ptrarray[2] = {NULL,NULL};           //长度为 2 的整型指针数组,并初始化
Ptrarray[0] = calloc(1, sizeof(int));      //申请一个整型内存,4 字节
Ptrarray[1] = calloc(1, sizeof(int));      //申请一个整型内存,4 字节
(*Ptrarray[0]) = 21; (*Ptrarray[1]) = 96;
printf("%d  %d\n",(*Ptrarray[0]),(*Ptrarray[1]));
int  Intary[2] = {11,12};                  //长度为 2 的整型数组,并初始化
int  (*Ptrtoarray)[2] = Intary;            //指向长度为 2 的整型数组的指针,含初始化
printf("%d  %d\n",(*Ptrtoarray)[0],(*Ptrtoarray)[1]);
Ptrtoarray = calloc(2, sizeof(int));       //申请 2 个整型内存,8 字节
(*Ptrtoarray)[0] = 50;(*Ptrtoarray)[1] = 51;
printf("%d  %d\n",(*Ptrtoarray)[0],(*Ptrtoarray)[1]);
free(Ptrarray[0]);free(Ptrarray[1]);free(Ptrtoarray);
```

用命令行编译 c89 标准的 C 语言程序 gcc 命令行如下。

```
gcc -std=c89 main.c -o arrayini.exe
```

在 C99 标准中，可以在声明数组时做特殊的初始化。对于稀疏数组可以指定元素初始化，其他的默认初始化为 0 值。例如一维数组可以在声明中初始化的{}内，通过"[常量表达式]=表达式"的形式直接指定数组元素初始化为表达式的值，且其后若不再明确指定元素

时,则接续进行 0 值初始化。

```
int intarray[10] = {[2] = 8,12,[7] = 9};          //[2] = 8,[3] = 12,[7] = 9,其他全是 0
```

8.2.2 一维数组作为函数参数

数组在科学计算中应用非常广,矩阵运算和矩阵变换用得非常多,因此将数组作为参数传给函数进行处理是必须要了解的内容。数组可以是全局数组,也可以是局部数组,还可以是在内存堆上动态申请的长生命周期的数组。数组的本质是一个连续的内存数据块,数组变量名就是一个地址,它指向第一个数组元素。因此可以用下面的方法声明函数参数,用传地址的方式将数组地址传给函数。

```
int intarray[10];
double darray[5];
int myfunc(int * intarray, int nArraySize);              //整型指针(地址)传数组地址
int myfunc2(double * darray, int nArraySize);            //浮点型指针(地址)传数组地址
int myfunc3(int intarray[10],int nArraySize);            //会检查数组长度
int myfunc4(double darray[5], int nArraySize);           //会检查数组长度
int myfunc5(int intarray[],int nArraySize);              //整型指针(地址)传数组地址
int myfunc6(double darray[], int nArraySize);            //浮点型指针(地址)传数组地址
```

调用函数时对应的代码如下。

```
myfunc(intarray,10);                                     //直接用数组名当地址
myfunc(&(intarray[0]),10);                               //求第一个元素地址
myfunc2(darray, 5);                                      //直接用数组名当地址
myfunc2(&(darray[0]), 5);                                //求第一个元素地址
```

8.3 字符数组与字符串

一维字符数组就是数组元素为字符的数组。在 Intel 系列通用的 PC 上一般都是使用 ASCII 编码规则的字符,Windows 命令行窗口使用的 GBK 编码方案包含了单字节的 ASCII 编码规则。所以可以在命令行方式运行程序打印 0~127 编码数值的 ASCII 字符。

当一维字符型数组的最后一个元素是\0 空字符时,称为字符串。在一维字符型数组中,如果把字符型数组当字符串用,那么默认的字符数组结尾就是\0 空字符。空字符(Null character)又称结束符,是一个数值为 0(常用十六进制数 0X00 表示)的控制字符,\0 是其转义字符。

如果字符数组最后一个字符不是 0,却使用了 string. h 头文件里定义的字符串库函数,那么会出一些问题。所以程序员要保证字符数组是用\0 空字符结尾,这时字符数组才能当字符串用,才能使用 string. h 头文件里定义的字符串库函数。

下面的示例程序展示了一维字符型数组、字符串(以 0X00 结尾的字符型数组)的用法,代码如下。

```
#include <stdio.h>
#include <math.h>
#define  RADIANS_PER_DEGREE  3.1415926535/180.0
//定义宏,每度的弧度数
int main()
```

```
{
    char    str[60];                                            //足够用,一行打印 50 个字符
    int     nSinValue,nCosValue,nOne;                           //sin,cos 值
    double  dDegree;                                            //度数
    for(dDegree = 0.0f,nOne = 1;dDegree <= 360.0f;dDegree += 15.0f,nOne++)
    {
        nCosValue = (int)(30.0f + 20.0f * cos(dDegree * RADIANS_PER_DEGREE));
        nSinValue = (int)(30.0f + 20.0f * sin(dDegree * RADIANS_PER_DEGREE));
        //上面两行计算位置,10~50
        if(nOne == 1) sprintf(str,"%6.1f  -1            |          1\0",dDegree);
        else     sprintf(str,"%6.1f   |          |         |\0",dDegree);
        //if 语句 sprintf 向字符串输出,替代向 stdout 屏幕输出正好一行字符串,以\0 结束
        if(nCosValue!= nSinValue)
        {
            str[nCosValue] = '+';                               //cos 值点符号
            str[nSinValue] = '0';                               //sin 值点符号
        }
        else str[nCosValue] = '*';                              //交叉点符号
        printf("%s\n",str);
    }
    return 0;
}
```

示例程序是计算 sin()和 cos()函数值,并将函数值位置换成字符生成一个字符串输出,每行间隔 15 度产生 sin()和 cos()函数值曲线。示例程序在 macOS 10.15、Windows 10 系统下运行结果如图 8.2 所示。

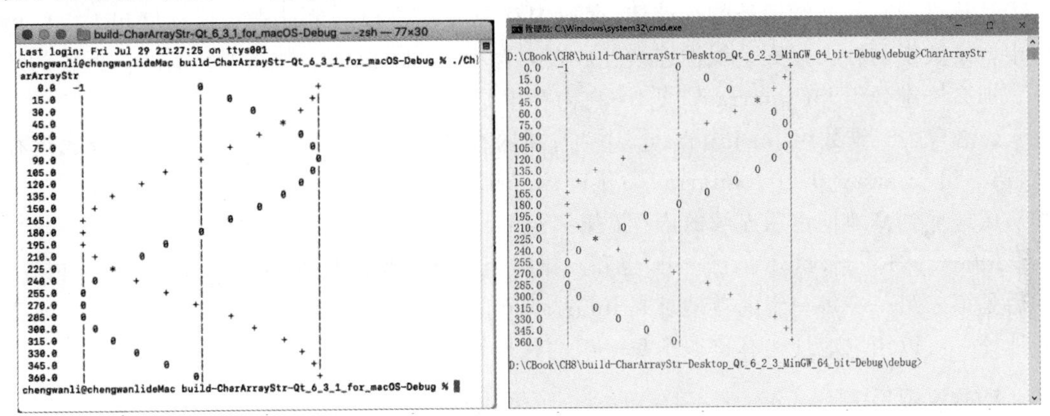

图 8.2 一维字符型数组与字符串示例程序运行结果

字符串是以\0 空字符结尾的字符数组。仔细观察下面的代码段和注释,注意带初始化值的字符数组的不同。

```
char a[] = "He\0llo";
char * p2 = a;
printf("%s %d %d\n",a,strlen(a),sizeof(a));          //He 2 7
a[1] = 'M';                                           //正确,a 是字符数组字符串,可读写
p2[2] = 'N';                                          //指针修改字符数组字符串没问题
    /* 仔细考虑下面的声明及初始化 */
char a1[] = "abc";        //a1 是 4 字符数组,存有字符{'a', 'b', 'c', '\0'}可作字符串用
char a2[4] = "abc";       //a2 是 4 字符数组,存有字符{'a', 'b', 'c', '\0'}可作字符串用
char a3[3] = "abc";       //a3 是 3 字符数组,存有字符{'a', 'b', 'c'}不可作字符串用
```

8.4 多维数组

在本章开头介绍数组时提到一个一维数组可以分解为多个数组元素，这些数组元素可以是基本数据类型或是构造类型。而构造类型包括数组类型、结构类型等。

所以定义一个一维数组，它的每个元素又是一维数组类型，那么这个数组就是二维数组。如果已经定义了一个二维数组，它的每个元素都是一维数组类型，那么这个数组就是三维数组。如此迭代可以定义声明一个 n 维数组。常用的多维数组是二维数组、三维数组，更多维的数组用得很少。

例如在实际生活中，我们经常会用到由多个下标来确定一个分量的情况，如太阳能发电站平面坐标系内的任意一块电池板由 X 坐标和 Y 坐标来确定；在规划得很好的仓库区内，任意货物由 X 排、Y 列和仓库内的 Z 号确定。这种由多个下标来确定一个分量的情况，在计算机中就可以用多维数组来实现。

声明数组时，如果数组变量名后面有两对及更多[]，那么这种数组称为多维数组。下面是多维数组的声明示例代码段。

```
int intarray[3][4];                    //整型二维数组
float floatarray[3][2][2];             //浮点型三维数组
```

对于 n 维数组，它的前 $n-1$ 维都是声明维度"盒子"个数，最后一维是每个维度"盒子"里存了多少个什么数据类型的数组元素。

计算机内存是连续编址的存储体，存取内存单元都要根据地址去定位存储单元。C 语言中一维数组的各个元素是线性连续存放在内存中，首地址就是"数组变量名[0]"元素的地址。那么二维数组 int intarray[3][4];在内存中是怎么存储的呢？

C 语言中二维数组 int intarray[3][4];在内存依然是线性存储，可以理解为分成组存储，第一组 intarray[0][0]、intarray[0][1]、intarray[0][2]、intarray[0][3]，和一维数组一样从低地址到高地址占用连续的内存；第二组 intarray[1][0]、intarray[1][1]、intarray[1][2]、intarray[1][3]，紧接着上一组，也和一维数组一样从低地址到高地址占用连续的内存；然后是第三组……每一组的首地址是 intarray[0][0]、intarray[1][0]、intarray[2][0]元素的地址。可以用取地址运算符取出每一组的首地址。

```
&intarray[0][0];                       //与 intarray[0]相等
&intarray[1][0];                       //与 intarray[1]相等
&intarray[2][0];                       //与 intarray[2]相等
```

数组占用内存大小(按字节数计算)是可以计算的，多维数组占用内存大小等于：

整型常量表达式 1 * 整型常量表达式 2 * … * 整型常量表达式 n * sizeof(数据类型)

这是很容易理解的一个计算公式，当然也可以用 sizeof(数组变量名)直接求出数组占用内存的字节数。

在编译程序编译 C 语言程序时，数组变量名作为一个指针变量，它存储的是指向数组第一个元素的地址。因此对于一个 n 维数组变量

```
float fArray[N1][N2]…[Nn];
```

它的 fArray[m_1][m_2]…[m_n]元素的地址是可以计算出来的，公式如下：

$$fArray + m_1 * N_2 * \cdots * N_n + m_2 * N_3 * \cdots * N_n + \cdots + m_{n-1} * N_n + m_n$$

在函数调用时，可以通过数组下标运算符[]将某个数组元素以传值的方式作为实参传入函数内。这时只是将单个数组元素的值复制一份作为参数传入函数，在函数内修改此参数变量不会修改数组任何一个元素的值。

在函数调用时，以“数组变量名”方式传入的实参实际是传地址方式。这时在函数内通过数组下标运算符[]对数组元素进行的赋值将修改数组元素的值。下面的示例程序说明了多维数组的使用方法和 sprintf 函数调用时传数组名的传地址调用方法。

```
#include <stdio.h>
#include <math.h>
#define  RADIANS_PER_DEGREE  3.1415926535/180.0      //定义宏,每度的弧度数
int main()
{
    char    strmatrix[60][90];                       //足够用,一行打印 83 个字符
    char    str[60];
    int     nSinValue,nCosValue,nOne;                //sin,cos 值
    double dDegree;                                  //度数
    register  int  i,j;
    for(i = 0;i < 60;i++)
        for(j = 0;j < 90;j++) strmatrix[i][j] = (char)0X00;    //初始化全 0
    for(dDegree = 0.0f,nOne = 1;dDegree <= 360.0f;dDegree += 5.0f,nOne++)
    {//一共 73 次,下面两行计算位置,10～50
        nCosValue = (int)(30.0f + 20.0f * cos(dDegree * RADIANS_PER_DEGREE));
        nSinValue = (int)(30.0f + 20.0f * sin(dDegree * RADIANS_PER_DEGREE));
        switch(nOne)
        {
        case 1:
            sprintf(str," %8.0f -                    -                    + ",dDegree);
            break;
        case 2:
            sprintf(str," %8.0f 1                    -                    1",dDegree);
            break;
        default:
            sprintf(str," %8.0f -                    -                    - ",dDegree);
            break;
        }//sprintf 向字符串输出,替代向 stdout 屏幕输出正好一行字符串,以\0 结束
        if(nCosValue!= nSinValue)
        {
            str[nCosValue] = '+';                    //cos 值点符号
            str[nSinValue] = '0';                    //sin 值点符号
        }
        else str[nCosValue] = '*';                   //交叉点符号
        for(i = 0;i < 51;i++) strmatrix[i + 9][nOne - 1] = str[50 - i];   //横行转换成竖列
    }//下面的 sprintf 在 GBK 编码中是 73 个字符,UTF - 8 下是 82 个字符,另加一个 0 字符
    sprintf(strmatrix[8],"*****************************正弦曲线与余弦曲线******
**********************");
    for(i = 8;i < 55;i++) printf("%s\n",strmatrix[i]);
    //输出二维字符型数组,0～8 是标题区,55～59 是图标注区
    return 0;
}
```

示例程序将上一节输出的字符串进行逆时针方向旋转 90°，送到二维字符数组，然后输

出，整个曲线度数轴变成横向。如果不进行转换，在字符终端上是没办法横向输出的。示例程序在 macOS 10.15、CentOS 8.5、Windows 10 系统下运行结果如图 8.3 所示。

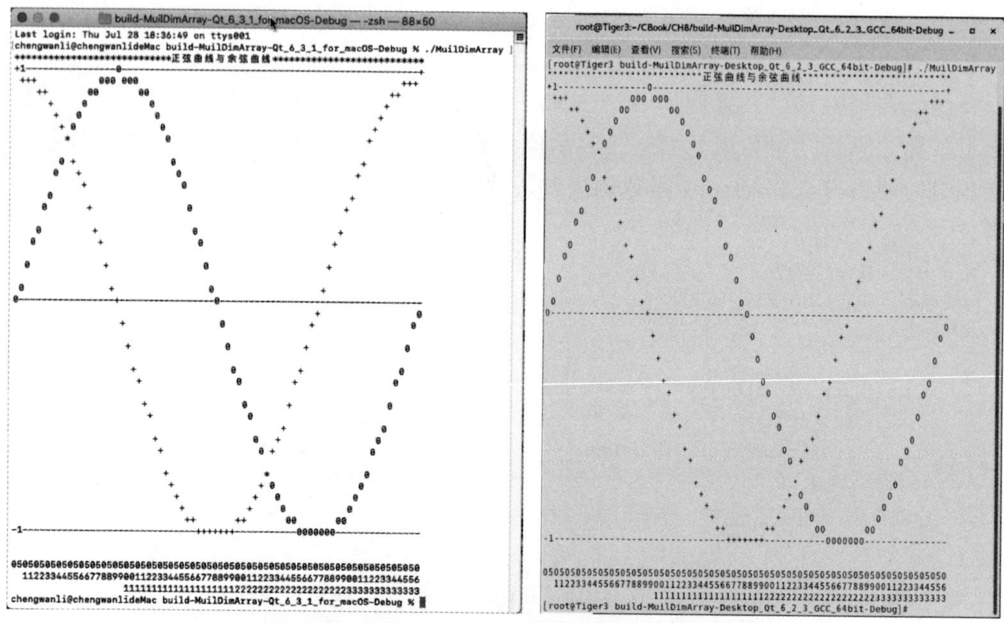

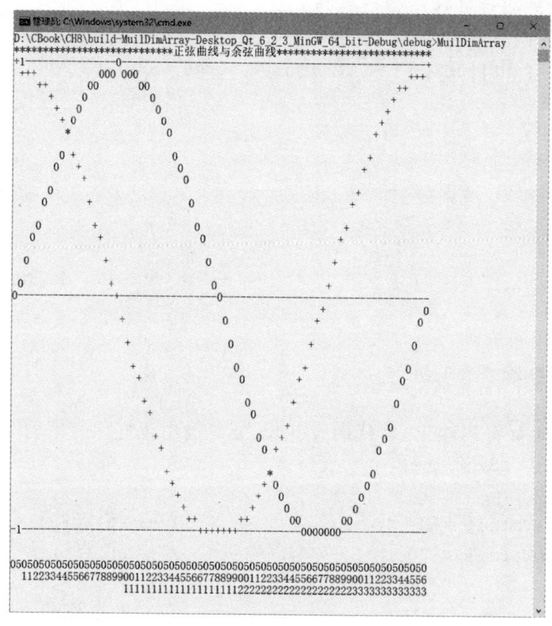

图 8.3　二维字符型数组应用示例程序运行结果

8.4.1　多维数组初始化

在程序代码中，用 for 循环语句可以对多维数组进行初始化赋值。这是用可执行代码的方式进行多维数组的初始化，如果每个多维数组元素的值没有可计算的规律，那么就需要通过赋值一个一个地进行多维数组的初始化。这样做是一件很麻烦的事情。

在 C89 标准中，编译程序并不对局部多维数组变量进行默认值初始化，因此没有初始化的多维数组里面各个元素的值是不确定的。如果程序员认为数组元素都默认初始化为0值了,那么直接使用就会出现很多意想不到的问题。

C89标准中,支持如下形式的数组初始化。

```
int  intarray[2][3] = {0};                                    //全部初始化为0
int  barray[4][2] = {{6,3},{2,0},{9,12},{15,91}};             //全部初始化
int  carray[3][2][2] = {{{5,1},{9,7}},{{8,1},{12,87}},{{32,21},{31,56}}};
                                                              //每个都初始化为指定的值
```

用命令行编译C89标准的C语言程序gcc命令行如下。

```
gcc -std=c89 main.c -o  arrayini.exe
```

在C99标准中,可以在声明数组时做特殊的初始化。对于稀疏数组可以指定元素初始化,其他的默认初始化为0值。例如下面的三维数组可以在声明中初始化的嵌套的{}内,通过分层的"[常量表达式]=表达式"的形式直接指定数组元素初始化为表达式的值,且其后若不再明确指定元素时,则接续进行0值初始化。注意下面多维数组初始化示例的嵌套{}层次和初始化结果。

```
int  darray[3][2][2] = { [1] = {{8,1},{12,87}},[2] = {[1] = {31,56}}};
//初始化值依次是:0  0  0  0  8  1  12  87  0  0  31  56
```

8.4.2 多维数组作为函数参数

多维数组依然可以用传地址的方式将数组首地址传给函数,可以用如下代码表达方式声明函数参数。

```
double  barray[4][2] = {{6.0,3.0},{2.0,0.0},{9.0,12.0},{15.0,91.0}};
int  carray[3][2][2] = {{{5,1},{9,7}},{{8,1},{12,87}},{{32,21},{31,56}}};
int  myfunc(int * intarray,int nSize1,int nSize2,int nSize3);       //整型指针(地址)传数组地址
int  myfunc2(double * darray, int nSize1,int nSize2);               //浮点型指针(地址)传数组地址
int  myfunc3(int intarray[3][2][2], int nSize1,int nSize2,int nSize3);  //整型指针传数组地址
int  myfunc4(double darray[4][2], int nSize1,int nSize2);           //浮点型指针(地址)传数组地址
int  myfunc5(int intarray[],int nSize1,int nSize2,int nSize3);      //整型指针(地址)传数组地址
int  myfunc6(double darray[], int nSize1,int nSize2);               //浮点型指针(地址)传数组地址
```

调用函数时对应的代码如下。

```
myfunc(carray,3,2,2);                           //直接用数组名当地址
myfunc(&(carray[0][0][0]),3,2,2);               //求第一个元素地址
myfunc2(barray, 4,2);                           //直接用数组名当地址
myfunc2(&(barray[0][0]),4,2);                   //求第一个元素地址
myfunc3(carray, 3,2,2);                         //直接用数组名当地址
myfunc3(&(carray[0][0][0]),3,2,2);              //求第一个元素地址
myfunc4(barray, 4,2);                           //直接用数组名当地址
myfunc4(&(barray[0][0]), 4,2);                  //求第一个元素地址
myfunc5(carray,3,2,2);                          //直接用数组名当地址
myfunc5(&(carray[0][0][0]),3,2,2);              //求第一个元素地址
myfunc6(barray, 4,2);                           //直接用数组名当地址
myfunc6(&(barray[0][0]),4,2);                   //求第一个元素地址
```

很明显都是直接用数组名当地址传给函数作为参数,或者用第一个元素取地址作为参数传给函数,这都是函数调用传地址方式。

第9章

结　构

视频讲解

第8章讲了数组这种构造型数据类型,它可以对大量具有相同结构的数据进行描述和使用。基于我们讲解的顺序,数组元素的类型还都是基本数据类型,实际上数组的类型还可以是比较复杂的自定义数据类型,例如本章介绍的结构类型。

在进行学生档案管理时,一个学生有很多属性,例如姓名、年龄、性别、学号等信息。其中每一种属性都可以用某种数据类型定义。如果将每一种属性都定义成一个数组,那每一个学生的信息就会分散到多个数组里。要在不同的数组里定位查找就很困难了,特别是顺序有变化时就会很乱。因此需要将每个人的信息集中起来作为一个整体进行存储、操作就显得很有必要了。

9.1　结构的概念

为了解决描述和操作一个有多种属性的实体的现实问题,C语言引入了结构这种构造型数据类型。结构类型定义格式如下。

```
struct 结构标识符(可选)
{
    成员 1 声明;
    …
    成员 n 声明;
};          //以;号结束
```

其中,struct是关键字,不可省略。结构标识符是可选项,它是一个用户标识符,根据需要进行书写,在定义结构类型时最好带上这个结构标识符。然后是一对花括号{},这是不可省略的符号。{}里面是一系列的成员声明,成员声明与变量声明类似,但是不带存储类别选项。当结构含有可变长度数组成员变量时,只能放在最后声明,且只能声明一个可变长度数组成员变量。最后在}之后以;结尾,这是必须要写的结尾符号。

按照上述格式定义了一个结构类型之后,就可以用这种结构类型声明结构变量了。结构类型变量与一般变量的作用域相同,下面是声明结构类型变量的格式规则。

```
struct 结构标识符;                       //这种声明形式通常用于前置声明,但还未定义结构体
说明符与限定符  声明符与初始化器列表;    //下面主要描述这种声明形式
```

其中，第一部分说明符与限定符可以分别选择可选项存储类别说明符（auto、register、extern、static、_Thread_local）中的关键字（不选时默认是 auto）、可选项类型限定符（const、volatile、restrict、_Atomic）中的关键字、必选项已定义的结构类型说明符（struct 结构标识符）或类型别名（typedef 声明的结构类型别名）、可选项对齐说明符（_Alignas）中的关键字，并且以空格符分隔这些内容。

第二部分是以，分隔的声明符（可以附带初始化器）列表。声明符最终就是用户标识符（可以附加类型信息，例如"第 11 章指针"中指针类型的 * 号），简单理解就是变量名。声明符形式如下。

```
用户标识符                          //这种形式最常见,后面 3 种在指针、数组、函数参数声明中使用
* 类型限定符(可选) 声明符            //声明结构指针时经常使用(也可以声明多级指针)
(声明符)                            //这种形式在声明指向结构数组的指针时使用
非指针声明符[static(可选) 限定符(可选) 表达式(可选)]     //用于结构数组声明和函数形参声明
```

初始化器用于结构变量的初始化，后面各章节会陆续出现这方面的内容。结构变量初始化器常见的格式如下。

```
= { 初始化列表 }
= { 含指派符的初始化列表 }        //C99 标准新增初始化格式
```

初始化列表是一系列以，分隔的表达式，分别对应每个成员变量的初始化值；含指派符的初始化列表是一系列以，分隔的含指派符的初始化表达式，由指派符指明对应的成员变量进行初始化，形式是".成员变量名＝表达式"。含指派符的初始化可以不按成员顺序初始化，也就是支持乱序初始化。

分开的结构类型定义和结构类型变量声明形式还可以合并在一起完成，因此结构类型的定义声明可以用如下格式描述。

```
说明符与限定符 struct 结构标识符(可选)
{
    成员 1 声明;
    …
    成员 n 声明;
} 声明符与初始化器列表;
```

其中，第一部分说明符与限定符可以分别选择可选项存储类别说明符（auto、register、extern、static、_Thread_local）中的关键字（不选时默认是 auto）、可选项类型限定符（const、volatile、restrict、_Atomic）中的关键字、可选项对齐说明符（_Alignas）中的关键字，并且以空格符分隔这些内容。

C 语言代码书写表达形式示例如下。

```
struct Student
{
    char sname[20];
    int nAge;
    …
    int nStudentID;
} stu1,stu3,tinghua_stu;
```

使用结构成员变量时，通过结构成员访问运算符"."实现。例如 stu1. nAge、stu3. nStudentID。下面的示例程序就定义了三个结构变量，对 stu1 的成员变量 sname、nAge、 nStudentID 分别赋值,并打印出来。通过结构成员访问运算符.访问的成员变量类型就是结构中声明的成员变量类型,示例程序完整代码如下。

```
#include < stdio.h >
#include < string.h >
int main()
{
    struct Student
    {
        char sname[20];
        int  nAge;
        int nStudentID;
    } stu1,stu3,tinghua_stu = { "zhangming", 21, 1500361 };      //tinghua_stu 结构变量初始化
    strcpy(stu1.sname,"刘培");                                    //用.引用结构成员
    stu1.nAge = 18;                                               //用.引用结构成员
    stu1.nStudentID = 20210762;                                   //用.引用结构成员
    printf("姓名:%s\n 年龄:%d\n 学号:%d\n",tinghua_stu.sname,tinghua_stu.nAge,\
           tinghua_stu.nStudentID);
    printf("****************\n");
    printf("姓名:%s\n 年龄:%d\n 学号:%d\n",stu1.sname,stu1.nAge,stu1.nStudentID);
    return 0;
}
```

示例程序在 Windows 10、macOS 10.15 系统下运行结果如图 9.1 所示。

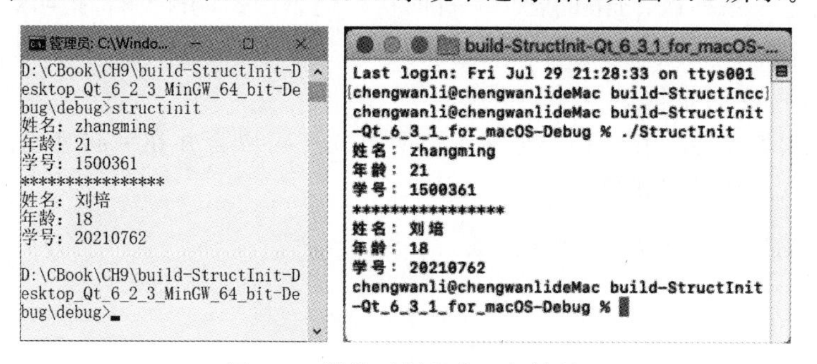

图 9.1 结构示例程序运行结果

9.2 结构的嵌套

结构中的成员变量可以是另外一种结构类型,这样就形成了一种嵌套结构。嵌套可以是一层,也可以是多层。例如,桌子可以定义为一种结构,有长、宽、高、颜色等成员变量。房产也可以定义成一种结构,有城市、街道、门牌编号、占地面积、层数、桌子等成员变量。人也可以定义成一种结构,有姓名、年龄、性别、身份证号、房产等成员变量。于是这种现实世界的信息管理就有了多层结构嵌套的数据结构,代码的书写表达形式如下。

```
struct table
{
double dlong;
double dwidth;
double dheigh;
int ncolor;
```

```
};
struct house
{
char city[20];
char street[20];
int houseNo;
double area;
int floors;
struct table furniture[2];
};
struct person
{
char name[20];
int nAge;
char cGender;
char ID[20];
struct house estate;
} resident1, resident2;
```

而且 struct person 结构中嵌套了 struct house 结构，struct house 结构中又嵌套了 struct table 结构，而且还是数组类型。

9.3 类型定义 typedef

C 语言中有一个关键字 typedef，它用来定义给定数据类型的类型别名。typedef 类型定义语句格式如下。

```
typedef 原类型名  类型别名列表;
```

其中，类型别名列表是以“,”分隔的类型别名标识符列表，例如下面定义了一些类型别名。

```
typedef  float  FLOAT4B,FARRAY[], * FPtr;             //定义了 FLOAT4B 是 float 类型的别名
//定义了 FARRAY 是 float[]可变长数组类型的别名,定义了 FPtr 是 float * 指针类型的别名
```

结构是 C 语言中一种自定义数据类型，因此可以用 typedef 将定义的结构类型命名为更好记忆的类型别名。typedef 定义结构类型别名语句的代码书写表达形式如下。

```
typedef struct 结构标识符(可选)
{
    成员 1 声明;
    …
    成员 n 声明;
} 类型别名列表;
```

或者在结构类型已经定义的情况下，直接用下述方法定义成类型别名。

```
typedef  struct 结构标识符  类型别名列表;
```

下面的示例代码段是经常会用到的定义类型别名的形式。

```
typedef int int32;
typedef char * STR;
typedef struct Student
{
   char  name[20];
```

```
    int   nAge;
    int   nStudentID;
} StudentRec;
StudentRec Liming,zhangsan;                          //声明两个结构变量
```

用 typedef 定义的类型别名声明变量时,与原类型声明的变量类型相同,在用 C 语言运算符进行操作运算时与原类型声明的变量完全相同。

```
int     nBook = 18;
int32   nSize;
STR     stitle[30];
StudentRec stu8,buptstu;
stu8.nAge = nBook;                                   //正确
strcpy(stitle,stu8.name);                            //正确
stu8.nStudentID = nSize = 20192088;                  //正确,复合表达式
```

9.4 结构变量的初始化

C 语言允许在声明结构变量时对其初始化。使用{}括起来的各个成员变量的初始值对结构各成员变量初始化,结构变量名与初始化用的{}之间用=运算符连接,代码书写表达方式如下。

```
struct Student
{
    char sname[20];
    int  nAge;
    int nStudentID;
} stu1,stu3,tinghua_stu = { "zhangming", 21, 150061 };
```

同类型结构变量之间可以使用赋值运算符=直接进行赋值,而不必将所有成员变量名都用结构成员访问运算符.取出逐个进行赋值。

必须注意的是,相同类型的结构类型变量之间才能这样赋值。如果两个结构类型仅仅是成员变量类型、名称相同,结构内部定义完全相同,结构类型标识符并不相同,那么用赋值运算符=直接进行结构变量赋值也是存在风险的。因为指示字#pragma pack()的使用和撤销会让同样定义的结构字节数大小都可能不相同,不管赋值(强制类型转换)还是内存复制,都会出现差错。

在 C99 标准中,允许声明不定长结构类型数组,并对不定长结构类型数组逐个初始化,此时用“[下标]”定位数组元素,然后用.指明成员进行初始化。C99 标准中还允许指定起始顺序进行成员初始化,也允许乱序初始化,例如下面的示例程序。

```
#include <stdio.h>
int main()
{
    struct{ int a[3], b; } hehe[] = { [0].a = 5,[1].a = 2 };
    //C99 允许结构类型数组不定长,并对结构类型数组初始化
    struct{ int a, b, c,d; } hehe1 = { .a = 1, .c = 3,4, .b = 5},hehe2 ={.b=5,.a=2,.c=
9,1};
    //hehe1 的 3、4 是对从 c 开始的 c、d 依顺序赋值,用.指明成员,乱序顺序随意
    //hehe2 的 9、1 是对从 c 开始的 c、d 依顺序赋值,用.指明成员,顺序随意
```

```
    //C99 允许对从某个成员开始的成员变量顺序初始化
    printf(" *********** hehe[]'s init *********** \n");
    printf("hehe[0].a[0] =  %d\n",hehe[0].a[0]); printf("hehe[0].b =  %d\n",hehe[0].b);
    printf("hehe[1].a[0] =  %d\n",hehe[1].a[0]); printf("hehe[1].b =  %d\n",hehe[1].b);
    printf(" *********** hehe1's init *********** \n");
    printf("hehe1's a: %d,b: %d,c: %d,d: %d\n",hehe1.a,hehe1.b,hehe1.c,hehe1.d);
    printf(" *********** hehe2's init *********** \n");
    printf("hehe2's a: %d,b: %d,c: %d,d: %d\n",hehe2.a,hehe2.b,hehe2.c,hehe2.d);
    return 0;
}
```

示例程序运行结果如图 9.2 所示。

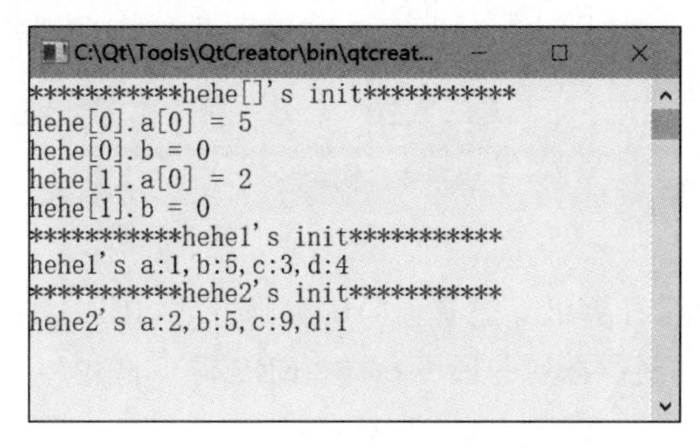

图 9.2 C99 标准结构初始化示例程序运行结果

9.5 含有位域的结构

C 语言有位与(&)、位或(|)、位非(~)、位异或(^)、左移(<<)、右移(>>)6 种位运算符，位运算能力很强大。很多条件判断也只判断是非 0、等于 0 两种情况，所以有些数据在存储时并不需要占用一个完整的整数或者字节，只需要占用一个或几个二进制位即可。例如在控制开关电路的软件中，开关只有通电和断电两种状态，用 0 和 1 表示就可以了，也就是用一个二进制位就可以描述开关状态了。

说到计算机的字节和位就会涉及计算机的字节序。计算机内存是按字节编址的内部存储器，计算机能自动执行程序的关键原因是有一个程序计数器(PC)。程序计数器是计算机 CPU 中一个特殊的寄存器，它存储的是需要执行的下一条指令的地址。当一条指令被获取，开始在 CPU 内执行时，程序计数器的存储地址加一个指令字节数(对于 64 位指令计算机，是 8 字节)。这样程序计数器内总是存储着下一条要取出来执行的指令的内存地址。当计算机重启或复位时，程序计数器通常恢复到 0。所以计算机内存编址总是从低到高连续编址，而且是以字节为准。

除此之外，计算机存储一个多字节数据(例如 4 字节的一个整数)时，每字节存储的先后顺序是不同的。在 Intel CPU 中以及 UNIX 创始机 PDP-11 系列计算机中使用的是 Little-Endian 字节序。而在 PowerPC、SPARC 计算机及早期 IBM 系列大型计算机中使用的却是 Big-Endian 字节序。

9.5.1 Little-Endian 字节序

Little-Endian 字节序又称为小字节序、低字节序。即低位字节放在内存的低地址端，高位字节放在内存的高地址端。例如 int 类型数据占用 4 字节，Little-Endian 字节序是高字节存储在高地址端，如图 9.3 所示。

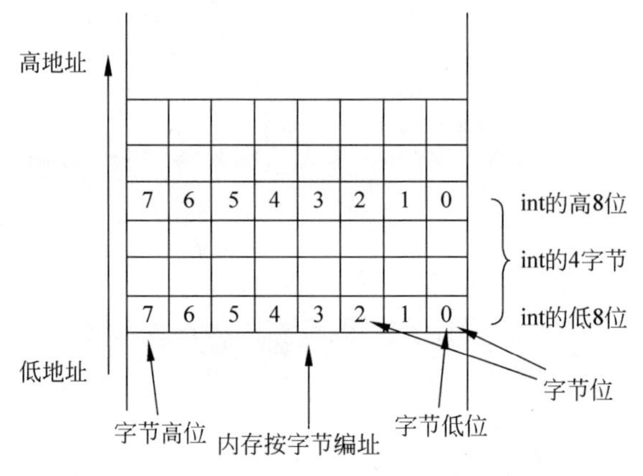

图 9.3　Little-Endian 字节序示意图

对于单精度浮点数据，计算机界还有不同的编码方式，IEEE 的单精度浮点数据和 IBM 的单精度浮点数据各二进制位排列的还不一样，IEEE 浮点格式如表 9.1 所示。

表 9.1　IEEE 浮点格式

位	7	6	5	4	3	2	1	0
字节 1	S	C_7	C_6	C_5	C_4	C_3	C_2	C_1
字节 2	C_0	Q_{-1}	Q_{-2}	Q_{-3}	Q_{-4}	Q_{-5}	Q_{-6}	Q_{-7}
字节 3	Q_{-8}	Q_{-9}	Q_{-10}	Q_{-11}	Q_{-12}	Q_{-13}	Q_{-14}	Q_{-15}
字节 4	Q_{-16}	Q_{-17}	Q_{-18}	Q_{-19}	Q_{-20}	Q_{-21}	Q_{-22}	Q_{-23}

数据长度为 4 字节 32 位，第 7 位为字节高位，S 为符号位，1 表示负数；$C_7 \sim C_0$ 为超过 127 的二进制指数，它已经偏置了 127，例如 $C_7 \sim C_0$ 二进制数值为 C，那么它表示为 $2^{(C-127)}$；$Q_{-1} \sim Q_{-23}$ 为浮点数的小数部分，小数点在最高有效位（Q_{-1}）的左边，而且小数点左边有省略的数值 1。IEEE 浮点数的值可用式(9.1)表示。

$$值 = (-1)^S * (1.Q) * 2^{(C-127)} \tag{9.1}$$

浮点值 0 可以通过编程时直接赋值实现。需要处理 IEEE 浮点数转换时，采用位域结构定义浮点数据就比较方便，取值计算就很容易。

Little-Endian 字节序不但在内存中存在，在文件中也存在。文件内容从文件头向文件尾按字节也是逐渐增加，所以向文件中写的多字节数据，例如 2 字节的 short int、4 字节的 int、4 字节的 float、8 字节的 long long int、8 字节的 double 写入文件，都会先写低字节数据内容，最后写高字节数据内容，顺序与 Little-Endian 内存字节序相同。

9.5.2　Big-Endian 字节序

Big-Endian 字节序又称为大字节序、高字节序。即高位字节放在内存的低地址端，低位字节放在内存的高地址端。IBM 浮点类型数据占用 4 字节，采用的是 Big-Endian 字节序存储，高字节存储在内存的低地址端，如图 9.4 所示。

石油勘探行业 SEGY 格式文件中的采样样点数据是按照 Big-Endian 字节序存储的。

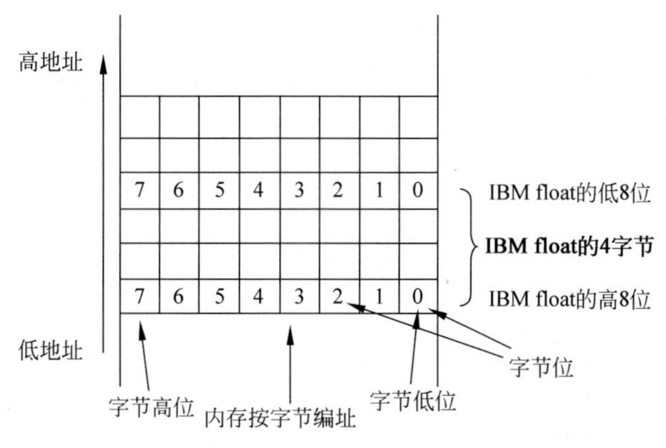

图 9.4 Big-Endian 字节序示意图

IBM 的单精度浮点数据编码方式与 IEEE 单精度浮点数据格式不一样，IBM 浮点格式如表 9.2 所示。

表 9.2 IBM 浮点格式

位	7	6	5	4	3	2	1	0
字节 1	S	C_6	C_5	C_4	C_3	C_2	C_1	C_0
字节 2	Q_{-1}	Q_{-2}	Q_{-3}	Q_{-4}	Q_{-5}	Q_{-6}	Q_{-7}	Q_{-8}
字节 3	Q_{-9}	Q_{-10}	Q_{-11}	Q_{-12}	Q_{-13}	Q_{-14}	Q_{-15}	Q_{-16}
字节 4	Q_{-17}	Q_{-18}	Q_{-19}	Q_{-20}	Q_{-21}	Q_{-22}	Q_{-23}	0

IBM 的单精度浮点数据长度为 4 字节 32 位，7 位为字节高位，S 为符号位，1 表示负数；$C_6 \sim C_0$ 为超过 64 的十六进制指数，它已经偏置了 64，例如 $C_6 \sim C_0$ 二进制数值为 C，那么它表示为 $16^{(C-64)}$；$Q_{-1} \sim Q_{-23}$ 为浮点数的小数部分，小数点在最高有效位(Q_{-1})的左边。所有位为 0 表示为浮点值 0，IBM 浮点数的值可用式(9.2)表示。

$$值 = (-1)^S * Q * 16^{(C-64)} \tag{9.2}$$

当需要将 IBM 浮点数采样样点文件读入 Intel 系列计算机时，就需要将高低字节换序，而且还要对不同的位段进行处理。

Big-Endian 字节序不但在内存中存在，在文件中也存在。文件内容从文件头向文件尾按字节也是逐渐增加，所以 Big-Endian 字节序向文件中写的多字节数据，例如 2 字节的 short int、4 字节的 int、4 字节的 float、8 字节的 long long int、8 字节的 double 写入文件，都会先写高字节数据内容，最后写低字节数据内容，顺序与 Big-Endian 内存字节序相同。

9.5.3 位域成员

C 语言有两种方法实现这种位信息的存取操作。一种是将位信息存在一个整数内，自己规划这个整数的哪些位存放哪些位信息，存取都通过位运算符进行操作。这种方式记忆和操作起来都不是一件容易的事情。正是基于这种考虑，C 语言又提供了一种叫作位域的数据结构。

在定义结构时，可以指定某个成员变量占用的二进制位数，这就是位域。位域成员变量声明的代码书写表达方式如下。

说明符与限定符　位域成员变量名:数字;

位域成员变量名与占用二进制位数的“数字”之间用:分隔,行尾以;结尾。例如下面的例子就定义了含有几个位域成员变量的结构。

```
#include <stdio.h>
#include <string.h>
int main()
{
    unsigned int controlbits = 0;
    typedef struct totalcontrol{
        unsigned int room101:1;
        unsigned int room102:1;
        unsigned int room103:1;
        unsigned int room104:1;
        unsigned int room105:1;
        unsigned int room106:1;
        unsigned int room107:1;
        unsigned int room108:1;
        unsigned int room201:3;
        unsigned int room202:3;
        unsigned int room203:3;
        unsigned int room204:3;
        unsigned int room205:3;
        unsigned int room206:3;
        unsigned int room207:3;
        unsigned int room208:3;
    } SWITCHCONTROL;                                    //占用 4 字节
    SWITCHCONTROL switchcontrol = {0,1,1,1,1,1,1,1,7,7,7,7,7,7,7,7};    //初始化成 0XFFFFFFFE
    printf("位域结构大小 %d 字节\n",sizeof(switchcontrol));
    memcpy(&controlbits,&switchcontrol,sizeof(switchcontrol));
    //这是从 switchcontrol 变量开始的字节开始,复制 4 字节到 controlbits 整数
    printf("位域内容: %X\n",controlbits);          //PC 内存是 Little-Endian 字节序方式
    //低字节先存放,最后是高字节,room101 是 0 位,room208 是 32 位的最高 3 位
    return 0;
}
```

这个示例程序定义了 16 个房间的控制开关,其中 2 楼的 8 个房间中每个房间都有 3 个开关。程序运行计算出这个位域结构的大小是 4 字节,正好是一个整数的大小,却可以控制 32 个开关。位域结构变量 switchcontrol 初始化为 0XFFFFFFFE,注意 Intel 系列计算机内存是按照 Little-Endian 字节序存放字节的,也就是低字节在前。room101 占用的位在 0～31 位二进制位中是最低位,所以打印出来是 0XFFFFFFFE。示例程序运行结果如图 9.5 所示。

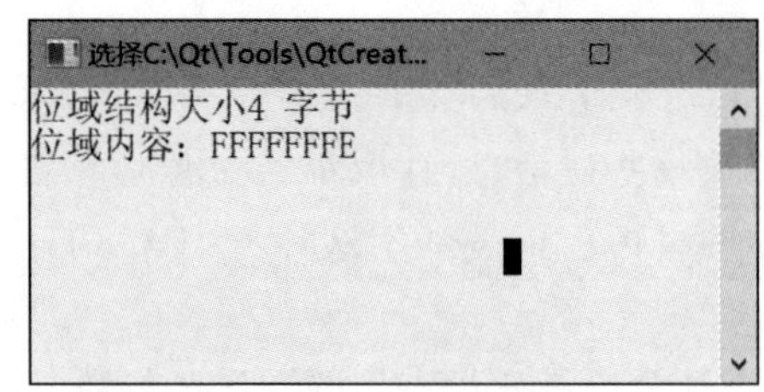

图 9.5　位域结构示例程序运行结果

Intel 系列计算机中 C 语言是从第一个成员变量开始作为最低字节的最低位，逐渐向高位填充各成员位。每个成员变量的位数不能超过这个成员类型最大的位长度，例如，unsigned short int ns:17；就是错误的，因为这种类型最大只有 16 位，多出的一位没地方保存。

对于含有位域成员变量的结构大小的字节数，如果没有使用预处理指示字 #pragma pack(1) 特别指明要按 1 字节对齐，那么默认都是以结构内占用字节最多的成员类型为准对齐。这时结构的大小就是最长成员类型的整数倍。

如果使用预处理指示字 #pragma pack(1) 指明以 1 字节对齐，那么位域结构会充分利用各成员类型的长度尽量填充各成员位，但是依然不能出现跨类型存一个位成员的多位。例如 unsigned short int 剩下 2 位；再声明位成员 unsigned int nm:6；就会不使用 unsigned short int 剩下的 2 位二进制位，而重新在一个新的 unsigned int 开始使用低 6 位。下面是一个示例程序，有结构初始化数据和打印数据的对比，它能够区分含有位域成员变量的结构变量的存储细节。

```
#include <stdio.h>
#include <string.h>
//#pragma pack(1)                                  //打开这一行，成员各类型长度紧接
//着不再以最长对齐，但依旧不能跨成员类型长度
int main()
{
    unsigned long long controlbits = 0;
    unsigned int i = 0;
    typedef struct spBits{                         //以结构内最长成员类型为基准长度
        unsigned char sn:3;
        unsigned char :4;                          //无名，只占位，不能操作，不能初始化
        unsigned char sw:1;
        unsigned short nbpre:4;
        unsigned short nbtail:2;
        unsigned short bi8:15;                     //位数不能超过类型最大长度
    } SWITCHCONTROL;                               //以 unsigned short 为基准，占用 6 字节
    SWITCHCONTROL switchcontrol = {7,1,0XF,0X3,0XAFF};       //初始化成 0X0AFF003F0087
    typedef struct spBits1{
        unsigned char sn:3;
        unsigned char :4;
        unsigned char sw:1;
        unsigned int nbpre:4;                      //基准长度 4 字节
        unsigned short nbtail:2;                   //和后面的占 4 字节
        unsigned short bi15:15;
    } SWITCHCONTROL1;                              //以 unsigned int 为基准，占用 12 字节
    SWITCHCONTROL1 switchcontrol1 = {7,1,0XF,0X3,0XAFF};
    //初始化为 0X0AFF00030000000F00000087
    typedef struct spBits2{
        unsigned char sn:3;
        unsigned char :4;
        unsigned char sw:1;
        unsigned int nbpre:4;
        unsigned long long nbtail:2;               //基准长度 8 字节
        unsigned short bi8:15;                     //单独占 8 字节
    } SWITCHCONTROL2;                              //以 unsigned long long 为基准，占用 24 字节
    SWITCHCONTROL2 switchcontrol2 = {7,1,0XF,0X3,0XAFF};
```

```
    //初始化为 0X0000000000000AFF 0000000000000003 0000000F00000087
    printf("switchcontrol 位域结构大小 %lld 字节\n",sizeof(switchcontrol));
    memcpy(&controlbits,&switchcontrol,8);
    //这是从 switchcontrol 变量开始的字节开始,复制 8 字节到 controlbits 整数
    printf("位域内容: %llX\n",controlbits);     //PC 内存是 Little-Endian 字节序方式
    //低字节先存放,最后是高字节,room101 是 0 位,room208 是 32 位的最高 3 位
    printf("*******end switchcontrol******\n");
    printf("switchcontrol1 位域结构大小 %lld 字节\n",sizeof(switchcontrol1));
    memcpy(&controlbits,&switchcontrol1,8);     //复制 8 字节到 controlbits 整数
    printf("位域内容: %llX\n",controlbits);     //PC 内存是 Little-Endian 字节序方式
    memcpy(&i,(unsigned char *)(&switchcontrol1)+8,sizeof(int));     //复制
    printf("位域内容: %X\n",i);                 //PC 内存是 Little-Endian 字节序方式
    printf("*******end switchcontrol1******\n");
    printf("switchcontrol2 位域结构大小 %lld 字节\n",sizeof(switchcontrol2));
    memcpy(&controlbits,&switchcontrol2,sizeof(unsigned long long));     //复制 8 字节
    printf("位域内容: %llX\n",controlbits);     //PC 内存是 Little-Endian 字节序方式
    controlbits = 0;
    memcpy(&controlbits,(unsigned char *)(&switchcontrol2)+8,sizeof(unsigned long long));
    printf("位域内容: %llX\n",controlbits);     //PC 内存是 Little-Endian 字节序方式
    controlbits = 0;
    memcpy(&controlbits,(unsigned char *)(&switchcontrol2)+16,sizeof(unsigned long long));
    printf("位域内容: %llX\n",controlbits);     //PC 内存是 Little-Endian 字节序方式
    printf("*******end switchcontrol2******\n");
    return 0;
}
```

这个示例还可以去掉#pragma pack(1)前面的注释,打开预处理指示字#pragma pack(1),结果又是另一种情况。不打开预处理指示字#pragma pack(1)的运行结果如图 9.6 所示。

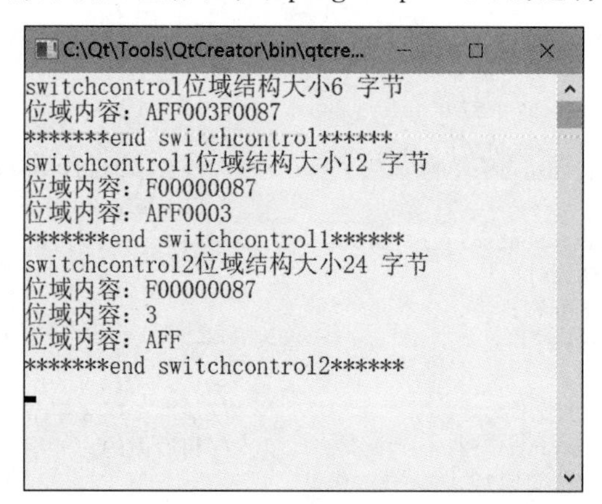

图 9.6 位域结构定义规则示例程序运行结果

下面总结一下位域结构的一些使用注意事项。

(1) 位域成员不能声明为数组,例如 unsigned char sn[2]:3; 这种声明是错误的。

(2) 位域成员位数不能超过声明类型的最大二进制位数,例如 unsigned char sn:19;因为 unsigned char 类型最多只有 8 位二进制位,不能占 19 位。

(3) 位域成员依次分配的二进制位是有顺序的,在 Big-Endian 字节序的计算机上是从高二进制位开始向低二进制位依次分配各位域成员二进制位; Little-Endian 字节序的计算机上是从低二进制位开始向高二进制位依次分配各位域成员二进制位。

（4）位域成员结构以最大成员变量类型字节数为内存对齐方式，各个成员的位域不会跨越内存对齐方式分散到两个对齐单元内。例如下面的示例代码段中 unsigned short bi8:15;不会利用上面剩余的 10 位，而是重新在一个 16 位的对齐存储单元内使用 15 位，再剩余 1 位。

```
typedef struct spBits{                      //以结构内最长成员类型为基准长度
    unsigned char sn:3;
    unsigned char :4;                       //无名,只占位,不能操作,不能初始化
    unsigned char sw:1;
    unsigned short nbpre:4;
    unsigned short nbtail:2;
    unsigned short bi8:15;                  //位数不能超过类型最大长度
} SWITCHCONTROL;                            //以 unsigned short 为基准,占用 6 字节
```

（5）位域成员变量无名，称为无名位域成员。如果占二进制位数不为 0，表示只占用声明的二进制位数，既不能用. 运算符使用这些位，也不能对它初始化。示例代码段中已有注释说明，图 9.7 是 Little-Endian 字节序无名位域成员占用内存分布图。

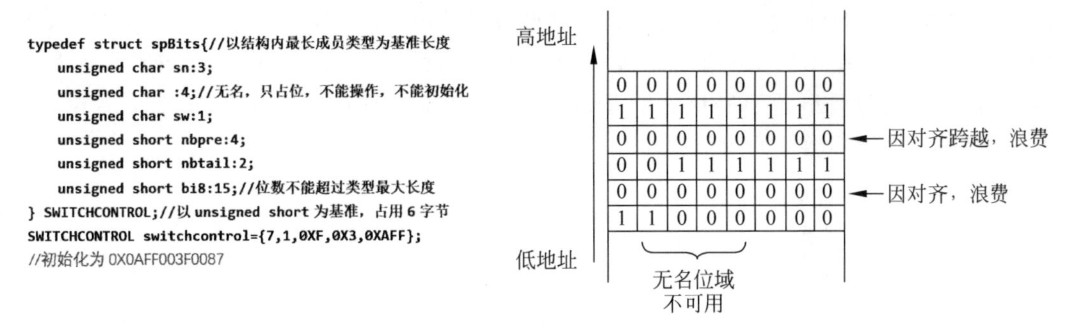

图 9.7 Little-Endian 字节序无名位域成员占用内存及内存对齐

（6）位域成员变量必须以_Bool、char、short、int、long、long long 等整数类型声明，例如_Bool、char、unsignedchar、short int、int、unsigned short、unsigned int、unsigned long long。位域成员变量不能声明为浮点型。

（7）位域成员变量与普通成员变量可以同时出现在一个结构中，最好是先把全部位域成员变量声明完，再声明普通成员变量。本来使用位域成员变量就是压缩节省内存，穿插声明反而会因内存对齐造成更大的内存浪费。

（8）位域成员变量不能用取地址运算符 & 获取地址。位域成员变量也不能是指针类型。

（9）位域成员变量无名且占二进制位数为 0，那么下一个位域成员变量将从新的对齐存储单元开始。也就是前面有够用的二进制位也不用了，后面的位域成员将被强制从下一个内存对齐单元开始安排二进制位。例如下面的示例程序运行结果就是 8 字节大小。

```
#include <stdio.h>
int main()
{
    typedef struct zeroBit{                  //以结构内最长成员类型为基准长度
        unsigned char sn:3;
        unsigned char :4;                    //无名,只占位,不能操作,不能初始化
        unsigned char sw:1;
        unsigned short nbpre:4;
```

```
        unsigned short :0;              //无名 0 位长,上面剩余的 12 位废弃
        unsigned char nbtail:2;         //重新开始的对齐单元
        unsigned short bi8:7;           //因对齐重新在新对齐单元内
    } ZEROALIGN;                        //以 unsigned short 为基准,占用 8 字节
    printf("ZEROALIGN 位域结构大小 %lld 字节\n",sizeof(ZEROALIGN));
    return 0;
}
```

9.6 结构类型数组

第 8 章我们介绍了数组,那时数组的类型还只是基本数据类型,也就是数组元素都是基本数据类型,现在引入了较复杂的可以自定义的结构类型,是不是数组类型可以用自定义的结构类型了呢?答案是肯定的。

结构类型数组与基本数据类型数组变量的声明是一样的,把基本数据类型名换成 struct 结构标识符即可,这样就完成了结构类型数组的声明。也可以用 typedef 重新定义的结构类型别名替代基本数据类型名。在"9.4 结构变量的初始化"节,已经介绍了 C99 标准下不定长结构类型数组的初始化方法了,结构类型数组长度在 C99 标准下可以是不固定的。下面是结构类型数组的示例程序。

```
#include <stdio.h>
#include <string.h>
int main()
{
    struct Student{
        char sname[20];
        int  nAge;
        int nStudentID;
    } ClassOne[12],ClassTwo[15],stu1,tinghua_stu = { "zhangming", 21, 1500361 };      //初始化
    printf("姓名:%s\n 年龄:%d\n 学号:%d\n",tinghua_stu.sname,tinghua_stu.nAge,\
          tinghua_stu.nStudentID);
    printf("****************\n");
    strcpy(stu1.sname,"刘培"); stu1.nAge = 18; stu1.nStudentID = 20210762;   //用.引用结构成员
    printf("姓名:%s\n 年龄:%d\n 学号:%d\n",stu1.sname,stu1.nAge,stu1.nStudentID);
    printf("****************\n");
    for(int i = 0;i < 15;i++){
        ClassTwo[i] = stu1;                 //同类型可以赋值
        sprintf(ClassTwo[i].sname,"%s%-d",ClassTwo[i].sname,i + 1);
        ClassTwo[i].nStudentID = ClassTwo[i].nStudentID + i;
        printf("ClassOne[%d]-\n 姓名:%s\n 年龄:%d\n 学号:%d\n",\
               i,ClassTwo[i].sname,ClassTwo[i].nAge,ClassTwo[i].nStudentID);
    }
    for(int i = 0;i < 12;i++){
        ClassOne[i] = tinghua_stu;          //同类型可以赋值
        sprintf(ClassOne[i].sname,"%s%-d",ClassOne[i].sname,i + 1);
        ClassOne[i].nStudentID = ClassOne[i].nStudentID + i;
        printf("ClassOne[%d]-\n 姓名:%s\n 年龄:%d\n 学号:%d\n",\
               i,ClassOne[i].sname,ClassOne[i].nAge,ClassOne[i].nStudentID);
    }
    return 0;
}
```

示例程序中定义了两个数组型变量——ClassOne[12]和 ClassTwo[15]两个 struct Student 结构类型的数组,并对它们的各数组元素赋值、打印出来。图 9.8 是示例程序运行结果。

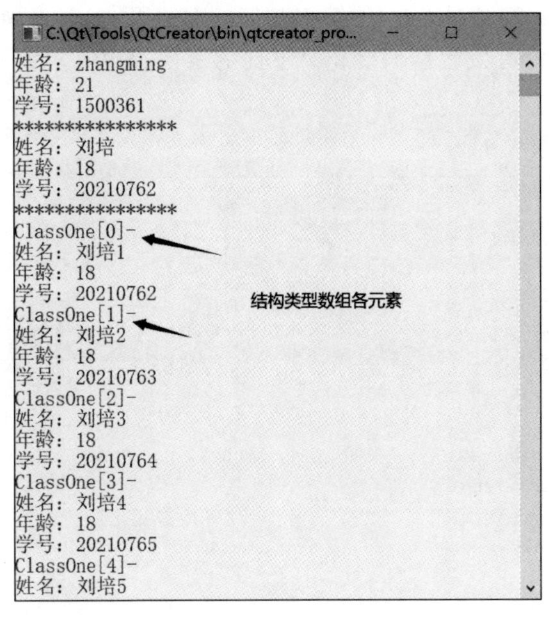

图 9.8 结构类型数组示例程序运行结果

9.7 结构与函数参数

从某种程度上讲,函数的作用就是给函数传入不同的参数,函数产生一系列操作后返回不同的返回值。前面“第 7 章函数”中已经介绍了函数的形参与实参;在“第 8 章数组”中也介绍了将数组元素作为实参和将数组名作为实参传给函数的不同效果,简单说就是函数调用时的参数传递可以有传值和传地址两种方式。结构类型作为函数参数也同样存在传值和传地址两种参数传递方式。

C 语言中,函数内部是不允许定义其他函数的,所以函数都是全局函数,是全局可见的。为了在函数的参数中能够使用结构类型参数,结构类型的定义必须在函数之前,并且是全局可见、可用的。这样函数才可见、可用此结构类型作为参数,否则只能将结构类型的成员变量(可以多层嵌套用.引用结构成员变量)作为简单类型的参数传给函数,而不能使用结构类型。

9.7.1 传值方式的结构参数

结构类型变量一旦定义,就可以像一般的基本数据类型变量一样用传值方式作为实参传给函数使用。函数调用时,这种方式只是将参数表达式的结构类型值复制一份压入栈,存在计算机的栈区。例如,逗号(,)运算符表达式、赋值运算表达式都可以作为参数表达式。在函数内通过参数名使用此结构类型值,函数调用后栈恢复到调用前的状态,这些实参在栈中的存储区域被释放,数据不再有效,也不再可用。当表达式是结构类型变量时,真正的结构类型变量还在原来的存储区存放，各成员变量的值还是调用函数前的数值。

函数内部修改结构类型形参变量的成员变量的值，并不会修改对应的原结构类型变量的成员变量的值。下面的示例程序中 Outstudent(STUDENT stu)函数内部就修改了 stu 参数变量的 nAge 和 nStudentID 成员变量的值，但是第二次调用 Outstudent(STUDENT stu)函数打印，结构变量的值并没有发生任何变化。下面的示例程序有相关的注释说明，示例程序如下。

```
#include <stdio.h>
typedef struct Student{
    char sname[20];
    int nAge;
    int nStudentID;
} STUDENT;
STUDENT Instudent(void);                        //先声明,main()中可用
void Outstudent(STUDENT stu);                   //传结构值.先声明,main()中可用
int main()
{
    STUDENT stu1,tinghua_stu = { "张明", 21, 1500361 };     //tinghua_stu 结构变量初始化
    Outstudent(tinghua_stu);
    Outstudent(tinghua_stu);                    //看是否变化
    stu1 = Instudent();
    Outstudent(stu1);
    Outstudent(stu1);                           //看是否变化
    printf("Hello World!\n");
    return 0;
}
STUDENT Instudent(void)
{
    STUDENT stu;
    printf("输入学生姓名:"); scanf("%s",stu.sname);
    printf("输入学生年龄:"); scanf("%d",&stu.nAge);
    printf("输入学生学号:"); scanf("%d",&stu.nStudentID);
    return stu;
}
void Outstudent(STUDENT stu)
{
    printf("学生姓名:%s\n",stu.sname);
    printf("学生年龄:%d\n",stu.nAge);
    printf("学生学号:%d\n",stu.nStudentID);
    stu.nAge++;                                 //改变值看实参是否变化
    stu.nStudentID = stu.nStudentID + 10;       //改变值
}
```

从示例程序运行结果可以看到 stu1 学生变量打印两遍，其成员变量值并没有被修改。示例程序运行结果如图 9.9 所示。

9.7.2 传地址方式的结构参数

在调用函数时将结构变量的地址作为实参传给函数，这种传递结构类型地址参数的方式称为传地址方式。

这个结构变量地址在调用函数时也被压入栈区，但是由于使用时是作为地址使用，因此

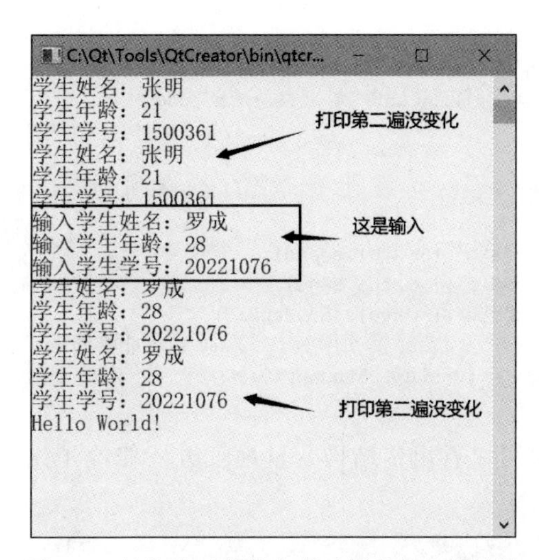

图 9.9　结构类型传值方式示例程序运行结果

函数不是直接使用栈区的这个地址变量的值，而是将栈区的这个地址变量的值当作内存地址，去按地址寻找结构类型存储单元进行操作。这样在修改结构类型存储单元的成员变量值时，函数外面被实参地址指向的结构类型成员变量的值就会被修改。

因此，当结构类型实参是以传地址的方式传递结构类型参数时，函数内部对此地址指向的结构类型存储单元的成员变量数值进行修改时，函数外的结构类型成员变量的值就会被修改。

下面的示例程序中 Outstudent(STUDENT * stu)函数内部就修改了 stu 地址参数指向的结构类型变量的 nAge 成员变量和 nStudentID 成员变量的值。第二次调用输出时，结构成员变量的值很明显被上次调用修改了，发生了变化。下面的示例程序有相关的注释说明，示例程序如下。

```
#include <stdio.h>
typedef struct Student{
    char sname[20];
    int nAge;
    int nStudentID;
} STUDENT;                                    //定义结构类型
STUDENT Instudent(void);                      //先声明,main()中可用
void Outstudent(STUDENT * stu);               //传地址方式,先声明,main()中可用
int main()
{
    STUDENT stu1,tinghua_stu = { "张明", 21, 1500361 };    //tinghua_stu 结构变量初始化
    Outstudent(&tinghua_stu);                 //传地址方式
    Outstudent(&tinghua_stu);                 //看是否变化
    stu1 = Instudent();
    Outstudent(&stu1);                        //传地址方式
    Outstudent(&stu1);                        //看是否变化
    printf("Hello World!\n");
    return 0;
}
STUDENT Instudent(void)                       //返回结构类型 STUDENT
{
    STUDENT stu;
```

```
    printf("输入学生姓名:"); scanf("%s",stu.sname);
    printf("输入学生年龄:"); scanf("%d",&stu.nAge);
    printf("输入学生学号:"); scanf("%d",&stu.nStudentID);
    return stu;                              //返回结构类型 STUDENT
}
void Outstudent(STUDENT * stu)               //传地址方式
{
    printf("学生姓名:%s\n",(*stu).sname);
    printf("学生年龄:%d\n",(*stu).nAge);
    printf("学生学号:%d\n",(*stu).nStudentID);
    (*stu).nAge++;                           //改变地址指向的结构变量的值看实参是否变化
    (*stu).nStudentID = (*stu).nStudentID + 10;      //改变值
}
```

从示例程序运行结果可以看出传结构变量地址方式修改了结构成员变量的值，运行结果如图 9.10 所示。

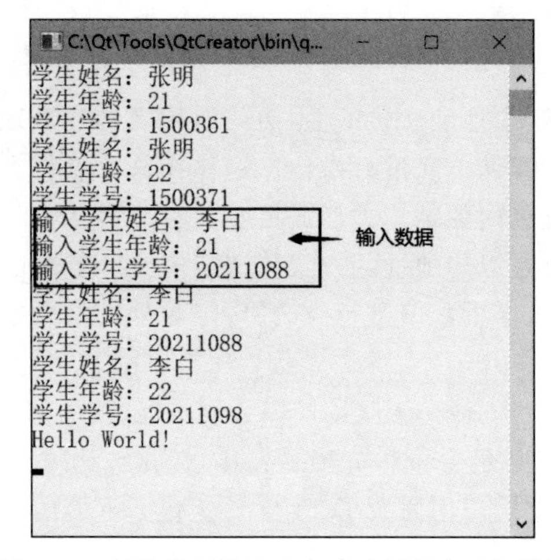

图 9.10 结构类型传地址方式示例程序运行结果

9.8 函数返回结构类型数据

返回类型是指函数的返回值类型。函数返回值只有一个，可以是基本数据类型，也可以是指针类型，还可以是用户自定义的结构类型。

9.8.1 函数返回结构类型

使用结构类型作为函数返回值类型时，说明函数有返回值，也就是函数必须使用 return 表达式；语句返回一个结构类型值。函数体中间出现强制返回时，也必须使用 return 表达式；语句返回一个结构类型值。

“9.7 结构与函数参数”的示例程序中，输入学生信息的函数 STUDENT Instudent(void)就用“return stu;//返回结构类型 STUDENT”语句行返回一个结构类型数据。

9.8.2 函数返回结构类型指针

使用结构类型指针作为函数返回值类型时，说明函数必须使用 return 结构类型地址表达式;语句返回一个结构类型地址值。函数体中间出现强制返回时,也必须使用 return 结构类型地址表达式;语句返回一个结构类型地址值。

在“9.7 结构与函数参数”的示例程序中,输入学生信息函数 STUDENT Instudent(void)修改成传结构类型指针参数形式,其对应函数就返回结构类型指针。这个函数修改后的代码如下。

```
STUDENT * Instudent(STUDENT * stu)            //返回结构类型 STUDENT 指针
{
    printf("输入学生姓名:"); scanf(" %s",( * stu).sname);
    printf("输入学生年龄:"); scanf(" %d",&(( * stu).nAge));
    printf("输入学生学号:"); scanf(" %d",&(( * stu).nStudentID));
    return stu;                               //返回结构类型 STUDENT 指针
}
```

第10章

联合与枚举类型

10.1 联合的概念

视频讲解

C 语言中的联合(union)是一种特殊的数据类型,它允许所有成员占用同一段内存,修改一个成员的值会影响其他所有成员的值。通俗点解释就是可以定义一个带有多个数据类型成员的共用体,在需要时,可以用其中任意一个类型的成员去解释共用体中的数据。

联合的优点是能提供几种类型中的任意一种,而在存储空间方面却用得不多。联合与结构的定义形式比较相似,但本质是不一样的。在结构中各成员独立使用自己的存储空间,不与其他成员互相干扰。而在联合中,各成员共用从某个内存地址开始的内存单元,联合类型变量的大小与成员中占用字节数最多的那个成员的大小相同。联合类型定义格式如下。

```
union 联合标识符(可选)
{
    成员 1 声明;
    …
    成员 n 声明;
};          //以;号结尾
```

其中,union 是关键字,不能省略。联合标识符是可选项,它是一个用户标识符,根据需要进行书写,在定义联合时最好带上这个联合标识符。然后是一对花括号{},这是不可省略的符号。{}里面是一系列的成员声明,成员声明与变量声明类似,但是不带存储类别选项。最后}之后以;结尾,这是必须要写的结尾符号。

定义了一个联合类型之后,就可以用这种类型声明联合类型变量,联合类型变量与一般变量的作用域相同。下面是声明联合类型变量的格式规则。

```
union 联合标识符;                          //这种声明形式通常用于前置声明,但还未定义联合体
说明符与限定符  声明符与初始化器列表;     //下面主要描述这种声明形式
```

其中,第一部分说明符与限定符可以分别选择可选项存储类别说明符(auto、register、extern、static、_Thread_local)中的关键字(不选时默认是 auto)、可选项类型限定符(const、volatile、restrict、_Atomic)中的关键字、必选项已定义的联合类型说明符(union 联合标识符)或类型别名(typedef 声明的联合类型别名),并且以空格符分隔这些内容。

第二部分是以,分隔的声明符(可以附带初始化器)列表。声明符就是用户标识符(可以附加类型信息,例如“第 11 章指针”中指针类型的 * 号),简单理解就是变量名。声明符形式如下。

```
用户标识符                          //这种形式最常见,后面 3 种在指针、数组、函数参数声明中使用
* 类型限定符(可选) 声明符           //声明联合指针时经常使用(也可以声明多级指针)
(声明符)                            //这种形式在声明指向联合类型数组的指针时使用
非指针声明符[static(可选) 限定符(可选) 表达式(可选)]      //用于联合数组声明和函数形参声明
```

初始化器用于联合类型变量的初始化,后面各章节会陆续出现这方面的内容。因为联合类型各成员变量是共用内存,所以默认只能初始化第一个成员变量。联合类型变量初始化器常见的格式如下。

```
= { 初始化表达式 }
= { 含指派符的初始化表达式 } //C99 标准新增初始化格式
```

初始化表达式对应默认第一个成员变量的初始化值;含指派符的初始化表达式由指派符指明对应的成员变量进行初始化,形式是“. 成员变量名=表达式”。含指派符的初始化可以指定成员变量并按其类型进行初始化,也就是支持选择性初始化,但是也只能初始化一个成员变量。

分开的联合类型定义和联合类型变量声明形式还可以合并在一起完成,所以联合类型的定义声明格式还可以是下面的形式。

```
说明符与限定符 union 联合标识符(可选)
{
    成员 1 声明;
    …
    成员 n 声明;
} 声明符与初始化器列表;
```

其中,第一部分说明符与限定符可以分别选择可选项存储类别说明符(auto、register、extern、static、_Thread_local)中的关键字(不选时默认是 auto)、可选项类型限定符(const、volatile、restrict、_Atomic)中的关键字,并且以空格符分隔这些内容。

联合是 C 语言中一种自定义数据类型,因此可以用 typedef 将定义的联合类型命名为更好记忆的类型别名。typedef 定义联合类型别名语句的代码书写表达形式如下。

```
typedef union 联合标识符(可选)
{
    成员 1 声明;
    …
    成员 n 声明;
} 类型别名列表;
```

在联合类型已经定义的情况下,可以直接用下述方法将联合类型重新定义成新类型别名。

```
typedef union  联合标识符  类型别名列表;
```

联合类型的 C 语言定义声明代码书写表达形式如下。

```
union FourByte
{
    float fVariable;
    int   nfVariable;
```

```
    unsigned int uStudentID;
} var1, var2,tinghua_var;
```

在C语言中,联合与结构不但形式上相似,使用方法和操作成员的方法也极其相似。联合类型的使用规则总结如下。

(1) 访问联合变量成员的方法与访问结构变量成员的方法完全一样,也是运用成员访问运算符“.”实现,指针形式用访问运算符->实现。

(2) 对联合类型变量可以使用取地址运算符 & 进行取地址的操作,因此也可以在函数参数中使用传地址方式。

(3) 可以对联合类型变量进行初始化,但需要特别注意的是,联合类型各成员共同使用一个存储单元,因此在初始化形式中默认初始化第一个成员。

(4) 两个类型相同的联合类型变量可以互相赋值。

(5) 联合类型或变量使用 sizeof 运算符求大小,返回值是联合成员中成员类型字节数最大的那个成员变量的字节数大小。

(6) 联合类型可以在函数参数中使用传值方式。

(7) 联合类型变量按不同类型的成员变量解释,值可能不相同。这是计算机对不同类型数据采用的编码规则不同造成的,即不同类型对同样的二进制值解释结果不一样。

10.2 联合变量的初始化

联合类型变量可以像结构类型变量一样进行初始化,但是只能在{}中使用一个初始值进行初始化,因为这些联合类型成员变量共用一个存储单元。

关于这一个初始值的类型,默认使用顺序上第一个声明的成员类型,否则编译程序会警告类型不匹配。如果想初始化为其他成员类型,那么需要使用明确的成员指定方式进行初始化。代码书写表达形式如下。

```
typedef union FourByte
{
    float fVariable;
    int   nVariable;
unsigned int  uStudentID;
} FOURBYTE;
FOURBYTE * var0,var1 = {7.8321f};           /* 默认初始化,按第一个成员类型 */
/* 类型不对时会有自动类型转换 */
FOURBYTE var2 = {.nVariable = 20171037};    /* C99 标准可以指定初始化类型 */
```

10.3 联合与结构的互相嵌套

C语言中,联合类型与结构类型可以互相嵌套。结构类型的成员变量可以是联合类型;联合类型的成员变量也可以是结构类型。联合类型与结构类型可以互相进行多层嵌套。

假定学校管理员工与学生信息,信息条目多数相同,但是学生用学号区别,老师用手机号码区别。这样可以用学号和手机号码构成联合类型,定义如下。

```
typedef union{
    unsigned long long int nTel;                /* 可以存手机号码 */
    unsigned int nStudentID;                    /* 存不下手机号码 */
} ID;
typedef struct person{
    ID    nId;
    char  sname[20];
    char  cgender;
    unsigned short nAge;
} MEMBER;
```

上述数据结构也可以用联合类型嵌套学生结构类型和教师结构类型两个联合成员变量来表达这种关系,定义如下。

```
typedef struct tagstudent{
    char  sname[20];
    char  cgender;
    unsigned short nAge;
    unsigned int nTel;                          /* 存不下手机号码 */
} STUDENT;
typedef struct tagteacher{
    char  sname[20];
    char  cgender;
    unsigned short nAge;
    unsigned long long int nTel;                /* 可以存手机号码 */
} TEACHER;
typedef  union{
    TEACHER teacher;                            /* 可以存手机号码 */
    STUDENT student;
} MEMBER;
```

10.4 联合类型数组

在学习数组类型时,强调数组元素类型必须一样。现在学习了联合类型之后,就可以让数组存不同类型的数据了。

联合类型数组与基本数据类型数组变量的声明是一样的,在数组声明语句中把基本数据类型名换成 union 联合标识符即可,这样就完成了联合类型数组的声明。另外可以用 typedef 重新定义的联合类型别名替代基本数据类型名,C99 标准下还允许声明不定长联合类型数组。下面是联合类型数组存储不同基本数据类型数据的示例程序。

```
#include <stdio.h>
typedef union tagmix{
    double d; float f; long long int lli;
    int n; short ns; char c;
} MIXTYPE;
int main()
{
    MIXTYPE specialarray[30];         /* 学了联合类型,数组元素都能存各种基本数据类型了 */
    int i;
```

```
    for(i = 0;i < 30;i++) {
        if(i % 5  ==  0) printf("\n");
        switch(i/5)
        {
        case 0:                                   /* 第 1 组 5 个存双精度 */
            specialarray[i].d  =  1.7E + 300 - (i % 5) * 1.0E + 299;
            printf(" %7.5E ",specialarray[i].d);
            break;
        case 1:                                   /* 第 2 组 5 个存单精度 */
            specialarray[i].f  =  3.4E + 37 - (i % 5) * 1.0E + 36;
            printf(" %7.5E ",specialarray[i].f);
            break;
        case 2:                                   /* 第 3 组 5 个存 64 位整数 */
            specialarray[i].lli  =  9223372036854775803LL - (i % 5) * 223372036854775803LL;
            printf(" %lld ",specialarray[i].lli);
            break;
        case 3:                                   /* 第 4 组 5 个存 32 位整数 */
            specialarray[i].n  =  2147483645 - (i % 5) * 147483645;
            printf(" %d ",specialarray[i].n);
            break;
        case 4:                                   /* 第 5 组 5 个存 16 位整数 */
            specialarray[i].ns  =  32765 - (i % 5) * 2765;
            printf(" %d ",specialarray[i].ns);
            break;
        case 5:                                   /* 第 6 组 5 个存 8 位字符 */
            specialarray[i].c  =  (char)(40  +  i);
            printf(" %c ",specialarray[i].c);
            break;
        default:
            printf("出错了!\n");
            break;
        }
    }
    return 0;
}
```

示例程序中 specialarray[30]数组存储 6 组不同类型的数据，并把这些数据 5 个一行分类打印出来，运行结果如图 10.1 所示。

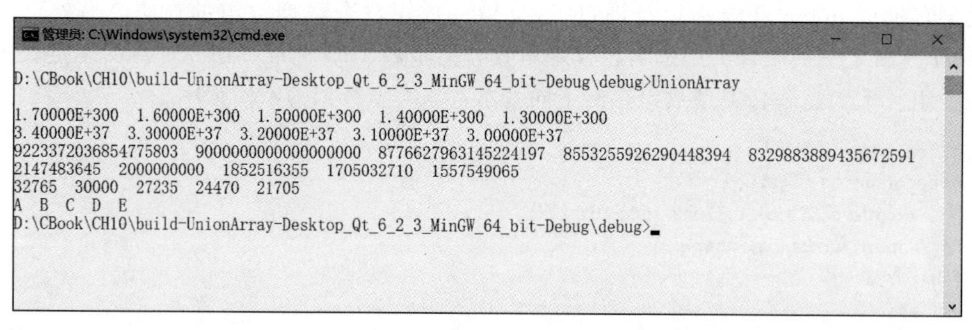

图 10.1　联合类型数组示例程序运行结果

10.5 联合与函数

联合类型与基本数据类型一样，作为函数的参数可以使用传值方式或者传地址方式。作为函数的返回值，也可以返回联合类型或者返回联合类型指针。下面的示例程序中函数funcl(UNIONTYPE var)是传值方式的参数；函数 funcadd(UNIONTYPE * var)是传地址的方式。函数返回值方面，函数 UNIONTYPE funcc(UNIONTYPE uninteger) 返回的是联合类型；函数 UNIONTYPE * funcadd(UNIONTYPE * var)返回的是联合类型指针。示例程序源代码如下。

```
#include <stdio.h>
typedef union{
    unsigned long long int nTel;              /* 可以存手机号码 */
    unsigned char cFlag;                      /* 存不下手机号 */
} UNIONTYPE;
UNIONTYPE funcl(UNIONTYPE var)
{
    printf("%llu\n",var.nTel);
    var.nTel--;
    return var;
}
UNIONTYPE funcc(UNIONTYPE uninteger)
{
    printf("%c\n",uninteger.cFlag);
    uninteger.cFlag--;
    return uninteger;
}
UNIONTYPE *funcadd(UNIONTYPE *var)
{
    printf("%llu\n",(*var).nTel);
    (*var).nTel--;
    return var;
}
int main()
{
    UNIONTYPE utvar,utvar1 = {9223372036854775803LL};
    UNIONTYPE unchar = {.cFlag = 'G'};
    utvar = funcl(utvar1);                    //联合类型传值参数,返回联合类型
    printf("utvar1 值参没变化 %llu \n",utvar1.nTel);
    printf("修改返回的变了 %llu \n",utvar.nTel);
    utvar = funcc(unchar);                    //联合类型传值参数,返回联合类型
    printf("unchar 值参没变化 %c \n",unchar.cFlag);
    printf("修改返回的变了 %c \n",utvar.cFlag);
    UNIONTYPE *ptr = funcadd(&utvar1);        //联合类型传地址参数,返回联合类型指针
    printf("传地址 utvar1 值变化 %llu \n",utvar1.nTel);
    printf("返回指针值 %llu \n",(*ptr).nTel);
    return 0;
}
```

示例程序运行结果如图 10.2 所示。

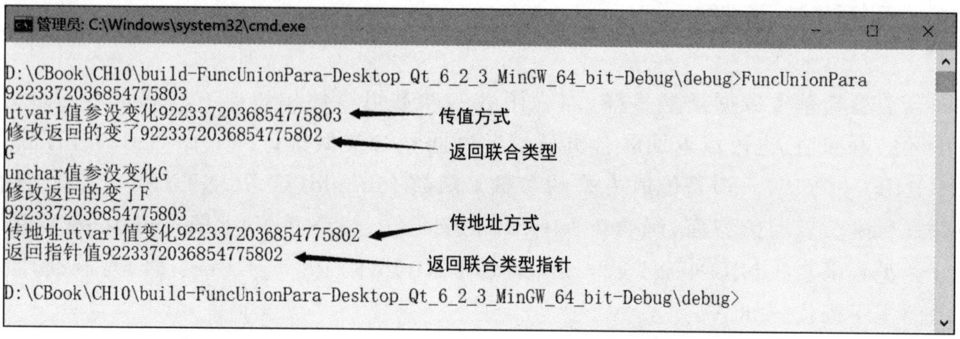

```
管理员: C:\Windows\system32\cmd.exe

D:\CBook\CH10\build-FuncUnionPara-Desktop_Qt_6_2_3_MinGW_64_bit-Debug\debug>FuncUnionPara
9223372036854775803
utvar1值参没变化9223372036854775803
修改返回的变了9223372036854775802
G
unchar值参没变化G
修改返回的变了F
9223372036854775803
传地址utvar1值变化9223372036854775802
返回指针值9223372036854775802

D:\CBook\CH10\build-FuncUnionPara-Desktop_Qt_6_2_3_MinGW_64_bit-Debug\debug>
```

传值方式
返回联合类型
传地址方式
返回联合类型指针

图 10.2 联合与函数示例程序运行结果

10.6 枚举的概念

在现实生活中，经常会用到一些事情的描述，例如学生的课程有数学、物理、化学、英语、语文、生物、历史等。一个星期有星期一、星期二、星期三……星期六、星期天。

这些描述的示例都是有限元素的集合，在 C 语言中称这类有限元素组成的集合为枚举集。这种有限元素的枚举集可以称为枚举类型，集合中的每个成员都是由用户标识符表示的一个整型常量。一个被声明为枚举类型的变量可以存放该枚举集中被定义的枚举成员的值。

枚举类型定义格式如下。

```
enum 枚举标识符(可选)
{
    枚举符 1 = 整型常数(可选),          /* = 整型常数可选项定义前面枚举符的值 */
    枚举符 2 = 整型常数(可选),          /* 必须以,分隔枚举符 */
    …
    枚举符 n = 整型常数(可选)           /* 最后一个枚举符不用,分隔 */
};                                      /* 最后要以;结束 */
```

其中，enum 是关键字，不可省略。枚举标识符是可选项，它是一个用户标识符，根据需要进行书写，最好带上这个枚举标识符。然后是一对花括号{}，这是不可省略的符号。{}里面是一系列的以,分隔的枚举符，称为枚举表。枚举符可以定义其值，在程序中可以作为常量使用，如果不用"=整型常数"定义其值，那么就从前面有定义的值依次增加 1 往后排，第一个枚举符如果不用"=整型常数"定义其值，默认是 0 值。每个枚举符以,分隔，最后一个枚举符不用,结束。最后在}之后以;结尾，这是必须要写的结尾符号。

定义了一个枚举类型后，就可以用这种枚举类型声明枚举变量。枚举类型变量的存储类别与一般变量相同，枚举类型变量与一般变量的作用域相同。下面是声明枚举类型变量的格式规则。

```
说明符与限定符  声明符与初始化器列表;
```

其中，第一部分说明符与限定符可以分别选择可选项存储类别说明符(auto、register、extern、static、_Thread_local)中的关键字(不选时默认是 auto)、可选项类型限定符(const、 volatile、restrict、_Atomic)中的关键字、必选项已定义的枚举类型说明符(enum 枚举标识符)或类型别名(typedef 声明的枚举类型别名),并且以空格符分隔这些内容。

第二部分是以,分隔的声明符(可以附带初始化器)列表。声明符就是用户标识符(可以附加类型信息,例如"第 11 章指针"中指针类型的 * 号),简单理解就是变量名。声明符形式如下。

```
用户标识符                          //这种形式最常见,后面 3 种在指针、数组、函数参数声明中使用
* 类型限定符(可选) 声明符            //声明枚举指针时经常使用(也可以声明多级指针)
(声明符)                            //这种形式在声明指向枚举数组的指针时使用
非指针声明符[static(可选) 限定符(可选) 常量表达式]      //用于枚举数组声明和函数形参声明
```

初始化器用于枚举变量的初始化,后面各章节会陆续出现这方面的内容。枚举变量初始化器常见的格式如下。

```
= 表达式          //表达式常用枚举定义时的枚举符常量,也可以用整型常数表达式
```

这种分开的枚举类型定义和枚举类型变量声明形式还可以合并在一起完成,所以枚举类型的定义声明格式还可以是下面的形式。

```
说明符与限定符 enum 枚举标识符(可选)
{
    枚举符 1 = 整型常数(可选),               /* = 整型常数可选项定义前面枚举符的值 */
    枚举符 2 = 整型常数(可选),               /* 必须以,分隔枚举符 */
    …
    枚举符 n = 整型常数(可选)                /* 最后一个枚举符不用,分隔 */
} 声明符与初始化器列表;
```

其中,第一部分说明符与限定符可以分别选择可选项存储类别说明符(auto、register、extern、static、_Thread_local)中的关键字(不选时默认是 auto)、可选项类型限定符(const、volatile、restrict、_Atomic)中的关键字,并且以空格符分隔这些内容。

枚举是 C 语言中一种自定义数据类型,因此可以用 typedef 将定义的枚举类型命名为更好记忆的类型别名。typedef 定义枚举类型别名语句的代码书写表达形式如下所示。

```
typedef enum 枚举标识符(可选)
{
    枚举符 1 = 整型常数(可选),               /* = 整型常数可选项定义前面枚举符的值 */
    枚举符 2 = 整型常数(可选),               /* 必须以,分隔枚举符 */
    …
    枚举符 n = 整型常数(可选)                /* 最后一个枚举符不用,分隔 */
} 类型别名列表;
```

或者在枚举类型已经定义的情况下,直接用下述方法定义成类型别名。

```
typedef   enum 枚举标识符   类型别名列表;
```

定义后的枚举类型别名可以用来声明变量,C 语言代码书写表达形式如下所示。

```
typedef enum week{
    Sunday = 0,                              /* 也可以用合适的数字开始,例如 911 */
    Monday,
    Tuesday,
    Wednesday,
    Thursday,
    Friday,
```

```
    Saturday
} WEEKDAY;
WEEKDAY today,tomorrow,yesterday;
```

10.7 枚举变量的初始化

枚举类型变量本质上是整型变量，所以在初始化方面与整型变量初始化相同，但是最好使用枚举表里面定义的枚举符对枚举类型变量进行初始化，枚举符在程序中可以作为常量使用。如果使用整数常量，那么也不会有警告信息，但是可能会在其他地方造成运算控制错误。

下面是使用枚举类型变量计算星期数的示例程序。程序运行时需要输入公元年、月、日，然后计算出今天、昨天、明天是星期几。示例程序中有枚举类型变量初始化的示例，也有使用枚举类型变量的方法。示例程序源代码如下。

```
#include <stdio.h>
typedef enum week{
    Sunday = 0, Monday, Tuesday, Wednesday, Thursday, Friday, Saturday
} WEEKDAY;
int main()
{
    WEEKDAY today,tomorrow,yesterday = Friday;          /*使用枚举表里的枚举符*/
    int nYear,nMonth,nDay,nCentury,nYearResi,nResult;
    char sWeekday[7][10] = {"星期日","星期一","星期二",\
                            "星期三","星期四","星期五","星期六"};
    printf("输入公元年数:"); scanf("%d",&nYear);
    printf("输入月份数:"); scanf("%d",&nMonth);
    printf("输入日期:"); scanf("%d",&nDay);
    nCentury = nYear/100; nYearResi = nYear%100;
    nResult = nYearResi + nYearResi/4 + nCentury/4 - 2*nCentury + \
          (26*(nMonth+1)/10) + nDay - 1;
    today = nResult%7; yesterday = (today - 1 + 7)%7; tomorrow = (today + 1)%7;
    printf("**********************\n");
    printf("%d年%d月%d日是:%s\n",nYear,nMonth,nDay,sWeekday[today]);
    printf("昨天是:%s\n",sWeekday[yesterday]);
    printf("明天是:%s\n",sWeekday[tomorrow]);
    return 0;
}
```

示例程序运行结果如图10.3所示。

```
管理员: C:\Windows\system32\cmd.exe

D:\CBook\CH10\build-EnumInit-Desktop_Qt_6_2_3_MinGW_64_bit-Debug\debug>EnumInit
输入公元年数: 2022
输入月份数: 3
输入日期: 20
**********************
2022年3月20日是: 星期日
昨天是: 星期六
明天是: 星期一

D:\CBook\CH10\build-EnumInit-Desktop_Qt_6_2_3_MinGW_64_bit-Debug\debug>
```

图10.3 枚举初始化与应用示例程序运行结果

第 11 章

指　针

在 C 语言中，指针就是内存的地址。在常见的计算机高级程序设计语言中，只有 C 语言及其衍生的 C++语言和 PASCAL 语言有指针，而且 C 语言处理指针的能力非常灵活而且强大，是 PASCAL 语言所不能及的。指针是 C 语言的灵魂这种说法一点也不为过。

视频讲解

指针变量顾名思义就是可以保存内存地址的变量。变量现在大家已经不陌生了，已经接触到了各种基本数据类型变量、自定义的结构类型变量、自定义的联合类型变量等，这些变量都是可以存储特定数据类型数据的变量。现在指针变量来了，指针变量是存储内存地址的变量。

本章不但会讲到静态的内存变量，还会讲到很多动态申请内存和使用动态内存的内容，这一切都是基于 C 语言的指针。

11.1　内存与地址

计算机处理的数据千千万万，每秒读写的数据量也数不胜数。那么计算机是怎么做到精准地寻找、定位数据、读写数据的呢？

计算机要实现自动连续运算，不能由人送一条指令才去执行一条指令，必须使计算机开始工作后能自动地按程序中规定的顺序取出要执行的指令，然后执行它规定的操作。这是计算机内的时钟和程序计数器(CPU 中一个特殊的寄存器)的工作内容。

计算机程序的指令和数据都是经过明确的标准规则编码化的二进制数据。本书中也介绍了 ASCII、GBK、UTF-8 等文字编码方案，也讲过 IEEE 浮点数、IBM 浮点数编码方案，不过这些所有不同类型的数据最后都是以无差别的二进制数保存在计算机的内存、磁盘、移动硬盘、U 盘中，用不同的标准和编码方案去解释这些二进制数会得到不一样的结果。现在问题出现了：磁盘、移动硬盘、U 盘中的数据可以加载到内存，然后计算机又是怎么在内存中找到应该找到的这些数据呢？

为了解决寻找、定位内存中的数据和指令，计算机科学家把计算机内存按照字节(8 位二进制数长度)为一个单位进行编址，从低到高，每个字节都有自己的地址。这种编址方法就如同城市门牌号编号方法一样，这样就可以按照地址快速找到数据和指令了，这就是计算机内存的地址概念。内存编址示意图如图 11.1 所示。

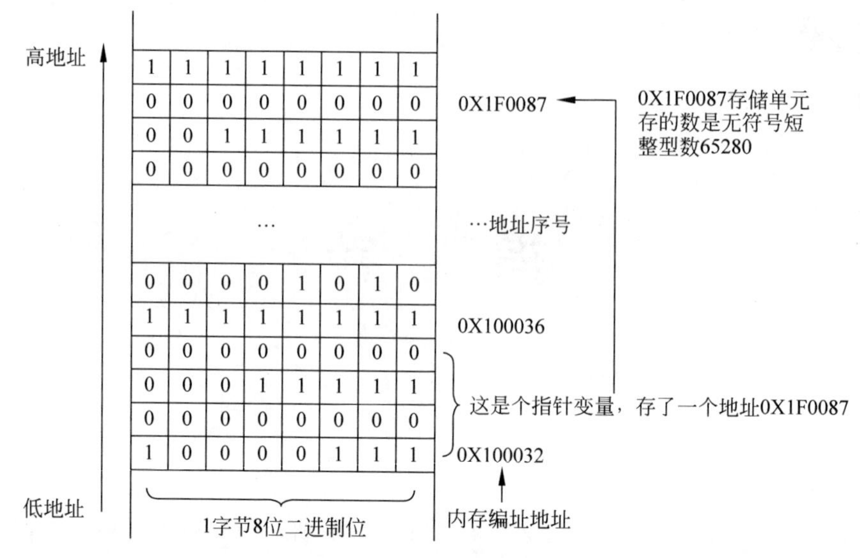

图 11.1 内存编址示意图

计算机中不同类型的数据占用的字节数不一样。例如 char 字符型占用 1 字节；unsigned short int 无符号短整型占用 2 字节；double 双精度浮点类型占用 8 字节。内存中每个字节都编上地址码，就像门牌号一样，每个字节的地址码编号是唯一的，根据地址码编号就可以准确地找到某个字节。

C 语言源代码是人可以识别、读懂的程序，程序中有各种变量，经过编译程序处理之后，这些源代码程序就会变成机器可以执行的指令和一些地址。这些地址标明的内存单元就是源代码中声明的变量，这些变量根据类型的不同可能占用不同的字节数。

11.2 指针与地址

11.1 节已经描述了内存单元是怎么编地址码进行标识的。内存中字节的这种唯一的定位编号称为地址(address)或指针(pointer)。C 语言中的指针就是内存地址，指针变量就是可以存储地址的变量。

在图 11.1 中，0X100032 对应的内存单元就是一个指针变量，需要说明的是不同的系统，地址占用字节数不一样，32 位系统和 64 位系统地址长度是不一样的。假定这个系统地址是 4 字节，这个 0X100032 指针变量存储的地址值是 0X1F0087，可以看到在 0X1F0087 地址对应的内存单元中存有数据，但是我们不知道这个数据是 1 字节还是 2 字节，或者是 4 字节、8 字节。即使知道了是 2 字节，还是不能解释这个数到底是什么，因为不知道它是有符号的 2 字节短整型还是无符号的 2 字节短整型。所以只知道是指针变量还不行，还不能正确地操作指针数据，还需要知道指针变量的类型。

11.3 指针的类型

11.2 节提到只有指针变量还不能正确地操作数据，还需要知道是什么类型的数据才可以正确地操作指针读写数据。前面的各章节已经介绍了C语言的基本数据类型,还有自定义的结构类型、联合类型等。指针变量作为一种变量,当然可以像其他变量一样进行声明、定义。指针的声明是用*运算符强调的,变量标识符前面有*运算符说明这是一个指针变量。指针变量声明的语法格式如下。

```
说明符与限定符  声明符与初始化器列表;
```

其中,第一部分说明符与限定符可以分别选择可选项存储类别说明符(auto、register、extern、static、_Thread_local)中的关键字(不选时默认是auto)、可选项类型限定符(const、volatile、restrict、_Atomic)中的关键字、类型修饰符(short、signed、unsigned、long)中的关键字、必选项类型说明符(void、_Bool、char、int、long、long long、float、double、long double、float _Complex、double Complex、long double Complex、struct 结构标识符、union 联合标识符、enum 枚举标识符)或类型别名(typedef 声明的类型别名)、可选项对齐说明符(_Alignas)关键字,并且以空格符分隔这些内容。

通常在指针变量声明语句中,类型说明符中的关键字与typedef声明的类型别名要选择一个出现在指针变量声明语句中。存储类别说明符、类型限定符、类型修饰符、对齐说明符中的关键字是可选内容。

指针变量声明语句的第二部分是以,分隔的带指针附加类型信息*号的声明符(可以附带初始化器)列表。声明符就是用户标识符,简单理解就是指针变量名。作为指针声明的声明符形式如下。

```
* 类型限定符(可选) 声明符            //这种形式在声明指针时经常使用(也可以声明多级指针)
非指针声明符(形参列表);              //声明函数,然后可以用下面一行演变成声明函数指针
(声明符)                             //这种形式在声明指向函数的指针、指向数组的指针时使用
非指针声明符[static(可选) 限定符(可选) 表达式(可选)]          //与上面的(声明符)和
        //* 类型限定符(可选) 声明符、用户标识符形成用于指向数组的指针声明
用户标识符                           //这种形式最后演变成指针变量名
```

其中,第1个形式的声明符可以重复这种形式成为多级指针声明;第2个形式结合第3个、第1个、第5个形式可以声明函数指针;第4个形式依次结合第3个、第1个、第5个形式可以声明指向数组的指针。

声明符可以附带初始化器,用于指针变量的初始化。常见的表达式形式是使用取地址运算符获取已有变量的地址;特殊的形式是函数指针初始化,将函数名直接赋值给函数指针。指针变量初始化器常见的格式如下。

```
= 表达式          //一般是使用&运算符获取地址的运算表达式,也可以是函数名、数组名
```

指针变量也有存储类别的声明,指针的存储类别可以是static、extern、auto、register、_Thread_local类别。指针变量的作用域与普通变量的作用域一样。

下面示例程序中的指针变量声明语句声明了几种类型的指针,可以参考。

```
/* This is variable.h */
#ifndef VARIABLE_H
#define VARIABLE_H
typedef struct Student{
    char sname[20];
    int  nAge;
    int nStudentID;
```

```
} STUDENT;
#endif // VARIABLE_H

/* This is variable.c */
#include "variable.h"             /* 自己定义的结构类型 STUDENT */
#define NULL 0LL
int *nPtr = NULL;                 //这也是常见的指针初始化形式
char *cPtr = NULL;
float *fPtr = NULL;
double *dPtr = NULL;
STUDENT tinghua_stu = { "朱利强", 21, 1500361 }, *STUPtr = NULL;        /*初始化*/
/* This is main.c */
#include <stdio.h>
#include "variable.h"             /* 自己定义的结构类型 STUDENT */
int main()
{
    int nBook;
    char cCh;
    float fLength;
    double dArea;
    extern int *nPtr;             /* 这些外部指针都可以用 */
    extern char *cPtr;
    extern float *fPtr;
    extern double *dPtr;
    extern STUDENT tinghua_stu, *STUPtr;        //外部 variable.c 中的全局变量
    nBook = 632;                  /* 赋值 */
    nPtr = &nBook;                /* 取 nBook 变量的内存地址,赋值给整型指针变量 nPtr */
    printf("%d\n", *nPtr);
    /* 取整型指针变量 nPtr 地址值所指的内存地址单元,读取整型数,打印出来 */
    cCh = 'H';                    /* 赋值 */
    cPtr = &cCh;                  /* 取 cCh 变量的内存地址,赋值给字符型指针变量 cPtr */
    printf("%c\n", *cPtr);
    /* 取字符型指针变量 cPtr 地址值所指的内存地址单元,读取字符型字符,打印出来 */
    fLength = 6.32f;              /* 赋值 */
    fPtr = &fLength;              /* 取 fLength 变量的内存地址,赋值给单精度浮点型指针变量 fPtr */
    printf("%f\n", *fPtr);
    /* 取单精度浮点型指针变量 fPtr 地址值所指的内存地址单元单精度浮点型数,打印出来 */
    dArea = 3.1415926 * fLength * fLength;        /* 赋值 */
    dPtr = &dArea;                /* 取 dArea 变量的内存地址,赋值给双精度浮点型指针变量 dPtr */
    printf("%G\n", *dPtr);
    /* 取双精度浮点型指针变量 dPtr 地址值所指的内存地址单元双精度浮点型数,打印出来 */
    STUPtr = &tinghua_stu;    /* 取 tinghua_stu 变量的内存地址,赋值给自定义结构型指针变量
STUPtr */
    printf("姓名:%s\n 年龄:%d\n 学号:%d\n",(*STUPtr).sname,(*STUPtr).nAge,\
           (*STUPtr).nStudentID);
    /* 取双精度浮点型指针变量 STUPtr 地址值所指的内存地址单元,读取自定义结构类型数据,打
印出来 */
    printf("****************\n");
    return 0;
}
```

在示例程序 variable.c 文件中,用声明语句声明了几种类型的指针变量,包括自定义的 STUDENT 结构类型指针变量。在 main.c 文件中用 extern 存储类别声明了要使用的外部指针变量。示例程序对各个 auto 局部变量求地址,并赋值给对应类型的指针变量,然后通

过指针变量间接读取各个局部变量的内容并打印出来。程序运行结果如图 11.2 所示。

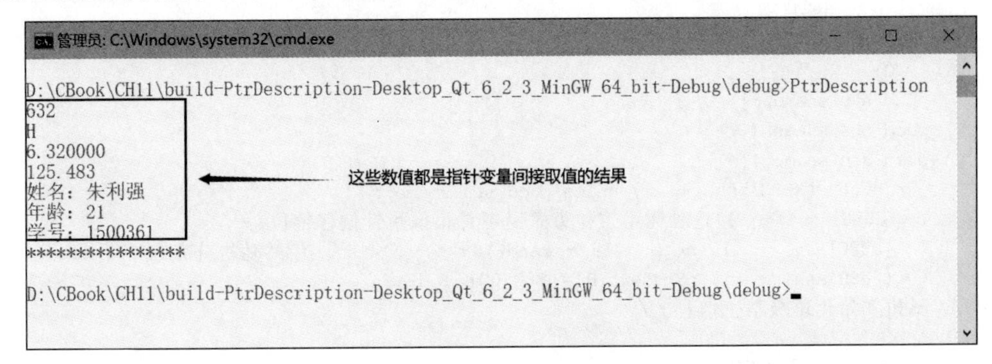

图 11.2　指针的类型示例程序运行结果

指针的类型在读写指针数据时是必需的，决定了是否能按数据类型的字节数完整地读写数据，并且正确地解释出数据的内容。指针的类型在操作整块的内存数据时也是不可或缺的。例如，指针变量只是存储了一个内存地址，这个指针变量的大小字节数由编译系统面向的具体 CPU 地址长度（字节数）决定。如果需要对一块这种类型的数据进行存取，就需要在当前指针变量的地址基础上进行偏移（前后偏移都允许）一个或多个这种类型的数据。若向前（后）偏移 m 个这种类型的数据就加（减）m，同时因为指针有类型，所以编译程序在将 C 语言源代码处理成机器代码时，就已经处理成了偏移±m * sizeof(指针类型)字节了。

11.4　指针常见的运算

在指针类型示例程序中，已经用到取指针变量所指内存变量（地址单元）内容（*）和取内存变量（地址单元）地址（&）两种运算。顺便强调一下为什么说内存变量，因为寄存器变量是没有编址的存储单元，所以对寄存器变量取地址是取不出地址的。对指针变量取内容和对内存变量取地址是常见的指针运算，一般用到指针的程序，源代码文件里都少不了这两种运算符。

从指针的定义还能分析出，指针变量存储的内容就是地址，地址在计算机内存中就是二进制数字，因此这种二进制数字能做的运算指针都可以做。也就是说 C 语言中的 49 种运算符（截止到 C11 标准）都可以参与对指针的运算。虽然理论上是这么一回事，但是实际又是另一回事，这里面有意义的指针运算局限就比较多了。

假定有如下的代码说明和前提，使用的是 64 位计算机操作系统环境。下面几节内容将分别介绍常见的有意义的指针运算和其代码书写形式。

```
typedef struct Student{
    char sname[20];
    int nAge;
    int nStudentID;
} STUDENT;      /* sizeof(STUDENT)等于 28 字节,sizeof(STUDENT *)等于 8 字节(64 位地址) */
int *nPtr = NULL, *nPtr2 = NULL, *nPtr3 = NULL,nBook = 21,nNum = 90;
char *cPtr = NULL, *cPtr2 = NULL;
float *fPtr = NULL, *fPtr2 = NULL;
double *dPtr = NULL, *dPtr2 = NULL;
```

```
STUDENT pucd_stu = { "刘利强", 21, 8800361 }, * STUPtr = NULL, * STUPtr2 = NULL;  /* 初始化 */
STUDENT J88Class1[36];
register int i;
for(i = 0;i < 36;i++){
    pucd_stu.sname[0]++;
    pucd_stu.sname[2]++;
    pucd_stu.sname[4]++;
    strcpy(( * (J88Class1 + i)).sname,pucd_stu.sname);
/* ( * (J88Class1 + i))这种数组定位方式是不是很像指针偏移定位? */
    ( * (J88Class1 + i)).nAge = 18 + rand() % 5;        /* 年龄随机分布在 18~22 */
    ( * (J88Class1 + i)).nStudentID = 8807001 + i;
}/* 随机初始化班级学生信息 */
```

11.4.1 顺序运算

指针的顺序运算的运算符是,。它表示从左到右对它两边的表达式进行运算,代码书写和输出验证信息的示例代码段如下。

```
nPtr3 = (nPtr = &nBook,nPtr2 = &nNum);          /* ,运算 结果是 nPtr3 等于 nPtr2 */
printf("nPtr3 地址: %lld\nnPtr 地址: %lld\nnPtr2 地址: %lld\n",nPtr3,nPtr,nPtr2);
printf(" * nPtr3 内容: %d\n * nPtr 内容: %d\n * nPtr2 内容: %d\n", * nPtr3, * nPtr, * nPtr2);
```

11.4.2 赋值运算

指针的有意义的赋值运算分为简单赋值(=)和复合算术赋值(+=、-=、)。代码书写和输出验证信息的示例代码段如下。

```
STUPtr2 = J88Class1;          /* 地址的赋值运算 */
printf("姓名: %s\n 年龄: %d\n 学号: %d\n",( * STUPtr2).sname,( * STUPtr2).nAge,\
        ( * STUPtr2).nStudentID);
STUPtr2 += 2;                 /* 地址的加赋值运算,到 J88Class1 第三个元素 J88Class1[2] */
printf("姓名: %s\n 年龄: %d\n 学号: %d\n",( * STUPtr2).sname,( * STUPtr2).nAge,\
        ( * STUPtr2).nStudentID);
STUPtr2 -= 2;                 /* 地址的减赋值运算,又回到 J88Class1 首地址了 */
printf("姓名: %s\n 年龄: %d\n 学号: %d\n",( * STUPtr2).sname,( * STUPtr2).nAge,\
        ( * STUPtr2).nStudentID);
```

11.4.3 条件运算

指针的条件运算是一个三目运算符,用于条件求值,书写格式是(a > b ? n:m)。运算规则是根据?前面表达式的逻辑值选择后面用:分开的两组表达式的值。为非 0 值时选择:分开的左侧表达式的值;为 0 值时选择:分开的右侧表达式的值。代码书写和输出验证信息的示例代码段如下。

```
nPtr3 = &nNum;
nPtr3 = ((nPtr3!= NULL) ? (nPtr = &nBook) : (nPtr2 = &nNum));
/* 条件运算(? :) 前面,已经给 nPtr3 赋值了,不为 NULL,所以 nPtr3 等于 nPtr */
printf("nPtr3 地址: %lld\nnPtr 地址: %lld\nnPtr2 地址: %lld\n",nPtr3,nPtr,nPtr2);
```

11.4.4 逻辑运算

指针的逻辑运算包括逻辑或(||)、逻辑与(&&)、逻辑非(!)3 种,它对应于命题逻辑中

的 OR、AND、NOT 运算。当 P=1 或 Q=1 时，P||Q 等于 1；当 P=1 且 Q=1 时，P&&Q 才等于 1；当 P 等于 0 时，!P 等于 1；当 P 等于 1 时，!P 等于 0。

C++语言中的逻辑运算将所有非 0 的操作数都认为是 true，而操作数 0 表示 false，操作数经过运算符运算后返回 1(true)或 0(false)。逻辑运算代码书写和输出验证信息的示例代码段如下。

```
nPtr3 = NULL;
if(!nPtr3) printf("nPtr3 == NULL\n");                /* 逻辑求反 */
if(nPtr && nPtr2) printf("nPtr && nPtr2\n");         /* 逻辑运算 && */
if(nPtr3 || nPtr2) printf("nPtr3 || nPtr2\n");       /* 逻辑运算|| */
```

11.4.5 关系运算

C 语言的控制语句中经常要根据条件判断是否分支、是否循环、是否跳转。这种条件一部分可以通过指针关系运算获得，还有一部分通过指针逻辑运算获得。其中，指针关系运算用到的有意义的关系运算符包括等于(==)、不等于(!=)、大于(>)、小于(<)、大于或等于(>=)、小于或等于(<=)6 种。

关系运算符是二元运算符，在使用时它的两边都会有一个表达式，例如变量、数值、加减乘除运算表达式等。关系运算符的作用就是判断这两个指针表达式运算结果的大小关系。

关系运算符的优先级低于算术运算符，高于赋值运算符。在 6 个关系运算符中，大于(>)、小于(<)、大于或等于(>=)、小于或等于(<=)的优先级相同，高于不等于(!=)、等于(==)的优先级。指针关系运算代码书写和输出验证信息的示例代码段如下。

```
if(nPtr3 == NULL) printf("nPtr3 == NULL\n");         /* 关系运算 == */
if(nPtr != nPtr3) printf("nPtr != nPtr3\n");         /* 关系运算!= */
if(nPtr > nPtr3) printf("nPtr > nPtr3\n");           /* 关系运算> */
if(nPtr3 < nPtr) printf("nPtr3 < nPtr\n");           /* 关系运算< */
if(nPtr3 >= nPtr3) printf("nPtr3 >= nPtr3\n");       /* 关系运算>= */
if(nPtr3 <= nPtr3) printf("nPtr3 <= nPtr3\n");       /* 关系运算<= */
```

11.4.6 算术运算

用于指针算术运算的算术运算符包括加(+)、减(-)、加 1(++)、减 1(--)共 4 种。

算术运算符分为一元运算符和二元运算符两类。其中，加 1(++)、减 1(--)是一元运算符，加(+)、减(-)是二元运算符。加 1(++)、减 1(--)可以出现在操作数的左侧或右侧，其含义是不同的。

```
nPtr3++, nPtr--;                //先取指针变量使用,再+1或-1
++nPtr3, --nPtr;                //指针变量先+1或-1,再取指针变量使用
```

指针算术运算代码书写和输出验证信息的示例代码段如下。

```
STUPtr2 = J88Class1;            /* 地址的赋值运算 */
printf("姓名:%s\n年龄:%d\n学号:%d\n",(*STUPtr2).sname,(*STUPtr2).nAge,\
        (*STUPtr2).nStudentID);
STUPtr2 = STUPtr2 + 2*3;        /* 地址的加运算,到 J88Class1 第 7 个元素 J88Class1[6] */
printf("+ 2*3 姓名:%s\n年龄:%d\n学号:%d\n",(*STUPtr2).sname,(*STUPtr2).nAge,\
        (*STUPtr2).nStudentID);
STUPtr2 = STUPtr2 - 5;          /* 地址的减运算,回到 J88Class1[1] */
```

```
printf(" - 5 姓名: %s\n 年龄: %d\n 学号: %d\n",( * STUPtr2).sname,( * STUPtr2).nAge,\
        ( * STUPtr2).nStudentID);
STUPtr2++;                          /* 地址的++运算,到 J88Class1 第 3 个元素 J88Class1[2] */
printf("++姓名: %s\n 年龄: %d\n 学号: %d\n",( * STUPtr2).sname,( * STUPtr2).nAge,\
        ( * STUPtr2).nStudentID);
STUPtr2 -- ;                        /* 地址的 -- 运算,到 J88Class1 第 2 个元素 J88Class1[1] */
printf(" -- 姓名: %s\n 年龄: %d\n 学号: %d\n",( * STUPtr2).sname,( * STUPtr2).nAge,\
        ( * STUPtr2).nStudentID);
```

11.4.7 sizeof 运算

sizeof 是一个一元运算符,用于求已知指针类型的大小字节数。它的操作数可以是已知指针类型或者已知类型指针变量(包括基本数据类型指针、数组类型、返回各种类型指针的函数、指向函数的指针、自定义类型指针等),也可以是一个复杂点的指针表达式,例如:

```
printf("STUPtr 指针变量大小: %lld 字节\n",sizeof(STUPtr + 1));   /* STUPtr + 1 是指针表达式 */
```

如果 sizeof 的操作数是已知指针类型或已知类型指针变量,则 sizeof 运算结果是这种类型指针或这种类型指针变量占用的内存字节数(64 位系统是 8 字节)。如果 sizeof 的操作数是一个指针表达式,那么 sizeof 运算结果还是此类型指针占用的内存字节数。在表达式中会存在强制转换指针类型的情况。

如果 sizeof 的操作数是返回指针类型的函数,则 sizeof 运算返回值是函数返回指针类型占用的字节数(也是地址占用字节数)。在 sizeof 运算符中函数作为操作数时,函数不被调用运行,只用来求函数返回指针类型的字节数。指针 sizeof 运算的代码书写和输出验证信息的示例代码段如下。

```
STUPtr = J88Class1;
printf("STUDENT * 指针类型大小: %lld 字节\n",sizeof(STUDENT * ));
printf("STUPtr + 1 指针变量大小: %lld 字节\n",sizeof(STUPtr + 1));
```

11.4.8 取地址与取指针内容运算

指针运算中最常用的也是必不可少的运算是取指针变量所指内存地址单元内容(*)和取内存变量地址(&)两种,这两种运算符都是一元运算符。需要特别注意的是,register 存储类别的变量不能用取变量地址(&)运算符获取地址,因为寄存器不是内存,没有进行编址。

一般用到指针的程序,源代码文件里都少不了这两种运算符。代码书写和输出验证信息的示例代码段如下。

```
nPtr = &nBook;                               /* &nBook 取 nBook 变量地址 */
printf("先 nPtr = &nBook; * nPtr: %d\n", * nPtr);   // * nPtr 取内容
```

11.4.9 指针特殊运算

指针特殊运算符有括号()、下标[]和成员(->,.)类。

1. 括号()

括号()的运算级别较高,它可以对运算表达式中括起来的内容进行优先整体运算。这样就改变了默认的优先级和结合规则。例如(* ptr).nAge,由于.运算符运算优先级比 *

运算符高，只能用()运算符将指针取内容运算括起来才正确。需要指出来的是用()并不能想当然绝对地认为可以对括起来的内容进行优先整体运算，因为后缀加 1 和后缀减 1 的优先级在同级优先级中排在()的前面，仔细考虑并上机实践一下下面的示例代码段，思考一下。

```
int n = -1;
int z = n++ * (2 + ++n);      //z 等于 -3,明显是先运算 n++,后运算(2 + ++n),因为结果不同
```

2. 下标[]

下标[]为指针定位时使用的运算符。指针可以像一维数组那样使用下标[]进行定位，访问指针元素。虽然指针声明时不用[]运算符，但是却可以像数组那样定位、使用指针变量所指内存地址单元内容。

3. 成员(->,.)

这种成员运算符主要是用来访问结构类型指针变量或联合类型指针变量的成员变量。结构类型指针变量和联合指针变量可以先使用 * 运算符取内容后，再用.运算符访问成员变量，或者也可以直接使用指针成员访问运算符->访问成员变量。

指针特殊运算的代码书写和输出验证信息的示例代码段如下。

```
STUPtr = J88Class1;
printf("().姓名:%s\n 年龄:%d\n 学号:%d\n",(*STUPtr2).sname,(*STUPtr2).nAge,\
        (*STUPtr2).nStudentID);                    /* () 和 . 运算 */
printf("->姓名:%s\n 年龄:%d\n 学号:%d\n",STUPtr->sname,STUPtr->nAge,\
        STUPtr->nStudentID);                       /* 结构指针取成员 ->运算 */
printf("[]姓名:%s\n 年龄:%d\n 学号:%d\n",STUPtr[5].sname,STUPtr[5].nAge,\
        STUPtr[5].nStudentID);                     /* 结构指针下[]运算 */
```

11.5　指针与数组

视频讲解

数组(array)就是一些具有相同类型的数据的集合，这些数据在内存中连续存放，其中数组变量名存储的内容就是这样一块连续存储相同类型数据的首地址。这些连续存放的各个数组元素可以通过数组变量进行下标定位获得，也可以通过数组首地址加上通过下标表达式计算出来的偏移量定位。因此，指定类型的数组变量(数组首地址)可以赋值给相同类型的指针变量，然后通过指针来完成数组元素的操作。

11.5.1　指针与一维数组

对于一个一维数组变量，此数组变量名存放的就是数组第一个元素的地址，这个地址也等于“& 数组变量名[0]”。具体执行过程是：因[]运算符优先级比 & 运算符优先级高，因此先通过数组下标定位内存单元，然后对此内存单元求地址。

如果不考虑是否超界，数组元素地址运算的规则如下。

```
(&数组变量名[i] + n == &数组变量名[i+n])        //这条件表达式永远成立
```

下面的示例程序定义了一个一维结构类型数组，通过计算地址定位各个数组元素，并进行成员数据操作，然后用 STUPtr++ 指针运算遍历结构类型数组逐个打印结构信息。示例程序用到了 GBK 字符串内容++操作，对于 macOS 10.15 系统需要在项目文件(*.pro)文件中加入下面一行链接库文件说明。

```
LIBS += /usr/lib/libiconv.dylib
```

如果是 CMake 项目，则在项目文件(CMakeLists.txt)中加入一行链接库文件说明。

```
target_link_libraries(项目名称  /usr/lib/libiconv.dylib)
```

示例程序涉及跨平台字符串操作，因此用到了条件预处理内容，示例程序源代码如下所示。

```
#include <stdio.h>
#include <string.h>
#include <stdlib.h>
#if !(defined(WIN32) || defined(WIN64) || defined(WINNT))
#include <iconv.h>            /* CentOS 8.5 和 macOS 10.15 修改 GBK 字符串内容用 */
#endif
typedef struct Student{
    char sname[20];
    int  nAge;
    int nStudentID;
} STUDENT;
int main()
{
    STUDENT J88Class1[36], * STUPtr = NULL,pucd_stu = { "刘利强", 21, 8800361 };
    register int i;
    for(i = 0;i < 36;i++) {     //跨平台下 UTF-8 要转换为 GBK 字符串,才能操作字符
#if !(defined(WIN32) || defined(WIN64) || defined(WINNT))
        char gbkstr[60] = {0}, * strin = pucd_stu.sname, * strout = gbkstr;
        size_t inradis = strlen(pucd_stu.sname);
        size_t outradis = strlen(pucd_stu.sname) * 3;
        iconv_t icd = iconv_open("GBK", "UTF8");  //为 UTF8 到 GBK 转换
        size_t nRet = iconv(icd, &strin, &inradis, &strout, &outradis);
        iconv_close(icd);
        gbkstr[0]++; gbkstr[2]++; gbkstr[4]++;    //UTF 8 转换为 GBK 字符,修改数值产生新汉字
        char strx[60] = {0}; char strox[60] = {0};
        strcpy(strx,gbkstr); strin = strx; strout = strox;
        inradis = strlen(strin); outradis = strlen(strin) * 3;
        icd = iconv_open("UTF8","GBK");                        //为 GBK 到 UTF-8 转换
        nRet = iconv(icd, &strin, &inradis, &strout, &outradis);  //GBK 汉字再转换为 UTF-8
        iconv_close(icd); strcpy(pucd_stu.sname,strox);
#else   /* Windows 下直接修改成新汉字 */
        pucd_stu.sname[0]++; pucd_stu.sname[2]++; pucd_stu.sname[4]++;
#endif
        strcpy(( * (J88Class1 + i)).sname,pucd_stu.sname);
        /* ( * (J88Class1 + i))这种数组定位方式是不是很像指针偏移定位? */
        ( * (J88Class1 + i)).nAge = 18 + rand() % 5;      /* 年龄随机分布在 18~22 */
        ( * (J88Class1 + i)).nStudentID = 8807001 + i;
    }                                                      /* 随机初始化班级学生信息 */
    STUPtr = J88Class1;
    for(i = 0;i < 36;i++) {
        printf("姓名: %s\n 年龄: %d\n 学号: %d\n",\
               ( * STUPtr).sname,( * STUPtr).nAge,( * STUPtr).nStudentID);
        STUPtr++;        /* 指针地址加 1,指向后一个 STUDENT 结构 */
        printf(" ***************** \n");
    }
    return 0;
}
```

Windows 10、macOS 10.15、CentOS 8.5 系统下示例程序运行结果如图 11.3 所示。

```
管理员: C:\Windows\system32\cmd.exe
D:\CBook\CH11\build-Ptr_Array-Desktop_Qt_6_2_3_MinGW_64_bit-Debug\debug>Ptr_Array
姓名: 迈耷瓤
年龄: 19
学号: 8807001
****************
姓名: 悯蔓煸
年龄: 20
学号: 8807002
****************
姓名: 孽名士
年龄: 22
学号: 8807003
****************
姓名: 捧柠丝
年龄: 18
学号: 8807004
****************
姓名: 契披炭
年龄: 22
学号: 8807005
****************
姓名: 酋汽涂
年龄: 22
学号: 8807006
```

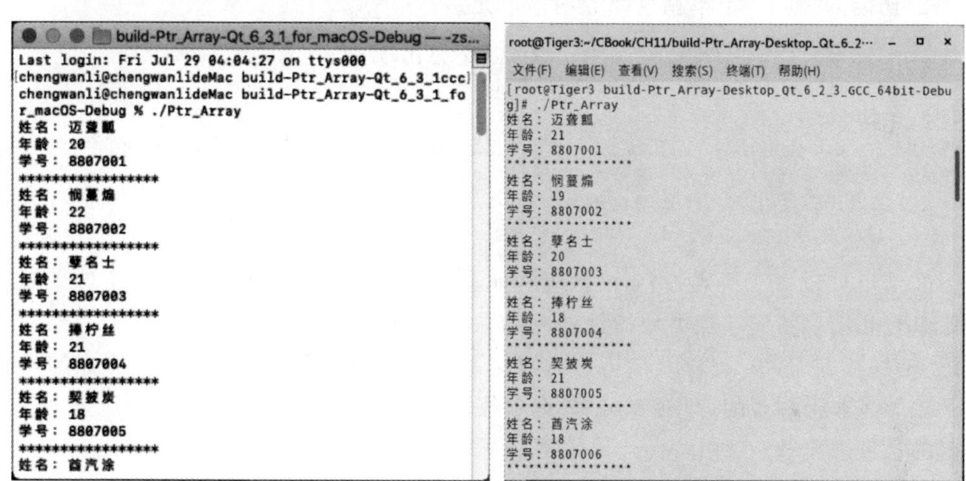

图 11.3 指针与一维数组示例程序运行结果

11.5.2 指针与多维数组

对于大于一维的 n 维数组,先从多维数组的存储方式进行分析。计算机内存是连续编址的存储体,存取内存单元的内容都要根据地址去定位存储单元。一维数组的各个元素是线性连续存放在内存中的,首地址就是"数组变量名[0]"元素的地址,而且对于整个数组序列来说,这个首地址是最小地址序号。那么 C 语言的二维数组 int intarray[3][4];在内存中是怎么存储的呢?

C 语言的二维数组 int intarray[3][4];在内存中依然是线性存储的,可以理解为分成组存储。第一组 intarray[0][0]、intarray[0][1]、intarray[0][2]、intarray[0][3]和一维数组一样从低地址到高地址占用连续的内存。第二组 intarray[1][0]、intarray[1][1]、intarray[1][2]、intarray[1][3]紧接着上一组,也和一维数组一样从低地址到高地址占用连续的内存。然后是第三组……每一组的首地址是 intarray[0][0]、intarray[1][0]、intarray[2][0]元素的地址。可以用取地址运算符取出每一组的首地址。

```
&intarray[0][0];                    //与 intarray[0]相等
&intarray[1][0];                    //与 intarray[1]相等
&intarray[2][0];                    //与 intarray[2]相等
```

数组占用内存大小(按字节数计算)是可以计算的,多维数组占用内存大小等于:

整型常量表达式 1 * 整型常量表达式 2 * … * 整型常量表达式 n * sizeof(数据类型)

这是很容易理解的一个计算公式。

在编译程序编译 C 语言源程序时,数组变量名是作为一个指针变量进行处理的,它存储的是指向数组第一个元素的地址。因此对于一个 n 维数组变量

```
float fArray[N₁][N₂]…[Nₙ];
```

它的 fArray[m_1][m_2]…[m_n]元素的地址位置是可以计算出来的,公式如下。

$$\text{fArray}+m_1 * N_2 * \cdots * N_n+m_2 * N_3 * \cdots * N_n+\cdots+m_{n-1} * N_n+m_n$$

到这里,相信对指针和多维数组元素的对应关系已经非常清楚了。下面 fValue 与(* fPtr2)访问的是同一个单精度浮点内存单元。

```
float fArray[N₁][N₂]…[Nₙ];             //这是示意代码,C 语言不支持字母小下标
float fValue, * fPtr = NULL,  * fPtr2 = NULL;
fPtr = fArray;
fValue = fArray[N₁][N₂]…[Nₙ];          //这是示意代码,C 语言没有字母小下标支持
fPtr2 = fPtr + m₁ * N₂ * … * Nₙ + m₂ * N₃ * … * Nₙ + … + mₙ₋₁ * Nₙ + mₙ;
//这是示意代码,C 语言不支持字母小下标
if( ( * fPtr2) != fValue) printf("Error!\n");
```

下面给出 C 语言源代码,用 4 维数组验证上面的公式。用多维数组下标定位单精度浮点存储单元和用单精度浮点类型指针访问结果不一样时,会打印出 Error 信息;如果遍历完数组,结果都一样,那么打印出"指针访问与数组下标访问数据相同!"。用浮点数比较相等或不相等是非常困难的,只有 32 位二进制位完全相同,浮点数据才会相同,这里就是用这种苛刻的条件来比较。C 语言源代码示例如下所示。

```
#include <stdio.h>
#define N1   7
#define N2   5
#define N3   3
#define N4   9
int main()
{
    int    i,j,k,m,nFlag = 0;
    float  fArray[N1][N2][N3][N4],fValue, * fPtr = NULL, * fPtr2 = NULL;

    for(i = 0;i < N1;i++)                /* 递增初始化数组 */
        for(j = 0;j < N2;j++)
            for(k = 0;k < N3;k++)
                for(m = 0;m < N4;m++)
                    fArray[i][j][k][m] = i * N2 * N3 * N4 + j * N3 * N4 + k * N4 + m;
    fPtr = fArray;
    for(i = 0;i < N1;i++)
        for(j = 0;j < N2;j++)
```

```
            for(k = 0;k < N3;k++)
                for(m = 0;m < N3;m++)
                {
                    fValue = fArray[i][j][k][m];
                    fPtr2 = fPtr + i * N2 * N3 * N4 + j * N3 * N4 + k * N4 + m;
                    if( ( * fPtr2) != fValue)
                    {
                        nFlag = 1;
                        printf("Error!\n");
                    }
                }
    if(!nFlag) printf("指针访问与数组下标访问数据相同!\n");
    return 0;
}
```

示例程序运行结果如图 11.4 所示。

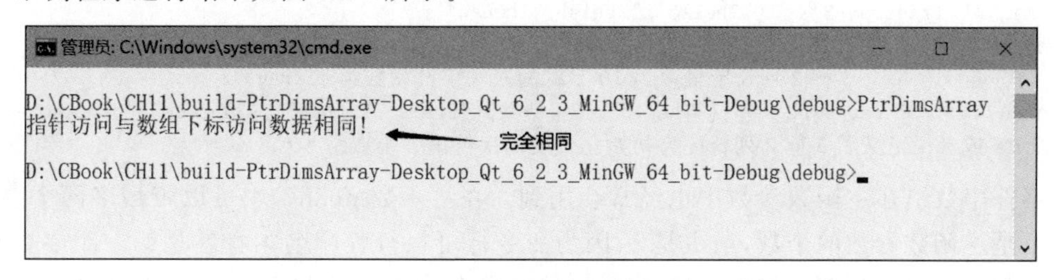

图 11.4 指针与多维数组示例程序运行结果

11.6 字符串指针与 main()

当一维字符型数组的最后一个元素是\0(空字符)时,称为字符串。在字符型数组中,如果把字符型数组当字符串用,那么字符型数组结尾就应该设置成\0。空字符又称结束符,是一个数值为 0(常用十六进制数 0X00 表示)的控制字符,\0 是其转义字符。

如果声明了一个字符型指针,并且这个字符型指针变量所指内存地址单元内容是一系列字符,并且这一系列字符最后一个字符是\0,那么这个字符型指针就是字符串指针。下面的示例程序就声明了一个字符串指针。

```
#include < stdio.h >
#include < string.h >
int main()
{
    char * cPtr = NULL,sName[20] = "hello!";          /* 字符串初始化 */
    unsigned long long int i;
    for(i = 0;i <= strlen(sName);i++)
        if(sName[i]) printf(" % c\n",sName[i]);
        else printf("0X % - X\n",sName[i]);
    cPtr = sName;
    printf(" % s\n",cPtr);
    return 0;
}
```

示例程序运行时,打印字符串长度+1 个字符,最后那个字符就是\0(十六进制数 0X0 表示)。运行结果如图 11.5 所示。

图 11.5　字符串指针示例程序运行结果

对于二维字符型数组，如果每一组字符型数组内容的最后一个元素是\0，那么就构成了字符串一维数组。二维字符型数组及三维字符型数组书写形式(带初始化)如下。

```
char cArray[3][20] = {"hello","this","house"};
char * cPtr2Array[3] = {"2hello","2this","2house"};
char cTrray[3][2][10] = {{"hello","Book"},{"this","that"},{"house","rockhouse"}};
  /* 定义了一个 3 行 2 列长度最多为 10 字符的三维字符型数组 cTrray */
char * cPtr3Trray[3][2] = {{"3hello","3Book"},{"3this","3that"},{"3house","3rockhouse"}};
  /* 或者说定义了 3 行 2 列长度为初始化长度的字符串二维数组 */
```

字符串数组在主函数参数中也经常会用到。在主函数 main()中可以带最多两个参数：第一个是主函数参数的个数，最少是 1，因为命令行可执行程序名本身就是第一个参数；第二个参数就是可变长度字符串一维数组，命令行中每一个以空格分隔的字符串都存储在第二个参数(字符串一维数组)里，可执行程序名就是第一个字符串。下面是示例程序代码。

```
#include <stdio.h>
int main(int argc,char * argv[])          /* 带参数的主函数 */
{/* argc 是参数个数，每个参数串都存在 argv[]数组里，每个 argv[i]都是一个字符串 */
    int i;
    for(i = 0;i < argc;i++) printf(" %s\n",argv[i]);
    return 0;
}
```

运行示例程序，后面带 5 个以空格分隔的字符串，加上可执行程序名 MainArgv. exe，一共 6 个字符串参数，命令行如下。

```
MainArgv.exe  longlong  int int  hello  bye
```

示例程序运行结果如图 11.6 所示。

```
管理员: C:\Windows\system32\cmd.exe

D:\>MainArgv.exe  longlong  int int  hello  bye
MainArgv.exe
longlong
int
int
hello
bye

D:\>
```

图 11.6　主函数的数组字符串示例程序运行结果

11.7 动态内存申请与释放

在使用C语言编写程序时，经常会遇到所需的内存空间取决于实际输入的数据，而无法预先确定到底需要多少存储空间来存放数据。例如，读入一幅照片或多幅CT图像，或者读入石油勘探剖面数据，每个剖面数据道数都不一样，数据样点数也不一样。

在工程软件开发中这种情况比比皆是，这就需要在程序中根据需要申请内存数量，然后使用强制转换，转换为各种类型的变量、数组、自定义结构类型变量等。这些根据需要申请的动态内存使用完后，需要及时释放掉。计算机系统的内存资源是有限的，不使用的内存不及时释放，内存就可能出现耗尽的情况，那时系统也就因为内存资源耗尽而崩溃了。

为了解决上述动态内存需求问题，C语言提供了一些内存分配管理函数，这些内存管理函数可以动态地按需要在堆上分配内存空间，也可以把不再使用的内存堆空间回收再次利用。下面简单介绍一下内存的不同分配方式。

在C语言中，内存分配方式有如下3种形式。

1. 从静态存储区域分配

由编译程序自动分配，这些内存变量在C语言源程序进行编译时就已经分配好。这块内存在程序的整个运行期间都存在，直到整个程序运行结束时才被系统释放。如全局变量与static变量。

2. 栈上分配

由编译程序自动分配和释放，即在调用函数时，函数参数及函数内局部变量的存储单元都在栈上创建。函数调用结束返回时这些存储单元将被自动释放，所以调用结束后，函数的auto类型的局部变量都将失效、不可用。

3. 堆上分配

在堆上分配内存又称为动态内存分配，它是由程序员手动完成申请和释放的。程序在运行时根据需要量(计算所得)，调用堆内存分配函数(三个堆内存分配和再分配函数)来申请需要的内存数量，用完之后及时释放掉堆上分配的内存。

申请的堆内存使用完之后一定要及时使用free()函数释放堆内存，否则会造成内存泄漏。例如声明了某个局部指针变量Ptr，然后申请了堆内存，并将堆内存首地址赋值给这个局部指针变量Ptr，程序退出此局部指针变量Ptr所在的{}复合语句层或函数体，局部指针变量Ptr从栈中永久地消失了。因为没有释放此局部指针变量Ptr对应的堆内存，程序将再也无法操作这块申请的堆内存，也不能释放这块堆内存了，这在程序设计方面被称为内存泄漏。内存泄漏在需要长时间运行的软件中是致命问题，因为多次操作后会消耗完系统的内存，造成系统宕机、崩溃等各种问题。

从上面的简介中，可以看出C语言中动态申请内存是在堆内存上进行分配的。C语言动态申请、释放堆内存的相关函数是malloc()、calloc()、realloc()、free()，这4个函数在标准库头文件stdlib.h中定义。这4个函数的声明如下。

```
void *calloc(size_t nitems, size_t size);
void *malloc(size_t size);
void *realloc(void *ptr, size_t size);
void free(void *ptr);
```

在这 4 个函数里,calloc()函数会将申请到的堆内存的值全部设置为 0,而 malloc 函数不会将申请到的堆内存的值设置为 0,realloc()函数则是将指针参数指向的堆内存按照新指定的大小尝试调整申请堆内存并返回堆内存指针。这 3 个申请内存的函数都返回一个 void * 类型的指针,指向已分配的堆内存块首地址。如果申请内存失败,则返回 NULL。其中 void * 为无类型指针,void * 可以指向任何类型的内存单元。

需要解释说明的是 size_t 类型是在 C 标准库中定义的,size_t 类型在 64 位系统中为 unsigned long long int,非 64 位系统中为 unsigned long int。

对于含可变长度数组成员变量的结构类型指针,申请结构内存时要附加上期望长度的数组成员一起申请内存。例如下面的例子。

```
struct BookID { int nBook; int varArray[ ]; };                 //可变长度结构
size_t nsize = sizeof(struct BookID);      //注意,nsize 大小是 4 字节,只有 int nBook 成员大小
struct BookID * PtrBookID = malloc(sizeof (struct BookID) + (sizeof (int) * 10));  //一起申请内存
                                               //结构含有 int varArray[10]
for(int i = 0;i < 10;i++) PtrBookID -> varArray[i] = i;    //可以操作可变长度数组成员变量
```

下面是一个申请、使用和释放堆内存的示例程序。

```
#include <stdio.h>
#include <stdlib.h>                        /* 分配内存,产生随机数用 */
#include <time.h>                          /* 获取时间用 */
float * GetBunchFloats(size_t * nNums);    /* 返回指针的函数 */
/* 这个函数只申请浮点型数据块,外部必须使用后释放返回的浮点指针指向的数据块 */
int main()
{
    size_t nSize = 0LL;          /* 64 位系统 size_t 是 unsigned long long */
    float * nPtrnSize = NULL;
    register size_t i;
    time_t nCurrenttime;
    nCurrenttime = time((time_t * )NULL);
    srand((unsigned int )nCurrenttime);    /* 初始化随机种子 */
    nPtrnSize = GetBunchFloats(&nSize);    /* 申请内存 */
    if(nSize > 0 && nPtrnSize) {           /* 判断申请成功 */
        printf("申请成功 % - 11lld 个浮点数\n",nSize);
        for(i = 0;i < nSize;i++){
            printf(" % 7.1f ", * (nPtrnSize + i));
            if( (i + 1) % 5 == 0 || i == (nSize - 1)) printf("\n");   /* 每行打印 5 个数 */
        }
        free(nPtrnSize);                   /* 使用完,一定要释放,申请成功才能释放 */
    }
    return 0;
}
float * GetBunchFloats(size_t * nNums)
{
    size_t i,nNeeds = 0LL;                 /* 64 位系统 size_t 是 unsigned long long */
    float * fPtr = NULL;                   /* 堆上申请内存用 */
    nNeeds = (size_t)(rand() % 101);       /* 产生 0~100 的随机数 */
    fPtr = (float * )malloc(nNeeds * sizeof(float));          /* 申请需要的数据块 */
    if(fPtr && nNeeds > 0)
        for(i = 0;i < nNeeds;i++) * (fPtr + i) = rand() * 1.0f;   /* 申请的数据块赋值使用 */
    * nNums = nNeeds;                      /* 用于返回给外面申请了多少个浮点数据 */
    return fPtr;                           /* 函数返回值 */
}
```

这个示例程序运行时，GetBunchFloats()函数每次随机产生需求的浮点数个数，然后申请这么多浮点数内存空间，随机给每个浮点数赋值，模拟使用这块数据。函数调用后返回在内存堆上申请的 nNums 个浮点数内存的首地址(指针值)，外部调用者使用完这块内存后，使用 free()函数释放。示例程序运行结果如图 11.7 所示。

```
管理员: C:\Windows\system32\cmd.exe

D:\CBook\CH11\build-HeapAlloc-Desktop_Qt_6_2_3_MinGW_64_bit-Debug\debug>HeapAlloc
申请成功28个浮点数
29841.0  17813.0  15759.0   6719.0  25922.0
 5169.0  32238.0  10693.0  17672.0  18714.0
25793.0  24037.0    800.0  17068.0   4801.0
24834.0  15025.0   8317.0   5632.0    633.0
20728.0  30956.0   6441.0  14547.0  16034.0
 3325.0   6153.0   5184.0

D:\CBook\CH11\build-HeapAlloc-Desktop_Qt_6_2_3_MinGW_64_bit-Debug\debug>
```

图 11.7 动态申请、释放堆内存示例程序运行结果

11.8 指针与结构

在第 9 章中，我们介绍了结构类型这种复杂但是却很必要的构造类型。在计算机科学中，经常要表达很复杂的数据关系，在计算机操作系统中也经常要管理文件、管理内存、管理进程、管理外部设备，这些方面的管理都依靠计算机自动管理，要使用多种复杂的数据结构，这种复杂的数据结构都是基于结构类型的指针和其成员变量指针。

11.8.1 单链表

下面先看一个类型定义的例子，这个例子定义了一个 HeapManageList 结构类型，它除了有 size_t 类型(unsigned long long int)的三个成员变量外，还有一个指向自身结构类型的 next 指针变量。HeapManageList 结构类型定义如下。

```
typedef struct singlelistNode
{
    size_t nBeginPos;
    size_t nEndPos;
    size_t nBlockSize;
    struct singlelistNode * next;
} HeapManageList;      /* 定义了一个结构类型,它有一个指向自身类型的指针成员变量 */
```

这样在形式上就可以构成如图 11.8 所示的一个单向数据节点链。这种单向的如链子一样的数据结构称为单向链表。

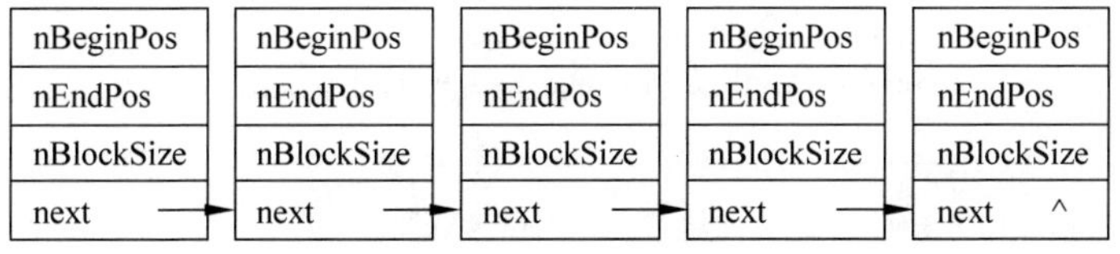

图 11.8 单链表示意图

数组和大的内存块都是相连的内存区域，这些数据的访问都是连续的，而链表突破了这种限制。单向链表的每个节点就是一个结构类型的存储单元，每个节点在内存中可以不相连，但是通过指针成员变量就可以找到下一个数据节点。

通常每个数据节点是相同的结构类型数据，每个节点都包含节点信息的数据域和保存后继节点地址的指针域两部分。下面是一个建立单链表的示例程序。程序建立单向链表后，遍历各个数据节点并打印节点信息，最后用循环语句删除单向链表各个节点。这个示例程序用到了 stdlib.h 头文件定义的标准库函数 malloc()分配堆内存函数和 free()释放堆内存函数，源代码如下所示。

```
#include <stdio.h>
#include <stdlib.h>            /* 动态分配内存用 */
typedef struct singlelistNode{
    size_t nBeginPos;
    size_t nEndPos;
    size_t nBlockSize;
    struct singlelistNode * next;
} HeapManageList;              //定义了一个结构类型,它有一个指向自身类型的指针成员变量
int main()
{
    register int i;
    size_t nBeginPos,nEndPos,nBlockSize;
    HeapManageList * PtrHeapListHeader = NULL, * PtrNewHeapNode = NULL,\
            * PtrCurrentHeapNode = NULL;
    for(i=0;i<7;i++) {
        nBeginPos = i * 1024 * 1024LL; nEndPos = (i+1) * 1024 * 1024LL;
        nBlockSize = nEndPos - nBeginPos;
        PtrNewHeapNode = (HeapManageList *)malloc(sizeof(HeapManageList));
        if(i == 0 && PtrNewHeapNode) {
            PtrHeapListHeader = PtrNewHeapNode;
            PtrCurrentHeapNode = PtrNewHeapNode;
        }
        if(PtrCurrentHeapNode == PtrNewHeapNode) {
            PtrNewHeapNode->nBeginPos = nBeginPos;
            PtrNewHeapNode->nEndPos = nEndPos;
            PtrNewHeapNode->nBlockSize = nBlockSize;
            PtrNewHeapNode->next = NULL;
        }
        else {
            PtrNewHeapNode->nBeginPos = nBeginPos;
            PtrNewHeapNode->nEndPos = nEndPos;
            PtrNewHeapNode->nBlockSize = nBlockSize;
            PtrNewHeapNode->next = NULL;

            PtrCurrentHeapNode->next = PtrNewHeapNode;
            /* PtrCurrentHeapNode 连到 PtrNewHeapNode 上 */
            PtrCurrentHeapNode = PtrNewHeapNode;
            /* PtrCurrentHeapNode 移到 PtrNewHeapNode 上 */
        }
    }
    printf("******* 开始遍历单向链表 *******\n");
    PtrCurrentHeapNode = PtrHeapListHeader;
    while(PtrCurrentHeapNode) {
```

```
        printf("nBeginPos: %1lld\n",PtrCurrentHeapNode->nBeginPos);
        printf("nEndPos: %1lld\n",PtrCurrentHeapNode->nEndPos);
        printf("nBlockSize: %1lld\n",PtrCurrentHeapNode->nBlockSize);
        PtrCurrentHeapNode = PtrCurrentHeapNode->next;
        /* PtrCurrentHeapNode 向后移动一个 */
        printf("****************************\n");
    }
    printf("*******开始删除单向链表*******\n");
    PtrCurrentHeapNode = PtrHeapListHeader;
    while(PtrHeapListHeader) {
        PtrHeapListHeader = PtrCurrentHeapNode->next;     /* 头向后移动 */
        free(PtrCurrentHeapNode);        /* 释放当前 PtrCurrentHeapNode */
        PtrCurrentHeapNode = PtrHeapListHeader;            /* 当前二者重合 */
    }
    printf("*******单向链表已删除!*******\n");
    printf("Game Over!\n");
    return 0;
}
```

示例程序运行结果如图 11.9 所示。

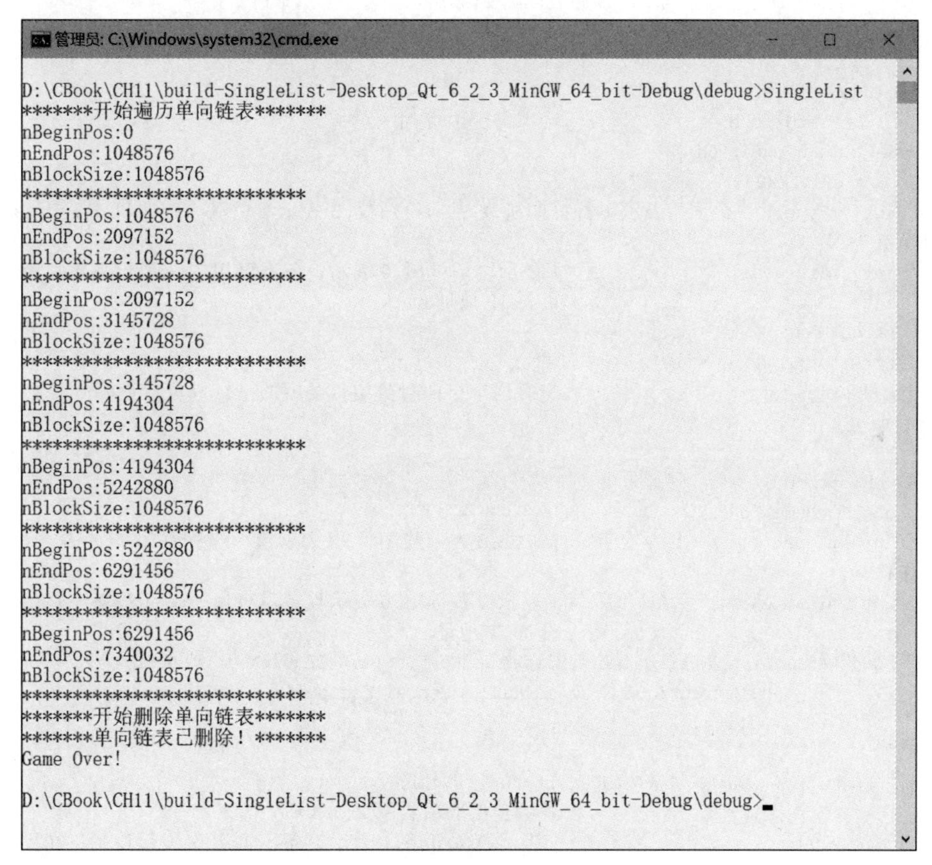

图 11.9 单链表示例程序运行结果

11.8.2 双链表

当自定义的结构类型中有两个指向自身结构类型的指针成员变量时，就可以构成如

图 11.10 所示的一个双向数据节点链，这种数据结构称为双向链表。双向链表在复杂的二叉树非线性数据结构中应用广泛，例如操作系统目录管理、二分查找、计算机系统设备管理等。图 11.10 是双向链表示意图，图 11.11 是二叉树示意图。

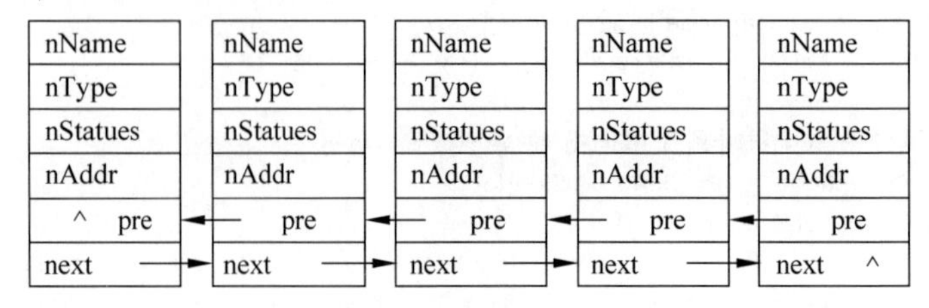

图 11.10 双向链表示意图

下面的示例程序是一个模拟计算机外部设备管理的双向链表示例程序。程序先建立一个双向链表，然后正向遍历双向链表各个数据节点，打印出来信息域；到结尾时再反向遍历双向链表的各个数据节点，打印出来信息域，最后删除双向链表，程序代码如下。

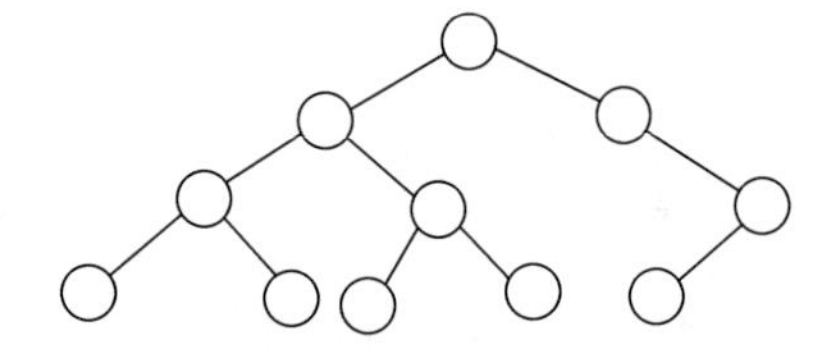

图 11.11 二叉树示意图

```
#include <stdio.h>
#include <stdlib.h>                /* 动态分配内存用 */
typedef struct equipNode{
    char cName[20];
    int  nType;      /* 1 表示字符打印机,2 表示绘图仪,3 表示黑白激光打印机,4 表示彩色激光
打印机 */
    int  nStatues;              /* 1 表示设备可用,0 表示设备不可用,2 表示设备正在用 */
    int  nAddr;                 /* 设备 IP 地址 */
    struct equipNode * pre;
    struct equipNode * next;
} EquipManageList;              /* 它有两个指向自身结构类型的指针成员变量 */
int main()
{
    register int i;
    char  cName[20];
    int  nType;      /* 1 表示字符打印机,2 表示绘图仪,3 表示黑白激光打印机,4 表示彩色激光
打印机 */
    int  nStatues;              /* 1 表示设备可用,0 表示设备不可用,2 表示设备正在用 */
    int  nAddr;                 /* 设备 IP 地址 */
    EquipManageList * PtrEquipListHeader = NULL, * PtrNewEquipNode = NULL,\
            * PtrCurrentEquipNode = NULL, * PtrTailEquipNode = NULL;
    for(i = 0;i < 3;i++)
    {
        sprintf(cName,"%s%1d","Printer",i + 1);
        nType = i + 1;          /* 设备类型取值为 1、2、3、4 */
        nStatues = i;           /* 1 表示设备可用,0 表示设备不可用,2 表示设备正在用 */
        nAddr = 0XC0A80100 | (0X000000FF & (i + 1));        /* 设备 IP 地址 */
        PtrNewEquipNode = (EquipManageList *)malloc(sizeof(EquipManageList));
        if(i == 0 && PtrNewEquipNode)
        {
            PtrEquipListHeader = PtrNewEquipNode;
            PtrCurrentEquipNode = PtrNewEquipNode;
```

```
            PtrNewEquipNode->pre = NULL;
        }
        if(PtrCurrentEquipNode == PtrNewEquipNode)
        {
            strcpy(PtrNewEquipNode->cName,cName);
            PtrNewEquipNode->nType = nType;
            PtrNewEquipNode->nStatues = nStatues;
            PtrNewEquipNode->nAddr = nAddr;
            PtrNewEquipNode->pre = NULL;
            PtrNewEquipNode->next = NULL;
        }
        else
        {
            strcpy(PtrNewEquipNode->cName,cName);
            PtrNewEquipNode->nType = nType;
            PtrNewEquipNode->nStatues = nStatues;
            PtrNewEquipNode->nAddr = nAddr;
            PtrNewEquipNode->pre = PtrCurrentEquipNode;
            /* PtrNewEquipNode 前连到 PtrCurrentEquipNode 上 */
            PtrNewEquipNode->next = NULL;

            PtrCurrentEquipNode->next = PtrNewEquipNode;
            /* PtrCurrentEquipNode 连到 PtrNewEquipNode 上 */
            PtrCurrentEquipNode = PtrNewEquipNode;
            /* PtrCurrentEquipNode 移到 PtrNewEquipNode 上 */
        }
    }
    printf("******* 开始正向遍历双向链表 *******\n");
    PtrCurrentEquipNode = PtrEquipListHeader;
    while(PtrCurrentEquipNode)
    {
        printf("cName: %s\n",PtrCurrentEquipNode->cName);
        printf("nType: %ld\n",PtrCurrentEquipNode->nType);
        printf("nStatues: %ld\n",PtrCurrentEquipNode->nStatues);
        printf("nAddr: %lu.%lu.%lu.%lu\n",
               (PtrCurrentEquipNode->nAddr & 0XFF000000)>>24,\
               (PtrCurrentEquipNode->nAddr & 0X00FF0000)>>16,\
               (PtrCurrentEquipNode->nAddr & 0X0000FF00)>>8,\
               PtrCurrentEquipNode->nAddr & 0X000000FF);
        if(!PtrCurrentEquipNode->next)
            PtrTailEquipNode = PtrCurrentEquipNode;
        /* 记下尾部 */
        PtrCurrentEquipNode = PtrCurrentEquipNode->next;
        /* PtrCurrentEquipNode 向后移动一个 */
        printf("****************************\n");
    }
    printf("******* 开始反向遍历双向链表 *******\n");
    PtrCurrentEquipNode = PtrTailEquipNode;
    while(PtrCurrentEquipNode)
    {
        printf("cName: %s\n",PtrCurrentEquipNode->cName);
        printf("nType: %ld\n",PtrCurrentEquipNode->nType);
        printf("nStatues: %ld\n",PtrCurrentEquipNode->nStatues);
        printf("nAddr: %lu.%lu.%lu.%lu\n",
```

```
                (PtrCurrentEquipNode->nAddr & 0XFF000000)>>24,\
                (PtrCurrentEquipNode->nAddr & 0X00FF0000)>>16,\
                (PtrCurrentEquipNode->nAddr & 0X0000FF00)>>8,\
                PtrCurrentEquipNode->nAddr & 0X000000FF);
        PtrCurrentEquipNode = PtrCurrentEquipNode->pre;
        printf("****************************\n");
    }
    printf("*******开始删除双向链表*******\n");
    PtrCurrentEquipNode = PtrEquipListHeader;
    while(PtrEquipListHeader)
    {
        PtrEquipListHeader = PtrCurrentEquipNode->next;
        /*头向后移动*/
        free(PtrCurrentEquipNode);
        /*释放当前 PtrCurrentEquipNode*/
        PtrCurrentEquipNode = PtrEquipListHeader;
        /*当前 PtrCurrentEquipNode 与 PtrEquipListHeader 重合*/
    }
    printf("*******双向链表已删除！*******\n");
    printf("Game Over!\n");
    return 0;
}
```

示例程序运行结果如图 11.12 所示。

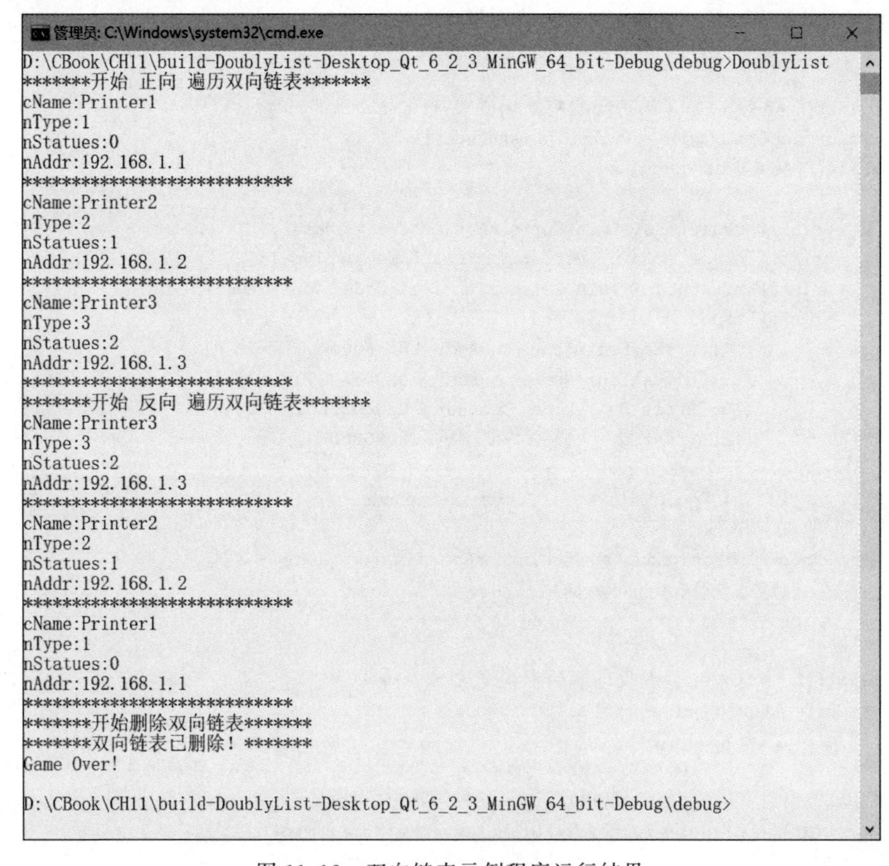

图 11.12　双向链表示例程序运行结果

对于二叉树管理文件，可以用下面的定义代码。这样的定义不但可以退回上一层父节点，还能在树节点上加入一个文件信息节点构成的单链表，用来管理多个文件。如果还希望加上文件访问权限，那么在文件单链表的每个文件节点上再加上用户链表节点组成的用户链表，用户链表定义此文件上有存取权限的用户和读、写、执行权限。这种复杂结构的指针数据结构是不是就可以千变万化能适应各种需求了？下面是含文件单链表的数据树结构定义代码。

```
typedef struct filelistNode{
    size_t nBeginSector;
    char cName[256];
    size_t nFileSize;
    struct filelistNode * next;
} FILELISTNODE;                          /* 它有一个指向自身结构类型的指针成员变量 */
typedef struct treeNode{
    struct treeNode * ParentNode;        /* 回溯上一级节点 */
    struct treeNode * LeftNode;          /* 访问左分支 */
    struct treeNode * RightNode;         /* 访问右分支 */
    FILELISTNODE    * FileList;          /* 文件链表 */
} TREENODE;        /* 它有三个指向自身结构类型的指针成员变量外加一个文件列表 */
```

如果觉得一个节点只有两个分支不够用，还可以定义出来多个子树节点。在树节点的横向上建立双向链表（也可以用指针数组的方式），双向链表每个节点都可以向下分支，做成任意分叉数目的树。发挥自己的想象力去用指针结构定义自己的复杂数据结构的代码吧。

11.9　指针类型的转换

指针变量运算时，一方面是按照指针类型为参考基准进行偏移量计算；另一方面是对指针变量所指内存地址单元内的数据进行正确的解读。指针所指内存地址单元的大小都以指针类型的大小为准，并且以恰当的类型规格去解释内存单元的数据，所以没有类型的指针无法操作所指向的数据。

在“11.7 动态内存申请与释放”中，介绍的申请堆内存的函数的返回值都是 void * 指针，为了使用这些堆内存数据块，都要强制进行指针类型转换，参考格式如下。

```
指针变量 = (类型  * )指针表达式;
```

强制进行指针类型转换的代码表达形式如下。

```
float  * fPtr = NULL;
char  sName[20] = "This is a book.";
fPtr = (float * )sName;                  /* 将字符指针转成了单精度浮点型指针 */
```

这时候要是打印 fPtr 指针变量指向的内存单元的浮点数，计算机会把字符串每 4 字节当成一个单精度浮点类型数解读，按照 IEEE 单精度浮点数规范标准去解释，结果不一定。而且以后 fPtr 单精度浮点型指针＋1 运算，是地址增加 4 字节（单精度浮点型一个数据的字节数）。

指针类型做强制类型转换，只是让指针运算和解读数据有了类型参考标准，但是那一块二进制数据的内容还是没有做任何转换，只是解读方法按照新类型标准去做，结果是不可预料的，这一点需要特别注意。

11.10 函数指针及操作

C语言的函数不能在别的函数体内定义，但是要动态地在另一个函数内调用不同功能的函数是否可以呢？答案是可以的，这就是函数参数是函数指针的情况。

C语言的指针是内存单元的地址，而函数可执行代码在内存中也是有地址的，因此函数可执行代码的开始地址可以是一个指针，这类指针称为函数指针。声明函数指针时，需要参照要描述的函数对象，然后写一个和那个参照对象比较像的函数指针，包括返回值类型、参数表都要一样像。参照“7.1 函数的结构”中声明函数的方法，通常函数指针定义方式如下。

```
说明符与限定符   函数名 A(形参列表 A);                    //被参照的函数样子
说明符与限定符   ( * 函数指针变量 P)( 形参列表 A);        //参照函数名 A 声明一个函数指针
```

这样函数指针变量P就可以存储一个函数名A那样的函数指针(函数地址)，函数指针变量P是一个指针变量，它指向一段函数代码的首地址，像函数名A那样带形参列表A，并且返回类型也与函数名A一样返回指定的返回类型。

函数指针定义好了，那么怎么操作函数指针呢？前面“11.5 指针与数组”中讲到数组名就是数组首地址，数组名可以直接赋值给同类型的指针变量，这样指针就可以操作数组元素了。同样函数名就是此函数可执行代码的首地址，直接将一个函数名赋值给函数指针变量就完成了函数指针的赋值运算。函数指针赋值以后就可以调用所指向的函数了，这要通过函数调用运算符()实现，调用时函数实参要列在函数调用运算符()的括号内，调用语句代码格式如下。

```
函数指针变量 P = 函数名 A;                  //函数指针赋值运算
( * 函数指针变量 P)(实参表 A);              //赋值后的函数指针调用函数
```

在“第13章信号处理”中，有标准的信号处理安装函数就需要传入函数指针参数，在附录A的表A.5中它是这样声明的。

```
void ( * signal( int sig, void ( * func)(int)))(int);
```

其中，signal的第二个参数void (* func)(int)就是一个函数指针，在“第13章信号处理”中的示例程序中就有如下代码行将自定义的函数作为函数指针参数，传入信号处理安装函数进行安装，以便程序中激发此信号处理函数进行自定义的信号处理。

```
void save_currentworks(int);                 /* 声明一个函数 */
signal(SIGINT, save_currentworks);           /* 安装信号处理函数,传入函数指针 */
```

下面这个示例程序声明了一个函数指针，并将函数指针赋值后调用了函数。示例程序附带了对返回float指针类型的函数、返回float指针类型的函数指针进行sizeof运算的代码内容。

```
#include <stdio.h>
#include <stdlib.h>                          /* 分配内存,产生随机数用 */
#include <time.h>                            /* 获取时间用 */
float * GetBunchFloats(size_t * nNums);      /* 返回指针的函数 */
float * ( * funcPtr)(size_t * nNums);        /* 函数指针 */
int main()
{
    size_t nSize = 0LL; /* 64 位系统 size_t 是 unsigned long long */
    float * nPtrnSize = NULL;
    register size_t i;
```

```
    time_t nCurrenttime;
    nCurrenttime = time((time_t *)NULL);
    srand((unsigned int )nCurrenttime);        /* 初始化随机种子 */
    printf("*GetBunchFloats函数的sizeof运算结果大小:%-1lld字节\n",sizeof
(GetBunchFloats(&nSize)));
    printf("funcPtr函数指针的大小:%-1lld字节\n",sizeof(funcPtr));
    funcPtr = GetBunchFloats;                  /* 函数指针赋值 */
    printf("****下面是函数指针调用方式****\n");
    nPtrnSize = (*funcPtr)(&nSize);            /* 另一种调用方式,申请内存 */
    if(nSize > 0 && nPtrnSize) {               /* 判断是否申请成功 */
        printf("申请成功%-1lld个浮点数\n",nSize);
        for(i = 0;i < nSize;i++) {
            printf("%7.1f ", *(nPtrnSize + i));
            if( (i + 1) %5 == 0 || i == (nSize - 1)) printf("\n");   /* 每行打印5个数 */
        }
        free(nPtrnSize);                       /* 使用完,一定释放空间,申请内存成功才能释放 */
    }
    return 0;
}
float *GetBunchFloats(size_t *nNums)
{
    size_t i,nNeeds = 0LL;                     /* 64位系统 size_t是unsigned long long */
    float *fPtr = NULL;                        /* 堆上申请内存用 */
    nNeeds = (size_t)(rand() %101);            /* 产生0~100的随机数 */
    fPtr = (float *)malloc(nNeeds * sizeof(float));       /* 申请需要的数据块 */
    if(fPtr && nNeeds > 0)
    {
        for(i = 0;i < nNeeds;i++)
        {
            *(fPtr + i) = rand() * 1.0f;       /* 申请的数据块赋值使用 */
        }
    }
    *nNums = nNeeds;                           /* 用于返回给外面申请了多少个浮点数据 */
    return fPtr;                               /* 函数返回值 */
}
```

示例程序运行结果如图11.13所示。

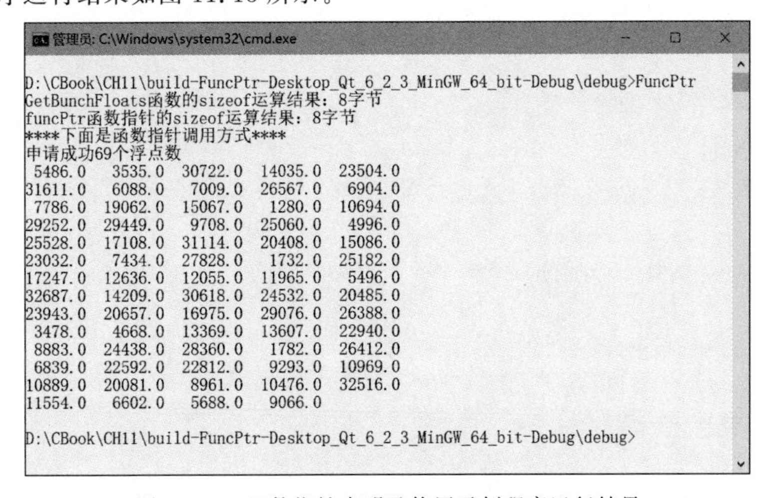

图11.13 函数指针声明及使用示例程序运行结果

11.11 多级指针及操作

指针是内存单元的地址,指针变量是存储内存单元地址的变量。二级指针是内存单元地址变量的地址,二级指针变量是存储内存单元地址的变量的地址的变量。三级指针是内存单元地址的变量的地址的变量的地址,三级指针变量是存储内存单元地址的变量的地址的变量的地址的变量。如此这样递归就可以知道 n 级指针的定义。这也可以理解为要访问一个内存变量,需要间接寻址多少次。假定定义有下面的三级指针变量 *** Ptr,Ptr 需要进行(* Ptr)、(* (* Ptr))、(* (* (* Ptr)))才能找到内存单元存的 0X6257 数据。下面的图 11.14 是 Ptr 三级指针寻址示意图。

```
short int *** Ptr;                    //Ptr 指针变量内容是 0X60A7
```

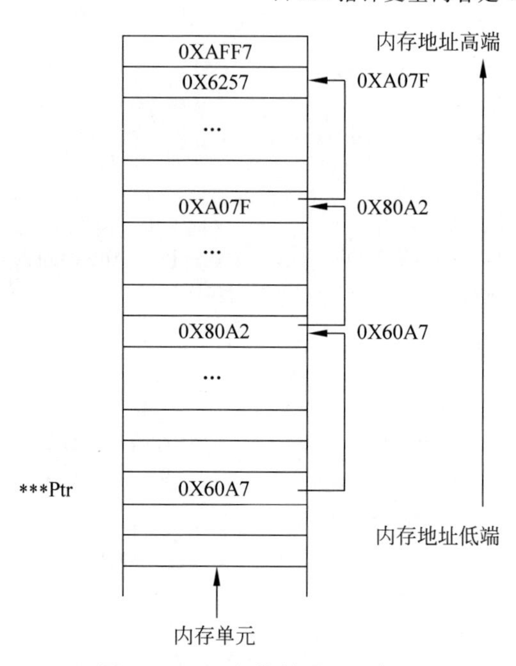

图 11.14 三级指针寻址示意图

第12章 文件

早期的C语言是借助UNIX系统提供的库函数进行文件操作的，在UNIX系统中，一切都是文件。在UNIX原始论文*The UNIX Time-Sharing System*中，Kenneth Lane Thompson和Dennis MacAlistair Ritchie就提出了“一切皆文件”的朴素思想。

UNIX系统将普通文件和设备通过目录统一在了一个递归的树形结构中。UNIX的文件系统是一个挂载在ROOT(/号)下的树形目录结构，每一个目录节点都可以挂载一棵子树。因此UNIX可以将外部存储设备(移动硬盘、U盘、CD-ROM)、打印机、绘图仪、键盘、显示器等都作为文件挂在UNIX的文件系统下。甚至自己的UNIX系统下的文件也可以挂在别人的UNIX系统下，看起来像是别人的文件。

Linux系统与UNIX系统一样，也是将几乎所有一切都当成文件处理。CentOS 8.5系统(一种Linux系统)的/dev下存放的是设备文件目录、虚拟文件系统。这个目录下放着几乎所有系统中与设备有关的相关文件，不论是使用的或未使用的设备，只要有可能使用到，就会在/dev中建立一个相对应的设备文件。

CentOS 8.5系统的设备文件分为两种类型：字符设备文件和块设备文件(目录中基本上都是设备文件，如硬盘设备文件/dev/sda)。图12.1是CentOS 8.5系统的/dev目录下

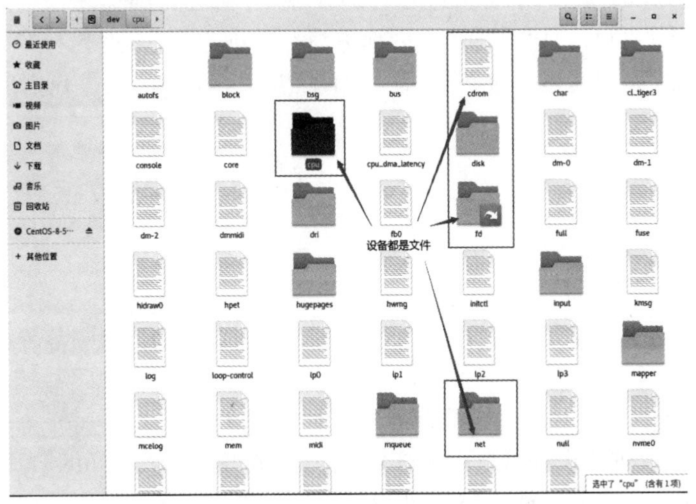

图12.1 CentOS(Linux)系统的/dev目录下的文件

的文件列表，例如/dev/console是系统控制台，也就是直接和系统连接的监视器；/dev/dm-x是设备文件；/dev/cdrom、usb等也是设备文件；/dev/stdin、stdout、stderr等是标准输入输出文件，对应键盘、显示器、错误信息输出文件。

12.1 文件的概念

文件一般是指存储在外部存储介质上的有名字的一系列相关数据的有序集合（不排除内存也可以映射文件）。在C语言中，也和UNIX系统一样是将输入和输出设备都作为文件看待，例如stdin、stdout、stderr这三个标准输入输出文件。C语言在非UNIX系统的计算机上流行开来之后，UNIX系统的文件库函数也变成了C语言的标准库函数。

文件一般都包含文件路径、文件名、文件扩展名三部分。在UNIX系统中（或Linux系统中）文件系统路径是以/作为多级目录分隔符。在微软的Windows系统下面使用\作为多级目录分隔符时要注意，C语言中用转义字符\\表示反斜杠号，所以在Windows下用到\时要使用转义字符\\表示。

C语言的文件操作函数都在stdio.h头文件中定义。不同字长的计算机系统下C语言的文件操作函数的参数会有一些差别，例如size_t在64位系统和32位系统下分别是64位的unsigned long long int和32位的unsigned int，允许访问的文件最大长度是不一样的。

文件操作一般要遵守打开、读写、关闭的流程要求。特别是在同时使用多个文件时，不是忘了打开文件就是忘了关闭文件，这都会造成一些问题。忘记关闭文件会让写入文件的数据出现丢失的情况，严重的甚至让文件成了没有任何数据内容的空文件。

12.2 打开、关闭文件

对文件读写之前要先打开文件，然后才能在文件中读写数据。有些人可能会说，为什么输入输出用的stdin、stdout、stderr不用打开、关闭呢？下面先讲一下UNIX下程序是怎么运行的。

UNIX系统（Linux系统）下有个进程管理程序，任何运行的程序都在进程管理程序的管理下运行。每个可执行程序运行起来后都称为一个进程，每个进程都有一个进程ID号。对于操作系统来说，进程就是一个数据结构。下面看一下Linux的进程描述结构的源代码。

```
struct task_struct {
    long state;                          /* 进程状态 */
    struct mm_struct *mm;                /* 虚拟内存结构指针 */
    pid_t pid;                           /* 进程号 */
    struct task_struct __rcu *parent;    /* 指向父进程的指针 */
    struct list_head children;           /* 子进程列表 */
    struct fs_struct *fs;                /* 存放文件系统信息的指针 */
    struct files_struct *files;          /* 一个数组，包含该进程打开的文件指针 */
};
```

其中，struct files_struct *files是这个进程打开使用的文件指针。stdin、stdout、stderr三个文件指针在操作系统创建进程时就预先打开了，存储在这个struct files_struct *files文件指针数组中，默认的这三个标准I/O文件指针分别存储在files[0]、files[1]、files[2]中，后面再打开的文件依次填充进 files[3]、files[4]……中。

进程结束退出时,操作系统的进程管理程序会关闭前三个默认的 I/O 文件指针,所以不必去关心这三个标准的 I/O 文件的打开和关闭。下面是 CentOS 8.5 系统下的系统监视器界面,可以看到当前运行的 Qt Creator 集成开发环境的进程 ID 是 3211,如图 12.2 所示。

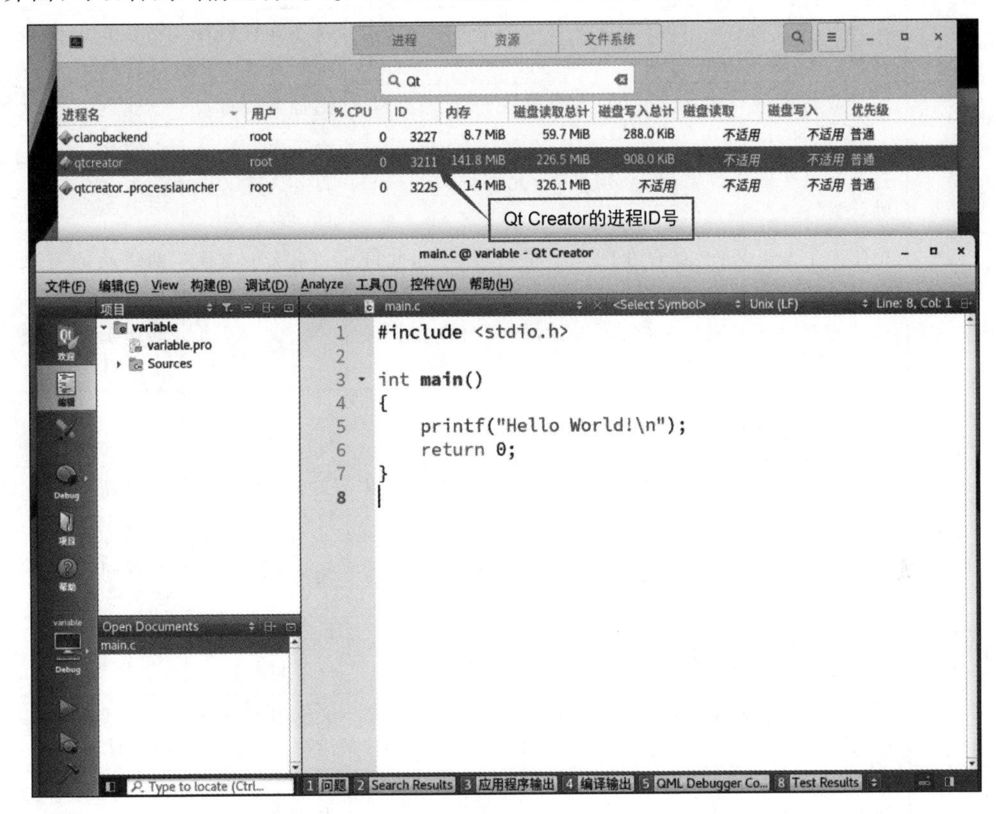

图 12.2 CentOS(Linux)系统下进程 ID

C 语言的文件数据类型和操作函数都在 stdio.h 头文件中定义,其中有用 typedef struct_iobuf FILE;定义的结构类型别名。为了使用文件进行相关文件操作,需要先声明文件指针变量,参照变量声明语句格式,文件指针变量的声明格式如下。

```
说明符与限定符(含 FILE 类型别名)  声明符与初始化器列表;
```

其中,声明符与初始化器列表以,分隔声明符(可以附带初始化器)列表。声明符形式如下。

```
* 类型限定符(可选) 声明符            //这种形式在声明文件指针时经常使用
用户标识符                          //通常用在上面形式的声明符最终的文件指针变量名声明上
```

下面是文件指针变量声明的例子。

```
static  FILE  * fin = NULL,  * fout,  * ferr = NULL;        //声明了 3 个文件指针
```

声明了文件指针变量之后就可以调用文件打开函数,FILE * fopen(const char * path, const char * type);函数功能是打开文件并返回文件指针。此函数用 type 方式打开 path 指定的全路径文件,函数返回 NULL 指针表示 fopen 出错,后继不能操作文件。如果返回值非 NULL,则可以读写、移动文件当前位置,获取当前文件位置等文件操作。表 12.1 是 fopen()函数的 type 值及含义说明。

表 12.1 fopen()函数的 type 值及含义说明

type	含义说明	文件存在	文件不存在
"r"	打开一个文本文件，文件必须存在，只允许读。"r"默认为"rt"	打开文本文件读	出错
"w"	新建一个文本文件，已存在的文件将内容清空，只允许写。"w"默认为"wt"	文本文件内容清空写	创建新的空文本文件写
"a"	打开或新建一个文本文件，只允许在文件末尾追写。"a"默认为"at"	追加方式写入文本	创建新的空文本文件写
"r+"	打开一个文本文件，文件必须存在，允许读写。"r+"默认为"rt+"	打开文本文件读写	出错
"w+"	新建一个文本文件，已存在的文件将内容清空，允许读写。"w+"默认为"wt+"	文本文件内容清空读写	创建新的空文本文件读、写
"a+ "	打开或新建一个文本文件，可以读，但只允许在文件末尾追写。"a+ "默认为"at+ "	追加写、读	创建新的空文本文件写、读
"rb"	打开一个二进制文件，文件必须存在，只允许读	打开二进制文件读	出错
"wb"	新建一个二进制文件，已存在的文件将内容清空，只允许写	文件内容清空写	创建新的空二进制文件写
"ab"	打开或新建一个二进制文件，只允许在文件末尾追写	追加写	创建新的空二进制文件写
"rb+"	打开一个二进制文件，文件必须存在，允许读写	打开二进制文件读写	出错
"wb+"	新建一个二进制文件，已存在的文件将内容清空，允许读写	文件内容清空读写	创建新的空二进制文件读、写
"ab+ "	打开或新建一个二进制文件，可以读，但只允许在文件末尾追写	追加写、读	创建新的空二进制文件写、读

从打开类型列表中可以看出文件内容存在文本文件(不带 b 字符)和二进制文件(带 b 字符)两种形式。下面介绍一下这两种文件内容形式的区别。

12.2.1 文本文件

文本文件类型默认文件内容是文字编码，也包含不可显示的 ASCII 控制字符。在控制文本字符输出的格式中，经常会用\n 作为换行符，在 UNIX(Linux)、macOS 系统下字符编码是 0X0A，但是在微软的 Windows 系统下文本文件用 0X0D、0X0A 两个字符共同表示回车换行符。

这两种换行方式的不统一在阅览文件时会产生一些混乱，因此有的 C 语言编译程序在 Windows 版本环境下写文本文件时遇到 0X0A 会自动插入 0X0D 字符，形成 0X0D、0X0A 两个字符的回车、换行标志。在从文件读入字符串时又将 0X0D 字符去掉。

这种处理方法有时候也会造成一些混乱或错误。例如下面的示例程序，用"w"文本方式打开文件，用 fwrite()函数写入 0～99 一共 100 个整型数。其中会有 0X0000000A 数字(Little-Endian 字节序)，在 Windows 系统下 fwrite()函数会自动插入 0X0D 字符，而 UNIX(Linux)、macOS 系统下不会插入 0X0D 字符。如果把这个 Windows 系统下生成的文本文件拿到 Linux 系统下按照 100 个整数读,就会造成如图 12.4 所示的读数据错误。写文件的示例程序源代码如下。

```
#include <stdio.h>
#define MAXSIZE 100
int main()
{
    FILE *filePtr = NULL;             /*声明一个文件指针*/
    int i,nbuf;
    filePtr = fopen("mydat.dat","w");
    /*以"w"文本方式创建并打开当前目录下 mydat.dat 文件*/
    if(filePtr)
    {
        for(i=0;i<MAXSIZE;i++)
        {
            nbuf = i;
            if(fwrite(&nbuf,sizeof(int),1LL,filePtr)!= 1LL)
            /*将整数 i 写入 filePtr 文件*/
                printf("wrote error!\n");
            printf("%d\n",nbuf);
        }
        fflush(filePtr);
        fclose(filePtr);              /*操作完文件,一定要关闭!*/
    }
    return 0;
}
```

将上述程序生成的数据文件 mydat.dat 拖曳到 Qt Creator 集成开发环境平台编辑区,Qt Creator 会自动用十六进制方式展示文件内容,如图 12.3 所示。可以看到上述示例程序在 Windows 系统下应该是 0x0a(十进制 10)的地方却出现了数据 0x0d,而 0x0a 数据出现在这个数字后面,后面所有的数字都向后错了 1 字节。macOS 10.15 系统下应该是 0x0a(十进制 10)的地方没有插入数据 0x0d,是真实的 0x0a。在 macOS 10.15、Windows 系统下再以"r"文本方式打开 Windows 系统下生成的文件,用 fread()函数读入 100 个整数,程序读取数据就会出现错误,如图 12.4 所示。

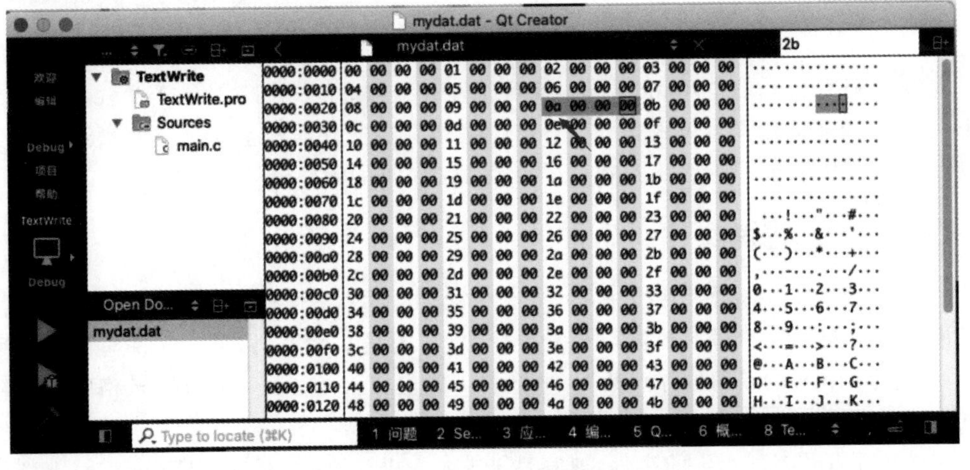

图 12.3　Windows 系统下写文本文件遇到 0x0a 会自动加入 0x0d 字符

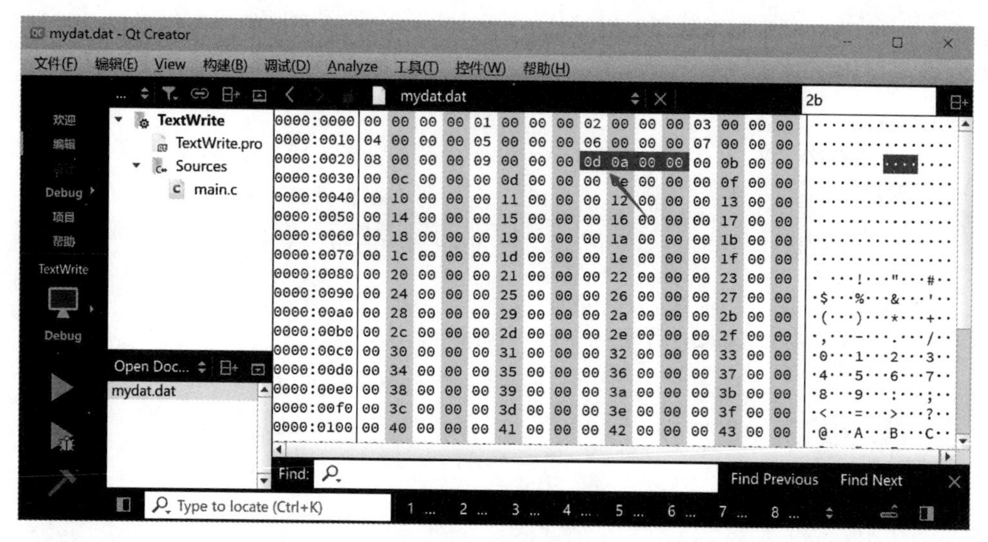

图 12.3 （续）

```
Last login: Fri Jul 29 07:33:30 on ttys001
chengwanli@chengwanlideMac build-TextRead-Qt_6_3_1cc
chengwanli@chengwanlideMac build-TextRead-Qt_6_3_1_f
or_macOS-Debug % ./TextRead
  0     1     2     3     4
  5     6     7     8     9
2573  2816  3072  3328  3584
3840  4096  4352  4608  4864
5120  5376  5632  5888  6144
6400  6656  6912  7168  7424
7680  7936  8192  8448  8704
8960  9216  9472  9728  9984
10240  10496  10752  11008  11264
11520  11776  12032  12288  12544
12800  13056  13312  13568  13824
14080  14336  14592  14848  15104
15360  15616  15872  16128  16384
16640  16896  17152  17408  17664
17920  18176  18432  18688  18944
19200  19456  19712  19968  20224
20480  20736  20992  21248  21504
21760  22016  22272  22528  22784
23040  23296  23552  23808  24064
24320  24576  24832  25088  25344
chengwanli@chengwanlideMac build-TextRead-Qt_6_3_1_f
or_macOS-Debug %
```

```
D:\CBook\CH12\build-TextRead-Desktop_Qt_6_2_3_MinGW_64_bi
t-Debug\debug>TextRead
 0    1    2    3    4
 5    6    7    8    9
10   11   12   13   14
15   16   17   18   19
20   21   22   23   24
25   read error!
read error!
read error!
read error!
read error!
read error!
read error!
read error!
read error!
read error!
read error!
read error!
read error!
read error!
read error!
read error!
read error!
read error!
```

图 12.4 被插入 0x0d 字符的文本文件再以文本文件打开读入数据会出现错误

因为 UNIX(Linux)与 Windows 的换行符存在差异，所以在跨平台开发软件时要考虑这个问题，尽量不要用文本方式打开文件进行操作。在文件操作上用二进制类型打开文件可以保证读写内容的一致性，不存在这样自动添加字符的问题。

12.2.2 二进制文件

打开文件时 type 参数使用含有"b"方式的参数，那么文件就是以二进制方式打开的。以二进制方式向文件中写的数据不会发生变化，写的是文字编码，那么文件里就是文字编码，写入的是 IEEE 的单精度浮点数据，那么写入的内容就是 4 字节的 IEEE 格式的单精度浮点数据。

这种文件打开类型产生的文件，兼容性非常好。Windows 下、UNIX(Linux)下都可以按照原有格式和类型读写，不会有意外的插入、删除字符。为了提高 C 语言代码的可移植性，实现跨平台开发的可行性，尽量使用二进制文件打开方式。

上面介绍了两种不同的打开文件方式操作，下面继续介绍相关的内容。操作文件时，只有成功打开文件之后，才可以对文件内容数据进行操作。这就意味着，打开文件操作会有失败的情况发生，例如同时打开的文件数超过了系统定义的可以同时打开文件的最大数目，就会发生打开文件失败的情况。在 stdio.h 文件中就有如下定义内容，也就是最多同时打开 20 个文件，除去默认打开的 stdin、stdout、stderr 三个文件，最多只能同时打开 17 个文件。

```
#define FILENAME_MAX 260
#define FOPEN_MAX 20
#define _SYS_OPEN 20
#define TMP_MAX 32767
```

文件读写操作完成后，需要及时关闭文件。如果操作完成后不关闭文件程序就结束，会造成文件内容丢失等问题。关闭文件使用函数 int fclose(FILE *stream);，此函数关闭一个已打开的文件，返回值为 EOF 时，表示出错。下面是一个完整的声明文件指针变量、打开文件、读写文件数据及关闭文件的示例程序。

```
#include <stdio.h>
#define MAXSIZE 100
int main()
{
    FILE *filePtr = NULL;                /*声明一个文件指针*/
    int i,nbuf;
    filePtr = fopen64("mydat.dat","wb");
    /*以"wb"方式创建并打开当前目录下 mydat.dat 文件*/
    if(filePtr)
    {
        for(i = 0;i < MAXSIZE;i++)
        {
            nbuf = i;
            if(fwrite(&nbuf,sizeof(int),1LL,filePtr)!= 1LL)
            /*将整数 i 写入 filePtr 文件*/
                printf("wrote error!\n");
            printf("%d\n",nbuf);
        }
        fflush(filePtr);
        fclose(filePtr);                 /*操作完文件,一定要关闭!*/
    }
    return 0;
}
```

12.3 缓冲区读写文件

缓冲区又称为缓存，它是内存空间的一部分。这些特定的内存空间用来缓冲输入或输出的数据，这部分内存空间就称为缓冲区。

缓冲区读写文件，是在进行文件读写时，将缓冲区开始地址作为参数传递给文件读写函数，然后一次将这块缓冲区的内容写入文件或从文件读出数据存入这块内存区域。下面分别是用缓冲区读、写数据的函数及声明。

```
size_t  fread(void * buf,size_t size ,size_t cnt, FILE * stream);
size_t  fwrite(const void * buf, size_t size, size_t cnt, FILE * stream);
```

fread()从 stream 文件指针中读入 cnt 个大小为 size 字节的数据项,存入 buf 缓冲区中。返回值为实际从文件读出的数据项的个数。

fwrite()把 buf 缓冲区中的 cnt 个长度为 size 的数据项写入文件 stream 文件指针中(文本文件方式会进行 LF→CR. LF 转换)。返回值为实际写入文件的完整数据项的个数。

在"12.2.2 二进制文件"一节的示例程序中已经展示了怎么用 fwrite()函数写缓冲区数据,下面给出的示例程序是读出在"12.2.2 二进制文件"一节示例程序写的 mydat. dat 文件,缓冲区就是用一个 int 变量取地址的 4 字节大小的缓冲区。缓冲区读文件的示例程序源代码如下。

```
#include <stdio.h>
#define MAXSIZE 100
int main()
{
    FILE *filePtr = NULL;
    register int i;
    int nBuf;
    filePtr = fopen64("mydat.dat","rb");
    /*以二进制方式打开当前目录下的 mydat.dat 文件*/
    if(filePtr)
    {/*成功打开文件*/
        for(i=0;i<MAXSIZE;i++)
        {
            if(fread(&nBuf,sizeof(int),1LL,filePtr) == 1LL)
            /*从 filePtr 文件读入整数 nBuf*/
            {
                printf(" %3d ",nBuf);           /*读入正确*/
                if( (i+1) % 5 == 0) printf("\n");
            }
            else printf(" read error!\n",nBuf);  /*读入错误*/
        }
        fclose(filePtr);                        /*操作完文件,一定要关闭!*/
    }
    return 0;
}
```

12.4 字符与字符串形式读写文件

在文件读写操作中,有一大类文件操作是针对字符或字符串的读写操作,这些文件操作函数有些与经常用到的标准输入输出函数非常像。这些函数有些看起来很明显就是针对文件进行字符或字符串读写的函数,这类函数的一个共同特点就是函数参数表中都有 FILE * stream 参数。有了这些文件操作函数,可以对文件进行字符或字符串的读写操作。常用的文件读写函数及功能列举如下。

```
int fscanf(FILE * stream, const char * format, …);
int fprintf(FILE * stream, const char * format, …);
```

fscanf()从 stream 文件指针读取格式化输入。如果成功，该函数返回成功进行格式匹配和赋值的个数。如果到达文件末尾或发生读错误，则返回 EOF。

fprintf()发送格式化输出到 stream 文件指针中。如果成功，则返回写入的字符总数，否则返回一个负数。

```
int vfscanf(FILE * stream, const char * format, …);
int vfprintf(FILE * stream, const char * format, …);
```

vfscanf()使用参数列表从 stream 文件指针中读入格式化输入，如果成功，则返回读入的字符总数，否则返回一个负数。

vfprintf()使用参数列表发送格式化输出到 stream 文件指针中，如果成功，则返回写入的字符总数，否则返回一个负数。

```
int fgetc(FILE * stream);
int fputc(int char, FILE * stream);
```

fgetc()从指定的 stream 文件指针获取下一个字符(一个无符号字符)，并把文件位置标识符往前移动。

fputc()把参数 char 指定的字符(一个无符号字符)写入指定的 stream 文件指针中，并把文件位置标识往前移动。如果没有发生错误，则返回被写入的字符；如果发生错误，则返回 EOF，并设置错误标识符。

```
char  * fgets(char * str, int n, FILE * stream);
int  fputs(const char * str, FILE * stream);
```

fgets()从指定的 stream 文件指针读取一行内容，以\n 为行结束，并把行内容(不含\n)存储在 str 所指向的字符串内。当读取 $n-1$ 个字符时，或者读取到换行符时，或者到达文件末尾时，它会停止，具体视情况而定。

如果成功，则 fgets()函数返回相同的 str 参数。如果到达文件末尾或者没有读取到任何字符，则 str 的内容保持不变，并返回一个空指针；如果发生错误，则 fgets()函数返回一个空指针。

fputs()把字符串写入指定的 stream 文件指针中，但不包括空字符。该函数返回一个非负值，如果发生错误则返回 EOF。

```
int ungetc(int char, FILE * stream);
int putc(int char, FILE * stream);
```

ungetc()把字符 char(一个无符号字符)推入指定的 stream 文件指针中(stream 文件内容保持不变)，以便它是下一个被读取到的字符。如果成功，则返回被推入的字符，否则返回 EOF。

putc()把参数 char 指定的字符(一个无符号字符)写入指定的 stream 文件指针中，并把文件位置标识符往前移动。

12.5　文件辅助操作

除了进行文件读出、写入操作之外，在程序中还需要一些文件辅助操作，例如随机读写文件时需要先移动文件指针到指定位置，然后再开始读、写文件内容。其他的文件辅助操作还包括获取当前文件指针位置、判断文件指针当前位置是否到达文件结尾、获取文件长度、修改文件名等操作。有了这些文件辅助操作，才能更好地进行文件读写操作。这些文件辅助操作函数罗列如下。

```
int fgetpos(FILE * stream, fpos_t * pos);
int fgetpos64(FILE * stream, fpos_t * pos);
```

fgetpos()获取 stream 文件指针的读写位置存入 * pos(fpos_t 类型定义在 stdio.h 中)。返回值为 0 时，表示成功。

fgetpos64()是 64 位版获取 stream 文件指针的读写位置存入 * pos(fpos_t 类型定义在 stdio.h 中)。返回值为 0 时，表示成功。

```
int fflush(FILE * stream);
int feof(FILE * stream);
```

fflush()更新缓冲区，返回值为 0 时，表示成功。

feof()检测文件结束符，返回值为非 0 时，表示文件结束。

```
int fseek(FILE * stream, long offset, int origin);
int _fseeki64(FILE * stream, long long offset, int origin);
```

fseek()将 stream 文件指针移动到离起始位置 origin 的 offset 字节的位置。返回值为 0 时，表示成功。

_fseeki64()是 64 位版 fseek()函数，用来将 stream 文件指针移动到离起始位置 origin 的 offset 字节的位置。返回值为 0 时，表示成功。origin 在 stdio.h 中定义如下。

```
#define SEEK_SET 0                           /* 开头位置 */
#define SEEK_CUR 1                           /* 当前位置 */
#define SEEK_END 2                           /* 文件尾位置 */
int fsetpos(FILE * stream, const fpos_t * pos);
int fsetpos64(FILE * stream, const fpos_t * pos);
```

fsetpos()定位文件指针位置，将 stream 文件指针的文件位置置为 pos 的值，返回值为 0 时，表示成功。

fsetpos64()是 64 位版 fsetpos()函数，用来将 stream 文件指针的文件位置置为 pos 的值，返回值为 0 时，表示成功。

```
long ftell(FILE * stream);
long long _ftelli64(FILE * stream);
```

ftell()获取 stream 文件指针指示的当前位置值，返回值为 -1L 时，表示出错。

_ftelli64()是 64 位版获取 stream 文件指针指示的当前位置值，返回值为 -1L 时，表示出错。

```
int remove(const char * filename);
```

remove()删除 filename 给定的文件。如果成功，则返回 0；如果错误，则返回 -1，并设置 errno。

```
int rename(const char * old_filename, const char * new_filename);
```

rename()把 old_filename 所指向的文件名改为 new_filename。

```
void rewind(FILE * stream);
```

rewind()将文件指针重新指向文件的开头位置，它等价于 fseek(stream,OL,SEEK_SET);。

```
void setbuf(FILE * stream, char * buf);
```

setbuf()允许用指定的缓冲区来取代系统提供的默认缓冲区。

```
int setvbuf(FILE * stream, char * buffer, int mode, size_t size);
```

setvbuf()定义 stream 文件指针应如何缓冲，其中 mode 参数定义如下。

_IOFBF：全缓冲。对于输入，缓冲会在请求输入且缓冲为空时被填充；对于输出，数据在缓冲填满时被一次性写入文件。

_IOLBF：行缓冲。对于输入，缓冲会在请求输入且缓冲为空时被填充，直到遇到下一个换行符；对于输出，数据在遇到换行符或者在缓冲填满时被写入，视具体情况而定。

_IONBF：无缓冲。不使用缓冲，每个 I/O 操作都被立即写入或读出。此时 buffer 和 size 参数被忽略。

```
FILE * tmpfile(void);
```

tmpfile()以二进制更新模式(wb+)创建临时文件。被创建的临时文件会在文件指针关闭时或者在程序终止时自动删除。

```
char * tmpnam(char * str);
```

tmpnam()生成并返回一个有效的临时文件名，该文件名之前是不存在的。如果 str 参数为空，则只会返回临时文件名。

第13章

信号处理

视频讲解

信号是操作系统传递给进程(运行的程序)的软件中断。操作系统也可以根据系统或错误条件发出信号。有些情况下会出现默认的响应行为(例如当进程通过按 Ctrl+C 组合键接收到 interrupt SIGINT 信号时,进程会终止)。这一章将介绍如何通过定义回调函数来管理信号和处理信号。在可能的情况下,这种处理信号的方式将允许一个正在使用此软件的人立即关闭文件,执行特殊操作,并以程序员定义的方式做出响应行为。

这一章介绍的内容在不同的系统下,甚至不同的编译程序下都会有些差异。这是很容易理解的,Linux 下的异常或错误响应机制和 Windows 下的异常或错误响应机制是有较大差异的,它们的信号处理方式也是有差别的。注意,并非所有信号在当前的系统上都可以处理。

查看 signal.h 头文件里面的定义,可以知道系统能够处理的信号有哪些。这样就可以编写处理这些信号的软中断处理程序,让程序更智能、更完美。下面是编者查看自己计算机中的 signal.h 头文件发现的信号定义。

```
#define NSIG 23
#define SIGINT 2                    /* 按下 Ctrl + C 组合键,默认是终止程序运行 */
#define SIGILL 4                    /* 检测非法指令 */
#define SIGABRT_COMPAT 6
#define SIGFPE 8                    /* 错误的算术运算,例如除以 0 或导致溢出的操作 */
#define SIGSEGV 11                  /* 非法访问内存 */
#define SIGTERM 15                  /* 发送到程序的终止请求 */
#define SIGBREAK 21                 /* 中断 */
#define SIGABRT 22                  /* 程序的异常终止,如调用 abort */
#define SIGABRT2 22
```

在附录 A 表 A.5 中有信号发送和信号处理函数的定义方法。附录 A 表 A.6 中有宏定义的信号常量。附录 A 表 A.7 中有预定义的信号处理函数。下面就用已定义的信号编写一个信号处理示例程序。

```
#include <stdio.h>
#include <stdlib.h>
#include <unistd.h>
#include <signal.h>
#define MAXSIZE 100
volatile FILE *filePtr = NULL;       /* 声明一个文件指针,volatile 声明 filePtr 易变 */
```

```
void save_currentworks(int);          /* 处理 SIGINT 信号,安全关闭文件,保留以前做的工作 */
int main()
{
    int i,nbuf;
    signal(SIGINT, save_currentworks);     /* 安装信号处理函数 */
    filePtr = fopen("mydat.dat","wb");    //以"wb"方式创建并打开当前目录下 mydat.dat 文件
    if(filePtr)
    {
        for(i = 0;i < MAXSIZE;i++)
        {/* 写文件会因按 Ctrl + C 组合键中断,从而跳出循环结束文件操作 */
            nbuf = i;
            if( !filePtr ) break;          /* filePtr 易变,随时不可用 */
            /* 软中断处理函数 save_currentworks()会修改 filePtr 指针 */
            if(fwrite(&nbuf,sizeof(int),1LL,filePtr)!= 1LL)
            {/* 将整数 i 写入 filePtr 文件出错时 */
                printf("wrote error!\n");
            }
            printf(" % d\n",nbuf);          /* 将整数 i 打印在屏幕上 */
            sleep(1);                      /* 模拟长时间工作状态 */
        }/* 写文件会因按 Ctrl + C 组合键中断,从而跳出循环结束文件操作 */
        if( filePtr ) fflush(filePtr);
        if( filePtr ) fclose(filePtr);     /* 操作完文件,一定要关闭! */
        filePtr = NULL;
    }
    printf("软中断执行完了,现在到程序末尾了!\n");
    printf("要正常 return 0;退出了!\n");
    return 0;
}
void save_currentworks(int signal)
{
    if(filePtr)
    {
        fflush(filePtr);
        fclose(filePtr);                   /* 操作完文件,一定要关闭! */
        filePtr = NULL;
        printf("捕获信号,写文件工作已关闭!\n");
    }
    else
    {
        printf("捕获信号,文件之前已关闭!本次无须关闭保存\n");
    }
}
```

这个信号处理示例程序运行时,打开一个文件,预计向文件里写入从 0 到 99 共 100 个整数,在循环中使用 sleep(1);语句模拟其他工作。在源代码开始处,声明全局文件指针变量 volatile FILE *filePtr;,这个 volatile 限定符的意思是说 filePtr 指针变量易变,会在其他地方被修改。在这个示例程序中 filePtr 指针变量就在循环语句中被软中断函数修改了。

程序在用 signal 安装信号处理函数(软中断处理函数)后,打开文件执行循环语句向文件内写入整型数。每写一个整数就睡眠 1 秒,这样可以看到屏幕上的输出动作内容。在写完 100 个整数之前,若按 Ctrl+C 组合键,将激发 SIGINT 信号,程序会将控制从循环语句内向文件中写整数操作跳转到用 signal 安装的信号处理函数 save_currentworks()中。

save_currentworks()函数就是软中断处理函数，它测试文件是否打开，如果打开了就调用fflush()函数将文件缓冲区内容写入文件，防止文件数据丢失，然后关闭文件，修改用 volatile 限定符修饰的文件指针 filePtr，让它等于 NULL。等信号处理函数 save_currentworks()执行完返回到原来的循环语句内时，会在下一个写文件语句之前判断文件指针是否可用，不可用时，就跳出写文件循环语句，到 main()函数最后的三条语句，分别打印两条信息提示程序要正常结束了。

示例程序运行结果如图 13.1 所示。

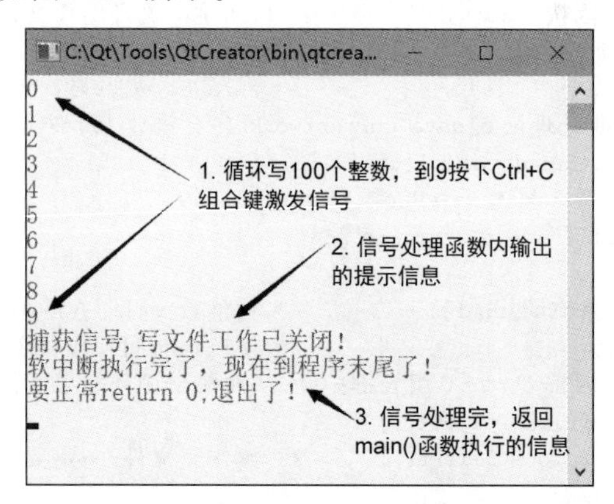

图 13.1　信号处理函数(软中断)示例程序运行结果

C 语言的信号处理函数是在操作系统发出某种软件中断信号时要执行的函数。用户自定义的信号处理函数可以在此时被激发，中断当前正在执行的程序语句序列，进入信号处理函数，立即关闭文件、执行特殊操作等程序员预先定义的响应行为，让编写的程序适应这种中断信号的含义，并安全正常地结束运行。

通过示例程序，也能感知到循环向文件里写入 0～9 共 10 个数字，已经做过的工作被完整保存了，没有因为异常信号而全部白费。下面是将示例程序产生的 mydat.dat 文件拖进 Qt Creator 集成开发环境查看内容的界面，已经写入文件的 10 个整数保存完好，文件完整。而且还能看到在 Intel CPU 计算机中文件也是按照 Little-Endian 字节序方式存储数据的——低字节放在低地址端，高字节放在高地址端。产生的部分文件内容如图 13.2 所示。

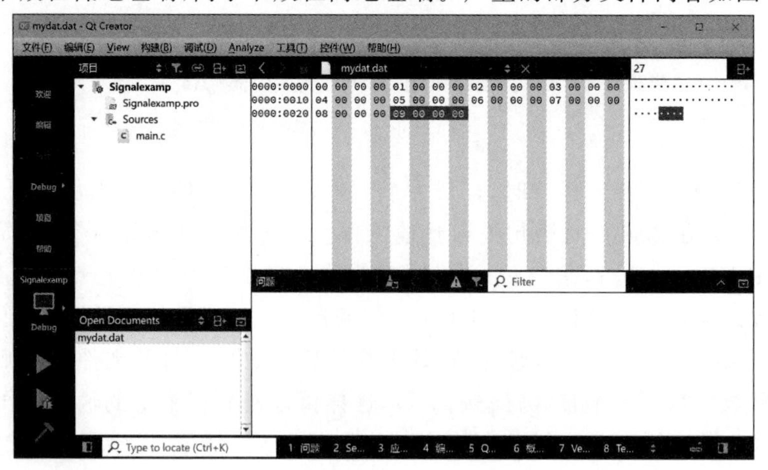

图 13.2　按 Ctrl＋C 组合键时，保存的文件内容

示例程序中是通过按 Ctrl+C 组合键让 Windows(UNIX、Linux、macOS 都可以)操作系统产生一个 SIGINT 信号,然后程序用已经安装的自己定义函数 save_currentworks()去响应这个信号。C 语言的信号处理编程方面还有另外一个常用的函数 raise(),它可以在被调用时产生特定的信号。在程序中经过判断发现已经出现严重问题,软件不能再运行下去时,程序员通过调用 raise()函数产生特定信号,让程序跳转到对应的信号处理函数去应对处理,执行特殊操作或关闭文件等,之后退出程序。raise()函数语句规则如下。

```
nRet = raise(SIGINT);        /* SIGINT 可以换成其他信号,如 SIGFPE、SIGTERM、SIGABRT 等 */
```

第14章

线　　程

早期的计算机系统在任意时刻只允许一个程序在计算机内执行，这个程序使用整个计算机系统的资源，完全控制整个计算机系统。早期的计算机系统的CPU、内部设备和外部设备大部分时间都处于空闲状态，系统资源利用率很低。

现在的计算机系统允许多个程序加载进入内存，并同时在计算机系统内并发执行。计算机系统资源利用率提高了很多，但是主要的CPU、内存、硬盘大部分时间还比较空闲。计算机科技人员一直在想办法提高CPU、内存、硬盘的利用率，于是产生了多进程编程技术。近些年随着CPU多核技术的应用，又产生了多线程编程技术。

14.1　进程的概念

进程是操作系统进行资源分配和调度的基本单位。一个程序要运行，需要内存、标准输入/输出文件、CPU、当前文件目录、外部设备等多种计算机系统资源。当操作系统给程序分配了这些资源之后，程序运行起来才能称为一个进程。为了提高计算机系统资源的利用率和整体运行效率，操作系统会同时加载多个进程运行，一个进程使用低速设备时，其他进程可以获得更多的CPU时间进行运算，这样就会更充分地利用系统资源，这就是操作系统进程管理的范畴。

操作系统的进程管理是操作系统为了提高计算机系统资源利用率，提高整体运行效率的一种管理调度方法。在多进程管理中，进程间同步、进程间通信、死锁处理是多进程调度要解决的问题。进程的并发执行是进程的多任务处理。

进程可以有5种状态，由操作系统根据事件或条件进行调度，如图14.1所示。

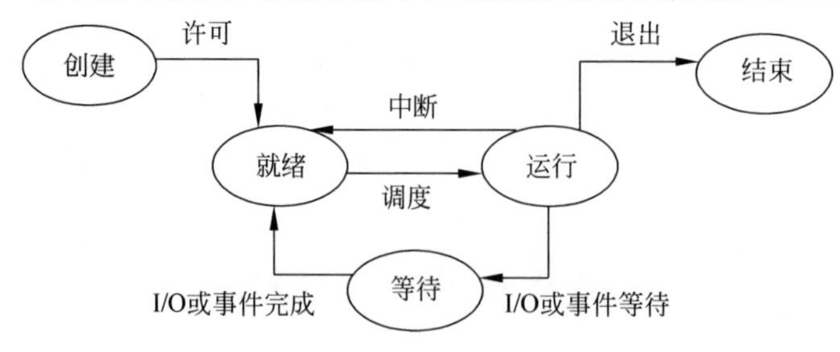

图14.1　进程状态

每个进程在操作系统中用一个进程控制块（PCB）表示。每个进程控制块包含的部分内容如图 14.2 所示。

在计算机内多个进程同时加载进内存，每个进程都拥有自己独立的代码区、独立的数据区、独立的打开文件列表、运行时独立的寄存器组、独立的栈、唯一的进程 ID 号，各个进程之间的内存区间地址是相互隔离开的。进程之间要交换数据，需要使用操作系统提供的进程间通信（Inter-Process Communication，IPC）工具，或者使用操作系统提供的共享内存。多进程虽然能提高程序处理数据的效率，但是并发进程的协作是比较烦琐的。这种进程间关系如图 14.3 所示，进程之间几乎没有联系。

指针	进程状态
进程号(PID)	
程序计数器(PC)	
寄存器组	
内存管理信息	
打开的文件列表	
…	

图 14.2　进程控制块示意图

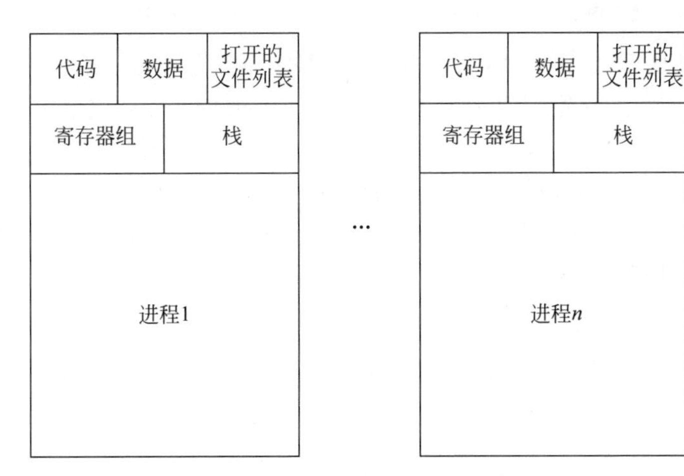

图 14.3　进程内存空间关系示意图

14.2　线程的概念

并行处理事务是人类提高工作效率的最好方法，因此在计算机上人类也是用尽各种办法让计算机并行运行程序指令，以此来提高信息处理的效率。在进程管理流行的时代，计算机科学家想了各种方法提高进程的并发程度，但是基于进程的内存地址空间的隔离，让这种想法经常经受到各种折磨。

随着 CPU 多核设计的流行，计算机科学家发明了多线程技术。线程有时被称为轻量级进程（Light Weight Process，LWP），是程序执行流的最小单元。线程是进程中的一个实体，是可以被操作系统独立调度和分派的基本单位。线程自己不独立拥有系统资源，只拥有在运行中必不可少的栈和寄存器组资源，但它可与同在一个进程的其他线程共享进程所拥有的全部资源。线程拥有的资源很“轻”，因此线程的调度消耗的系统开销很小，切换非常迅速。图 14.4 是单线程进程与多线程进程资源关系对比。

图 14.4(a)是单线程进程，也是绝大多数程序加载进内存后的资源示意图。进程的代

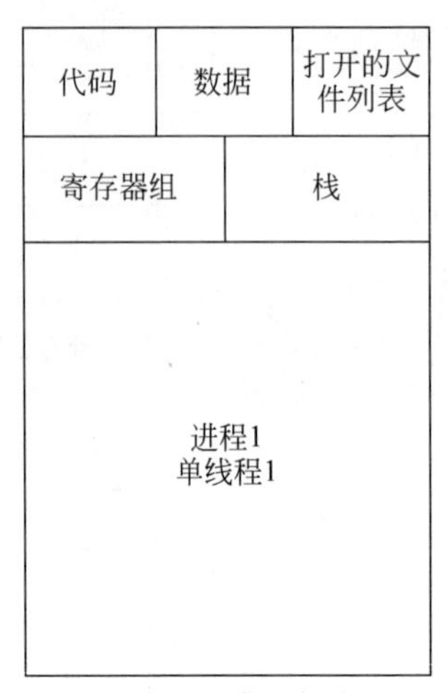

(a) 单线程进程资源

代码 数据 打开的文件列表
寄存器组 寄存器组 寄存器组
栈 栈 栈
进程1 线程… 线程n

(b) 多线程进程资源

图 14.4 单线程进程与多线程进程资源关系对比

码、数据、打开的文件列表、寄存器组、栈内存空间被一个线程独占使用。

图 14.4(b)是多线程进程，进程拥有的代码、数据、打开的文件列表是多个线程共用的，每个线程都可以访问、读写使用。每个线程私有的只是寄存器组、栈内存空间。因为各个线程共享一个进程的代码、数据、打开的文件列表，因此线程间数据交换迅速快捷。线程调度时因为线程私有资源少，需要保存的"现场"数据少，线程上下文切换比进程上下文切换要快得多。

线程也有 5 种状态，也是根据事件或条件进行调度，如图 14.5 所示。

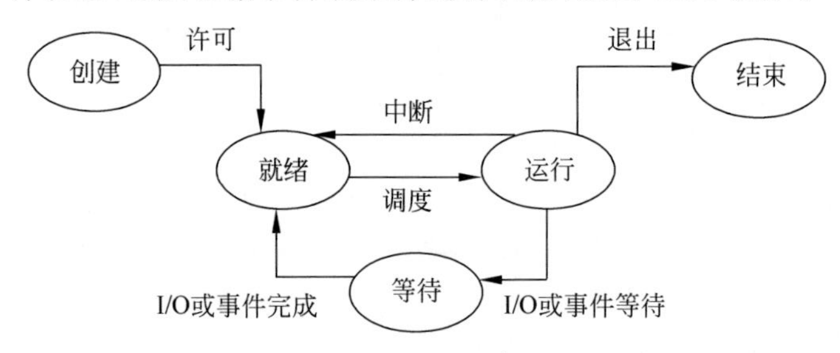

图 14.5 线程状态

线程的 5 种状态与进程的 5 种状态相同。线程间因为共享进程的数据和文件，因此同一个进程的线程间通信不必通过操作系统提供共享内存实现，直接使用共享的进程数据内存就可以实现线程间通信。不同进程间的线程通信，依然需要像进程间通信那样用操作系统提供的进程间通信工具，或者使用操作系统提供的共享内存。线程的并发执行是同一进程程序片段的并发执行。

14.3 多线程编程

人类总是想通过并行处理来提高处理效率，提高计算机系统资源的利用率。近些年CPU 多核技术更是促进了多线程编程技术的发展。本节就介绍多线程编程技术。

在用多线程技术编程时，从软件工程方面考虑，要尽量做到高内聚、低耦合。高内聚要求尽可能每个线程函数都只完成一件事(最大限度的聚合)，减少使用外部变量，尽量不与其他线程共用外部全局变量。调用其他函数模块时,这些模块函数都有自己独立的代码和局部数据(在线程自己的栈内),低耦合要求函数参数尽可能简单,被调用函数也尽量减少使用外部变量,尽量不与其他线程共用外部全局变量。

从编译原理方面分析,虽然每个线程可以共同使用相同的进程代码,但是每个线程都有自己独立的寄存器组、栈内存。每个线程函数的实参、局部变量都存储在自己独立的栈内存区,互不干扰;每个线程函数在非运行状态时,各寄存器的值也都保存在自己独立的寄存器组存储区,互不干扰(相同的线程代码运行于不同的数据集合上,是不同的线程)。因此,即使多线程用的是同一个线程函数代码,也能做到多个线程不互相干扰。线程之间使用进程的公共数据(全局变量、静态变量)属于线程间通信,使用进程的公共数据会增加耦合性。

在开发多线程软件时,很多非计算机专业的技术人员很难理解为什么用同一个函数创建的多个线程,它们之间用那么多相同名字的局部变量,这些数据为什么会不互相干扰。有了编译原理知识,对函数调用过程和原理理解之后,这个问题就迎刃而解了。这也是本章开始介绍进程概念和线程概念的原因,理解了进程和线程资源关系,理解线程的状态转换关系,对多线程编程会有很大的帮助。

用 C 语言进行多线程编程时,常用的是 POSIX Thread(Pthread)。这是 IEEE 制定并由国际标准化组织接受为国际标准的 POSIX 标准(Portable Operating System Interface Standard),即可移植操作系统接口标准的线程库。使用 POSIX Thread 需要在 C 语言源代码文件开始处用指示字#include < pthread. h>包含头文件,同时用指示字#include < unistd. h>包含头文件。

在 UNIX(Linux)环境下 POSIX Thread 库并非系统默认的链接库,因此需要在项目文件中明确指明链接库。在 UNIX(Linux)环境下执行终端命令 locate 查询库文件。

```
locate  libpthread
```

根据查询的结果,如果是 qmake 项目,需要在项目文件(*. pro)中加入一行链接库文件说明。

```
LIBS += /usr/lib64/libpthread.so
```

如果是 CMake 项目,则在项目文件(CMakeLists. txt)中加入一行链接库文件说明。

```
target_link_libraries(项目名称  /usr/lib64/libpthread.so)
```

然后在编程时调用 POSIX Thread 相关的库函数就可以编写多线程程序了。

14.3.1 初始化线程创建属性

创建 POSIX 线程,需要线程属性参数。属性参数存储在一个 pthread_attr_t 类型的变量内,初始化此变量需要使用下面的 POSIX 线程库函数,函数调用成功则返回 0,调用失败则返回错误代码。

```
int pthread_attr_init(pthread_attr_t *attr);
```

线程创建的属性变量,需要在程序结束时用下面的 POSIX 线程库函数对其去除初始化、销毁,使它在重新初始化之前不能重新使用。函数调用成功则返回 0,调用失败则返回错误代码。

```
int pthread_attr_destroy(pthread_attr_t *attr);
```

14.3.2 设置线程创建属性

线程的创建属性初始化之后，可以设置需要的创建属性，包括是否可连接、是否分离、堆栈地址和大小、优先级等。默认属性为可连接、非分离、默认10MB堆栈、与父进程有相同优先级。下面的代码段可以设置线程创建的栈空间大小。

```
#define STACKSIZE  32 * 1024 * 1024
pthread_t          tid;
pthread_attr_t     tattr;
void    * stack;
pthread_attr_init(&tattr);
if(stack = malloc(STACKSIZE)) {          /* 只能从堆内存申请空间,准备作为栈内存空间 */
pthread_attr_setstack(&tattr,stack, STACKSIZE);       /* 设置线程创建属性栈内存空间 */
pthread_attr_setdetachstate(&tattr, PTHREAD_CREATE_JOINABLE);     //设置可连接属性
pthread_create(&tid, &tattr, saygoodbye, NULL);
}
pthread_attr_destroy(&tattr);                         /* 销毁线程创建属性,不可用 */
```

14.3.3 创建线程

创建线程实际上就是确定调用该线程函数的入口点，这个概念在“11.10 函数指针及操作”一节中已经介绍过，函数指针就是函数开始地址（函数可执行代码的入口点）。我们先分析一下创建线程的函数原型。

```
int pthread_create(pthread_t * tid, const pthread_attr_t * tattr, void * ( * start_routine)
(void * ), void * arg);
```

1. 参数说明

第1个参数tid为指向线程标识符的指针，等同于unsigned long long int类型的指针，用于返回创建的线程的标识。

第2个参数tattr用来设置线程属性，可以用默认值NULL，也可以用pthread_attr_init(&tattr)将线程属性对象初始化为默认值。

第3个参数start_routine是线程运行函数的起始地址（函数指针），这个函数带一个void *无类型指针参数，返回类型是void *无类型指针。

第4个参数arg是传给第3个参数作为线程运行函数的参数。

2. 返回值说明

线程创建成功则返回0，线程创建失败则返回出错编号。

线程创建以后就开始运行相关的线程函数。

下面是创建线程的关键部分C语言代码。

```
#include <pthread.h>
pthread_t tid;                /* 线程 ID,是一个 unsigned long long int 类型 */
pthread_attr_t tattr;         /* 线程创建属性 */
extern void * start_routine(void * arg);        /* 线程函数声明 */
void    * arg;                /* 线程函数参数 */
int    ret;                   /* 存储所调用函数的返回代码 */
ret = pthread_create(&tid, NULL, start_routine, arg);     /* 用默认属性创建线程 */
ret = pthread_attr_init(&tattr);                          /* 用默认属性初始化属性变量 */
ret = pthread_create(&tid,&tattr, start_routine,arg);     /* 用初始化属性变量创建线程 */
```

14.3.4 终止线程

要终止一个 POSIX 线程,可以使用 pthread_exit(void * status);函数。pthread_exit(void * status);是显式地退出线程,在线程完成工作后无须继续存在时调用。

如果 main()函数在自己创建的线程结束之前就用 return 0;结束运行了,那么 main()函数中创建的线程即使没有运行完,也会跟着被强行结束。如果 main()函数用 pthread_exit(void * status);退出自己,那么其他线程会继续执行到正常结束。

下面的示例程序代码创建了 3 个执行缓慢的线程,然后 main()函数分别用两种方式结束自己,看看这两种方式对创建的 3 个线程的影响。

```
#include < stdio.h >
#include < stdlib.h >
#include < time.h >            /* 获取时间用 */
#include < pthread.h >
#include < unistd.h >
#define THREADS 3             //线程的个数
void * saygoodbye(void* args)
{
    pthread_t tid;
    tid = pthread_self();     /* 获取自己的线程 ID 号 */
    printf("线程 %d Sleeping first,1 second!\n",tid); sleep(1);
    printf("线程 %lld said Good bye!\n",tid);
    return NULL;
}
int main()
{
    time_t nCurrenttime;
    pthread_t tid;            /* unsigned long long int 类型 */
    tid = pthread_self();     /* 进程默认的线程运行 main()函数,获取 main()函数的线程 ID 号 */
    pthread_t tids[THREADS];
    for(int i = 0; i < THREADS; ++i)
    { //参数依次是创建的线程 ID、线程参数、调用的函数和传入的函数参数
        int ret = pthread_create(&tids[i], NULL, saygoodbye, NULL);
        if (ret != 0) printf("创建线程失败!\n");
    } //等各个线程退出后,进程才结束,否则进程强制结束了,线程可能还没反应过来
    nCurrenttime = time((time_t *)NULL);
    srand((unsigned int )nCurrenttime);         /* 初始化随机种子 */
    if( rand() % 2 ) {        /* 多运行几次,效果是不一样的 */
        printf("线程 %lld pthread_exit(NULL);方式退出!\n",tid);
        pthread_exit(NULL);   /* 这种方式退出,线程会继续运行到正常结束 */
    }
    else {
        printf("线程 %lld return 0;方式退出!\n",tid);
        return 0;             /* 这种方式退出,线程会立即被强行结束 */
    }
}
```

下面列出常见的 3 种线程函数退出方式,并描述它们的功能区别。

1. return 方式

return 是函数返回,执行后函数调用返回。main()函数调用返回意味着此进程结束,

那么这个进程下的线程不可能脱离进程单独存在，所以也被强制结束。如果使用 return 的是线程函数，则只是这个线程函数正常结束返回。

2. exit 方式

这个是函数调用，可以出现在 main()主函数或其他函数中，直接将进程结束退出。此进程下的所有线程也被强制结束。

3. pthread_exit 方式

这是线程正常结束方式，仅仅退出当前线程。主函数也是一个线程，main()主函数调用这个 POSIX 函数，结束的只是 main()主函数线程，进程依然存在，所以在主函数中创建的其他线程还会继续运行到正常结束。如果是线程函数中用这个函数结束，那么这个线程将终止。

14.3.5 线程函数

线程函数有自己的特殊形式要求，作为线程的入口函数必须遵守这样的要求。线程函数声明的代码表达形式如下。

```
void * ThreadFunction(void * arg);
```

线程函数必须是带一个无类型指针参数，返回值类型也是无类型指针。这个形式从创建线程函数中也可以看到。虽然线程函数只能有一个指针参数，但是通过定义结构类型(强制转换为 void *)，可以通过结构指针传入足够多个数的参数、返回足够多个返回类型的返回值。

14.3.6 等待线程终止与分离线程

在“14.3.4 终止线程”中介绍了 3 种不同的线程退出方式。仔细分析会发现，这些退出方式都不能阻止创建线程的程序执行流程暂停，去等待新创建的线程结束后再执行主线程(或 main()函数)。

编者在中油油气勘探软件国家工程研究中心工作时，经常接触到并发计算，其中就有多线程波动方程计算软件。此类软件经过智能化负载平衡处理后，仍然需要汇聚计算结果，也就是要等待多线程并行计算完每一个分区的所有网格点后，才能进行波场显示。这就需要主线程等待创建的多线程计算结束，然后再继续往下执行波场显示功能。

这在程序设计上就需要使用连接与分离线程。使用前需要先设置线程创建属性为 PTHREAD_CREATE_JOINABLE，用这样的线程属性创建的线程才能进行 pthread_join()操作。

```
pthread_attr_setdetachstate(&tattr, PTHREAD_CREATE_JOINABLE);
/* 先设置线程创建属性为 PTHREAD_CREATE_JOINABLE */
                    ...
int pthread_join(thread_t tid, void ** status);
```

pthread_join()函数会一直阻塞当前调用 pthread_join()的线程，直到指定的 tid 线程终止；当指定多个 tid 线程后，主线程(调用 pthread_join()的线程)会一直等到这些线程都完成、终止后，才会继续往下执行程序。这对于多线程计算波动方程波场来说，就是多线程计算完成，需要开始汇聚数据，然后调用波场显示功能模块显示波场。

线程创建时只有创建属性定义为PTHREAD_CREATE_JOINABLE的线程才可以被主线程连接。如果线程创建时被定义为可分离的，则它永远也不能被主线程pthread_join()连接。

下面的示例程序演示了如何使用pthread_join()函数来等待线程的完成，并打印出来各个线程的返回值。

```
#include <stdio.h>
#include <stdlib.h>
#include <pthread.h>
#include <unistd.h>
#define THREADS 3                    /* 线程的个数 */
void * saygoodbye(void * args)
{
    pthread_t tid;                   /* unsigned long long int 类型 */
    tid = pthread_self();            /* 获取自己的线程 id 号 */
    printf("线程 %lld Sleeping first,1 second!\n",tid); sleep(1);
    printf("第 %d 个创建的线程 said Good bye!\n", *((int *)args));  /* 线程的参数使用 */
    return NULL;                     /* 线程返回 0 正常结束,pthread_exit(NULL);也可以 */
}
int main ()
{
    int       i,rc,threadindex[THREADS] = {0};
    pthread_t threadsid[THREADS];
    pthread_attr_t attr;             /* 线程创建属性 */
    void * status[THREADS] = {NULL};
    pthread_attr_init(&attr);
    pthread_attr_setdetachstate(&attr, PTHREAD_CREATE_JOINABLE);
    /* 线程创建属性必须设置为可连接的(joinable) */
    for( i=0; i< THREADS; i++)
    {/* 创建的线程 */
        printf("main()函数内 : 创建第 %d 个线程\n",i);
        threadindex[i] = i;
        rc = pthread_create( &threadsid[i], &attr, saygoodbye, (void *)&(threadindex[i]));
        /* 创建带参数的线程 */
        if (rc)
        {
            printf("错误:创建线程失败.返回码: %d\n",rc);
            exit(-1);
        }
    }
    pthread_attr_destroy(&attr);     /* 删除属性,不可再用 */
    for( i=0; i< THREADS; i++)
    {
        rc = pthread_join(threadsid[i], &status[i]);
        /* 连接线程,这些连接的线程没执行完,主函数要等待这些线程完成 */
        if (rc)
        {
            printf("错误:连接线程失败.返回码: %d\n",rc);
            exit(-1);
        }
    }
    printf("****************************\n");
    for( i=0; i< THREADS; i++)
    {/* 查看各个线程返回值 */
```

```
        printf("线程 %lld 返回 void * 值为: %lld\n",threadsid[i],status[i]);
    }
    printf("上面的 %d 个线程返回都是 0 才正确!\n",THREADS);
    printf("****************************\n");
    printf("main()函数内,程序马上结束.\n");
    return 0;                          /* 主函数线程退出 */
}
```

示例程序运行结果如图 14.6 所示。

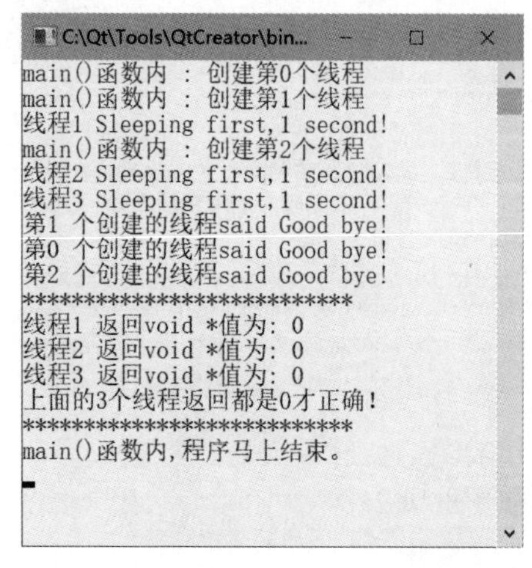

图 14.6 线程的 pthread_join()函数应用

14.3.7 互斥锁

在操作系统调度线程时,会遇到临界区问题(The Critical-Section Problem)。每个线程都有一段代码,称为临界区,其中有线程可能正在更改公共变量、更新表、写入文件等。这种环境状况的重要特点是,当一个线程在其临界区执行时,不允许其他线程在其临界区执行。因此,线程对临界区的执行在时间上是互斥的。

临界区问题是线程能进行协作的一种协议设计。每个线程都必须申请许可,获准后才能进入其临界区。实现这个许可申请的代码部分是临界区的入口部分,临界区之后接着的可能是出口部分,剩下的代码是其余部分。

解决临界区问题必须满足以下 3 个要求。

1. 互斥

如果线程在其临界区执行,则不允许有其他线程在其临界区执行。

2. 进度

如果没有线程在其临界区执行,并且一些线程希望进入其临界区,那么只有那些正在执行临界区其余部分代码的线程可以参与选择是否能进入其临界区,并且该选择不能无限期推迟。

3. 有限等待

在线程发出进入其临界区的申请后,且在该申请被批准之前,允许其他线程进入其临界区的时间存在一个限度。因此需要原子操作(atomic operation),即进行多步操作组成的一个不可分割的操作(要么执行完所有步骤,要么一步也不执行)。

互斥锁(mutex)就是最简单的一种解决临界区问题的互斥机制。互斥锁是由操作系统提供的共享资源,它有作用域。互斥锁作用域表示互斥锁的作用范围,分为进程内作用域PTHREAD_PROCESS_PRIVATE和跨进程作用域PTHREAD_PROCESS_SHARED。进程内作用域的互斥锁只能用于进程内线程互斥,跨进程互斥锁可以用于操作系统内所有线程间互斥。设置和获取互斥锁作用域函数如下。

```
int pthread_mutexattr_setpshared(pthread_mutexattr_t * attr, int pshared);
int pthread_mutexattr_getpshared(const pthread_mutexattr_t * attr, int * pshared);
```

其中,参数attr为互斥锁属性地址,不能为NULL。参数pshared为作用域类型,可以是PTHREAD_PROCESS_PRIVATE和PTHREAD_PROCESS_SHARED常量。这两个函数成功调用返回0值,其他返回值都说明出现了错误。

除了作用域,互斥锁还有类型,它决定了一个线程在申请互斥锁时呈现出的动作。设置互斥锁类型的函数如下。

```
int pthread_mutexattr_settype(pthread_mutexattr_t * attr, int type);
int pthread_mutexattr_gettype(const pthread_mutexattr_t * attr, int * type);
```

其中,参数attr为互斥锁属性地址,不能为NULL。参数type为互斥锁类型,常用的互斥锁类型有如下4种。

(1) PTHREAD_MUTEX_NORMAL,表示普通锁,默认类型。

(2) PTHREAD_MUTEX_RECURSIVE,表示嵌套锁,允许线程对同一个互斥锁多次申请持有,但持有者必须按照嵌套顺序依次解锁,否则会造成死锁。

(3) PTHREAD_MUTEX_ERRORCHECK,表示检错锁,该类型锁可以检测死锁。

(4) PTHREAD_MUTEX_DEFAULT,默认类型锁,与普通锁类似。其他类型可以参照附录D。一般编程序时,使用互斥锁变量的静态初始化方法既简单又方便。

使用进程内互斥锁可以解决任一时刻只有一个线程能在临界区进行更改公共变量、更新表、写入文件等公共资源操作,其他线程需要等待此线程退出临界区,进入其他代码区执行时才能进入临界区操作公共资源。

进程内互斥锁实现线程间互斥是通过加锁方法来实现的。通过加锁方法实现对共享资源进行原子操作,保证共享资源的完整性。线程用互斥锁加锁失败时,会进入等待状态,直到在临界区运行的线程解锁退出临界区。申请加锁失败的线程被唤醒进入就绪状态,操作系统进行线程调度,加锁成功的线程进入临界区,其他加锁失败的重新进入等待状态。如此重复,直到所有申请进入临界区的线程依次都完成对共享资源的操作。

互斥锁的特点如下。

(1) 多个线程加锁,只会有一个成功。

(2) 线程用互斥锁加锁失败,会进入等待状态。

(3) 加锁和解锁必须由同一线程操作,不能加了锁不解锁。

互斥锁使用原则如下。

(1) 临界区范围尽可能小,这样加锁时间短,有利于提高公共资源使用效率。

(2) 尽量在函数内部靠近资源操作的地方加锁而不是靠近线程和函数外部加锁,访问完公共资源,立即解锁。

(3) 尽量少用嵌套方式加锁,不得不用嵌套方式加锁时,必须确保加锁和解锁的嵌套顺序,否则易造成死锁。

(4) 杜绝临界区内有 return、break、continue、goto 等跳转语句,这些语句的跳转可能会越过解锁语句,造成死锁。

(5) 不再使用时,用 POSIX 函数 int pthread_mutex_destroy(pthread_mutex_t * mutex);销毁互斥锁,让其处于未初始化状态。这一步通常在程序结束前完成。

使用互斥锁编程的步骤如下所示。

(1) 声明互斥变量。

(2) 初始化互斥变量。

(3) 使用 POSIX 函数调用加锁。

(4) 操作公共资源(公共数据、表、文件等)。

(5) 使用 POSIX 函数调用解锁。

(6) 销毁互斥锁。

下面描述一个模拟轿车生产、仓储、销售工作的示例程序,这是一个同时运行 6 个线程的多线程程序。在 main()主函数里创建 4 个线程模拟轿车 4 条生产线,另外创建 2 个线程模拟轿车销售线,中间是仓库,仓库管理函数 int warehousemanagement()是临界区。4 条轿车生产线将生产出来的不同品牌、不同颜色的轿车送入仓库,这 4 条生产线会争抢公共资源,例如同时操作变量 nInWareHouseCars、nInventoryQuantities 及仓库车辆链表。仓库另外一端还有 2 条销售线不停地提不同品牌、不同数量的车辆去销售,也会争抢公共资源,例如同时操作变量 nOutWareHouseCars、nInventoryQuantities 及车辆链表。这个示例程序特别像操作系统里经典的哲学家进餐案例。

在设计多线程程序时,除了先定义必要的数据类型外,应首先把公共变量分别列在头部 main()函数前不同的全局变量声明区域,并用注释语句说明。例如本示例程序开始分成轿车生产线公共资源区、仓库公共资源区、销售线公共资源区。把临界区在哪个函数里标注出来,本示例在仓库管理函数里,因为在这里要将生产线的车辆产品入库,还要出库车辆给销售线,所以要操作仓库统计数据、仓库车辆链表,这都是需要上锁、解锁才可以变更的公共数据资源。

这 4 个轿车生产线线程用传入的指针参数控制是否停止生产线。2 个销售线线程也用传入的指针参数控制是否停止销售线。就是用 AssemblyLineUnit 类型的 nAssemblyLineStatues 成员变量来控制是否停止生产线的运行;用 SaleLineUnit 类型的 nSaleLineStatues 成员变量来控制是否停止销售线的运行。仓库除了统计数据外,还用前面第 11 章介绍的双链表存储轿车产品,用第 13 章介绍的信号处理程序设计方法控制 4 条生产线和 2 条销售线的停止运行,以及清理仓库(删除链表节点数据,释放堆内存空间),销毁线程创建属性变量、互斥锁变量的退出程序操作。

下面的示例程序有详细的注释语句,说明了这种步骤。

```
#include <stdio.h>
#include <stdlib.h>
#include <time.h>                           /* 获取时间用 */
#include <string.h>                         /* 用到了字符串操作 */
#include <signal.h>
#include <pthread.h>
#include <unistd.h>
#define ASSEMBLYLINES  4                    /* 生产线数量 */
```

```
#define SALELINES       2                   /* 销售线数量 */
#pragma pack(1)
typedef struct Car
{/* 非0值,表示安装上了 */
    char cBandName[20];                      /* 汽车品牌名字 */
    char cColor[20];                         /* 汽车颜色 */
    int nBreakSystem;                        /* 刹车盘数量 */
    int nWheels;                             /* 轮子数量 */
    int nEngines;                            /* 发动机数量 */
    int nConsole;                            /* 控制台 */
    int nElectronicSystem;                   /* 电子系统 */
    int nGlassPieces;                        /* 玻璃片数 */
    struct Car *pre;
    struct Car *next;
} CarNode;                                   /* CarNode */
typedef struct AssemblyLine
{/* 非0值,表示安装上了 */
    volatile int nAssemblyLineStatues;
    /* 生产线生产状态控制量,由线程参数指针传入,外面修改为0,生产线结束 */
    char      cBandName[20];                 /* 汽车品牌名字 */
    int       nTotalCars;                    /* 生产线总产量 */
} AssemblyLineUnit;                          /* AssemblyLineUnit */
typedef struct SaleLine
{/* 非0值,表示安装上了 */
    volatile int nSaleLineStatues;
    /* 销售线运行状态控制量,由线程参数指针传入,外面修改为0,生产线结束 */
    int  nTotalCars;                         /* 销售线累计销售量 */
} SaleLineUnit;                              /* SaleLineUnit */
/* 轿车生产线公共资源区开始 */
volatile AssemblyLineUnit nAssemblyLineStatues[ASSEMBLYLINES] = \
{{1,"QiRui",0},{1,"Focus",0},{1,"BMW",0},{1,"Honda",0}};
/* 生产线生产状态控制量,由线程参数指针传入,外面修改为0,生产线结束 */
/* 轿车生产线公共资源区结束 */
/* 仓库公共资源区开始 */
CarNode *PtrCarListHeader = NULL, *PtrCurrentCarNode = NULL;
volatile int nInWareHouseCars;               /* 入库总辆数 */
volatile int nInventoryQuantities;           /* 库存辆数 */
volatile int nOutWareHouseCars;              /* 出库总辆数 */
/* 仓库公共资源区结束 */
/* 销售线公共资源区开始 */
volatile SaleLineUnit nSaleLineStatues[ASSEMBLYLINES] = {{1,0},{1,0},{1,0},{1,0}};
/* 销售线生产状态控制量,由线程参数指针传入,外面修改为0,销售线结束 */
/* 销售公共资源区结束 */
void *CarAssemblyLine(void *AssemblyLinePtr);         /* 轿车生产线,产品入仓库 */
int warehousemanagement(int nIO, int nNum, char *cBandName, CarNode **PtrCarListHeader);
/* 临界区,仓库,nIO = 1 表示入仓库,车在 PtrCarListHeader; nIO = 0 表示出仓库,
nNum 表示车子数量,cBandName 表示品牌字符串,PtrCarListHeader 表示车子链表 */
void *SaleLine(void *SalePtr);               /* 销售线,提车销售 */
void stop_threads(int);                      /* 处理 SIGINT 信号,停止所有线程,把库存清理掉 */
pthread_attr_t attr;                         /* 线程创建属性 */
pthread_mutex_t mutex = PTHREAD_MUTEX_INITIALIZER;      /* 互斥量声明,静态初始化 */
int main()
{
    int  nRetCode;
```

```
    time_t  nCurrenttime;
    pthread_t  assemblylinethreadsid[ASSEMBLYLINES],salelinethreadsid[ASSEMBLYLINES];
    void *assemblylinestatus[ASSEMBLYLINES] = {NULL};
    void *salelinestatus[ASSEMBLYLINES] = {NULL};
    signal(SIGINT, stop_threads);            /*安装信号处理函数*/
    nCurrenttime = time((time_t *)NULL);
    srand((unsigned int )nCurrenttime);      /*初始化随机种子*/
    nRetCode = pthread_attr_init(&attr);
    pthread_attr_setdetachstate(&attr, PTHREAD_CREATE_JOINABLE);
    /*线程创建属性必须设置为可连接的(joinable)*/
    for(int i = 0; i < ASSEMBLYLINES; ++i)
    { /*参数依次是创建的线程 ID、线程属性、线程函数、传入线程函数的参数*/
        nRetCode = pthread_create(&assemblylinethreadsid[i], &attr,\
                        CarAssemblyLine, &nAssemblyLineStatues[i]);
        if(nRetCode != 0) printf("创建轿车生产线失败!\n");
    }
    for(int i = 0; i < SALELINES; ++i)
    { /*参数依次是创建的线程 ID、线程属性、线程函数、传入线程函数的参数*/
        nRetCode = pthread_create(&salelinethreadsid[i], &attr,\
                              SaleLine, &nSaleLineStatues[i]);
        if(nRetCode != 0) printf("创建销售线失败!\n");
    }
    printf("四条轿车生产线,两条销售线开始工作!\n");
    printf("按 Ctrl + C 组合键退出!\n");
    pthread_exit(NULL);
}
void stop_threads(int signal)
{
    int  nRetcode;
    for(int i = 0; i < ASSEMBLYLINES; ++i)
        nAssemblyLineStatues[i].nAssemblyLineStatues = 0;   /*停止生产线程*/
    for(int i = 0; i < SALELINES; ++i)
        nSaleLineStatues[i].nSaleLineStatues = 0;           /*停止销售线程*/
    sleep(5);
    printf("四条轿车生产线已经停止!\n");
    printf("两条销售线已经停止!\n");
    nRetcode = pthread_mutex_lock(&mutex);
    PtrCurrentCarNode = PtrCarListHeader;
    while(PtrCarListHeader)
    {
        PtrCarListHeader = PtrCurrentCarNode->next;      /*头向后移动*/
        free(PtrCurrentCarNode);                          /*释放当前 PtrCurrentCarNode*/
        PtrCurrentCarNode = PtrCarListHeader;
    }
    nRetcode = pthread_mutex_unlock(&mutex);
    pthread_mutex_destroy(&mutex);                        /*删除互斥量,不可再用*/
    pthread_attr_destroy(&attr);                          /*删除属性,不可再用*/
    printf("仓库车辆已经清理干净,释放内存完毕!\n");
}
int warehousemanagement(int nIO, int nNum, char *cBandName, CarNode **PtrCarListSonHeader)
{/*临界区,仓库,nIO=1 表示入仓库,车在 PtrCarListHeader; nIO=0 表示出仓库,
    nNum 表示车子数量,cBandName 表示品牌字符串,PtrCarListHeader 表示车子链表*/
    int  nRetcode = 0,nCounter = 0;
    CarNode *PtrLoopCarNode = NULL, *PtrLoopCurrentCarNode = NULL;
```

```
    if(nIO)
    {/ * nIO = 1 表示入仓库 * /
        if( ( * PtrCarListSonHeader) && (nNum == 1) )
        {
            nRetcode = pthread_mutex_lock(&mutex);
            if( !PtrCarListHeader )
            {
                PtrCarListHeader = * PtrCarListSonHeader;
                PtrCurrentCarNode = * PtrCarListSonHeader;
                PtrCurrentCarNode -> pre = NULL;
                PtrCurrentCarNode -> next = NULL;
            }
            else
            {
                PtrCurrentCarNode = PtrCarListHeader;
                while(PtrCurrentCarNode -> next)
                    PtrCurrentCarNode = PtrCurrentCarNode -> next;
                / * PtrCurrentCarNode 先移动到尾部 * /
                ( * PtrCarListSonHeader) -> pre = PtrCurrentCarNode;
                / * ( * PtrCarListSonHeader)前连到 PtrCurrentCarNode 上 * /
                ( * PtrCarListSonHeader) -> next = NULL;
                PtrCurrentCarNode -> next = ( * PtrCarListSonHeader);
                / * PtrCurrentCarNode -> next 连到( * PtrCarListSonHeader)上 * /
                PtrCurrentCarNode = ( * PtrCarListSonHeader);
                / * PtrCurrentCarNode 移到( * PtrCarListSonHeader) * /
            }
            nInWareHouseCars++;                          / * 入库总辆数 + 1 * /
            nInventoryQuantities++;                      / * 库存辆数 + 1 * /
            pthread_t tid;                               / * unsigned long long int 类型 * /
            tid = pthread_self();                        / * 获取自己的线程 id 号 * /
            printf("轿车生产流水线 %lld 入库 1 辆 %s 色 %s 轿车!,仓库库存 %ld 辆轿车\n",
tid,PtrCurrentCarNode -> cColor,PtrCurrentCarNode -> cBandName,nInventoryQuantities);
            nRetcode = pthread_mutex_unlock(&mutex);
            * PtrCarListSonHeader = NULL;
        }
        nRetcode = nNum;                                 / * 实际入库轿车数 * /
    }
    else
    {/ * nIO = 0 表示出仓库 * /
        nCounter = 0;                                    / * 提车数量 * /
        nRetcode = pthread_mutex_lock(&mutex);
        PtrCurrentCarNode = PtrCarListHeader;
        while( PtrCurrentCarNode && (nCounter < nNum) )
        {
            PtrLoopCarNode = PtrCurrentCarNode;          / * 不等于 NULL * /
            PtrCurrentCarNode = PtrCurrentCarNode -> next;
            / * PtrCurrentCarNode 向后移动一个,循环用 * /
            if(strcmp(PtrLoopCarNode -> cBandName,cBandName) == 0)
            {/ * 符合提车要求 * /
                / * PtrCurrentCarNode 后移一个,留下 PtrLoopCarNod 提取 * /
                if(PtrLoopCarNode == PtrCarListHeader)   / * 是双链表头节点 * /
                    PtrCarListHeader = PtrLoopCarNode -> next;
                    / * PtrLoopCarNode 节点提出来前,头向后移动一个 * /
                if(PtrLoopCarNode -> pre)
```

```
                PtrLoopCarNode->pre->next = PtrLoopCarNode->next;
            if(PtrLoopCarNode->next)
                PtrLoopCarNode->next->pre = PtrLoopCarNode->pre;
            PtrLoopCarNode->pre = NULL;
            PtrLoopCarNode->next = NULL;      /*PtrLoopCarNode 从库存双链表拿出*/
            if(nCounter == 0 && PtrLoopCarNode)
            {
                *PtrCarListSonHeader = PtrLoopCarNode;
                /*  *PtrCarListSonHeader 只操作一次*/
                PtrLoopCurrentCarNode = PtrLoopCarNode;
                /*PtrLoopCurrentCarNode 是提出来的车子链的最后一个节点*/
                PtrLoopCarNode->pre = NULL;
                PtrLoopCarNode->next = NULL;
            }
            else
            {
                PtrLoopCarNode->pre = PtrLoopCurrentCarNode;
                /*PtrLoopCurrentCarNode 是提出来的车子链的最后一个节点*/
                /*PtrLoopCarNode->pre 前连到 PtrLoopCurrentCarNode 上*/
                PtrLoopCarNode->next = NULL;
                PtrLoopCurrentCarNode->next = PtrLoopCarNode;
                /*PtrLoopCurrentCarNode->next 连到 PtrLoopCarNode 上*/
                PtrLoopCurrentCarNode = PtrLoopCarNode;
                /*满足提车要求的车才会加到 PtrLoopCurrentCarNode 后面*/
            }
            nCounter++;                          /*从仓库提出一辆车*/
            nInventoryQuantities--;              /*库存辆数*/
            nOutWareHouseCars++;                 /*出库总辆数*/
        }/*if(strcmp)符合提车要求*/
    }/*while( PtrCurrentCarNode && (nCounter < nNum) )遍历提车*/
    pthread_t tid;                               /*unsigned long long int 类型*/
    tid = pthread_self();                        /*获取自己的线程 ID 号*/
    printf("销售线%lld 申请提%d 辆%s 轿车,实际提%d 辆%s 轿车,仓库库存%ld 辆轿车
\n",tid,nNum,cBandName,nCounter, cBandName,nInventoryQuantities);
    nRetcode = pthread_mutex_unlock(&mutex);
    nRetcode = nCounter;          /*实际出库轿车数,可能比需求低,因为没有车*/
  }/*if nIO = 0/出仓库*/
  return nRetcode;
}
void *CarAssemblyLine(void *AssemblyLinePtr)
{
  int  nInWareHouseCode;
  int  nRetcode = 0,nColor;
  AssemblyLineUnit *PtrAssemblyLineType = NULL;
  CarNode *PtrProductingCar = NULL;              /*用局部量*/
  PtrAssemblyLineType = (AssemblyLineUnit *)AssemblyLinePtr;
  if(PtrAssemblyLineType)                        /*有生产线指令*/
  {
    while(PtrAssemblyLineType->nAssemblyLineStatues)
    {/*1 生产状态*/
      PtrProductingCar = (CarNode *)malloc(sizeof(CarNode));     /*造车框架*/
      if(PtrProductingCar)                       /*轿车框架造好,可以装配了*/
      {
        strcpy(PtrProductingCar->cBandName,PtrAssemblyLineType->cBandName);
```

```
            nRetcode = pthread_mutex_lock(&mutex);
            nColor = nInWareHouseCars;          /* 加锁,尽量让各生产线不同步 */
            nRetcode = pthread_mutex_unlock(&mutex);
            switch(nColor % 5)
            {/* 生产线喷漆颜色 */
            case 0:/* 红颜色 */
                strcpy(PtrProductingCar->cColor,"red");
                break;
            case 1:/* 白颜色 */
                strcpy(PtrProductingCar->cColor,"white");
                break;
            case 2:/* 银颜色 */
                strcpy(PtrProductingCar->cColor,"silver");
                break;
            case 3:/* 黑颜色 */
                strcpy(PtrProductingCar->cColor,"black");
                break;
            case 4:/* 蓝颜色 */
                strcpy(PtrProductingCar->cColor,"blue");
                break;
            }
            PtrProductingCar->nBreakSystem = 4;
            PtrProductingCar->nWheels = 4;              /* 安装刹车系统和轮子 */
            PtrProductingCar->nEngines = 1;             /* 安装发动机 */
            PtrProductingCar->nElectronicSystem = 1;    /* 安装电子系统 */
            PtrProductingCar->nConsole = 1;             /* 安装控制台 */
            PtrProductingCar->nGlassPieces = 6;         /* 安装玻璃 */
            PtrProductingCar->pre = NULL; PtrProductingCar->next = NULL;
            sleep(3);                                   /* 生产一辆车时间,小汽车装配
好了,准备出流水线入库 */
            PtrAssemblyLineType->nTotalCars++;          /* 此流水线产出量 + 1 */
            nInWareHouseCode = warehousemanagement(1, 1, \
                                    NULL, &PtrProductingCar);
        /* 临界区,仓库,nIO = 1 表示入仓库,车在 PtrCarListHeader; nIO = 0 表示出仓库,
nNum 表示车子数量,cBandName 表示品牌字符串,PtrCarListHeader 表示车子链表 */
          }/* if(PtrProductingCar) 轿车框架造好,可以装配了 */
      }/* while(PtrAssemblyLineType->nAssemblyLineStatues) 生产状态 */
    }/* if(PtrAssemblyLineType)生产线指令 */
    pthread_exit(NULL);
}
void * SaleLine(void * SalePtr)
{/* 销售线,提车销售,不限品牌 */
    int  nRetcode,nNeedCars = 0,nOutWareHouseCode = 0;
    CarNode * PtrCarListSonHeader = NULL, * PtrCurrentCarNode = NULL;
    /* 这些指针用在提出的车辆处理上,局部变量 */
    SaleLineUnit * PtrSaleLineType = NULL;
    char  cBrandName[20];                               /* 汽车品牌名字 */
    PtrSaleLineType = (SaleLineUnit *)SalePtr;
    if(PtrSaleLineType)                                 /* 有销售线指令 */
    {
        while(PtrSaleLineType->nSaleLineStatues)
        {/* 1 销售线运行状态 */
            nNeedCars = nInventoryQuantities % 11;      /* 模拟提车需求数量 */
            strcpy(cBrandName,nAssemblyLineStatues[rand() % 4].cBandName);
```

```
            /* 模拟提车需求品牌,虽是全局公共变量,但是品牌不会修改,只读,不加锁 */
            if(nNeedCars)                                     /* 提车数量不为 0,提车 */
            {
                PtrCarListSonHeader = NULL;
                nOutWareHouseCode = warehousemanagement(0, nNeedCars,\
                                        cBandName, &PtrCarListSonHeader);
             /* 临界区,仓库,nIO = 1 表示入仓库,车在 PtrCarListHeader; nIO = 0 表示出仓库,
nNum 表示车子数量,cBrandName 表示品牌字符串,PtrCarListHeader 表示车子链表 */
                if( nOutWareHouseCode == 0 ) sleep(3);      /* 没货 */
                PtrCurrentCarNode = PtrCarListSonHeader;
                while(PtrCarListSonHeader)
                {
                    PtrCarListSonHeader = PtrCurrentCarNode->next;      /* 头向后移动 */
                    free(PtrCurrentCarNode);
                    PtrSaleLineType->nTotalCars++;           /* 模拟卖出一辆 */
                    /* 释放当前 PtrCurrentCarNode */
                    PtrCurrentCarNode = PtrCarListSonHeader;
                    /* 当前 PtrCurrentCarNode 与 PtrCarListSonHeader 重合 */
                    sleep(2);                                /* 模拟卖出过程耗费时间 */
                }/* 删除各个节点,模拟卖出 */
                PtrCarListSonHeader = NULL;
            }/* if(nNeedCars)申请提车数量不为 0,提车 */
        }/* while(PtrSaleLineType->nSaleLineStatues) 运行销售线 */
    }/* if(PtrSaleLineType)有销售线指令 */
    pthread_exit(NULL);
}
```

多线程调试工作是非常困难的一项工作,直接在多线程下调试,几乎是不可能完成的任务。可以另外新建一个调试项目,将多线程源代码部分复制进新建的调试项目里,不用线程,而用函数调用方式先运行起来。没有问题之后冻结这部分代码,再用同样的方法调试另一部分代码,例如销售线的代码。都用普通函数调用方式调试通过后,将代码复制到多线程方式项目中,用多线程方式运行。图 14.7 就是编者调试多线程程序的界面,Qt Creator 集成

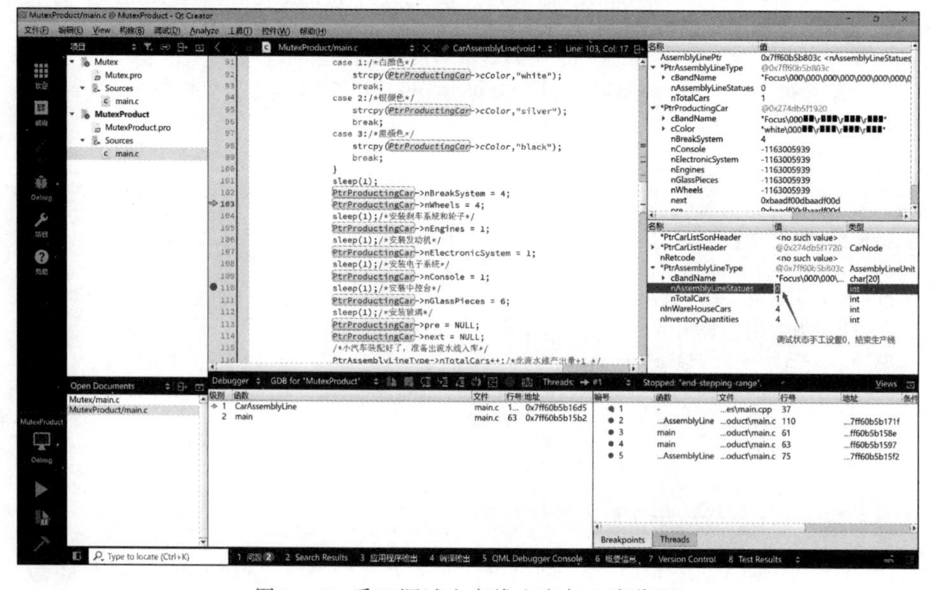

图 14.7 手工调试生产线生产与入库代码

开发环境可以单步运行程序;追踪进入各函数内部运行。单步执行时可以随时观察各种变量的值,也可以手工修改各种变量的值,例如直接修改控制线程函数运行结束的控制变量AssemblyLineUnit类型的nAssemblyLineStatues成员变量值,可以手工将其值从1运行状态改成0结束运行状态。

这个示例程序运行后,按Ctrl+C组合键就可以停止6个线程的运行,并清理仓库双链表堆内存,销毁线程创建属性变量和互斥量变量。在Windows 10、CentOS 8.5、macOS 10.15三个系统下分别运行结果如图14.8所示。

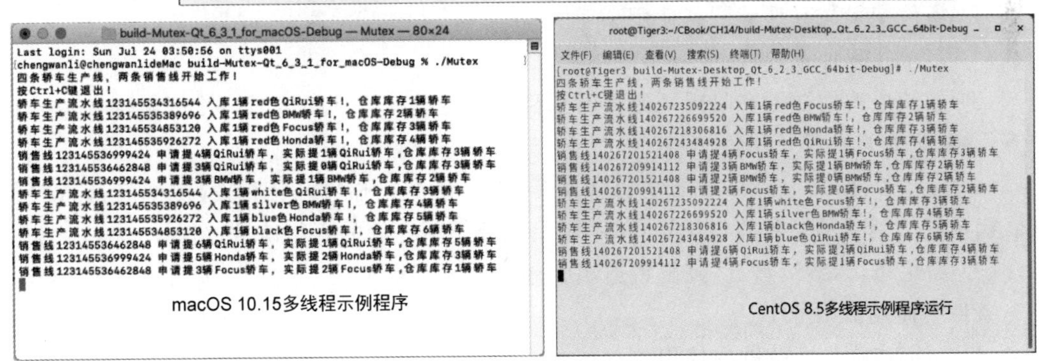

图14.8 多系统下多线程互斥锁示例程序运行结果

这个示例程序运行起来后,先给出运行提示,并给出关闭程序方法。4条生产线轿车入库信息、2条销售线提车信息交织着输出,数据出库和入库逻辑关系正确。

多线程互斥锁能解决相当大一部分多线程并发控制问题,还有一部分问题需要用条件锁来解决。14.3.8节介绍另外一种多线程锁:条件锁。

视频讲解

14.3.8 条件锁

14.3.7节介绍了互斥锁，互斥锁可以解决同一时刻只允许一个线程操作公共资源的问题，虽然这种互斥锁能解决大部分并发线程访问公共资源的问题，但是却不能协调两个或多个线程的同步问题。

在14.3.7节的示例程序中，销售线提车，总会遇到申请 N 辆车，只能提到 $m(0\leqslant m\leqslant N)$ 辆车的情况。能不能让销售线程先停下来等待到仓库有这么多车，再通知销售线程提车呢？对于销售线程来说也不必浪费资源了。这个问题对应的现实世界情况就是不用派一辆能拉 N 辆轿车的运输车，跑过去只拉 m 辆车回来销售的窘况，极端情况就是拉0辆车回来，白跑一趟。

解决这类问题就会用到条件锁，条件锁通常是一个条件变量与这个条件关联的互斥锁一起使用。条件变量使用的运行时环境就是线程已经执行了 pthread_mutex_lock(&mutex)进入临界区运行，却遇到了条件不满足的尴尬情况。线程自己不能再继续运行，总在临界区内停着不让别的线程运行也不是办法。所以就可以用条件锁，先释放互斥锁，阻塞自己的运行，让别的线程先运行，自己等待条件满足再运行。

这种情景构成了根据条件暂时释放互斥锁，同时自己先阻塞，等待影响条件的线程去运行并且等待这些线程修改影响条件的公共资源(数据)。这些能影响条件的线程退出临界区后，会向等待条件信号的线程(先前已经自己阻塞等待信号的线程)发送信号，让暂时释放互斥锁并自己阻塞且等待信号的线程被唤醒、运行。此时这些被唤醒的线程因条件信号而重新获得互斥锁，检测继续运行的条件是否满足，如果满足继续运行的条件，则此线程会运行到临界区边缘，调用 pthread_mutex_unlock(&mutex)退出临界区，进入其他代码区；如果不满足继续运行的条件，则重新调用等待信号函数，重新阻塞自己，等待新一轮信号。

条件锁的特点如下。

(1) 条件变量与互斥锁同时使用。

(2) 多个线程加锁，只会有一个成功。

(3) 加锁成功的线程在临界区运行时遇到不满足运行条件的情况。使用条件锁暂时释放互斥锁，阻塞自己等待条件信号。

(4) 信号发送后，收到信号的线程恢复互斥锁，恢复在临界区运行，检测继续运行的条件。满足继续运行的条件就继续运行，不满足就开始新一轮的等待信号过程。

(5) 满足条件，继续运行，到解锁退出临界区。

条件锁使用原则如下。

(1) 一定在临界区范围内使用。

(2) 一定要有发信号的线程通知使用条件锁等待的线程。

(3) 收到信号恢复运行的线程必须重新检测条件是否满足，不满足时阻塞自己重新等待信号。

(4) 条件锁用完，结束程序时用 POSIX 函数 int pthread_cond_destroy()销毁条件变量，令其处于未初始化状态。

(5) 其他原则遵循互斥锁原则。

条件锁涉及的条件变量可以通过允许线程阻塞暂时释放自己的互斥锁，让其他线程运行，等到条件变化时，自己再根据信号来判断是否继续运行或重新释放自己的互斥锁再等待。一般在程序中按照下面的顺序和方法使用条件锁。

1. 声明互斥锁变量和条件变量

在线程中使用条件锁，当然需要先声明互斥锁变量和条件变量，在声明时可以直接使用初始化结构进行初始化，示例代码段如下所示。

```
pthread_mutex_t mutex = PTHREAD_MUTEX_INITIALIZER;     /* 互斥量声明，静态初始化 */
pthread_cond_t cond = PTHREAD_COND_INITIALIZER;        /* 条件变量声明，静态初始化 */
```

2. 在临界区内使用

前面的段落已经说明了条件锁使用环境，需要在进入临界区后，出现不能继续执行下去的条件，那么通常的代码表现形式是这样的。

```
pthread_mutex_lock(&mutex);
        …
while(!继续运行条件表达式)
    pthread_cond_wait(&cond, &mutex);       /* 解锁，阻塞自己，并等待条件变量 */
        …
pthread_mutex_unlock(&mutex);
```

这个 while 循环语句还包含了另外一层意思，就是等到信号来到时，仍然需要判断是否可以继续运行，因为其他线程修改全局资源后，还不一定能满足此等待线程继续运行的条件，不满足时还得继续阻塞自己，继续等待。

3. 其他影响等待线程继续运行的线程修改影响条件的公共资源后发送信号

其他能修改全局资源影响使用条件锁线程的运行条件的线程需要在修改全局资源后发送信号。注意，必须在退出临界区后发送，读者可以分析互斥锁的加解锁的逻辑匹配关系。通常的代码表现形式如下。

```
pthread_mutex_lock(&mutex);
        …/* 公共资源修改更新 */
pthread_mutex_unlock(&mutex);
pthread_cond_signal(&cond);                          //通知等待信号的线程
```

4. 线程退出后销毁互斥锁变量，销毁条件变量

线程结束后，需要销毁互斥锁变量和条件变量，使其不可再用。通常的代码表现形式如下。

```
pthread_cond_destroy(&cond);                         /* 销毁条件变量，不可再用 */
pthread_mutex_destroy(&mutex);                       /* 销毁互斥量，不可再用 */
```

下面的示例程序为了更清晰地描述条件锁的使用方法，对“14.3.7 互斥锁”中的示例程序进行简化改造。整个程序框架与轿车生产、仓储、销售相同，还是一边有生产线生产，中间是仓库出入库管理，另一边消费(不是销售了)。下面的条件锁示例程序使用仓储数量大于或等于申请消费的数量作为消费线程继续运行的条件。设计依然是在 main()函数源代码之前划分生产公共资源区、仓储公共资源区、消费公共资源区 3 个区，声明多线程共用的全局变量数据资源，仓库管理函数 int warehousemanagement()依然是临界区。互斥锁变量

和条件变量都使用默认的初始化结构进行初始化。条件锁示例程序创建1条生产线程、2条消费线程，仓库库存数量不够消费线程申请的数量时使用条件锁阻塞自己等待信号；生产线程每次生产一批产品入库后，都发送信号唤醒等待的消费线程；消费线程收到信号后判断是否满足消费数量，满足就继续运行，不满足就继续等待。示例程序代码如下。

```
#include <stdio.h>
#include <stdlib.h>
#include <time.h>                          /* 获取时间用 */
#include <string.h>                        /* 用到了字符串操作 */
#include <signal.h>                        /* 信号编程必须 */
#include <pthread.h>                       /* 线程编程必须 */
#include <unistd.h>
#define CONSUMPTIONLINES        2          /* 消费线数量 */
#pragma pack(1)
typedef struct ProductionLine
{/* 非0值,表示安装上了 */
    volatile int nProductionLineStatues;
    /* 生产线生产状态控制量,由线程参数指针传入,外面修改为0,生产线结束 */
    unsigned long long nTotal;             /* 生产总产量 */
} ProductionLineDirective;                 /* ProductionLineDirective */
typedef struct ConsumptionLine
{/* 非0值,表示安装上了 */
    volatile int nConsumptionLineStatues;
    /* 消费线运行状态控制量,由线程参数指针传入,外面修改为0,生产线结束 */
    unsigned long long nTotal;             /* 消费线累计消费量 */
} ConsumptionLineDirective;                /* ConsumptionLineDirective */
/* 生产线公共资源区开始 */
volatile ProductionLineDirective nProductionStatues = {1,0};
/* 生产线生产状态控制量,由线程参数指针传入,外面修改为0,生产线结束 */
/* 生产线公共资源区结束 */
/* 仓库公共资源区开始 */
volatile unsigned long long nInWareHouse;                /* 入库总量 */
volatile unsigned long long nInventoryQuantities;        /* 库存量 */
volatile unsigned long long nOutWareHouse;               /* 出库总量 */
/* 仓库公共资源区结束 */
/* 消费公共资源区开始 */
volatile ConsumptionLineDirective nConsumptionStatues[CONSUMPTIONLINES] = {{1,0},{1,0}};
/* 消费状态控制量,由线程参数指针传入,外面修改为0,消费结束 */
/* 消费公共资源区结束 */
void * AssemblyLine(void * ProductionLinePtr);           /* 生产线,产品入仓库 */
int warehousemanagement(int nIO, int nNum);
/* 临界区,仓库,nIO=1表示入仓库; nIO=0表示出仓库;nNum表示数量 */
void * ConsumptionLine(void * ConsumptionLinePtr);       /* 消费线,消费产品 */
void stop_threads(int);          /* 处理SIGINT信号,停止所有线程把库存清理掉 */
pthread_attr_t attr; /* 线程创建属性 */
pthread_mutex_t mutex = PTHREAD_MUTEX_INITIALIZER;       /* 互斥变量声明,静态初始化 */
pthread_cond_t cond = PTHREAD_COND_INITIALIZER;          /* 条件变量声明,静态初始化 */
int main()
{
    int nRetCode;
```

```
    time_t nCurrenttime;
    pthread_t ProductionLinethreadid;
    pthread_t ConsumptionLinethreadsid[CONSUMPTIONLINES];
    signal(SIGINT, stop_threads);                    /* 安装信号处理函数 */
    nCurrenttime = time((time_t *)NULL);
    srand((unsigned int )nCurrenttime);              /* 初始化随机种子 */
    nRetCode = pthread_attr_init(&attr);
    pthread_attr_setdetachstate(&attr, PTHREAD_CREATE_JOINABLE);
    /* 线程创建属性必须设置为可连接的(joinable) */
    nRetCode = pthread_create(&ProductionLinethreadid, &attr, AssemblyLine, (void *)
&nProductionStatues);
    if(nRetCode != 0) printf("生产线失败!\n");
    for(int i = 0; i < CONSUMPTIONLINES; ++i)
    { /* 参数依次是创建的线程 ID、线程属性、线程函数、传入线程函数的参数 */
        nRetCode = pthread_create(&ConsumptionLinethreadsid[i], &attr, ConsumptionLine,
(void *)&nConsumptionStatues[i]);
        if(nRetCode != 0) printf("创建消费线失败!\n");
    }
    printf("一条生产线,两条消费线开始工作!\n");
    printf("按 Ctrl+C 组合键退出!\n");
    pthread_exit(NULL);
}
void stop_threads(int signal)
{
    int nRetcode;
    nProductionStatues.nProductionLineStatues = 0;        /* 停止生产线程 */
    for(int i = 0; i < CONSUMPTIONLINES; ++i)
        nConsumptionStatues[i].nConsumptionLineStatues = 0;  /* 停止销售线程 */
    sleep(5);
    printf("生产线已经停止!\n");
    printf("两条消费线已经停止!\n");
    pthread_cond_destroy(&cond);                     /* 销毁条件变量,不可再用 */
    pthread_mutex_destroy(&mutex);                   /* 销毁互斥量,不可再用 */
    pthread_attr_destroy(&attr);                     /* 销毁属性,不可再用 */
    printf("仓库已经清理干净!\n");
}
int warehousemanagement(int nIO, int nNum)
{/* 临界区,仓库,nIO=1 表示入仓库; nIO=0 表示出仓库;nNum 表示数量 */
    int  nRetcode = 0;
    pthread_t tid;                                   /* unsigned long long int 类型 */
    tid = pthread_self();                            /* 获取自己的线程 ID 号 */
    if(nIO)
    {/* nIO=1 表示入仓库 */
        nRetcode = pthread_mutex_lock(&mutex);
        nInWareHouse += nNum;                        /* 入库总量+nNum */
        nInventoryQuantities += nNum;                /* 库存总量+nNum */
        printf("生产流水线 %lld 生产 %ld 个产品入库!库存 %lld 个产品\n",\
               tid,nNum,nInventoryQuantities);
        nRetcode = pthread_mutex_unlock(&mutex);
        pthread_cond_signal(&cond);                  //通知消费线消费
        nRetcode = nNum;                             /* 实际入库量 */
```

```
    }
    else
    {/* nIO=0 表示出仓库 */
        nRetcode = pthread_mutex_lock(&mutex);          /* 这是临界区 */
        while (nInventoryQuantities < nNum)             /* 如果库存不够 */
            pthread_cond_wait(&cond, &mutex);        /* 解锁,阻塞自己,并等待条件变量 */
        /* 下面 nInventoryQuantities >= nNum 成立 */
        nInventoryQuantities -= nNum;                   /* 库存总量 - nNum */
        nOutWareHouse += nNum;                          /* 出库总量 + nNum */
        printf("消费线 %lld 申请 %ld 个产品,实际 %ld 个产品出库!库存 %lld 个产品\n",\
                tid,nNum,nNum,nInventoryQuantities);
        nRetcode = pthread_mutex_unlock(&mutex);        /* 已出临界区 */
        nRetcode = nNum;                                /* 实际出库量 */
    }/* if nIO=0 出仓库 */
    return nRetcode;
}
void *AssemblyLine(void *ProductionLinePtr)             /* 生产线,产品入仓库 */
{
    int  nInWareHouseCode,nNum;
    ProductionLineDirective *PtrProductionLineDirective = NULL;
    PtrProductionLineDirective = (ProductionLineDirective *)ProductionLinePtr;
    if(PtrProductionLineDirective)                      /* 有生产线指令 */
    {
        while(PtrProductionLineDirective->nProductionLineStatues)
        {/* 1 生产状态 */
            nNum = rand() % 10;                         /* 生产的一批产品数量 */
            if(!nNum) continue;                         /* 0 个产品,立即下一次循环 */
            usleep(nNum * 100000);                      /* 生产一批产品时间 */
            nInWareHouseCode = warehousemanagement(1, nNum);     /* 入库 nNum 个产品 */
        }/* while(PtrProductionLineDirective->nProductionLineStatues) 生产状态 */
    }/* if(PtrProductionLineDirective)生产线指令 */
    pthread_exit(NULL);
}
void *ConsumptionLine(void *ConsumptionLinePtr)         /* 消费线,消费产品 */
{
    int  nNum,nOutWareHouseCode = 0;
    ConsumptionLineDirective *PtrConsumptionLine = NULL;
    PtrConsumptionLine = (ConsumptionLineDirective *)ConsumptionLinePtr;
    if(PtrConsumptionLine)                              /* 有销售线指令 */
    {
        while(PtrConsumptionLine->nConsumptionLineStatues)
        {/* 1 销售线运行状态 */
            nNum = rand() % 20;                         /* 申请消费的一批产品数量 */
            if(!nNum) continue;                         /* 0 个产品,立即下一次循环 */
            nOutWareHouseCode = warehousemanagement(0, nNum);
            if(nOutWareHouseCode == nNum) sleep((nNum + 7)/7);     /* 消费一批产品时间 */
            else printf("提货出问题了!\n");
        }/* while(PtrConsumptionLine->nConsumptionLineStatues) 运行消费线 */
    }/* if(PtrConsumptionLine)有消费线指令 */
    pthread_exit(NULL);
}
```

示例程序是 1 条生产线生产，2 条消费线消费的 3 线程并发进程程序，读者有兴趣的话可以增加生产和消费线程数。在 Windows 10、CentOS 8.5、macOS 10.15 三个系统下分别运行条件锁多线程示例程序，输出数据界面如图 14.9 所示。

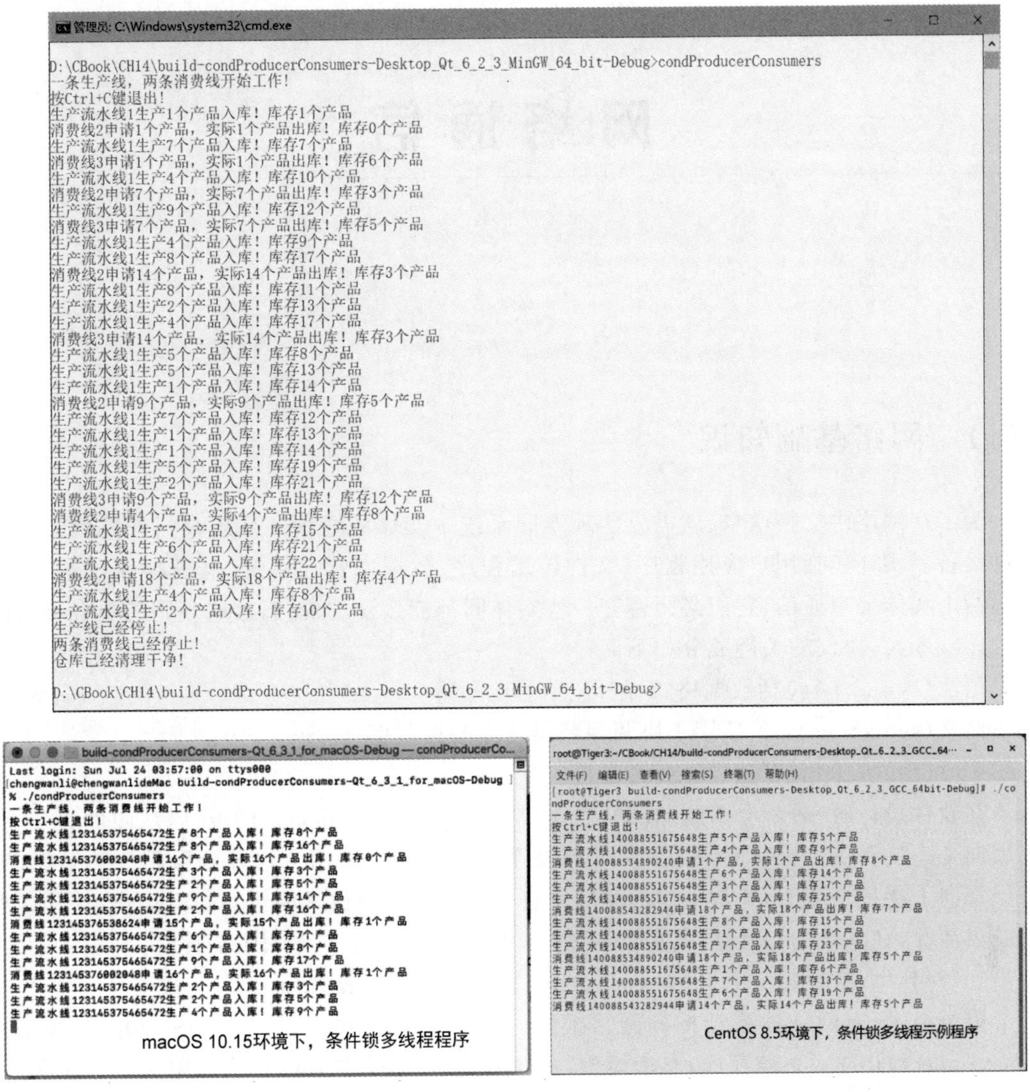

```
管理员: C:\Windows\system32\cmd.exe

D:\CBook\CH14\build-condProducerConsumers-Desktop_Qt_6_2_3_MinGW_64_bit-Debug>condProducerConsumers
一条生产线，两条消费线开始工作!
按Ctrl+C键退出!
生产流水线1生产1个产品入库! 库存1个产品
消费线2申请1个产品，实际1个产品出库! 库存0个产品
生产流水线1生产7个产品入库! 库存7个产品
消费线3申请1个产品，实际1个产品出库! 库存6个产品
生产流水线1生产4个产品入库! 库存10个产品
消费线2申请7个产品，实际7个产品出库! 库存3个产品
生产流水线1生产9个产品入库! 库存12个产品
消费线3申请7个产品，实际7个产品出库! 库存5个产品
生产流水线1生产4个产品入库! 库存9个产品
生产流水线1生产8个产品入库! 库存17个产品
消费线2申请14个产品，实际14个产品出库! 库存3个产品
生产流水线1生产8个产品入库! 库存11个产品
生产流水线1生产2个产品入库! 库存13个产品
生产流水线1生产4个产品入库! 库存17个产品
消费线3申请14个产品，实际14个产品出库! 库存3个产品
生产流水线1生产5个产品入库! 库存8个产品
生产流水线1生产5个产品入库! 库存13个产品
生产流水线1生产1个产品入库! 库存14个产品
消费线2申请9个产品，实际9个产品出库! 库存5个产品
生产流水线1生产7个产品入库! 库存12个产品
生产流水线1生产1个产品入库! 库存13个产品
生产流水线1生产1个产品入库! 库存14个产品
生产流水线1生产5个产品入库! 库存19个产品
生产流水线1生产2个产品入库! 库存21个产品
消费线3申请9个产品，实际9个产品出库! 库存12个产品
消费线2申请4个产品，实际4个产品出库! 库存8个产品
生产流水线1生产7个产品入库! 库存15个产品
生产流水线1生产6个产品入库! 库存21个产品
生产流水线1生产1个产品入库! 库存22个产品
消费线2申请18个产品，实际18个产品出库! 库存4个产品
生产流水线1生产4个产品入库! 库存8个产品
生产流水线1生产2个产品入库! 库存10个产品
生产线已经停止!
两条消费线已经停止!
仓库已经清理干净!

D:\CBook\CH14\build-condProducerConsumers-Desktop_Qt_6_2_3_MinGW_64_bit-Debug>
```

```
build-condProducerConsumers-Qt_6_3_1_for_macOS-Debug — condProducerCo...
Last login: Sun Jul 24 03:57:00 on ttys000
chengwanli@chengwanlideMac build-condProducerConsumers-Qt_6_3_1_for_macOS-Debug
% ./condProducerConsumers
一条生产线，两条消费线开始工作!
按Ctrl+C键退出!
生产流水线123145375465472生产8个产品入库! 库存8个产品
生产流水线123145375465472生产8个产品入库! 库存16个产品
消费线123145376002048申请16个产品，实际16个产品出库! 库存0个产品
生产流水线123145375465472生产3个产品入库! 库存3个产品
生产流水线123145375465472生产2个产品入库! 库存5个产品
生产流水线123145375465472生产9个产品入库! 库存14个产品
生产流水线123145375465472生产2个产品入库! 库存16个产品
消费线123145376538624申请15个产品，实际15个产品出库! 库存1个产品
生产流水线123145375465472生产6个产品入库! 库存7个产品
生产流水线123145375465472生产1个产品入库! 库存8个产品
生产流水线123145375465472生产9个产品入库! 库存17个产品
消费线123145376002048申请16个产品，实际16个产品出库! 库存1个产品
生产流水线123145375465472生产2个产品入库! 库存3个产品
生产流水线123145375465472生产2个产品入库! 库存5个产品
生产流水线123145375465472生产4个产品入库! 库存9个产品
```

macOS 10.15环境下，条件锁多线程程序

```
root@Tiger3:~/CBook/CH14/build-condProducerConsumers-Desktop_Qt_6_2_3_GCC_64...
文件(F) 编辑(E) 查看(V) 搜索(S) 终端(T) 帮助(H)
[root@Tiger3 build-condProducerConsumers-Desktop_Qt_6_2_3_GCC_64bit-Debug]# ./co
ndProducerConsumers
一条生产线，两条消费线开始工作!
按Ctrl+C键退出!
生产流水线140088551675648生产5个产品入库! 库存5个产品
生产流水线140088551675648生产4个产品入库! 库存9个产品
消费线140088534890240申请1个产品，实际1个产品出库! 库存8个产品
生产流水线140088551675648生产6个产品入库! 库存14个产品
生产流水线140088551675648生产3个产品入库! 库存17个产品
生产流水线140088551675648生产8个产品入库! 库存25个产品
消费线140088543282944申请18个产品，实际18个产品出库! 库存7个产品
生产流水线140088551675648生产8个产品入库! 库存15个产品
生产流水线140088551675648生产1个产品入库! 库存16个产品
生产流水线140088551675648生产7个产品入库! 库存23个产品
消费线140088534890240申请18个产品，实际18个产品出库! 库存5个产品
生产流水线140088551675648生产1个产品入库! 库存6个产品
生产流水线140088551675648生产7个产品入库! 库存13个产品
生产流水线140088551675648生产6个产品入库! 库存19个产品
消费线140088543282944申请14个产品，实际14个产品出库! 库存5个产品
```

CentOS 8.5环境下，条件锁多线程示例程序

图 14.9 多系统下条件锁多线程示例程序运行结果

第15章

网络通信

视频讲解

15.1 网络基础知识

为了在网络中交换信息，就需要实现不同系统中实体的通信。系统包括计算机、终端、各种设备。实体包括用户应用程序、文件传送程序、数据库管理系统、电子邮件设备、终端等。两个实体要想通信，它们必须遵守一些实体间都能接受的规则，这些规则的集合称为协议(protocol)。协议的关键成分如下。

语法(syntax)：包括数据格式、编码、信号电平等。

语义(semantics)：包括用于协调和差错处理的控制信息。

定时(timing)：包括速度匹配和排序。

在软件设计时，通常会用到分层的概念，特别典型的是操作系统的设计，从硬件层开始，逐层向上一层提供本层功能调用接口。网络系统的设计也采用了这种分层设计的思想，每一层都向上层提供服务，并与对方的相应层进行通信。分层设计的优势是模块化，并具有很高的灵活性，在系统的正确性、高效性、可维护性、可移植性上具有很大的优势。

1977年，国际标准化组织(International Standard Organization，ISO)成立了一个专门的分委员会，研究网络体系结构和网络模型。委员会最终提出了一个OSI(Open System Interconnect，开放式系统互连)参考模型，1984年OSI架构被ISO正式采用为国际标准，这就是著名的OSI模型。OSI模型将网络分为7层，分别为物理层、数据链路层、网络层、传输层、会话层、表示层、应用层。

物理层(physical layer)包括保持物理连接的机械、电子手段，例如所有硬件的管理，如网卡、针脚、电压、集线器、中继器、过程和规范等。

数据链路层(data link layer)在网络实体间提供传送数据的功能和过程，提供数据链路的流控，检测和矫正物理层产生的差错。

网络层(network layer)控制分组传送的操作，即路由选择、拥挤控制、网络互连等功能，它的特性对高层是透明的。根据传输层的要求选择服务质量，向传输层报告未恢复的差错。

传输层(transport layer)提供建立、维护和拆除传送连接的功能；选择网络层提供的最合适的服务；在系统之间提供可靠的透明的数据传送，提供端到端的错误恢复和流控制。

会话层(session layer)提供两个进程之间建立、维护和结束会话连接的功能，提供交互会话的管理功能。

表示层(presentation layer)代表应用进程协商数据表示，完成数据转换、格式化、加/解密和文本压缩。

应用层(application layer)提供 OSI 用户服务，例如事务处理程序、文件传送协议和网络管理等。

图 15.1 是 OSI 模型的层次图，其中 OSI 网络模型的核心层是传输层(Transport Layer)。

OSI 模型各层都有对应的通信协议支持，表 15.1 列举了 OSI 模型各层的名称及各层用到的协议。

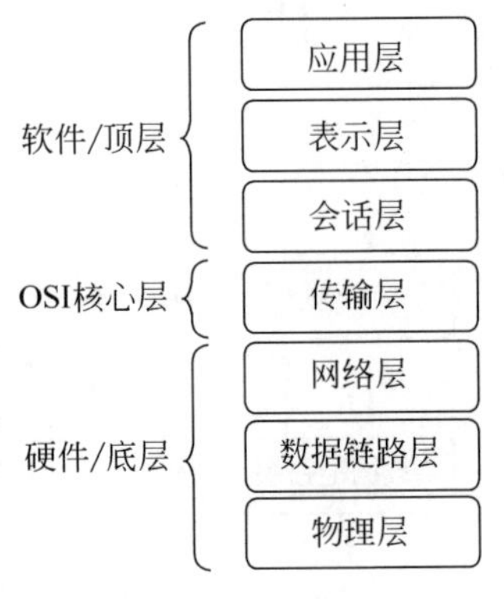

图 15.1　OSI 模型的层次图

表 15.1　OSI 模型各层的名称及各层用到的协议

层	层名称	协　议
第 7 层	应用层	SMTP、HTTP、FTP、POP3、SNMP
第 6 层	表示层	MPEG、ASCH、SSL、TLS
第 5 层	会话层	NetBIOS、SAP
第 4 层	传输层	TCP、UDP
第 3 层	网络层	IPv4、IPv5、IPv6、ICMP、IPSec、ARP、MPLS、NAT
第 2 层	数据链路层	RAPA、PPP、Frame Relay(帧中继)、ATM、Fiber Cable(光纤)等
第 1 层	物理层	RS232、IEEE 802.11、100BaseTX、ISDN(1.430/1.431)

15.2　TCP/IP 基础

1974 年，Vinton Gray Cerf 和 Robert Elliot Kahn(两人同在 2004 年获得图灵奖)联合发表了关于 ARPA(Advanced Research Projects Agency)互联网细节内容的论文，发明了 TCP/IP。TCP/IP 是一个协议族，是基于 TCP 和 IP 这两个最初的协议上的不同的通信协议的大集合。从 15.1 节的表 15.1 中就可以发现第 3 层网络层和第 4 层传输层就有很多协议。

从网络层开始，提供网络互连等功能，它的特性是对高层透明。实际的网络编程也是从这一层开始，集中在网络层和传输层上，又以传输层最多。图 15.2 是 TCP/IP 概念各层间通信示意图。

TCP/IP 编程涉及的协议使用较多的有 TCP、UDP、IP；使用比较少的是 ICMP(Internet Control Message Protocol，Internet 控制消息协议)、ARP(Address Resolution Protocol，地址解析协议，将 IP 地址解析为对应的 MAC 地址)、RARP(Reverse ARP，反向 ARP，将 MAC 地址解析为对应的 IP 地址)。

在 TCP/IP 编程中还有一个非常重要的概念——IP(Internet Protocol)地址。IP 地址分为 IPv4(版本 4)和 IPv6(版本 6)两种，其中 IPv6 地址长度为 128 位二进制位，现在比较常用的 IPv4 地址长度为 32 位二进制位，也就是 4 字节。IPv4 地址分为 5 类，其中 A、B、C

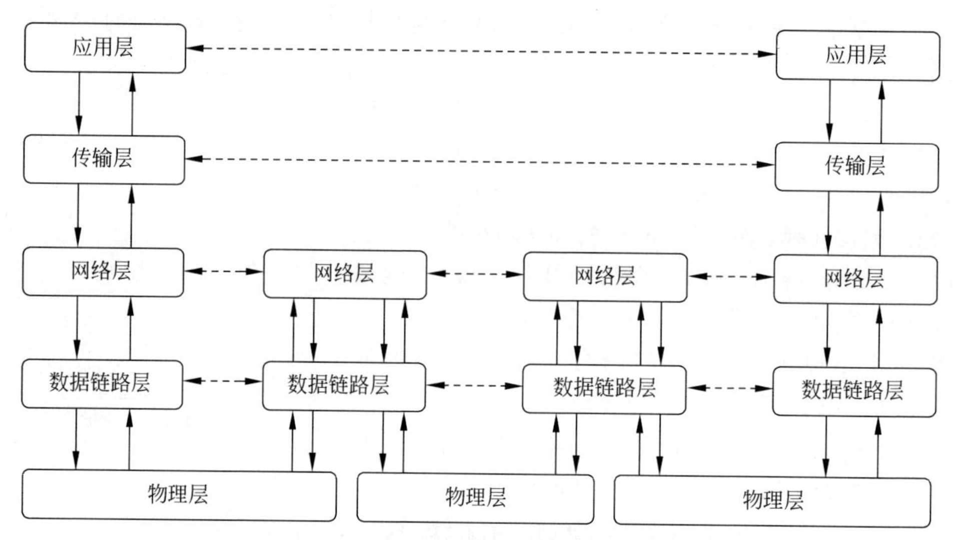

图 15.2 TCP/IP 概念各层间通信示意图

类地址通常用于 TCP/IP 节点，D 类用于多播，E 类保留。A 类地址中 host 主机是 24 位二进制位，可以表示的主机数量是非常多的，都是比较大的子网。C 类地址中 host 主机是 8 位二进制位，可以表示的主机数量是非常有限的，表示一些小的子网内计算机节点。而且这些 host 主机地址并不全都可以用于表示通信节点，有些用于局域网广播，有些用于自身，例如，127.0.0.1 表示自己。所以可以用的 IPv4 地址是很有限的，这也是发展出 IPv6（版本 6）的原因之一。这 5 类 IPv4 地址分类如图 15.3 所示。

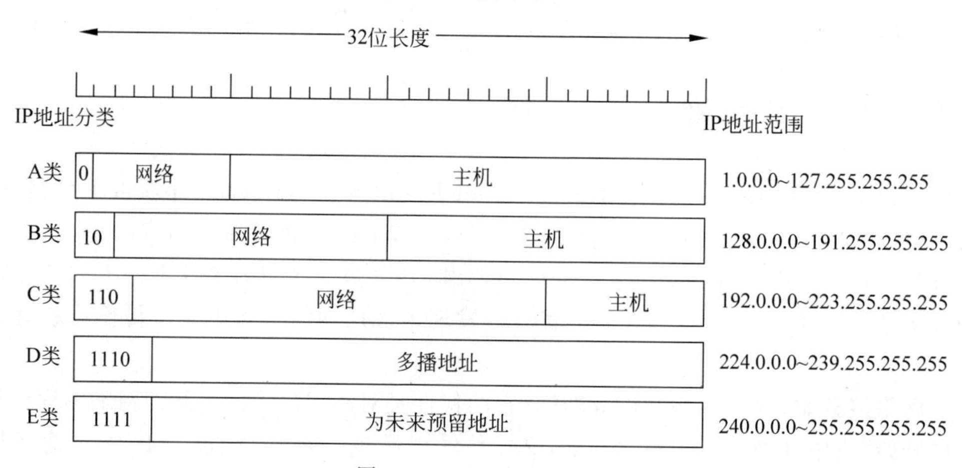

图 15.3 IPv4 地址分类

进行网络通信时，每种通信协议都会将用户数据进行封装，用户数据要使用 TCP 与对方进行通信时，就会被封装上 TCP 封装标志，然后到下一层网络层时，又被加封一层 IP 封装标志，如此下去，一直到物理层都要进行封装“加头加尾”。这种“数据包裹”到达对方后，要在不同的层用不同的协议“脱掉”封装，一层一层地剥掉封装，最后还原出真正传输的用户数据，通过 Socket 接口函数供应用程序调用读取使用。TCP/IP 概念下的网络数据传输封装过程如图 15.4 所示。

下面的示例程序用命令行方式获取主机 IP 地址信息，或者通过 IP 地址获取主机信息。

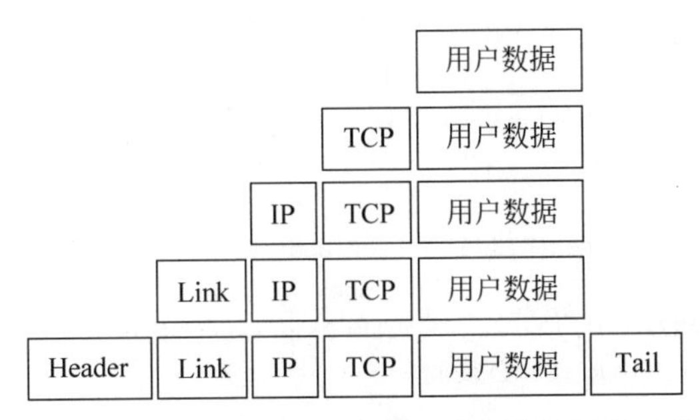

图 15.4 TCP/IP 概念下的网络数据传输封装过程

因为在 Windows 10 下使用 Socket 接口函数要链接 libws2_32. a 库文件，所以在 hostinfo. pro 项目文件中加入一行 LIBS += C:\Qt\Tools\mingw900_64\x86_64-w64-mingw32\lib\libws2_32. a 让项目链接库文件，如图 15.5 所示。

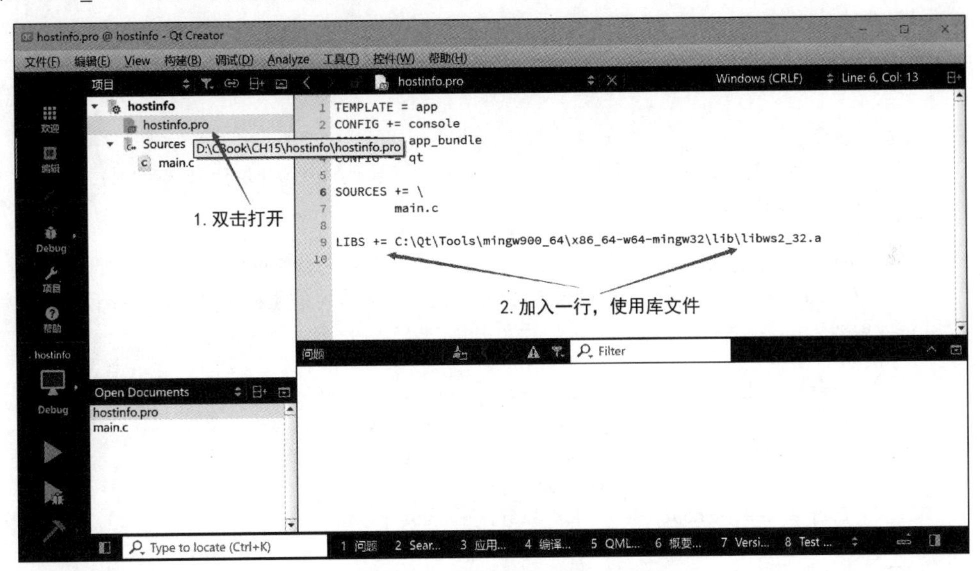

图 15.5 Winsock 编程需要链接的库文件

示例程序使用了指示字进行预处理，这样源代码既可以在 Windows 系统上使用 Winsock 的 Socket 接口函数，也可以在 Linux 系统下使用 Berkeley 的 Socket 接口函数。示例程序源代码如下。

```
#include <stdio.h>
#include <stdlib.h>
#include <string.h> /* memset() */
#include <unistd.h>
#if defined(WIN32) || defined(WIN64) || defined(WINNT)
#include <winsock2.h>                /* Windows 环境下网络编程 */
#else
#include <sys/socket.h>
#include <sys/types.h>
#include <netinet/in.h>
#include <netdb.h>
#include <arpa/inet.h>               /* UNIX\Linux 环境下网络编程 */
#endif
```

```
int main(int argc, char * argv[])
{
    struct sockaddr_in     IPaddr;
    struct hostent * host;
    char ** alias;
#if defined(WIN32) || defined(WIN64) || defined(WINNT)
    WSADATA wsaData;                      /* Windows 环境下网络编程 */
    if(WSAStartup(MAKEWORD(2,2),&wsaData)!= 0) printf("WSAStartup()出错");
    /* 初始化 Winsock,Windows 下必须调用至少一次 */
#endif
    if(argc < 2)
    {
    printf("-------------------------------------------------\n");
    printf("----- hostinfo hostIP or hostName -----\n");
    printf("-------------------------------------------------\n");
    return(1);
    }
    else
    {
    host = NULL;
    if(argv[1][strlen(argv[1]) - 1]>= '0' && argv[1][strlen(argv[1]) - 1]<= '9')
    {/* 输入的是 IP 地址 */
        IPaddr.sin_addr.s_addr = inet_addr(argv[1]);
        host = gethostbyaddr((char * )&(IPaddr.sin_addr),4,AF_INET);
        if( host == NULL ) printf("没有发现 IP 地址 %s 对应的主机信息.\n", argv[1] );
        else
        {
          printf("主机名: %s\n", host -> h_name ); printf("主机别名:");
          for( alias = host -> h_aliases; * alias != NULL; alias++)
             printf("  %s", * alias );
          printf("\n"); printf("IP 地址:");
          for( alias = host -> h_addr_list; * alias != NULL; alias++)
             printf("  %s", inet_ntoa( * (struct in_addr * )( * alias)) );
          printf("\n");
        }
    }
    else
    {/* 输入的是主机名,如 www.baidu.com */
        host = gethostbyname(argv[1]);
        if( host == NULL ) printf("没有发现 %s 主机信息.\n", argv[1] );
        else
        {
          printf("主机名: %s\n", host -> h_name ); printf("主机别名:");
          for( alias = host -> h_aliases; * alias != NULL; alias++) printf("  %s", * alias );
          printf("\n"); printf("IP 地址:");
          for( alias = host -> h_addr_list; * alias != NULL; alias++)
             printf("  %s", inet_ntoa( * (struct in_addr * )( * alias)) );
          printf("\n");
        }
    }
    }
#if defined(WIN32) || defined(WIN64) || defined(WINNT)
```

```
    WSACleanup();         /* Windows 环境下网络编程,清除缓冲区、资源,与 WSAStartup()配对 */
#endif
    return(1);
}
```

在 Windows 10、CentOS 8.5(Linux)、macOS 10.15 系统下命令行运行结果如图 15.6～图 15.8 所示。

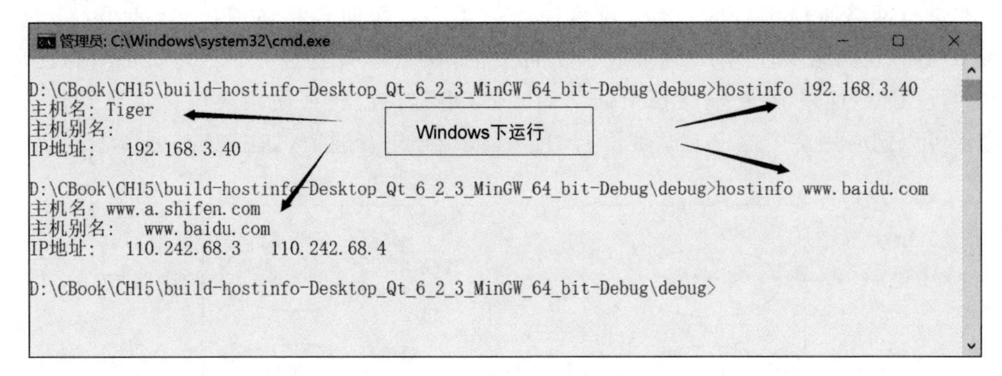

图 15.6　Windows 下运行结果

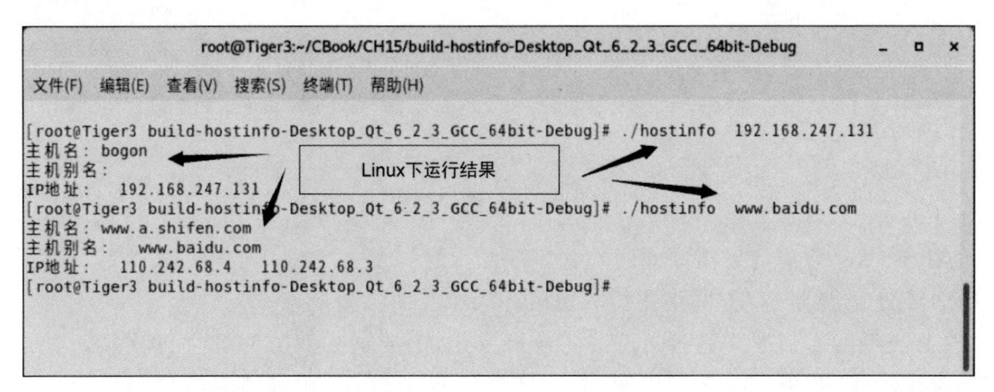

图 15.7　CentOS 8.5 下运行结果

```
终端  Shell  编辑  显示  窗口  帮助
build-hostinfo-Qt_6_3_1_for_macOS-Debug — -zsh — 100×11
chengwanli@chengwanlideMac build-hostinfo-Qt_6_3_1_for_macOS-Debug % ./hostinfo www.baidu.com
主机名: www.a.shifen.com
主机别名:    www.baidu.com
IP地址:    110.242.68.4    110.242.68.3
chengwanli@chengwanlideMac build-hostinfo-Qt_6_3_1_for_macOS-Debug % ./hostinfo www.a.shifen.com
主机名: www.a.shifen.com
主机别名:
IP地址:    110.242.68.4    110.242.68.3
chengwanli@chengwanlideMac build-hostinfo-Qt_6_3_1_for_macOS-Debug %
```
macOS下运行效果

图 15.8　macOS 10.15 下运行结果

15.3　Socket 套接字

20 世纪 80 年代初,美国加利福尼亚大学伯克利分校(University of California, Berkeley)在 UNIX 操作系统下开发了 TCP/IP 网络通信的 API(Application Programming Interface,应用程

序编程接口)，设计开发人员称它为 Socket。TCP/IP 是和 UNIX 紧密相关的网络通信协议族，UNIX 操作系统和计算机 C 语言又是紧密双生关系。

因为是 Berkeley 首先实现了 TCP/IP 的 API，所以又称这种 Socket 为 Berkeley Socket 接口。微软的 Windows 操作系统后来基于 Socket 模型开发了自己的 TCP/IP 应用程序编程接口，称为 Winsock。Winsock 的常用相关函数在附录 E 中，编程序时可以参考使用。

在进行网络通信编程时，会用到两种通信类型：面向连接的 TCP 类型和无连接的 UDP 类型。在网络层使用 IP 地址表示 1 台主机，在互联网上的每一台主机都有自己的互联网地址(IP 地址)。在传输层每个通信的实体(进程、线程)都使用协议端口进行区分，一个进程可以同时用多个端口与其他不同的进程或线程进行通信，如图 15.9 所示。

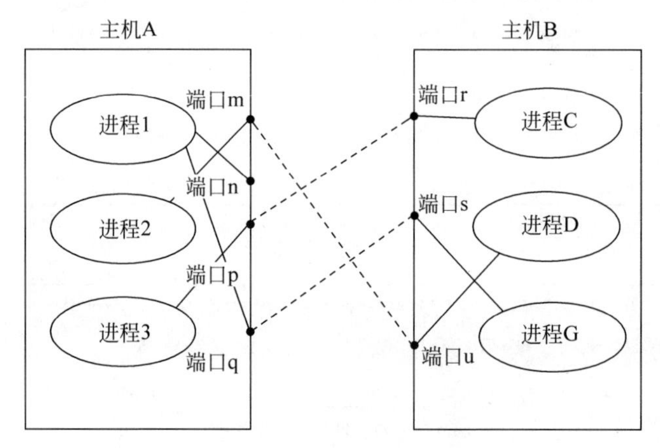

图 15.9　通信的协议端口

使用 Socket 接口通信需要同时包含 5 部分内容：源协议端口号、源 IP 地址、目的协议端口号、目的 IP 地址、双方网络通信的协议。

TCP 类型的通信方式是面向连接的通信方式，需要通信双方先建立虚连接，然后进行可靠的网络数据传输。TCP 使用源端口号(源协议端口号)和目的端口号(目的协议端口号)的概念，它们唯一地标识主机上的特定通信实体(进程、线程)。

通常重要的服务器应用程序在通信时都使用由标准机构定义的所谓“众所周知”的端口号。其他需要获取服务的客户端通过 Socket 接口连接到服务器这些“众所周知”的端口号进行通信，获取服务。这些端口号由 IANA(The Internet Assigned Numbers Authority，互联网数字分配机构)分配。

IANA 分配端口号的一般规则如下所述。

1. 0～1023 号端口

系统特权用户运行的应用程序使用这些端口进行通信。例如图 15.10 所示的端口就被这些“众所周知”的应用服务占用。

2. 1024～49151 号端口

分配给某些特定应用程序的端口。这类端口号常见的有微软的 SQL Server 数据库软件默认的 1433 号端口；MySQL 数据库软件默认的 3306 号端口；最大的数据库软件 Oracle 默认的 1521 号端口。当然程序员也可以在开发个人的通信软件时使用这个区段的端口号，只要不冲突就可以。

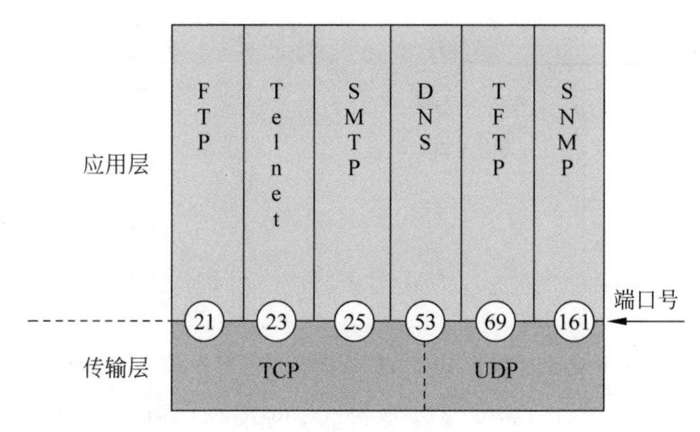

图 15.10　系统占用的端口号

3. 49 152～65 535 号端口

这个区段的端口号称为私有端口，通常情况下没有任何特定的应用程序使用这些端口。这个区段的端口号可以供应用程序使用，开发个人的通信软件可以使用这个区段的端口号。

TCP 只是 TCP/IP 传输层的一部分，另一部分是 UDP(用户数据报协议)。UDP 类型的通信方式是无连接的通信方式，它不像 TCP 通信那样需要先建立虚连接。UDP 通信是不可靠的网络数据传输，它没有错误控制和流量控制，通常在网络环境好、需要快速通信时使用。UDP 类型的通信可用于广播和多播方式的通信，UDP 也使用源端口号(源协议端口号)和目的端口号(目的协议端口号)进行通信。

15.4　网络通信中的跨平台问题

15.4.1　字符编码问题

"3.1 字符集"介绍了字符集，从中可以发现不同的语言有不同的国家或国际编码标准。随着计算机编码技术的发展，ISO 定义了 ISO 639 语言编码标准。在软件配置或相关软件开发时，需要对语言进行语言识别，并以识别的语言种类进行语言编码或解码操作，此时就会用到这个 ISO 639 语言编码。通常 ISO 639 语言编码格式可以表示为如下格式。

```
language[territory][.codeset][@modifier]
```

其中，language 有 zh(中文)、en(英语)、de(德语)、es(西班牙语)、pt(葡萄牙语)等。territory 是国家和区域编码。codeset 一般就是信息编码集，例如 UTF-8、ISO 88591、GBK、GB 2312 等。

在 Linux 系统下，在终端命令行方式执行 locale -a 可以查看系统支持的语言编码类型。

```
[root@Tiger3 ~]#  locale -a
```

不同国家的计算机操作系统使用的语言不同，语言地区编码表通常不一样。在同一个计算机操作系统上使用同一种语言编码规则，文字输出一般不会出现乱码现象。在网络通信中，语言文字字符串从 A 系统传输到 B 系统，显示时就会遇到不同计算机系统间语言文字编码不同的问题，这个问题经常会引发文字显示乱码现象，如图 15.11 所示。

这种问题需要进行不同编码的转换才能解决。Windows 中文系统默认的是 GBK/windows-936-2000/CP936/MS936/windows-936 编码字符集，兼容 ASCII 字符集。UNIX

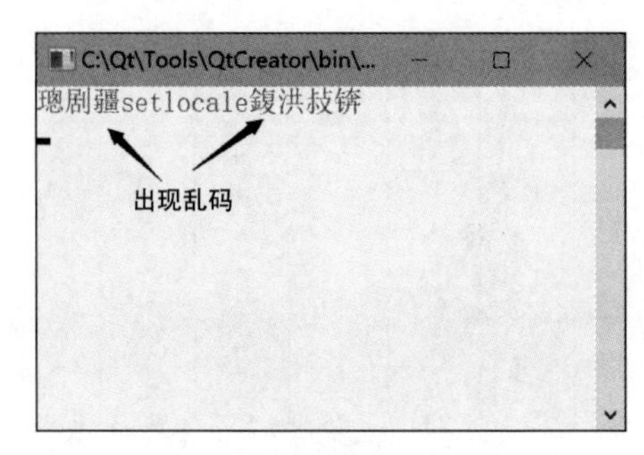

图 15.11 不同操作系统通信传输文字字符串显示乱码现象

(Linux)中文系统默认的是 UTF-8 编码字符集，也兼容 ASCII 字符集。苹果计算机的 macOS 中文系统默认的也是 UTF-8 编码字符集，也兼容 ASCII 字符集。因此英文 ASCII 码在不同操作系统间可以正常显示。

UTF-8 编码规则是用 3 字节或 4 字节表示一个汉字，即 UTF-8 对汉字使用的是变长度多字节编码方式，而且随着网络的盛行，这种适合网络文字编码的 UTF-8 编码格式十分流行。网络通信中传输的汉字字符串显示时需要通过 Unicode 编码进行 GBK 与 UTF-8 之间的转换。

在网络传输短整型、整型、单精度浮点型、双精度浮点型、64 位整型数据时，也会出现 Little-Endian 和 Big-Endian 的字节序问题。网络使用的是 Big-Endian 字节序，Socket 套接字函数中有许多函数就是进行此类转换的函数，例如 htonl()函数将主机的无符号长整型数转换为网络字节顺序、htons()函数将主机的无符号短整型数转换为网络字节顺序、ntohl()函数将网络的无符号长整型数转换为主机字节顺序、ntohs()函数将网络的无符号短整型数转换为主机字节顺序。遇到浮点数据，例如 IBM 的计算机通过网络传输给普通计算机的浮点数据，Socket 套接字函数库也不提供转换，只能自己编写转换函数。

下面的函数源代码是在 Windows 系统下将 GBK 文本编码和 UTF-8 文本编码互相转换的函数，可用于 Windows 系统与 UNIX(Linux)或 macOS 系统进行网络通信时转换文本编码。源代码中附带详细的注释说明。

```
#if (defined(WIN32) || defined(WIN64) || defined(WINNT))
/* Windows 环境下将 zh_CN.gbk 字符串转换成 zh_CN.utf8 */
int gbk_2_utf8(const char *gbkStr, char *utf8Str)
{
    wchar_t ptrUnicodeStr[STRMAXSIZE] = {0};
    int nutf8Len = 0;
    if(gbkStr && utf8Str)
    {
        if((strlen(gbkStr) > 0))
        {
            nutf8Len = MultiByteToWideChar(CP_ACP, 0 ,gbkStr, - 1 ,NULL,0);      /* 计算转
换到 Unicode 编码后所需要的字符空间长度 */
            nutf8Len = MultiByteToWideChar(CP_ACP, 0 ,gbkStr, - 1 ,\
                        ptrUnicodeStr,nutf8Len);     /* 转换为 Unicode 编码 */
            nutf8Len = WideCharToMultiByte(CP_UTF8, 0 ,ptrUnicodeStr, - 1 ,\
              NULL, 0 ,NULL,NULL);   /* 计算转换到 UTF - 8 编码后所需要的字符空间长度 */
            if(nutf8Len >= STRMAXSIZE)      /* 判断空间是否足够 */
            {
```

```
                printf("转换后字符串长度不足!\n");
                return -1;                  /* -1,失败 */
            }
            nutf8Len = WideCharToMultiByte(CP_UTF8, 0 ,ptrUnicodeStr, - 1 ,\
                        utf8Str,nutf8Len,NULL,NULL);        /* 转换为 UTF-8 编码 */
            for(register int i = nutf8Len;i < STRMAXSIZE;i++) utf8Str[i] = 0;       /* 添加结
束符到结尾 */
        }
    }
    return nutf8Len;
}
/* Windows 环境下将 zh_CN.UTF-8 字符串转换为 zh_CN.gbk 字符串 */
int utf8_2_gbk(const char *utf8Str,char *gbkStr)
{
    wchar_t ptrUnicodeStr[STRMAXSIZE] = {0};
    int ngbkLen = 0;
    if(utf8Str && gbkStr)
    {
        if((strlen(utf8Str) > 0))
        {
            ngbkLen = MultiByteToWideChar(CP_UTF8, 0 ,utf8Str, - 1 ,NULL,0);    /* 计算转
换到 Unicode 编码后所需要的字符空间长度 */
            ngbkLen = MultiByteToWideChar(CP_UTF8, 0 ,utf8Str, - 1 ,\
                        ptrUnicodeStr,ngbkLen);     /* 转换为 Unicode 编码 */
            ngbkLen = WideCharToMultiByte(CP_ACP, 0 ,ptrUnicodeStr, - 1 ,\
            NULL, 0 ,NULL,NULL);                /* 计算转换到 GBK 编码后所需要的字符空间长度 */
            if(ngbkLen >= STRMAXSIZE)       /* 判断空间是否足够 */
            {
                printf("转换后字符串长度不足!\n");
                return -1;                  /* -1,失败 */
            }
            ngbkLen = WideCharToMultiByte(CP_ACP, 0 ,ptrUnicodeStr, - 1 ,\
            gbkStr,ngbkLen,NULL,NULL);      /* 转换为 GBK 编码 */
            for(register int i = ngbkLen;i < STRMAXSIZE;i++) gbkStr[i] = 0;    /* 添加结束符
到结尾 */
        }
    }
    return ngbkLen;
}
#endif
```

15.4.2 套接字库函数问题

1. 库函数与头文件差异处理

当前网络通信基本都是基于 TCP/IP 的 Socket 接口，在 UNIX、Linux 和 macOS 系统下使用的是标准的 Berkeley Socket 接口，只需要包含相同的多个头文件即可，不需要另外的库文件；在 Windows 下使用微软的 Winsock 套接字接口，需要包含不同于 Berkeley Socket 的两个头文件，而且还需要特殊的库文件支持。因此在 C 语言源代码中需要使用 #if…#else…#endif 指示字实现跨平台包含一些必需的头文件。另外，在 Windows 下链接代码时要使用 libws2_32.a 套接字库文件，因此在 Windows 环境下还需要在项目文件(*.pro)中加入一行链接库文件说明。

```
LIBS += C:/Qt/Tools/mingw900_64/x86_64-w64-mingw32/lib/libws2_32.a
```

如果是 CMake 项目，则在项目文件(CMakeLists.txt)中加入链接库文件说明。

```
target_link_libraries(项目名称 C:/Qt/Tools/mingw900_64/x86_64-w64-mingw32/lib/libws2_32.a)
```

跨平台网络编程需要考虑的问题多一些，因为微软的 Winsock 实现的 Socket 接口与 Berkeley Socket 接口有一些差别需要特别注意。例如，socket()函数在 Berkeley Socket 接口中返回的是 int 类型，而在 Winsock 中返回的是 SOCKET 类型，这也需要用#if…#else…#endif 指示字处理。下面是 C 语言网络通信程序常用的头文件处理代码。

```
#include <stdio.h>
#include <stdlib.h>
#include <signal.h>
#include <string.h> /* memset() */
#include <unistd.h>
#define STRMAXSIZE  1024                    /* 字符串最大长度 */
#if defined(WIN32) || defined(WIN64) || defined(WINNT)
#include <winsock2.h>                       /* Windows 环境下网络编程 */
#include <ws2tcpip.h>                       /* socklen_t 类型定义为 int */
WSADATA wsaData;
SOCKET tcp_client;                          /* Winsock 定义的套接字类型 */
/* Windows 环境下需要的 15.4.1 节中文字编码字符串转换函数代码 */
char tempStr[STRMAXSIZE];                   /* GBK 与 UTF-8 转换数据缓冲区 */
int gbk_2_utf8(const char *gbkStr,char *utf8Str);
int utf8_2_gbk(const char *utf8Str,char *gbkStr);
#else
#include <sys/socket.h>
#include <sys/types.h>
#include <netinet/in.h>
#include <netdb.h>
#include <arpa/inet.h>                      /* UNIX\Linux 环境下网络编程 */
int tcp_client = 0;                         /* UNIX\Linux 定义的套接字类型 */
#endif
```

包含必要的头文件之后，需要调用 socket()函数获取一个 socket 文件描述符。前面"第 12 章文件"中也讲过 UNIX(Linux)下一切皆文件的宗旨，Windows 下面不是一切皆文件，Windows 独创了一个 SOCKET 类型，用来描述 socket()函数的返回值。创建套接字的 socket()函数格式如下。

```
tcp_client = socket(protocol_family,socket_type,protocol);
```

socket()函数的第 1 个参数是协议族，PF_INET 表示 TCP/IP 协议族；地址族用 AF_前缀，internet 地址族使用符号常数 AF_INET；UNIX(Linux)下可选的协议族和地址族多一些，例如 PF_VNIX 表示 VNIX 内部协议族，PF_NS 表示 Xerox 网络服务协议族。对应的地址族 AF_VNIX 表示 VNIX 文件系统；地址族 AF_NS 表示 Xerox 网络服务地址族。TCP/IP 网络通信编程时 Socket 接口将 PF_INET 和 AF_INET 定义为相同的常数值，特别是在 Windows 的 Winsock 中，只有 PF_INET 可用。为了跨平台编程只能使用 PF_INET。

socket()函数的第 2 个参数是通信类型，在面向连接的 TCP 类型通信中使用符号常量 SOCK_STREAM 表示字节流；在面向无连接的 UDP 类型时使用 SOCK_DGRAM。另外使用 ICMP 时(例如 ping 程序)需要使用 SOCK_RAW。

socket()函数的第 3 个参数是通信协议，TCP/IP 协议族包括 TCP、UDP、IP、ICMP 等协议。第 3 个参数也是使用常量符号，前缀是 IPPROTO_。例如 TCP 使用 IPPROTO_TCP，UDP 使用 IPPROTO_UDP。

Windows 在使用 Socket 接口通信之前需要调用 WSAStartup()函数初始化 Winsock。因此需要使用＃if…＃else…＃endif 指示字实现跨平台，最后使用语句如下。

```
#if defined(WIN32) || defined(WIN64) || defined(WINNT)
    if(WSAStartup(MAKEWORD(2,2),&wsaData)!= 0)        /* Windows 环境下网络编程 */
    {/* 初始化 Winsock,Windows 下必须调用至少一次 */
        printf("WSAStartup()出错");
        return -1;
    }
#endif
```

2. TCP 网络通信函数筛选

Winsock 套接字函数种类没有 Berkeley Socket 接口种类多，因此要实现跨平台就需要筛选两套库函数中功能、函数名、参数相同的函数，尽量让编程简单化。

Berkeley Socket 的 TCP 连接发送数据函数如表 15.2 所示，Winsock 的 TCP 连接发送数据函数如表 15.3 所示，跨平台开发最后选择 send()函数发送数据。

表 15.2 Berkeley Socket 的 TCP 连接发送数据函数

函　　数	描　　述
send()	通过一个已经连接的 Socket 发送数据，可使用特殊的标志控制 Socket 的活动，例如发送带外数据。最后一个参数是 MSG_OOB 时是带外数据，说明 recv()函数会立即返回“紧急”数据。没有“紧急”数据时 recv()函数返回 EINVAL。MSG_PEEK 标志可以让 recv()函数保存接收数据，用于分析
write()	通过一个已经连接的 Socket 将数据缓冲区内数据发送出去
writev()	通过一个已经连接的 Socket 将分散地址的缓冲区内数据发送出去

表 15.3 Winsock 的 TCP 连接发送数据函数

函　　数	描　　述
send()	通过一个已经连接的 Socket 发送数据，可使用特殊的标志控制 Socket 的活动，例如发送带外数据。最后一个参数是 MSG_OOB 时是带外数据，说明 recv()函数会立即返回“紧急”数据。没有“紧急”数据时 recv()函数返回 EINVAL。MSG_PEEK 标志可以让 recv()函数保存接收数据，用于分析

Berkeley Socket 的 TCP 连接接收数据函数如表 15.4 所示，Winsock 的 TCP 连接接收数据函数如表 15.5 所示，跨平台开发最后选择 recv()函数接收数据。

表 15.4 Berkeley Socket 的 TCP 连接接收数据函数

函　　数	描　　述
recv()	对应 send()函数接收另一端发来的数据。可以接收带外数据。最后一个参数是 MSG_OOB 时是带外数据，说明 recv()函数会立即返回“紧急”数据。没有“紧急”数据时 recv()函数返回 EINVAL。MSG_PEEK 标志可以让 recv()函数保存接收数据，用于分析
read()	通过一个已经连接的 Socket 使用数据缓冲区接收数据
readv()	通过一个已经连接的 Socket 使用数据缓冲区接收数据

表 15.5 Winsock 的 TCP 连接接收数据函数

函　　数	描　　述
recv()	对应 send()函数，接收另一端发来的数据。可以接收带外数据。最后一个参数是 MSG_OOB 时是带外数据，说明 recv()函数会立即返回“紧急”数据。没有“紧急”数据时 recv()函数返回 EINVAL。MSG_PEEK 标志可以让 recv()函数保存接收数据，用于分析

3. UDP 网络通信函数筛选

Berkeley Socket 的 UDP 无连接发送数据函数如表 15.6 所示，Winsock 的 TCP 无连接发送数据函数如表 15.7 所示，跨平台开发最后选择 sendto()函数发送数据。

表 15.6 Berkeley Socket 的 UDP 无连接发送数据函数

函　　数	描　　述
sendto()	通过使用报文缓冲区，通过无连接的 Socket 套接字向指定的 IP 地址和端口号发送数据。对于 SOCK_DGRAM 数据报类套接字，必须注意发送数据长度不应超过通信子网的 IP 包最大长度。IPv4 的 IP 包总长度是 16 位二进制位表示的长度，通常不会使用这么大的报文长度。参数说明如下。 s：一个标识套接字的描述字。 buf：包含待发送数据的缓冲区。 len：buf 缓冲区中数据的长度。 flags：调用方式标志位。 to：（可选）指针，指向目的套接字的地址。 tolen：to 所指地址的长度。 若无错误发生，则 sendto()函数返回所发送数据的总数（注意，这个数字可能小于 len 中所规定的大小）；否则，返回 SOCKET_ERROR 错误
sendmsg()	使用可变报文结构缓冲区，通过无连接的 Socket 套接字向指定的 IP 地址和端口号发送数据

表 15.7 Winsock 的 UDP 无连接发送数据函数

函　　数	描　　述
sendto()	通过使用报文缓冲区，通过无连接的 Socket 套接字向指定的 IP 地址和端口号发送数据。对于 SOCK_DGRAM 数据报类套接字，必须注意发送数据长度不应超过通信子网的 IP 包最大长度。IPv4 的 IP 包总长度是 16 位二进制位表示的长度，通常不会使用这么大的报文长度。参数说明如下。 s：一个标识套接字的描述字。 buf：包含待发送数据的缓冲区。 len：buf 缓冲区中数据的长度。 flags：调用方式标志位。 to：（可选）指针，指向目的套接字的地址。 tolen：to 所指地址的长度。 若无错误发生，则 sendto()函数返回所发送数据的总数（注意，这个数字可能小于 len 中所规定的大小）；否则，返回 SOCKET_ERROR 错误，应用程序可通过 WSAGetLastError()函数获取相应错误代码

Berkeley Socket 的 UDP 无连接接收数据函数如表 15.8 所示，Winsock 的 UDP 无连接接收数据函数如表 15.9 所示，跨平台开发最后选择 recvfrom()函数接收数据。

表 15.8 Berkeley Socket 的 UDP 无连接接收数据函数

函　　数	描　　述
recvfrom()	对应 sendto()函数，接收另一端发来的数据。本函数用于从套接字上接收数据，并捕获数据发送源的地址。本函数有 6 个参数。 s：标识一个套接字的描述字。 buf：接收数据缓冲区。 len：缓冲区长度。 flags：调用操作方式。可选 0、MSG_OOB、MSG_PEEK。可以接收带外数据。选 MSG_OOB 时是带外数据，说明 recvfrom()函数会立即返回"紧急"数据。没有"紧急"数据时 recvfrom()函数返回 EINVAL。 MSG_PEEK 标志可以让 recvfrom()函数保存接收数据，用于分析。 from：(可选)指针，指向装有源地址的缓冲区。 fromlen：(可选)指针，指向 from 缓冲区长度值。 若无错误发生，则 recvfrom()函数返回读入的字节数

表 15.9 Winsock 的 UDP 无连接接收数据函数

函　　数	描　　述
recvfrom()	对应 sendto()函数，接收另一端发来的数据。本函数用于从套接字上接收数据，并捕获数据发送源的地址。本函数有 6 个参数。 s：标识一个套接字的描述字。 buf：接收数据缓冲区。 len：缓冲区长度。 flags：调用操作方式。可选 0、MSG_OOB、MSG_PEEK。可以接收带外数据。选 MSG_OOB 时是带外数据，说明 recvfrom()函数会立即返回"紧急"数据。没有"紧急"数据时 recvfrom()函数返回 EINVAL。 MSG_PEEK 标志可以让 recvfrom()函数保存接收数据，用于分析。 from：(可选)指针，指向装有源地址的缓冲区。 fromlen：(可选)指针，指向 from 缓冲区长度值。 若无错误发生，则 recvfrom()函数返回读入的字节数

4. 网络通信结束处理

网络通信完成之后，需要关闭套接字。同样考虑跨平台要求，Windows 在使用 Winsock 接口通信之后需要调用 closesocket()函数清理缓存和资源，Berkeley Socket 接口无此要求。使用 #if… #else… #endif 指示字可以实现这种跨平台要求，最后使用语句如下。

```
#if defined(WIN32) || defined(WIN64) || defined(WINNT)
    ret = closesocket( udp_socket );          /* Windows 环境下关闭套接字 */
    WSACleanup();        /* Windows 环境下网络编程,清除缓冲区、资源,与 WSAStartup()配对 */
#else
    ret = close( udp_socket );                /* UNIX\Linux 环境下关闭套接字 */
#endif
```

15.5 TCP 通信

TCP 通信方式是源端口号(源协议端口号)和目的端口号(目的协议端口号)互相通信，这两端分别称为客户端和服务器端，客户端向服务器端提出请求，服务器端处理请求后给出回复。TCP建立虚连接和通信的过程如图15.12所示。

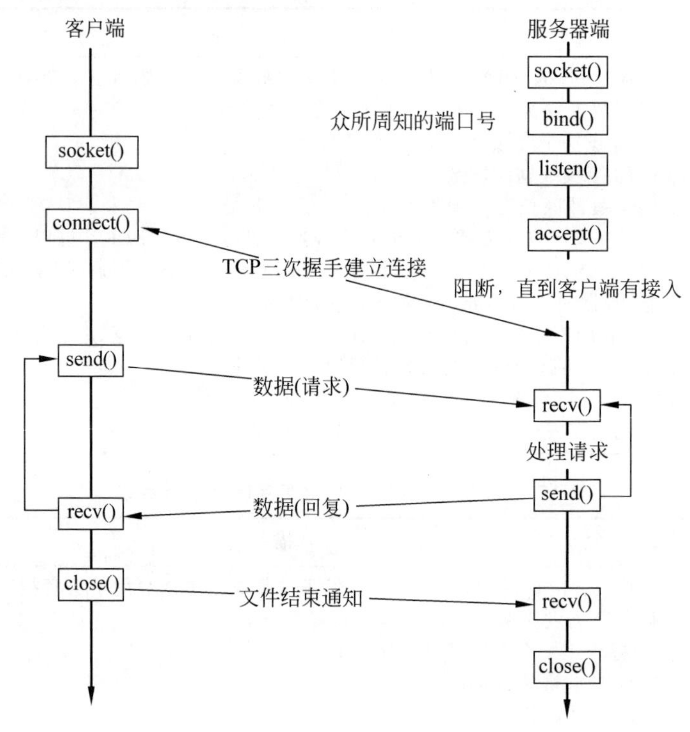

图15.12　TCP建立虚连接和通信的过程

TCP通信是通过图15.12所示的Socket接口函数调用一步一步实现通信过程的。使用Socket接口函数(API)通信时需要同时包含源协议端口号、源IP地址、目的协议端口号、目的IP地址、双方网络通信的协议5部分内容。下面来看在TCP下是如何建立通信虚连接并完成通信过程的，示例程序分成两部分：一部分称为客户端；另一部分称为服务器端。

15.5.1　客户端

客户端网络通信步骤如图15.12中左侧客户端所示，需要5步，最后的客户端示例程序有详细的注释内容进行标注。

1. 调用socket()函数创建TCP通信套接字

使用socket()函数创建套接字的代码如下所示。

```
tcp_client = socket(PF_INET, SOCK_STREAM, IPPROTO_TCP);
/* 第 1 步,创建 TCP 通信套接字 */
```

2. 调用connect()函数连接到服务器端

为了连接到服务器端，需要知道服务器端的IP地址和众所周知的端口号，然后调用connect()函数连接到服务器端正在监听的套接字。connect()函数的第1个参数是第1步创建的TCP套接字；第2个参数是服务器端地址结构变量指针；第3个参数是第2个参数的大小。最后使用语句如下。

```
ret = connect(tcp_client, (const struct sockaddr * )&server_addr, sizeof(server_addr));
/* 第 2 步,连接到服务器端 */
```

3. 发送数据

与服务器端建立连接之后，客户端就可以发送数据了，最后使用语句如下。

```
ret = send(tcp_client, databuf, strlen(databuf),0);
/* 第 3 步,发送数据 */
/* 最后一个参数是 0,表示是普通数据,不是带外数据 */
```

4. 接收数据

与服务器端建立连接之后，客户端还可以接收数据，最后使用语句如下。

```
ret = recv(tcp_client, databuf, sizeof(databuf), 0);
databuf[ret] = '\0';                /* 当字符串用 */
/* 第 4 步,接收数据 */
```

5. 调用 close()函数关闭套接字

TCP 通信完成之后，需要关闭套接字。使用 #if… #else… #endif 指示字可以处理 Winsock 的特殊要求。

TCP 通信客户端完整的源代码示例程序如下，在发送接收数据信息时，使用简单的循环轮流发送、接收数据信息。如果想随时接收数据信息，则可以将第 4 步接收数据信息步骤做成单独的线程。其中，gbk_2_utf8()函数和 utf8_2_gbk()函数就是在"15.4.1 字符编码问题"中最后的 UTF-8 文本编码和 GBK 文本编码互相转换的函数，可以复制到下面的源代码最后，为了节省篇幅在此不再列出。

```
#include <stdio.h>
#include <stdlib.h>
#include <signal.h>
#include <string.h>                          /* memset() */
#include <unistd.h>
#define STRMAXSIZE 1024                      /* 字符串最大长度 */
#if defined(WIN32) || defined(WIN64) || defined(WINNT)
#include <winsock2.h>                        /* Windows 环境下网络编程 */
#include <ws2tcpip.h>                        /* socklen_t 类型定义为 int */
WSADATA wsaData;
SOCKET tcp_client;                           /* Winsock 定义的套接字类型 */
/* Windows 环境下需要的文字编码字符串转换 */
char tempStr[STRMAXSIZE];                    /* GBK 与 UTF-8 转换数据缓冲区 */
int gbk_2_utf8(const char *gbkStr,char *utf8Str);
int utf8_2_gbk(const char *utf8Str,char *gbkStr);
#else
#include <sys/socket.h>
#include <sys/types.h>
#include <netinet/in.h>
#include <netdb.h>
#include <arpa/inet.h>                       /* UNIX\Linux 环境下网络编程 */
int tcp_client = 0;                          /* UNIX\Linux 定义的套接字类型 */
#endif
void stop_chart(int);                        /* 处理 SIGINT 信号,停止对话 */
int main()
{
    int ret = 0;                             /* 函数调用返回码 */
    char databuf[STRMAXSIZE];                /* 数据缓冲区 */
    struct sockaddr_in server_addr = {0};    /* 初始化为 0 */
```

```
    struct sockaddr_in client_addr;
    socklen_t addrlen = 0;
    signal(SIGINT, stop_chart);                         /* 安装信号处理函数 */
#if defined(WIN32) || defined(WIN64) || defined(WINNT)
    if(WSAStartup(MAKEWORD(2,2),&wsaData)!= 0)          /* Windows 环境下网络编程 */
    {/* 初始化 Winsock,Windows 下必须调用至少一次 */
        printf("WSAStartup()出错");
        return -1;
    }
#endif
    tcp_client = socket(PF_INET, SOCK_STREAM, IPPROTO_TCP);
    /* 第 1 步,创建 TCP 通信套接字 */
    server_addr.sin_family = PF_INET;                   /* 设置地址族 */
    server_addr.sin_addr.s_addr = inet_addr("192.168.3.40");    /* 设置 IP 地址 */
    server_addr.sin_port = htons(3200);                 /* 设置端口号 */
    ret = connect(tcp_client, (const struct sockaddr *)&server_addr, \
                     sizeof(server_addr));
    if(ret != 0) printf("建立连接出错!\n");
    /* 第 2 步,连接到服务器端 */
    addrlen = (socklen_t)sizeof( client_addr );         /* 地址大小,整数类型 */
    ret = getpeername(tcp_client,(struct sockaddr *)&client_addr, &addrlen);
    if(ret != 0) printf("获取服务器端地址出错!\n");
    while(1)
    {
        printf(">");gets(databuf);
#if (defined(WIN32) || defined(WIN64) || defined(WINNT))
        /* Windows 环境下需要的文字编码字符串转换 */
        ret = gbk_2_utf8( (const char *)databuf,tempStr);
        strcpy(databuf,tempStr);               /* databuf 为 Windows 环境下 UTF-8 字符集 */
#endif
        ret = send(tcp_client, databuf, strlen(databuf),0);
        /* 第 3 步,发送数据 */
        /* 最后一个参数是 0,表示是普通数据,不是带外数据 */
        if((unsigned long long)ret != strlen(databuf)) printf("发送数据出错!\n");
        ret = recv(tcp_client, databuf, sizeof(databuf), 0);
        /* 第 4 步,接收数据 */
        databuf[ret] = '\0';                   /* 当字符串用 */
#if (defined(WIN32) || defined(WIN64) || defined(WINNT))
        /* Windows 环境下需要的文字编码字符串转换 */
        ret = utf8_2_gbk( (const char *)databuf,tempStr);
        strcpy(databuf,tempStr);               /* 恢复 databuf 为 Windows 环境下 GBK 字符集 */
#endif
        printf("收到信息:%s\n",databuf);
    }
    return 0;
}
void stop_chart(int signal)
{
    int ret;
    printf("TCP 对话即将结束.\n");
#if defined(WIN32) || defined(WIN64) || defined(WINNT)
    ret = closesocket( tcp_client );           /* 第 5 步 Windows 环境下关闭套接字 */
    WSACleanup();                              /* Windows 环境下网络编程,清除缓冲区、资源,与
WSAStartup()配对 */
```

```
#else
    ret = close( tcp_client );                /* 第 5 步 UNIX\Linux 环境下关闭套接字 */
#endif
    exit(ret);
}
/* 后面复制附加 GBK 与 UTF-8 互相转换函数代码 */
```

15.5.2　服务器端

服务器端网络通信步骤如图 15.12 中右侧服务器端所示，需要 8 步，最后的服务器端示例程序有详细的注释内容进行标注。

1. 调用 socket()函数创建服务器端 TCP 监听套接字

在服务器端，需要创建服务器端监听套接字，另外还需要根据连入的客户端多少，声明将来会创建的客户端通信套接字，因此对于大型的通信服务器端的客户端套接字会连入很多，实现形式需要自己考虑，示例程序只演示实现一个客户端连入的情况，进行互相对话，最后使用语句如下。

```
int tcp_server = socket(PF_INET, SOCK_STREAM, IPPROTO_TCP);
/* 第 1 步，创建服务器端 TCP 监听套接字 */
```

2. 调用 bind()函数绑定服务器端

将第 1 步创建的监听套接字绑定服务器端信息，包括 IP 地址、众所周知的端口号、网络协议，这一步需要调用 bind()函数。bind()函数的第 1 个参数是第 1 步创建的服务器端 TCP 监听套接字；第 2 个参数是服务器端地址结构变量指针；bind()函数第 3 个参数是第 2 个参数的大小。最后使用语句如下。

```
ret = bind(tcp_server, (const struct sockaddr *)&server_addr, sizeof(server_addr));
/* 第 2 步，绑定服务器端 */
```

3. 调用 listen()函数监听

服务器端监听套接字绑定服务器端信息后，就需要调用 listen()函数启动监听功能，监听服务器端众所周知的端口，等待客户端连接服务器的信息。listen()函数的第 1 个参数是第 1 步创建的 TCP 监听套接字；第 2 个参数是等待连接队列的最大长度，当连接进来的客户端较多时，这是很有用的。最后使用语句如下。

```
ret = listen(tcp_server, 10);
/* 第 3 步，监听 */
```

4. 调用 accept()函数接收连接到服务器端的连接

在服务器端启动监听功能后，要调用 accept()函数阻塞进程，等待客户端连接进来的请求，有连接进来的客户端请求，立即在服务器端产生一个通信套接字，这个通信套接字就是与客户端进行通信用的全双工通信套接字。accept()函数的第 1 个参数是第 1 步创建的服务器监听套接字；第 2 个参数是客户端地址指针，函数正确返回后可以从这个参数获取客户端地址信息；第 3 个参数是客户端地址变量大小字节数。最后使用语句如下。

```
struct  sockaddr_in client_addr;
socklen_t  addrlen = sizeof(client_addr);
tcp_client = accept(tcp_server, (struct sockaddr *)&client_addr, &addrlen);
/* 第 4 步，接收连接到服务器端的连接
```

tcp_client 是远端客户端连接进来的，与客户端双工通信用的套接字 * /

5. 接收数据

客户端连接进来，服务器端创建与客户端通信的全双工套接字后，也就是第 4 步正确完成后，就可以开始接收客户端的服务请求了，最后使用语句如下。

```
char databuf [1024] = {0};
ret = recv(tcp_client, databuf, sizeof(databuf), 0);
/* 第 5 步,接收数据 */
```

6. 发送数据

客户端连接进来，服务器端创建与客户端通信的全双工套接字后，也就是第 4 步正确完成后，就可以开始发送数据了，通常是收到客户端请求后，处理请求，然后再发送回复。但是这不是硬性要求，服务器端可以随时发送数据，最后使用语句如下。

```
ret = send(tcp_client, databuf, strlen(databuf),0);
/* 第 6 步,发送数据 */
/* 最后一个参数是 0,表示是普通数据,不是带外数据 */
```

7. 接收客户端的 close()函数信息

客户端与服务器端使用套接字进行 TCP 有连接通信完成之前，客户端如果关闭了通信用的套接字，服务器端的 recv()函数返回值会等于 0 值，此时服务器端需要关闭客户端与服务器端通信用的套接字(不是监听用的套接字)。同样考虑跨平台要求，Windows 在使用 Socket 接口通信之后需要调用 closesocket()函数关闭通信用的套接字。

8. 关闭服务器端的监听套接字

服务器端退出程序时，需要关闭服务器监听套接字。与客户端关闭套接字退出程序一样，需要考虑跨平台要求。Windows 在使用 Socket 接口通信之后需要调用 closesocket()函数关闭监听用的套接字，并调用 WSACleanup()函数清除缓冲区内存和资源。

TCP 通信服务器端完整的源代码示例程序如下，在发送接收数据信息时，使用简单的循环轮流发送、接收数据信息。如果想随时接收数据信息，则可以将第 5 步接收数据信息步骤做成单独的线程。其中，gbk_2_utf8()函数和 utf8_2_gbk()函数就是在“15.4.1 字符编码问题”中最后的 UTF-8 文本编码和 GBK 文本编码互相转换的函数，可以复制到下面的源代码最后，为了节省篇幅在此不再列出。

```
#include <stdio.h>
#include <stdio.h>
#include <stdlib.h>
#include <signal.h>
#include <string.h>                          /* memset() */
#include <unistd.h>
#define STRMAXSIZE  1024                     /* 字符串最大长度 */
#if defined(WIN32) || defined(WIN64) || defined(WINNT)
#include <winsock2.h>                        /* Windows 环境下网络编程 */
#include <ws2tcpip.h>                        /* socklen_t 类型定义为 int */
WSADATA wsaData;
SOCKET tcp_server;                           /* Winsock 定义的套接字类型 */
SOCKET tcp_client;                           /* Winsock 定义的套接字类型 */
/* Windows 环境下需要的文字编码字符串转换 */
char tempStr[STRMAXSIZE];                    /* GBK 与 UTF-8 转换数据缓冲区 */
```

```
int gbk_2_utf8(const char *gbkStr,char *utf8Str);
int utf8_2_gbk(const char *utf8Str,char *gbkStr);
#else
#include <sys/socket.h>
#include <sys/types.h>
#include <netinet/in.h>
#include <netdb.h>
#include <arpa/inet.h>                      /* UNIX\Linux 环境下网络编程 */
int tcp_server = 0;                         /* UNIX\Linux 定义的套接字类型 */
int tcp_client = 0;                         /* UNIX\Linux 定义的套接字类型 */
#endif
int nClientClosedFlag = 0;                  /* nClientClosedFlag = 1,客户端关闭退出了 */
void stop_chart(int);                       /* 处理 SIGINT 信号,停止对话 */
int main()
{
    int ret = 0;                            /* 函数调用返回码 */
    char databuf[1024];                     /* 数据缓冲区 */
    struct sockaddr_in    server_addr = {0}; /* 初始化为 0 */
    struct sockaddr_in  client_addr;
    socklen_t addrlen = 0;
    signal(SIGINT, stop_chart);             /* 安装信号处理函数 */
#if defined(WIN32) || defined(WIN64) || defined(WINNT)
    if(WSAStartup(MAKEWORD(2,2),&wsaData)!= 0)
    {/* 初始化 Winsock,Windows 下必须调用至少一次 */
        printf("WSAStartup()出错");
        return -1;
    }
    /* Windows 环境下网络编程 */
#endif
    tcp_server = socket(PF_INET, SOCK_STREAM, IPPROTO_TCP);
    /* 第 1 步,创建服务器端 TCP 监听套接字 */
    server_addr.sin_family = PF_INET;       /* 设置地址族 */
    server_addr.sin_addr.s_addr = inet_addr("192.168.3.40");  /* 设置服务器 IP 地址 */
    server_addr.sin_port = htons(3200);     /* 设置服务器端口号 */
    ret = bind(tcp_server, (const struct sockaddr *)&server_addr, sizeof(server_addr));
    if(ret != 0) printf("绑定监听套接字出错!\n");
    /* 第 2 步,绑定服务器端 */
    ret = listen(tcp_server, 10);
    if(ret != 0) printf("监听套接字监听出错!\n");
    /* 第 3 步,监听 */
    addrlen = (socklen_t)sizeof( client_addr );       /* 地址大小,整数类型 */
    tcp_client = accept(tcp_server, (struct sockaddr *)&client_addr, &addrlen);

    /* 第 4 步,接收连接到服务器端的连接
     tcp_client 是远端客户端连接进来的,与客户端双工通信用的套接字 */
    ret = getpeername(tcp_client,(struct sockaddr *)&client_addr, &addrlen);
    if(ret != 0) printf("获取客户端地址出错!\n");
    while(1)
    {
        ret = recv(tcp_client, databuf, sizeof(databuf), 0);
        /* 第 5 步,接收数据 */
        if(ret == 0)
        {/* 第 7 步,客户端 close(),连接已经终止 */
            nClientClosedFlag = 1;          /* 客户端退出了 */
```

```
#if defined(WIN32) || defined(WIN64) || defined(WINNT)
            ret = closesocket( tcp_client );
            /* 第 7 步 Windows 环境下关闭通信用套接字 */
#else
            ret = close( tcp_client );
            /* 第 7 步 UNIX\Linux 环境下关闭通信用套接字 */
#endif
            break;                          /* 通常跳出通信循环 */
        }
        databuf[ret] = '\0';
#if (defined(WIN32) || defined(WIN64) || defined(WINNT))
        /* Windows 环境下需要的文字编码字符串转换 */
        ret = utf8_2_gbk( (const char *)databuf,tempStr);
        strcpy(databuf,tempStr);            /* 恢复 databuf 为 Windows 环境下 GBK 字符集 */
#endif
        printf("收到信息: %s\n>",databuf);
        gets(databuf);
#if (defined(WIN32) || defined(WIN64) || defined(WINNT))
        /* Windows 环境下需要的文字编码字符串转换 */
        ret = gbk_2_utf8( (const char *)databuf,tempStr);
        strcpy(databuf,tempStr);            /* databuf 为 Windows 环境下 UTF-8 字符集 */
#endif
        ret = send(tcp_client, databuf, strlen(databuf),0);
        /* 第 6 步,发送数据 */
        /* 最后一个参数是 0,表示是普通数据,不是带外数据 */
        if((unsigned long long)ret != strlen(databuf))
        {
            printf("发送数据出错!\n");
            break;
        }
    }/* while(1) */
    if(!nClientClosedFlag)
    {
#if defined(WIN32) || defined(WIN64) || defined(WINNT)
        ret = closesocket( tcp_client );
        /* 第 7 步 Windows 环境下关闭通信用套接字 */
#else
        ret = close( tcp_client );
        /* 第 7 步 UNIX\Linux 环境下关闭通信用套接字 */
#endif
    }
#if defined(WIN32) || defined(WIN64) || defined(WINNT)
        ret = closesocket( tcp_server );    /* 第 8 步 Windows 环境下关闭监听套接字 */
        WSACleanup();
    /* Windows 环境下网络编程,清除缓冲区、资源,与 WSAStartup()配对 */
#else
        ret = close( tcp_server );          /* 第 8 步 UNIX\Linux 环境下关闭监听套接字 */
#endif
    return 0;
}
void stop_chart(int signal)
{
    int ret;
    printf("TCP 对话即将结束.\n");
```

```
    if(!nClientClosedFlag)
    {
#if defined(WIN32) || defined(WIN64) || defined(WINNT)
        ret = closesocket( tcp_client );   /* 第 7 步 Windows 环境下关闭通信用套接字 */
#else
        ret = close( tcp_client );         /* 第 7 步 UNIX\Linux 环境下关闭通信用套接字 */
#endif
    }
#if defined(WIN32) || defined(WIN64) || defined(WINNT)
    ret = closesocket( tcp_server );       /* 第 8 步 Windows 环境下关闭服务器端的监听套接字 */
    WSACleanup( );                         /* Windows 环境下网络编程,清除缓冲区、资源,与
WSAStartup()配对 */
#else
    ret = close( tcp_server );             /* 第 8 步 UNIX\Linux 环境下关闭服务器端的监听套
接字 */
#endif
    exit(ret);
}
/* 后面复制附加 GBK 与 UTF-8 互相转换函数代码 */
```

TCP 连接通信示例程序客户端分别运行在 Windows 10 环境下、macOS 10.15 环境下，服务器端运行在虚拟机上的 CentOS 8.5(Linux)环境下，虚拟机使用桥接方式通过同一台计算机的网卡连接在路由器上(两者 IP 地址不一样)，示例程序服务器端与客户端运行结果如图 15.13 所示。

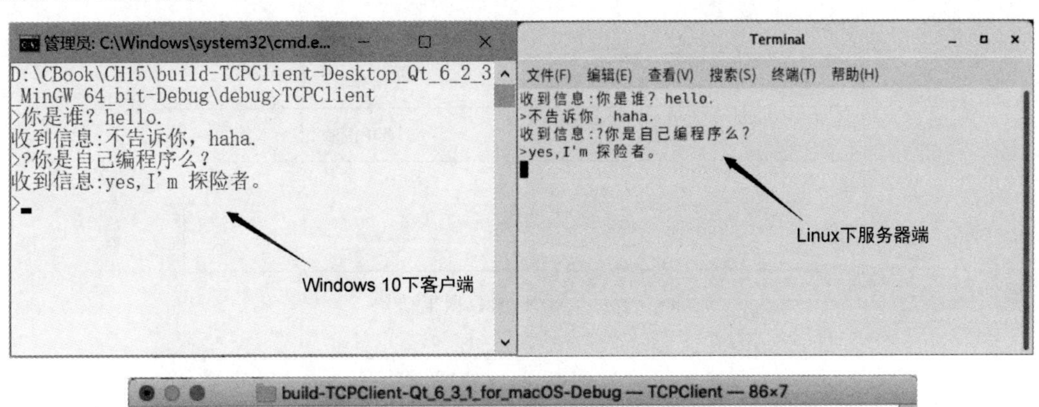

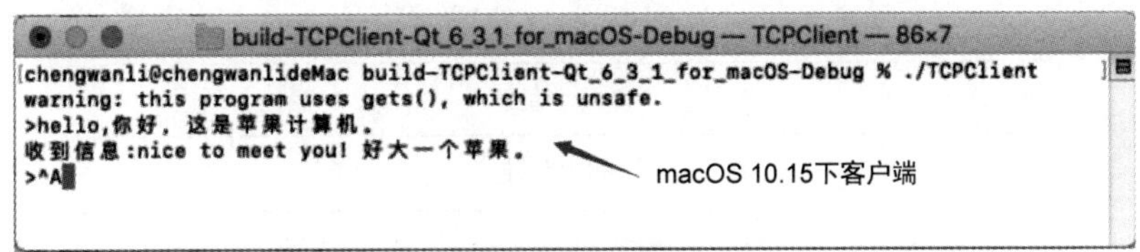

图 15.13 TCP 通信服务器端与客户端运行截图

在 CentOS 8.5(Linux)环境下，如果运行时收不到信息，可以在 root 超级用户登录情况下，用如下命令行打开端口，程序中用到的端口在此范围内。

```
firewall-cmd --add-port=3000-10000/tcp --permanent
```

查看帮助信息用如下命令。

```
firewall-cmd --help
```

视频讲解

15.6 UDP 通信

UDP 类型的通信方式是无连接的通信方式，它不像 TCP 通信那样需要先建立虚连接。UDP 通信是不可靠的网络数据传输，它没有错误控制和流量控制，通常在网络环境好、需要快速通信时使用。UDP 类型的通信可用于广播和多播方式的通信，UDP 也使用源端口号(源协议端口号)和目的端口(目的协议端口号)进行通信。

UDP 类型的通信也要用到 Socket 网络套接字接口函数(API)，应用程序通过 Socket 网络套接字接口函数发送或接收数据，通信完成后也要关闭 Socket 网络套接字。UDP 通信方式分为发送端和接收端，或者也称为客户端和服务器端，这需要根据功能来确定，如果向其他通信方提供某种服务，就可以称为服务器端，请求服务的一端称为客户端。UDP 通信方式也需要使用 Socket 网络套接字发送和接收信息。

UDP 通信的 Socket 套接字也是双工方式。客户端的套接字可以发送数据信息，也可以接收数据信息。客户端端口是短暂的请求服务，服务器端的端口也是众所周知的，方便对方向自己发送请求。

UDP 校验和(checksum)类似于 IP 标头校验和，UDP 包含一个伪标头(帮助检查源/目标)。UDP 校验和是可选内容，但 RFC 1122/23(主机请求)要求启用校验和，如果不用则可以置 0。图 15.14 和图 15.15 是 UDP 的数据报结构及伪标头数据结构。

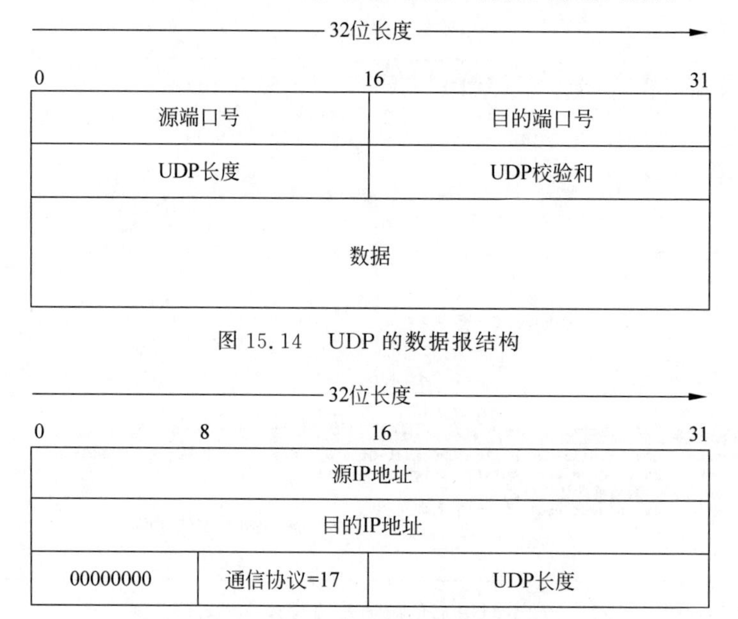

图 15.14　UDP 的数据报结构

图 15.15　UDP 的伪标头数据结构

应用程序的数据信息只是被简单地封装并发送到网络层，这可能会因为 IP 包拆分导致分片。下面来看 UDP 端对端如何通信并完成通信过程编程。

15.6.1 客户端

UDP 客户端实现 UDP 网络通信需要 6 步，最后的 UDP 客户端示例程序有详细的注释内容进行标注。

1. 调用 socket()函数创建 UDP 通信套接字

使用 socket()函数创建 UDP 套接字的代码如下所示。

```
udp_socket = socket(PF_INET, SOCK_DGRAM, IPPROTO_UDP);
/* 第 1 步,创建 UDP 通信套接字 */
```

2. 准备自己的 IP 地址和端口号及对方的 IP 地址和端口号

为了能向对方发送信息,需要知道对方的 IP 地址和众所周知的端口号,然后调用发送数据的 socket()函数将数据信息发送出去。同时为了收到对方的信息,也需要让对方知道自己的 IP 地址和端口号。因此需要准备双方的 struct sockaddr_in 结构变量。

3. 调用 bind()函数绑定自己的 IP 地址和端口号

UDP 通信双方都应该拥有自己稳定的 IP 地址(一台计算机可能会有多个网卡,IP 地址也是多个)和端口号,通过调用 bind()函数可以绑定 IP 地址和端口号。这有利于对方识别自己,进行通信。bind()函数的第 1 个参数是第 1 步创建的套接字;第 2 个参数是自己的地址结构变量指针;第 3 个参数是第 2 个参数的大小。最后使用语句如下。

```
ret = bind(udp_socket, (const struct sockaddr *)&self_addr, sizeof(self_addr));
/* 第 3 步,绑定自己的 IP 地址和端口号 */
```

4. 发送数据

准备好对方地址和端口号之后,就可以开始发送数据了,最后使用语句如下。

```
ret = sendto(udp_socket, databuf, strlen(databuf),0, \
            (struct sockaddr *)&peer_addr, sizeof(peer_addr));
/* 第 4 步,发送数据 */
```

5. 接收数据

UDP 套接字可以随时接收数据,使用语句如下。

```
ret = recvfrom(udp_socket, databuf, sizeof(databuf), 0,\
        (struct sockaddr *)&recv_addr, sizeof(recv_addr));
/* 第 5 步,接收数据 */
```

6. 调用 close()函数关闭套接字

UDP 通信完成之后,需要关闭套接字。同样考虑跨平台要求,Windows 在使用 Socket 接口通信之后需要调用 closesocket()函数清理缓存和资源。使用#if…#else…#endif 指示字可以实现跨平台要求。

UDP 通信客户端完整的源代码示例程序如下,在发送接收数据信息时,使用简单的循环轮流发送、接收数据信息。如果想随时接收数据信息,可以将第 5 步接收数据信息步骤做成单独的线程。其中,gbk_2_utf8()函数和 utf8_2_gbk()函数就是在"15.4.1 字符编码问题"中最后的 UTF-8 文本编码和 GBK 文本编码互相转换的函数,可以复制到下面的源代码最后,为了节省篇幅在此不再列出。

```
#include <stdio.h>
#include <stdlib.h>
#include <signal.h>
#include <string.h>                    /* memset() */
#include <unistd.h>
```

```
#define STRMAXSIZE 1024                          /* 字符串最大长度 */
char tempStr[STRMAXSIZE];                        /* 数据缓冲区 */
#if defined(WIN32) || defined(WIN64) || defined(WINNT)
#include <winsock2.h>                            /* Windows 环境下网络编程 */
#include <ws2tcpip.h>                            /* socklen_t 类型定义为 int */
WSADATA wsaData;
SOCKET udp_socket;                               /* Winsock 定义的套接字类型 */
/* Windows 环境下需要的文字编码字符串转换 */
int gbk_2_utf8(const char *gbkStr,char *utf8Str);
int utf8_2_gbk(const char *utf8Str,char *gbkStr);
#else
#include <sys/socket.h>
#include <sys/types.h>
#include <netinet/in.h>
#include <netdb.h>
#include <arpa/inet.h>                           /* UNIX\Linux 环境下网络编程 */
int udp_socket = 0;                              /* UNIX\Linux 定义的套接字类型 */
#endif
void stop_chart(int);                            /* 处理 SIGINT 信号,停止通信 */
int main()
{
    int ret = 0;                                 /* 函数调用返回码 */
    char databuf[STRMAXSIZE];                    /* 数据缓冲区 */
    struct sockaddr_in peer_addr = {0};          /* 初始化为 0 */
    struct sockaddr_in self_addr = {0};          /* 初始化为 0 */
    struct sockaddr_in recv_addr = {0};          /* 初始化为 0 */
    socklen_t addrlen = 0;
    signal(SIGINT, stop_chart);                  /* 安装信号处理函数 */
#if defined(WIN32) || defined(WIN64) || defined(WINNT)
    if(WSAStartup(MAKEWORD(2,2),&wsaData)!= 0)
    {/* 初始化 Winsock,Windows 下必须调用至少一次 */
        printf("WSAStartup()出错");
        return -1;
    }
    /* Windows 环境下网络编程 */
#endif
    udp_socket = socket(PF_INET, SOCK_DGRAM, IPPROTO_UDP);
    /* 第 1 步,创建 UDP 通信套接字 */
    peer_addr.sin_family = PF_INET;          /* 设置协议族 */
    peer_addr.sin_addr.s_addr = inet_addr("192.168.3.40");      /* 设置 UDP 服务器 IP 地址 */
    peer_addr.sin_port = htons(3300);        /* UDP 服务器众所周知对方端口号 */
    self_addr.sin_family = PF_INET;          /* 设置协议族 */
    self_addr.sin_addr.s_addr = inet_addr("192.168.3.46");      /* 设置本机 IP 地址 */
    self_addr.sin_port = htons(3350);        /* 自己的端口号 */
    recv_addr = peer_addr;
    /* 第 2 步,准备自己的 IP 地址和端口号及对方的 IP 地址和端口号 */
    ret = bind(udp_socket, (const struct sockaddr *)&self_addr, sizeof(self_addr));
    if(ret != 0) printf("绑定自己的 IP 地址和端口号出错!\n");
    /* 第 3 步,绑定自己的 IP 地址和端口号 */
    while(1)
    {
        printf(">");
        gets(databuf);
#if (defined(WIN32) || defined(WIN64) || defined(WINNT))
```

```
        /* Windows 环境下需要的文字编码字符串转换 */
        ret = gbk_2_utf8( (const char * )databuf,tempStr);
        strcpy(databuf,tempStr);          /* databuf 为 Windows 环境下 UTF - 8 字符集 */
#endif
        addrlen = (socklen_t)sizeof( peer_addr );     /* 地址大小,整数类型 */
        ret = strlen(databuf);
        databuf[ret] = 0X0A;                         /* 加个标志,处理分片问题 */
        databuf[ret + 1] = 0X00;                     /* 字符串结束标志 */
        ret = sendto(udp_socket, databuf, strlen(databuf),0, \
                     (struct sockaddr * )&peer_addr, addrlen);
        /* 第 4 步,发送数据 */
        /* 第 3 个参数是 0,表示是普通数据,不是带外数据 */
        if((unsigned long long)ret != strlen(databuf)) printf("发送数据出错!\n");
        addrlen = (socklen_t)sizeof( recv_addr );    /* 地址大小,整数类型 */
        for(int i = 0;i < STRMAXSIZE;i++) databuf[i] = 0X00;      /* 清空,防止出问题 */
        do
        {
            ret = recvfrom(udp_socket, tempStr, sizeof(tempStr), 0,\
                           (struct sockaddr * )&recv_addr, &addrlen);
            tempStr[ret] = '\0';                     /* 当字符串用 */
            strcat(databuf, tempStr);                /* 合并,消除分片问题 */
            /* 第 5 步,接收数据 */
        }while( !strchr(tempStr,(int)(0X0A)) );      /* 合并,消除分片问题 */
        if(databuf[strlen(databuf) - 1] == 0X0A) databuf[strlen(databuf) - 1] = 0X00;
#if (defined(WIN32) || defined(WIN64) || defined(WINNT))
        /* Windows 环境下需要的文字编码字符串转换 */
        ret = utf8_2_gbk( (const char * )databuf,tempStr);
        strcpy(databuf,tempStr);          /* 恢复 databuf 为 Windows 环境下 GBK 字符集 */
#endif
        printf("从 %1s 的 %1u 端口收到信息:",inet_ntoa( *(struct in_addr * )\
           &recv_addr.sin_addr.s_addr),ntohs(recv_addr.sin_port));
        printf(" %s\n",databuf);
    }
    return 0;
}
void stop_chart(int signal)
{
    int ret;
    printf("UDP 通信即将结束.\n");
#if defined(WIN32) || defined(WIN64) || defined(WINNT)
    ret = closesocket( udp_socket );          /* 第 6 步 Windows 环境下关闭套接字 */
    WSACleanup();     /* Windows 环境下网络编程,清除缓冲区、资源,与 WSAStartup()配对 */
#else
    ret = close( udp_socket );                /* 第 6 步 UNIX\Linux 环境下关闭套接字 */
#endif
    exit(ret);
}
/* 后面复制附加 GBK 与 UTF - 8 互相转换函数代码 */
```

15.6.2 服务器端

UDP 服务器端与客户端没有本质的区别,实现 UDP 网络通信也需要 6 步,最后的 UDP 服务器端示例程序有详细的注释内容进行标注。

1. 调用 socket()函数创建 UDP 套接字

使用 socket()函数创建套接字的代码如下所示。

```
udp_socket = socket(PF_INET, SOCK_DGRAM, IPPROTO_UDP);
/* 第 1 步,创建 UDP 套接字 */
```

2. 准备源 IP 地址和源端口号及目的 IP 地址和目的端口号

为了能向对方发送信息,需要知道对方的 IP 地址和对方的端口号,然后调用发送数据的 socket()函数将数据信息发送出去。同时为了收到对方的信息,也需要让对方知道自己的 IP 地址和端口号。因此,需要准备双方的 struct sockaddr_in 结构变量。对方的 IP 地址和对方的端口号也可以在接收数据时获取。

3. 调用 bind()函数绑定自己的 IP 地址和端口号

UDP 通信双方都应该拥有自己稳定的 IP 地址(一台计算机可能会有多个网卡,IP 地址也是多个)和端口号,通过调用 bind()函数可以绑定 IP 地址和端口号。这有利于对方识别自己,进行通信。bind()函数的第 1 个参数是第 1 步创建的套接字;第 2 个参数是自己的地址结构变量指针;第 3 个参数是第 2 个参数的大小。最后使用语句如下。

```
ret = bind(udp_socket, (const struct sockaddr *)&self_addr, sizeof(self_addr));
/* 第 3 步,绑定自己的 IP 地址和端口号 */
```

4. 接收数据

UDP 服务器端从功能上也是响应客户端的请求,提供服务。建立 UDP 通信的全双工套接字后,也就是第 3 步 bind()绑定完成后,就可以开始接收客户端的服务请求了,使用语句如下。

```
socklen_t addrlen = (socklen_t)sizeof( recv_addr );        /* 地址大小,整数类型 */
ret = recvfrom(udp_socket, databuf, sizeof(databuf), 0,\
(struct sockaddr *)&recv_addr, &addrlen);
/* 第 4 步,接收数据 */
```

5. 发送数据

这种发送数据是回复请求,因此要获取对方的地址和端口号之后(也可以自己填写),再发送数据,最后使用语句如下。

```
ret = sendto(udp_socket, databuf, strlen(databuf),0, \
            (struct sockaddr *)&peer_addr, sizeof(peer_addr));
/* 第 5 步,发送数据 */
```

6. 调用 close()函数关闭套接字

UDP 通信完成之后,需要关闭套接字。同样考虑跨平台要求,Windows 在使用 Socket 接口通信之后需要调用 closesocket()函数清理缓存和资源。使用 #if… #else… #endif 指示字可以实现跨平台要求。

UDP 通信服务器端完整的源代码示例程序如下,在发送接收数据信息时,使用简单的循环轮流发送、接收数据信息。如果想随时接收数据信息,可以将第 4 步接收数据信息步骤做成单独的线程。其中 gbk_2_utf8()函数和 utf8_2_gbk()函数就是在"15.4.1 字符编码问题"中最后的 UTF-8 文本编码和 GBK 文本编码互相转换的函数,可以复制到下面的源代码最后,为了节省篇幅在此不再列出。

```
#include <stdio.h>
#include <stdlib.h>
#include <signal.h>
#include <string.h>                              /* memset() */
#include <unistd.h>
#define STRMAXSIZE  1024                         /* 字符串最大长度 */
char tempStr[STRMAXSIZE];                        /* 数据缓冲区 */
#if defined(WIN32) || defined(WIN64) || defined(WINNT)
#include <winsock2.h>                            /* Windows 环境下网络编程 */
#include <ws2tcpip.h>                            /* socklen_t 类型定义为 int */
WSADATA wsaData;
SOCKET udp_socket;                               /* Winsock 定义的套接字类型 */
/* Windows 环境下需要的文字编码字符串转换 */
int gbk_2_utf8(const char *gbkStr,char *utf8Str);
int utf8_2_gbk(const char *utf8Str,char *gbkStr);
#else
#include <sys/socket.h>
#include <sys/types.h>
#include <netinet/in.h>
#include <netdb.h>
#include <arpa/inet.h>                           /* UNIX\Linux 环境下网络编程 */
int udp_socket = 0;                              /* UNIX\Linux 定义的套接字类型 */
#endif
void stop_chart(int);                            /* 处理 SIGINT 信号,停止通信 */
int main()
{
    int ret = 0;                                 /* 函数调用返回码 */
    char databuf[STRMAXSIZE];                    /* 数据缓冲区 */
    struct sockaddr_in      peer_addr = {0};     /* 初始化为 0 */
    struct sockaddr_in  server_addr = {0};       /* 初始化为 0 */
    struct sockaddr_in  recv_addr = {0};         /* 初始化为 0 */
    socklen_t addrlen = 0;
    signal(SIGINT, stop_chart);                  /* 安装信号处理函数 */
#if defined(WIN32) || defined(WIN64) || defined(WINNT)
    if(WSAStartup(MAKEWORD(2,2),&wsaData)!= 0)
    {/* 初始化 Winsock,Windows 下必须调用至少一次 */
        printf("WSAStartup()出错");
        return -1;
    }
    /* Windows 环境下网络编程 */
#endif
    udp_socket = socket(PF_INET, SOCK_DGRAM, IPPROTO_UDP);
    /* 第 1 步,创建 UDP 套接字 */
    peer_addr.sin_family = PF_INET;              /* 设置协议族 */
    peer_addr.sin_addr.s_addr = inet_addr("192.168.3.51");    /* 设置目的 IP 地址 */
    peer_addr.sin_port = htons(3350);            /* 对方端口号 */
    /* peer_addr 用于接收数据时获取,此初始数据无用 */
    server_addr.sin_family = PF_INET; /* 设置协议族 */
    server_addr.sin_addr.s_addr = inet_addr("192.168.3.40");   /* 设置服务器 IP 地址 */
    server_addr.sin_port = htons(3300);          /* 我的 UDP 服务器为众所周知的端口号 */
    /* 第 2 步,准备源 IP 地址和源端口号及目标地址和目的端口号 */
    recv_addr = peer_addr;
    ret = bind(udp_socket, (const struct sockaddr *)&server_addr, \
            sizeof(server_addr));                /* 绑定自己的 IP 地址和端口号 */
```

```
    /* 第 3 步,绑定自己的 IP 地址和端口号 */
    if(ret != 0) printf("自己 IP 和端口绑定到套接字出错!\n");
    while(1)
    {
        addrlen = (socklen_t)sizeof( recv_addr );              /* 地址大小,整数类型 */
        for(int i = 0;i < STRMAXSIZE;i++) databuf[i] = 0X00;    /* 清空,防止出问题 */
        do
        {
            ret = recvfrom(udp_socket, tempStr, sizeof(tempStr), 0,\
                            (struct sockaddr * )&recv_addr, &addrlen);
            /* recv_addr 为临时地址,不确定这是谁,因为谁都可以发 */
            /* 第 4 步,接收数据 */
            tempStr[ret] = '\0';                                /* 当字符串用 */
            strcat(databuf, tempStr);                           /* 合并,消除分片问题 */
        }while( !strchr(tempStr,(int)(0X0A)) );                 /* 合并,消除分片问题 */
        if(databuf[strlen(databuf) - 1] == 0X0A) databuf[strlen(databuf) - 1] = 0X00;
#if (defined(WIN32) || defined(WIN64) || defined(WINNT))
        /* Windows 环境下需要的文字编码字符串转换 */
        ret = utf8_2_gbk( (const char * )databuf,tempStr);
        strcpy(databuf,tempStr);              /* 恢复 databuf 为 Windows 环境下 GBK 字符集 */
#endif
        printf("从 % - s 的 % - u 端口收到信息:",inet_ntoa( * (struct in_addr * )\
           &recv_addr.sin_addr.s_addr),ntohs(recv_addr.sin_port));
        printf(" % s\n>",databuf); gets(databuf);
#if (defined(WIN32) || defined(WIN64) || defined(WINNT))
        /* Windows 环境下需要的文字编码字符串转换 */
        ret = gbk_2_utf8( (const char * )databuf,tempStr);
        strcpy(databuf,tempStr);              /* databuf 为 Windows 环境下 UTF - 8 字符集 */
#endif
        addrlen = (socklen_t)sizeof( peer_addr );      /* 地址大小,整数类型 */
        ret = strlen(databuf);
        databuf[ret] = 0X0A;                  /* 加个标志,处理分片问题 */
        databuf[ret + 1] = 0X00;              /* 字符串结束标志 */
        ret = sendto(udp_socket, databuf, strlen(databuf),0, \
                    (struct sockaddr * )&peer_addr, addrlen);
        /* 第 5 步,发送数据 */
        /* 第 3 个参数是 0,表示是普通数据,不是带外数据 */
        if((unsigned long long)ret != strlen(databuf)) printf("发送数据出错!\n");
    }/* while(1) */

    return 0;
}
void stop_chart(int signal)
{
    int ret;
    printf("UDP 通信即将结束.\n");
#if defined(WIN32) || defined(WIN64) || defined(WINNT)
    ret = closesocket( udp_socket );          /* 第 6 步 Windows 环境下关闭套接字 */
    WSACleanup();          /* Windows 环境下网络编程,清除缓冲区、资源,与 WSAStartup()配对 */
#else
    ret = close( udp_socket );                /* 第 6 步 UNIX\Linux 环境下关闭套接字 */
#endif
    exit(ret);
}
/* 后面复制附加 GBK 与 UTF - 8 互相转换函数代码 */
```

示例程序运行时,UDPServer 和 UDPClient 互相交替发送接收信息,如果想改进,则可以将接收信息功能做成一个线程,收到信息后,单独在屏幕上显示出来信息内容。Windows 10 环境下服务器端分别和 macOS 10.15 环境下、CentOS 8.5(Linux)环境下客户端通信,程序运行结果如图 15.16 所示。

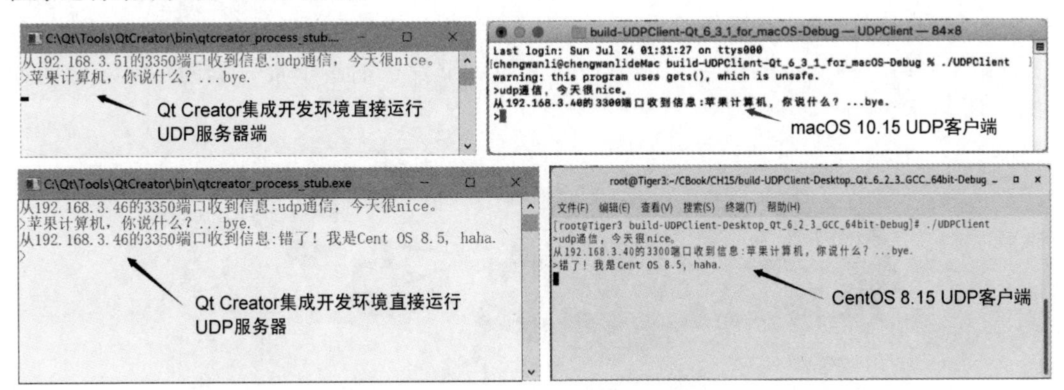

图 15.16 UDP 通信服务器端与客户端 Windows 下运行结果

在 CentOS 8.5(Linux)环境下,如果运行时收不到信息,可以在 root 超级用户登录情况下,用如下命令行打开端口,程序中用到的端口在此范围内。

```
firewall-cmd --add-port=3000-10000/udp --permanent
```

查看帮助信息用如下命令。

```
firewall-cmd --help
```

15.7 UDP 多播通信

现在的网络通信应用很广泛,例如常见的网络会议会有多人同时参会,并且同时有声音和视频通信;微信也能同时几个人一起视频聊天;网络游戏时,一个团队一起战斗,一个人发的语音信息其他队友都可听到,这些都会用到多播技术。

在"15.2 TCP/IP 基础"中已经介绍了 IPv4 地址分为 5 类,其中 A、B、C 类地址通常用于 TCP/IP 节点,D 类地址用于多播。D 类地址的前 4 位是二进制数 1110 标注的 IP 地址,如果与后面 4 位二进制数组成一个字节,作为 IP 地址的第一个高位字节段恰好是 224。二进制数 1110 后其他 28 位二进制数形成多播组 ID,范围是 224.0.0.0～239.255.255.255。在这么多 D 类地址中有些已经被 IANA(互联网数字分配机构)预先分配,例如:

224.0.0.1:此子网上的所有系统。

224.0.0.2:此子网上的所有路由器。

224.0.0.4:DVMRP 路由器。

224.0.0.5:OSPFIGP 所有路由器。

224.0.0.6:OSPFIGP 指定路由器。

224.0.0.1 是常用的可以对子网内计算机进行多播通信的组地址。TCP/IP 协议栈使用 UDP 作为多播的传输机制,寻址网络(或子网络)中的所有主机。多播通信是介于单播和广播之间,将数据发送到特定的主机组。多播组地址可以引用跨网络的许多组内主机,进行多播通信时允许一个或者多个发送者发送单一数据包到多个接收者，其他多个端点加入多播组后接收信息，也就是有多个接收端。

在多播中，组成员的关系是动态的，多播接收主机（接收端）可以在任何时候加入或退出多播组。此外，多播接收主机可以是任意多个多播组的成员。在共享的链路上，相同的信息只需要一个多播流，因此多播能够很好地控制流量，减少了多播发送信息的主机和网络的负担，提高了网络应用服务的效率和能力。常见的一个发送端多个接收端的多播示意图如图 15.17 所示。

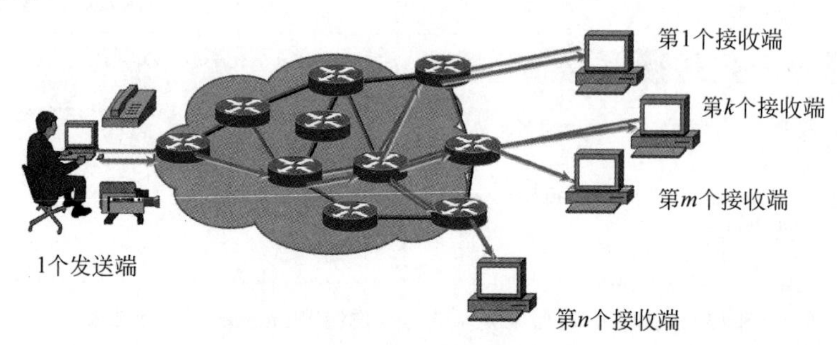

图 15.17　多播示意图

互联网组管理协议（Internet Group Management Protocol，IGMP）是用于管理网络协议家族多播组成员的一种通信协议。IGMP 是 TCP/IP 协议族的一个子协议。IGMP 协议允许 Internet 主机参加多播，也是 IP 主机用作向相邻多目路由器报告多目组成员的协议。在互联网工程任务组（the Internet Engineering Task Force，IETF）编写的标准文档 RFC 2236 中对 Internet 组管理协议 IGMP 做了详尽的描述。

多播具有可控性，只有加入了多播组的接收者才可以接收到数据，否则接收不到数据。多播也是用 Socket 套接字进行通信，使用的 Socket 套接字函数与 UDP 端对端通信套接字基本相同，在套接字属性上需要多做一些设置。在 Winsock 中使用的函数如下所示。

```
int setsockopt(SOCKET s, int level, int optname, const char * optval, int optlen);
```

Linux 和 macOS 下使用的函数如下所示。

```
int setsockopt(int sockfd, int level, int optname, const char * optval, int optlen);
```

附录 E 中有此函数的使用说明。在集成环境下输入部分函数名即可获得提示信息，包括参数 level 和 optname 的可选常量。

15.7.1　接收端

多播接收端比 UDP 端对端通信复杂一些，实现 UDP 多播接收端网络通信需要 9 步，最后的多播接收端示例程序有详细的注释内容进行标注。

1. 调用 socket()函数创建 UDP 套接字

使用 socket()函数创建套接字的代码如下所示。

```
udp_socket = socket(PF_INET, SOCK_DGRAM, 0);
/* 第 1 步,创建 UDP 套接字 */
```

2. 准备多播的 IP 地址和端口号

为了能接收到多播端发送的信息，需要使用 INADDR_ANY 方式的 IP 地址，即可以接收本机任何 IP 地址收到的消息，对于有多个 IP 地址的计算机系统这一点很重要，当然只有一个网卡的计算机系统也没问题。多播端口号是众所周知的端口号，接收者使用这个端口号才能接收多播信息。详细语句参考示例程序内注释内容。

3. 调用 setsockopt()函数设置多进程共用套接字属性

这一步是可选的，在一台计算机中，总是希望可以同时运行几个接收端同时接收多播信息，那么就需要这一步，它允许几个运行的程序共用一个端口号。

setsockopt()函数的第 1 个参数是已经创建的套接字。

setsockopt()函数的第 2 个参数是协议层次，为了共用套接字端口号，需要使用 SOL_SOCKET。

setsockopt()函数的第 3 个参数是选项名称，为了共用套接字端口号，需要使用 SO_REUSEADDR。

setsockopt()函数的第 4 个参数是要设置的选项值，对于本次设置，它是一个是否允许的布尔值。

setsockopt()函数的第 5 个参数是第 4 个参数的大小。

最后使用语句如下。

```
setsockopt(udp_socket,SOL_SOCKET,SO_REUSEADDR,(char * )&nloop,sizeof(nloop));
/* 第 3 步,设置多进程共用套接字属性 */
```

4. 调用 bind()函数绑定自己的 IP 地址和端口号

UDP 通信多播接收端也需要拥有自己稳定的 IP 地址（一台计算机可能会有多个网卡，IP 地址也是多个）和端口号，通过调用 bind()函数可以绑定 IP 地址和端口号，这有利于进行通信。bind()函数的第 1 个参数是第 1 步创建的套接字；第 2 个参数是自己的地址结构变量指针；第 3 个参数是第 2 个参数的大小。最后使用语句如下。

```
ret = bind(udp_socket, (const struct sockaddr * )&multicast_addr, sizeof(multicast_addr));
/* 第 4 步,绑定自己的 IP 地址和端口号 */
```

5. 调用 setsockopt()函数设置套接字属性允许多播

这一步是必需的，缺少这一步设置，无法接收多播信息。在这一步中 setsockopt()函数参数描述如下。

setsockopt()函数的第 1 个参数是已经创建的套接字。

setsockopt()函数的第 2 个参数是协议层次，为了接收多播信息，需要使用 IPPROTO_IP。

setsockopt()函数的第 3 个参数是选项名称，为了允许多播，需要使用 IP_MULTICAST_LOOP。

setsockopt()函数的第 4 个参数是要设置的选项值，对于本次设置，它是一个是否允许的布尔值。

setsockopt()函数的第 5 个参数是第 4 个参数的大小。

最后使用语句如下。

```
setsockopt(udp_socket,IPPROTO_IP,IP_MULTICAST_LOOP,(char * )&nloop,sizeof(nloop));
/* 第 5 步,设置套接字属性允许多播 */
```

6. 调用 setsockopt()函数加入多播组

多播接收端是通过加入多播组接收多播信息，退出多播组停止接收多播信息的。因此在接收多播信息之前必须首先加入多播组。需要使用到 struct ip_mreq 结构变量,它具有如下结构。

```
struct ip_mreq
{
    struct in_addr imr_multiaddr;           /* 多播组 IP */
    struct in_addr imr_interface;           /* 添加或退出多播组的 IP */
}
```

在这一步中 setsockopt()函数参数描述如下。

setsockopt()函数的第 1 个参数是已经创建的套接字。

setsockopt()函数的第 2 个参数是协议层次,为了加入多播组接收多播信息,需要使用 IPPROTO_IP。

setsockopt()函数的第 3 个参数是选项名称,为了加入多播组,需要使用 IP_ADD_MEMBERSHIP。

setsockopt()函数的第 4 个参数是要设置的选项值,对于本次设置,需要使用上面的介绍的结构变量 struct ip_mreq。

setsockopt()函数的第 5 个参数是第 4 个参数的大小。

最后使用语句如下。

```
struct ip_mreq directive;                   /* 多播需要的特殊结构变量 */
directive.imr_multiaddr.s_addr = inet_addr("224.0.0.1");
directive.imr_interface.s_addr = htonl(INADDR_ANY);
if(setsockopt(udp_socket,IPPROTO_IP,IP_ADD_MEMBERSHIP,(char *)&directive,\
        sizeof(directive))<0)
{
    printf("加入多播组出错!\n");
    return -1;
}/* 第 6 步,加入多播组 */
```

7. 接收多播组数据

加入多播组之后,使用 UDP 套接字 recvfrom()函数就会收到多播信息,通常是在一个循环语句中使用。最后使用语句如下。

```
ret = recvfrom(udp_socket, tempStr, sizeof(tempStr), 0,\
                (struct sockaddr *)&multicast_addr, &addrlen);
/* 第 7 步,接收多播组数据 */
```

8. 调用 setsockopt()函数退出多播组

多播接收端是通过加入多播组接收多播信息,退出多播组停止接收多播信息的。在不需要接收多播信息时要及时退出多播组,这样可以减少路由器的开销,更好地管理带宽,节省带宽资源。

在这一步中 setsockopt()函数参数描述如下。

setsockopt()函数的第 1 个参数是已经创建的套接字。

setsockopt()函数的第 2 个参数是协议层次,为了退出多播组接收多播信息,需要使用 IPPROTO_IP。

setsockopt()函数的第 3 个参数是选项名称,为了退出多播组,需要使用 IP_DROP_MEMBERSHIP。

setsockopt()函数的第 4 个参数是要设置的选项值，对于本次设置，需要使用加入多播组步骤时用到的结构变量 struct ip_mreq。

setsockopt()函数的第 5 个参数是第 4 个参数的大小。

相关代码参考示例程序第 8 步详细内容及注释。

9. 调用 close()函数关闭套接字

接收端多播 UDP 通信完成之后，需要关闭套接字。同样考虑跨平台要求，Windows 在使用 Socket 接口通信之后需要调用 closesocket()函数清理缓存和资源。使用 #if…#else…#endif 指示字可以实现跨平台要求。

多播 UDP 通信接收端完整的源代码示例程序如下，在接收数据信息时，使用简单的循环接收数据信息。这个示例程序需要多播端发送时间信息，模仿授时程序。其中，gbk_2_utf8()函数和 utf8_2_gbk()函数就是在"15.4.1 字符编码问题"中最后的 UTF-8 文本编码和 GBK 文本编码互相转换的函数，可以复制到下面的源代码最后，为了节省篇幅在此不再列出。

```
#include <stdio.h>
#include <stdlib.h>
#include <time.h>
#include <signal.h>
#include <string.h>                              /* memset() */
#include <unistd.h>
#define STRMAXSIZE 1024                          /*字符串最大长度*/
char tempStr[STRMAXSIZE];                        /*GBK 与 UTF-8 转换数据缓冲区*/
#if defined(WIN32) || defined(WIN64) || defined(WINNT)
#include <winsock2.h>                            /*Windows 环境下网络编程*/
#include <ws2tcpip.h>                            /*socklen_t 类型定义为 int*/
WSADATA wsaData;
SOCKET udp_socket;                               /*Winsock 定义的套接字类型*/
/* Windows 环境下需要的文字编码字符串转换*/
int gbk_2_utf8(const char *gbkStr,char *utf8Str);
int utf8_2_gbk(const char *utf8Str,char *gbkStr);
#else
#include <sys/socket.h>
#include <sys/types.h>
#include <netinet/in.h>
#include <netdb.h>
#include <arpa/inet.h>                           /*UNIX\Linux 环境下网络编程*/
int udp_socket = 0;                              /*UNIX\Linux 定义的套接字类型*/
#endif
struct ip_mreq directive;                        /*多播需要的特殊结构变量*/
void stop_chart(int);                            /*处理 SIGINT 信号,停止对话*/
int main()
{
    int nloop = 1,ret = 0;                       /*函数调用返回码*/
    char databuf[STRMAXSIZE];                    /*数据缓冲区*/
    struct sockaddr_in multicast_addr = {0};     /*初始化为 0*/
    socklen_t addrlen = 0;
    signal(SIGINT, stop_chart);                  /*安装信号处理函数*/
```

```
#if defined(WIN32) || defined(WIN64) || defined(WINNT)
    if(WSAStartup(MAKEWORD(2,2),&wsaData)!= 0)
    {/* 初始化 Winsock,Windows 下必须调用至少一次 */
        printf("WSAStartup()出错");
        return -1;
    }
    /* Windows 环境下网络编程 */
#endif
    udp_socket = socket(PF_INET, SOCK_DGRAM, 0);
    /* 第 1 步,创建 UDP 套接字 */
    multicast_addr.sin_family = PF_INET;        /* 设置协议族 */
    multicast_addr.sin_addr.s_addr = htonl(INADDR_ANY);     /* 接收任何 IP 地址发来的消息 */
    multicast_addr.sin_port = htons(3400);     /* 我的 multicast 是众所周知的端口号 */
    /* 第 2 步,准备多播的地址和端口号 */
    if(setsockopt(udp_socket,SOL_SOCKET,SO_REUSEADDR,(char *)&nloop,sizeof(nloop))< 0)
    {
        printf("设置多进程共用端口号出错!\n");
        return -1;
    }/* 第 3 步,设置多进程共用套接字属性 */
    ret = bind(udp_socket, (const struct sockaddr *)&multicast_addr, sizeof(multicast_addr));
    if(ret < 0)
    {
        printf("绑定套接字出错!\n");
        return -1;
    }
    /* 第 4 步,绑定自己的 IP 地址和端口号 */
    if(setsockopt(udp_socket,IPPROTO_IP,IP_MULTICAST_LOOP,(char *)&nloop,sizeof(nloop))< 0)
    {
        printf("设置允许多播出错!\n");
        return -1;
    }/* 第 5 步,设置套接字属性允许多播 */
    directive.imr_multiaddr.s_addr = inet_addr("224.0.0.1");     /* 多播组 */
    directive.imr_interface.s_addr = htonl(INADDR_ANY); //inet_addr("192.168.3.40");
//htonl(INADDR_ANY);
    if(directive.imr_multiaddr.s_addr == -1) printf("224.0.0.1 不是合法的多播地址!\n");
    if(setsockopt(udp_socket, IPPROTO_IP, IP_ADD_MEMBERSHIP, (char *)&directive, sizeof
(directive))< 0)
    {
        printf("加入多播组出错!\n");
        return -1;
    }/* 第 6 步,加入多播组 */
    while(1)
    {
        addrlen = (socklen_t)sizeof( multicast_addr );          /* 地址大小,整数类型 */
        for(int i = 0;i < STRMAXSIZE;i++) databuf[i] = 0X00;     /* 清空,防止出问题 */
        do
        {
            ret = recvfrom(udp_socket, tempStr, sizeof(tempStr), 0,\
                           (struct sockaddr *)&multicast_addr, &addrlen);
            tempStr[ret] = '\0';                                 /* 当字符串用 */
            strcat(databuf, tempStr);                            /* 合并,消除分片问题 */
```

```
            /* 第 7 步,接收多播组数据 */
        }while( !strchr(tempStr,(int)(0X0A)) );                /* 合并,消除分片问题 */
        if(databuf[strlen(databuf) - 1] == 0X0A) databuf[strlen(databuf) - 1] = 0X00;
#if (defined(WIN32) || defined(WIN64) || defined(WINNT))
        /* Windows 环境下需要的文字编码字符串转换 */
        ret = utf8_2_gbk( (const char * )databuf,tempStr);
        strcpy(databuf,tempStr);        /* 恢复 databuf 为 Windows 环境下 GBK 字符集 */
#endif
        printf("小喇叭 %s\n",databuf);
    }/* while(1) */
    return 0;
}
void stop_chart(int signal)
{
    int ret;
    printf("收听多播即将结束.\n");
    if(setsockopt(udp_socket, IPPROTO_IP, IP_DROP_MEMBERSHIP, (char * )&directive, sizeof
(directive))<0) printf("退出多播组出错!\n");
    /* 第 8 步,退出多播组 */

#if defined(WIN32) || defined(WIN64) || defined(WINNT)
    ret = closesocket( udp_socket );     /* 第 9 步 Windows 环境下关闭套接字 */
    WSACleanup();        /* Windows 环境下网络编程,清除缓冲区、资源,与 WSAStartup()配对 */
#else
    ret = close( udp_socket );           /* 第 9 步 UNIX/Linux 环境下关闭套接字 */
#endif
    exit(ret);
}
/* 后面复制附加 GBK 与 UTF-8 互相转换函数代码 */
```

15.7.2 多播端

UDP 多播通信的多播端与端对端的 UDP 通信没有本质的区别,实现 UDP 多播端通信需要 4 步,相对来说还简单一些。

1. 调用 socket()函数创建 UDP 套接字

使用 socket()函数创建套接字的代码如下所示。

```
udp_socket = socket(PF_INET, SOCK_DGRAM, IPPROTO_UDP);
/* 第 1 步,创建 UDP 套接字 */
```

2. 准备多播的 IP 地址和端口号

为了能多播方式发送信息,需要使用多播 IP 地址和众所周知的端口号,然后调用发送数据的 socket()函数将数据信息发送出去。因此需要准备多播的 IP 地址和端口号,代码参考示例程序和注释内容。

3. 发送多播数据

这种发送数据是向多播地址和端口号发送信息,跨平台开发选择 sendto()函数发送数据,最后使用语句如下。

```
ret = sendto(udp_socket, databuf, strlen(databuf),0, \
```

```
                (struct sockaddr * )&multicast_addr, addrlen);
/* 第3步,发送多播数据,第3个参数是0,表示是普通数据,不是带外数据 */
```

4. 调用close()函数关闭套接字

多播端UDP通信完成之后,需要关闭套接字。同样考虑跨平台要求,Windows在使用Socket接口通信之后需要调用closesocket()函数清理缓存和资源。使用#if…#else…#endif指示字可以实现跨平台要求。

多播端UDP通信完整的源代码示例程序如下,在发送多播数据信息时,使用简单的循环获取当前时间然后多播发送出去。其中,gbk_2_utf8()函数和utf8_2_gbk()函数就是在"15.4.1 字符编码问题"中最后的UTF-8文本编码和GBK文本编码互相转换的函数,可以复制到下面的源代码最后,为了节省篇幅在此不再列出。

```
#include <stdio.h>
#include <stdlib.h>
#include <time.h>
#include <signal.h>
#include <string.h>                               /* memset() */
#include <unistd.h>
#define STRMAXSIZE 1024                           /* 字符串最大长度 */
#if defined(WIN32) || defined(WIN64) || defined(WINNT)
#include <winsock2.h>                             /* Windows环境下网络编程 */
#include <ws2tcpip.h>                             /* socklen_t类型定义为int */
WSADATA wsaData;
SOCKET udp_socket;                                /* Winsock定义的套接字类型 */
/* Windows环境下需要的文字编码字符串转换 */
char tempStr[STRMAXSIZE];                         /* GBK与UTF-8转换数据缓冲区 */
int gbk_2_utf8(const char * gbkStr,char * utf8Str);
int utf8_2_gbk(const char * utf8Str,char * gbkStr);
#else
#include <sys/socket.h>
#include <sys/types.h>
#include <netinet/in.h>
#include <netdb.h>
#include <arpa/inet.h>                            /* UNIX/Linux环境下网络编程 */
int udp_socket = 0;                               /* UNIX/Linux定义的套接字类型 */
#endif
void stop_chart(int);                             /* 处理SIGINT信号,停止多播 */
int main()
{
    int  ret = 0;                                 /* 函数调用返回码 */
    char databuf[STRMAXSIZE];                     /* 数据缓冲区 */
    struct sockaddr_in  multicast_addr = {0};     /* 初始化为0 */
    socklen_t addrlen = 0;
    time_t nCurrenttime;
    struct tm * timeinfo;
    signal(SIGINT, stop_chart);                   /* 安装信号处理函数 */
#if defined(WIN32) || defined(WIN64) || defined(WINNT)
    if(WSAStartup(MAKEWORD(2,2),&wsaData)!= 0)      /* Windows环境下网络编程 */
    {/* 初始化Winsock,Windows下必须至少调用一次 */
        printf("WSAStartup()出错");
```

```
        return -1;
    }
#endif
    udp_socket = socket(PF_INET, SOCK_DGRAM, IPPROTO_UDP);
    /*第1步,创建UDP套接字*/
    multicast_addr.sin_family = PF_INET;        /*设置协议族*/
    multicast_addr.sin_addr.s_addr = inet_addr("224.0.0.1");      /*设置多播IP地址*/
    multicast_addr.sin_port = htons(3400);     /*我的multicast是众所周知的端口号*/
    /*第2步,准备多播的IP地址和端口号*/
    nCurrenttime = time((time_t *)NULL);
    timeinfo = localtime ( &nCurrenttime );
    printf("多播开始时间是:%s\n",asctime(timeinfo));
    while(1)
    {
        addrlen = (socklen_t)sizeof( multicast_addr );          /*地址大小,整数类型*/
        for(int i=0;i<STRMAXSIZE;i++) databuf[i] = 0X00;      /*清空,防止出问题*/
        nCurrenttime = time((time_t *)NULL);
        timeinfo = localtime ( &nCurrenttime );
        sprintf(databuf,"当前时间是:%s",asctime(timeinfo));
        /*asctime()以0X0A结尾算是加个标志,处理分片问题*/
#if (defined(WIN32) || defined(WIN64) || defined(WINNT))
        /* Windows环境下需要的文字编码字符串转换*/
        ret = gbk_2_utf8( (const char *)databuf,tempStr);
        strcpy(databuf,tempStr);           /*databuf为Windows环境下UTF-8字符集*/
#endif
        ret = sendto(udp_socket, databuf, strlen(databuf),0, \
                     (struct sockaddr *)&multicast_addr, addrlen);
        /*第3步,发送多播数据*/
        /*第3个参数是0,表示是普通数据,不是带外数据*/
        if((unsigned long long)ret != strlen(databuf)) printf("发送数据出错!\n");
        sleep(1);
    }/*while(1)*/
    return 0;
}
void stop_chart(int signal)
{
    int ret;
    printf("多播即将结束.\n");
#if defined(WIN32) || defined(WIN64) || defined(WINNT)
    ret = closesocket( udp_socket );          /*第4步Windows环境下关闭套接字*/
    WSACleanup();           /*Windows环境下网络编程,清除缓冲区、资源,与WSAStartup()配对*/
#else
    ret = close( udp_socket );                /* 第4步UNIX/Linux环境下关闭套接字*/
#endif
    exit(ret);
}
/*后面复制附加UTF-8与GBK互相转换函数代码*/
```

UDP多播通信示例程序的一个多播端与多个接收端同时运行界面如图15.18和图15.19所示。

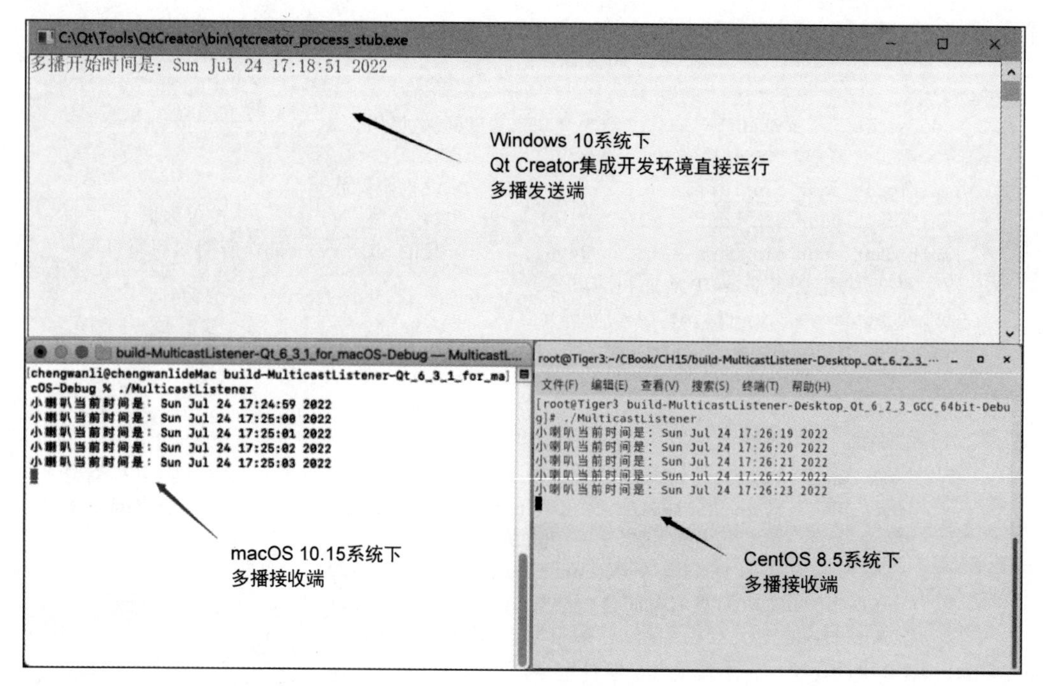

图 15.18 Windows 10 系统下一个多播端与 macOS 10.15 和 CentOS 8.5 系统下多个接收端同时运行界面

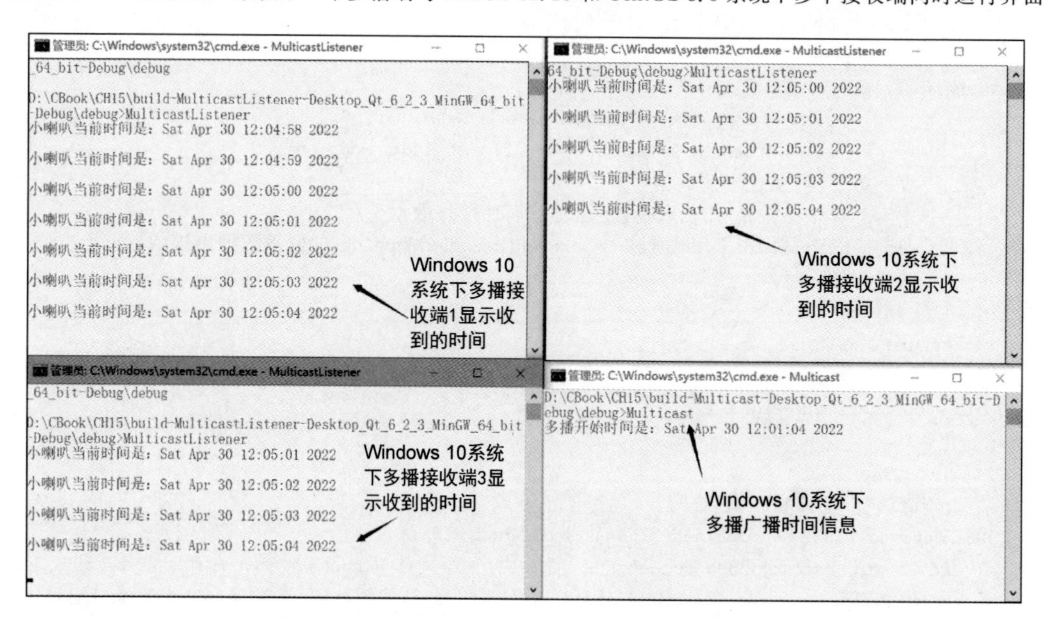

图 15.19 Windows 环境下 1 发 3 接收多播示例

在 CentOS 8.5(Linux)环境下，如果运行时收不到信息，可以在 root 超级用户登录情况下，用如下命令行打开端口，程序中用到的端口在此范围内。

```
firewall-cmd --add-port=3000-10000/udp --permanent
```

查看帮助信息用如下命令。

```
firewall-cmd --help
```

15.8 UDP 广播通信

15.7 节介绍了 UDP 多播编程，多播是对一组接收者发送信息，只有加入了同一个组的主机才能接收到此组内的数据信息。本节介绍 UDP 广播编程，广播简单来说就是对网络(子网络)内每一台主机发送信息，即网络(子网络)中的每一台主机只要收听就可以收到广播信息。

在“15.2 TCP/IP 基础”中已经介绍了 IPv4 地址分为 5 类，其中 D 类地址用于多播，A、B、C 类地址通常用于 TCP/IP 节点通信。那广播地址是什么类型的地址呢?

按照 TCP/IP 定义，A、B、C 类地址里面包含了特殊的 IP 地址作为广播地址，也就是广播地址“隐藏”在 A、B、C 类地址里，规则如下。

A 类网络 25.X.X.X 的默认子网掩码为 255.0.0.0，其广播地址为 25.255.255.255。

B 类网络 139.26.X.X 的默认子网掩码为 255.255.0.0，其广播地址为 139.26.255.255。

C 类网络 192.168.3.X 的默认子网掩码为 255.255.255.0，其广播地址为 192.168.3.255。

广播也是用 Socket 套接字进行通信，使用的 Socket 套接字函数与 UDP 端对端通信基本相同，在套接字属性上需要多做一些设置。在 Winsock 中使用的函数如下所示。

```
int setsockopt(SOCKET s, int level, int optname, const char * optval, int optlen);
```

在 Linux 和 macOS 下使用的函数如下所示。

```
int setsockopt(int sockfd, int level, int optname, const char * optval, int optlen);
```

15.8.1 接收端

广播接收端与多播接收端类似，只是不需要加入多播组，也不需要退出多播组。实现 UDP 广播接收端网络通信需要 6 步，最后的广播接收端示例程序有详细的注释内容进行标注。

1. 调用 socket()函数创建 UDP 套接字

使用 socket()函数创建套接字的代码如下所示。

```
udp_socket = socket(PF_INET, SOCK_DGRAM, 0);
/* 第 1 步,创建 UDP 套接字 */
```

2. 准备接收广播的 IP 地址和端口号

为了能接收到广播端发送的信息，需要使用 INADDR_ANY 方式的 IP 地址，即可以接收本机任何 IP 地址收到的消息，对于有多个 IP 地址的计算机系统这一点很重要，当然只有一个网卡的计算机系统也没问题。广播端口号是众所周知的端口号，接收者使用这个端口号才能接收广播信息。详细语句参考示例程序内注释内容。

3. 调用 setsockopt()函数设置多进程共用套接字属性

这一步是可选的，在一台计算机中，总是希望可以同时运行几个接收端同时接收广播信息，那么就需要这一步，它允许几个运行的程序共用一个端口号。

setsockopt()函数的第 1 个参数是已经创建的套接字。

setsockopt()函数的第 2 个参数是协议层次，为了共用套接字端口号，需要使用 SOL_SOCKET。

setsockopt()函数的第 3 个参数是选项名称，为了共用套接字端口号，需要使用 SO_REUSEADDR。

setsockopt()函数的第 4 个参数是要设置的选项值，对于本次设置，它是一个是否允许的布尔值。

setsockopt()函数的第 5 个参数是第 4 个参数的大小。

最后使用语句如下。

```
setsockopt(udp_socket,SOL_SOCKET,SO_REUSEADDR,(char * )&nloop,sizeof(nloop));
/* 第 3 步,设置多进程共用套接字属性 */
```

4. 调用 bind()函数绑定自己的 IP 地址和端口号

UDP 通信广播接收端也需要拥有自己稳定的 IP 地址（一台计算机可能会有多个网卡，IP 地址也是多个）和端口号，通过调用 bind()函数可以绑定 IP 地址和端口号，这有利于进行通信。bind()函数的第 1 个参数是第 1 步创建的套接字；第 2 个参数是自己的地址结构变量指针；第 3 个参数是第 2 个参数的大小。最后使用语句如下。

```
ret = bind(udp_socket, (const struct sockaddr * )&broadcast_addr, sizeof(broadcast_addr));
/* 第 4 步,绑定自己的 IP 地址和端口号 */
```

5. 接收广播数据

绑定套接字之后，使用 UDP 套接字 recvfrom()函数就会收到广播信息，通常是在一个循环语句中使用。最后使用语句如下。

```
ret = recvfrom(udp_socket, tempStr, sizeof(tempStr), 0,\
               (struct sockaddr * )&broadcast_addr, &addrlen);
/* 第 5 步,接收广播数据 */
```

6. 调用 close()函数关闭套接字

接收端广播 UDP 通信完成之后，需要关闭套接字。同样考虑跨平台要求，Windows 在使用 Socket 接口通信之后需要调用 closesocket()函数清理缓存和资源。使用 #if… #else… #endif 指示字可以实现跨平台要求。

广播 UDP 通信接收端完整的源代码示例程序如下，在接收数据信息时，使用简单的循环接收数据信息。这个示例程序需要广播端发送时间信息，模仿授时程序，为了区别多播示例程序，接收端使用“大喇叭”输出字符串。其中，gbk_2_utf8()函数和 utf8_2_gbk()函数就是在“15.4.1 字符编码问题”中最后的 UTF-8 文本编码和 GBK 文本编码互相转换的函数，可以复制到下面的源代码最后，为了节省篇幅在此不再列出。

```
#include <stdio.h>
#include <stdlib.h>
#include <time.h>
#include <signal.h>
#include <string.h>                          /* memset() */
#include <unistd.h>
#define STRMAXSIZE 1024                      /* 字符串最大长度 */
char tempStr[STRMAXSIZE];                    /* GBK 与 UTF-8 转换数据缓冲区 */
```

```
#if defined(WIN32) || defined(WIN64) || defined(WINNT)
#include <winsock2.h>                        /* Windows 环境下网络编程 */
#include <ws2tcpip.h>                        /* socklen_t 类型定义为 int */
WSADATA wsaData;
SOCKET udp_socket;                           /* Winsock 定义的套接字类型 */
/* Windows 环境下需要的文字编码字符串转换 */
int gbk_2_utf8(const char *gbkStr,char *utf8Str);
int utf8_2_gbk(const char *utf8Str,char *gbkStr);
#else
#include <sys/socket.h>
#include <sys/types.h>
#include <netinet/in.h>
#include <netdb.h>
#include <arpa/inet.h>                       /* UNIX/Linux 环境下网络编程 */
int udp_socket = 0;                          /* UNIX/Linux 定义的套接字类型 */
#endif
void stop_chart(int);                        /* 处理 SIGINT 信号,停止对话 */
int main()
{
    int nloop = 1,ret = 0;                   /* 函数调用返回码 */
    char databuf[STRMAXSIZE];                /* 数据缓冲区 */
    struct sockaddr_in broadcast_addr = {0}; /* 初始化为 0 */
    socklen_t addrlen = 0;
    signal(SIGINT, stop_chart);              /* 安装信号处理函数 */
#if defined(WIN32) || defined(WIN64) || defined(WINNT)
    if(WSAStartup(MAKEWORD(2,2),&wsaData)!= 0)
    {/* 初始化 Winsock,Windows 下必须调用至少一次 */
        printf("WSAStartup()出错");
        return -1;
    }
    /* Windows 环境下网络编程 */
#endif
    udp_socket = socket(PF_INET, SOCK_DGRAM, 0);
    /* 第 1 步,创建 UDP 套接字 */
    broadcast_addr.sin_family = PF_INET;     /* 设置协议族 */
    broadcast_addr.sin_addr.s_addr = htonl(INADDR_ANY);     /* 本机任何 IP 地址接收的消息 */
    broadcast_addr.sin_port = htons(3500);   /* 我的 broadcast 是众所周知的端口号 */
    /* 第 2 步,准备接收广播的 IP 地址和端口号 */
    if(setsockopt(udp_socket,SOL_SOCKET,SO_REUSEADDR,(char *)&nloop,sizeof(nloop))< 0)
    {
        printf("设置多进程共用端口号出错!\n");
        return -1;
    }/* 第 3 步,设置多进程共用套接字属性 */
    ret = bind(udp_socket, (const struct sockaddr *)&broadcast_addr, \
                sizeof(broadcast_addr));
    if(ret < 0)
    {
        printf("绑定套接字出错!\n");
        return -1;
    }
    /* 第 4 步,绑定自己的 IP 地址和端口号 */
    while(1)
    {
        addrlen = (socklen_t)sizeof( broadcast_addr );      /* 地址大小,整数类型 */
```

```
        for(int i=0;i<STRMAXSIZE;i++) databuf[i] = 0X00;     /*清空,防止出问题*/
        do
        {
            ret = recvfrom(udp_socket, tempStr, sizeof(tempStr), 0,\
                        (struct sockaddr *)&broadcast_addr, &addrlen);
            tempStr[ret] = '\0';                              /*当字符串用*/
            strcat(databuf, tempStr);                         /*合并,消除分片问题*/
            /*第5步,接收广播数据*/
        }while( !strchr(tempStr,(int)(0X0A)) );               /*合并,消除分片问题*/
        if(databuf[strlen(databuf)-1] == 0X0A) databuf[strlen(databuf)-1] = 0X00;
#if (defined(WIN32) || defined(WIN64) || defined(WINNT))
        /* Windows环境下需要的文字编码字符串转换*/
        ret = utf8_2_gbk( (const char *)databuf,tempStr);
        strcpy(databuf,tempStr);              /*恢复databuf为Windows环境下GBK字符集*/
#endif
        printf("大喇叭%s\n",databuf);
    }/*while(1)*/
    return 0;
}
void stop_chart(int signal)
{
    int ret;
    printf("收听广播即将结束.\n");
#if defined(WIN32) || defined(WIN64) || defined(WINNT)
    ret = closesocket( udp_socket );          /*第6步Windows环境下关闭用套接字*/
    WSACleanup();        /*Windows环境下网络编程,清除缓冲区、资源,与WSAStartup()配对*/
#else
    ret = close( udp_socket );                /*第6步UNIX/Linux环境下关闭通套接字*/
#endif
    exit(ret);
}
/*后面复制附加GBK与UTF-8互相转换函数代码*/
```

15.8.2 广播端

UDP广播通信的广播端与端对端的UDP通信没有本质的区别,调用setsockopt()函数设置为广播方式即可实现UDP广播端通信,UDP广播端通常需要5步实现,最后的广播端示例程序有详细的注释内容进行标注。

1. 调用socket()函数创建UDP套接字

使用socket()函数创建套接字的代码如下所示。

```
udp_socket = socket(PF_INET, SOCK_DGRAM, IPPROTO_UDP);
/*第1步,创建UDP套接字*/
```

2. 准备广播的IP地址和端口号

为了能以广播方式发送信息,需要使用广播IP地址和众所周知的端口号,然后调用发送数据的socket()函数将数据信息发送出去。因此需要准备广播的IP地址和端口号。详细语句参考示例程序内注释内容。

3. 调用setsockopt()函数设置套接字属性允许广播

这一步是必需的,缺少这一步设置,无法广播信息。在这一步骤中setsockopt()函数参数描述如下。

setsockopt()函数的第 1 个参数是已经创建的套接字。

setsockopt()函数的第 2 个参数是协议层次，为了广播信息，需要使用 SOL_SOCKET。

setsockopt()函数的第 3 个参数是选项名称，为了允许广播，需要使用 SO_BROADCAST。

setsockopt()函数的第 4 个参数是要设置的选项值，对于广播设置，它是一个是否允许的布尔值。

setsockopt()函数的第 5 个参数是第 4 个参数的大小。

最后使用语句如下。

```
setsockopt(udp_socket,SOL_SOCKET,SO_BROADCAST,(char * )&nloop,sizeof(nloop));
/* 第 3 步,设置套接字属性允许广播 */
```

4. 发送广播数据

这种发送数据是向广播地址和端口号发送信息，跨平台开发选择 sendto()函数发送数据。

```
ret = sendto(udp_socket, databuf, strlen(databuf),0, \
                (struct sockaddr * )&broadcast_addr, addrlen);
/* 第 4 步,发送广播数据 */
/* 第 3 个参数是 0,表示是普通数据,不是带外数据 */
```

5. 调用 close()函数关闭套接字

广播端 UDP 通信完成之后，需要关闭套接字。同样考虑到跨平台要求，Windows 在使用 Socket 接口通信之后需要调用 closesocket()函数清理缓存和资源。使用#if…#else…#endif 指示字可以实现跨平台要求。

广播端 UDP 通信完整的源代码示例程序如下，在发送广播数据信息时，使用简单的循环获取当前时间然后广播发送出去。其中，gbk_2_utf8()函数和 utf8_2_gbk()函数就是在“15.4.1 字符编码问题”中最后的 UTF-8 文本编码和 GBK 文本编码互相转换的函数，可以复制到下面的源代码最后，为了节省篇幅在此不再列出。

```
#include <stdio.h>
#include <stdlib.h>
#include <time.h>
#include <signal.h>
#include <string.h>                              /* memset() */
#include <unistd.h>
#define STRMAXSIZE  1024                         /* 字符串最大长度 */
#if defined(WIN32) || defined(WIN64) || defined(WINNT)
#include <winsock2.h>                            /* Windows 环境下网络编程 */
#include <ws2tcpip.h>                            /* socklen_t 类型定义为 int */
WSADATA wsaData;
SOCKET udp_socket;                               /* Winsock 定义的套接字类型 */
/* Windows 环境下需要的文字编码字符串转换 */
char tempStr[STRMAXSIZE];                        /* GBK 与 UTF-8 转换数据缓冲区 */
int gbk_2_utf8(const char * gbkStr,char * utf8Str);
int utf8_2_gbk(const char * utf8Str,char * gbkStr);
#else
#include <sys/socket.h>
#include <sys/types.h>
#include <netinet/in.h>
#include <netdb.h>
```

```
#include <arpa/inet.h>                          /* UNIX/Linux 环境下网络编程 */
int udp_socket = 0;                             /* UNIX/Linux 定义的套接字类型 */
#endif
void stop_chart(int);                           /* 处理 SIGINT 信号,停止多播 */
int main()
{
    int nloop = 1,ret = 0;                      /* 函数调用返回码 */
    char databuf[STRMAXSIZE];                   /* 数据缓冲区 */
    struct sockaddr_in broadcast_addr = {0};    /* 初始化为 0 */
    socklen_t addrlen = 0;
    time_t nCurrenttime;
    struct tm * timeinfo;
    signal(SIGINT, stop_chart);                 /* 安装信号处理函数 */
#if defined(WIN32) || defined(WIN64) || defined(WINNT)
    if(WSAStartup(MAKEWORD(2,2),&wsaData)!= 0)
    {/* 初始化 Winsock,Windows 下必须调用至少一次 */
        printf("WSAStartup()出错");
        return -1;
    }/* Windows 环境下网络编程 */
#endif
    udp_socket = socket(PF_INET, SOCK_DGRAM, IPPROTO_UDP);
    /* 第 1 步,创建 UDP 套接字 */
    broadcast_addr.sin_family = PF_INET;        /* 设置协议族 */
    broadcast_addr.sin_addr.s_addr = inet_addr("192.168.3.255");   /* 设置广播 IP 地址 */
    broadcast_addr.sin_port = htons(3500);      /* 我的 broadcast 为众所周知的端口号 */
    /* 第 2 步,准备广播的 IP 地址和端口号 */
    if(setsockopt(udp_socket,SOL_SOCKET,SO_BROADCAST,(char *)&nloop,sizeof(nloop))< 0)
    {
        printf("设置允许广播出错!\n");
        return -1;
    }/* 第 3 步,设置套接字属性允许广播 */
    nCurrenttime = time((time_t *)NULL);
    timeinfo = localtime ( &nCurrenttime );
    printf("广播开始时间是: %s \n",asctime(timeinfo));
    while(1)
    {
        addrlen = (socklen_t)sizeof( broadcast_addr );        /* 地址大小,整数类型 */
        for(register int i = 0;i < STRMAXSIZE;i++) databuf[i] = 0X00;     /* 清空,防止出问题 */
        nCurrenttime = time((time_t *)NULL);
        timeinfo = localtime ( &nCurrenttime );
        sprintf(databuf,"当前时间是: %s",asctime(timeinfo));
        /* asctime()以 0X0A 结尾算是加个标志,处理分片问题 */
#if (defined(WIN32) || defined(WIN64) || defined(WINNT))
        /* Windows 环境下需要的文字编码字符串转换 */
        ret = gbk_2_utf8( (const char *)databuf,tempStr);
        strcpy(databuf,tempStr);                /* databuf 为 Windows 环境下 UTF-8 字符集 */
#endif
        ret = sendto(udp_socket, databuf, strlen(databuf),0, \
                    (struct sockaddr *)&broadcast_addr, addrlen);
        /* 第 4 步,发送广播数据 */
        /* 第 3 个参数是 0,是普通数据,不是带外数据 */
        if((unsigned long long)ret != strlen(databuf)) printf("发送数据出错!\n");
        sleep(1);
    }/* while(1) */
```

```
    return 0;
}
void stop_chart(int signal)
{
    int ret;
    printf("广播即将结束.\n");
#if defined(WIN32) || defined(WIN64) || defined(WINNT)
    ret = closesocket( udp_socket );                        /* 第 5 步 Windows 环境下关闭
套接字 */
    WSACleanup();                                           /* Windows 环境下网络编程,清
除缓冲区、资源,配对 WSAStartup() */
#else
    ret = close( udp_socket );                              /* 第 5 步 UNIX/Linux 环境下关
闭套接字 */
#endif
    exit(ret);
}
/* 后面复制附加 GBK 与 UTF-8 互相转换函数代码 */
```

图 15.20 是 UDP 广播通信示例程序在 Windows 10 环境下 1 个广播端、1 个接收端，CentOS 8.5(Linux) 环境下 1 个接收端，macOS 10.15 环境下 1 个接收端同时运行时的界面。这里面涉及跨平台汉字编码转换技术。

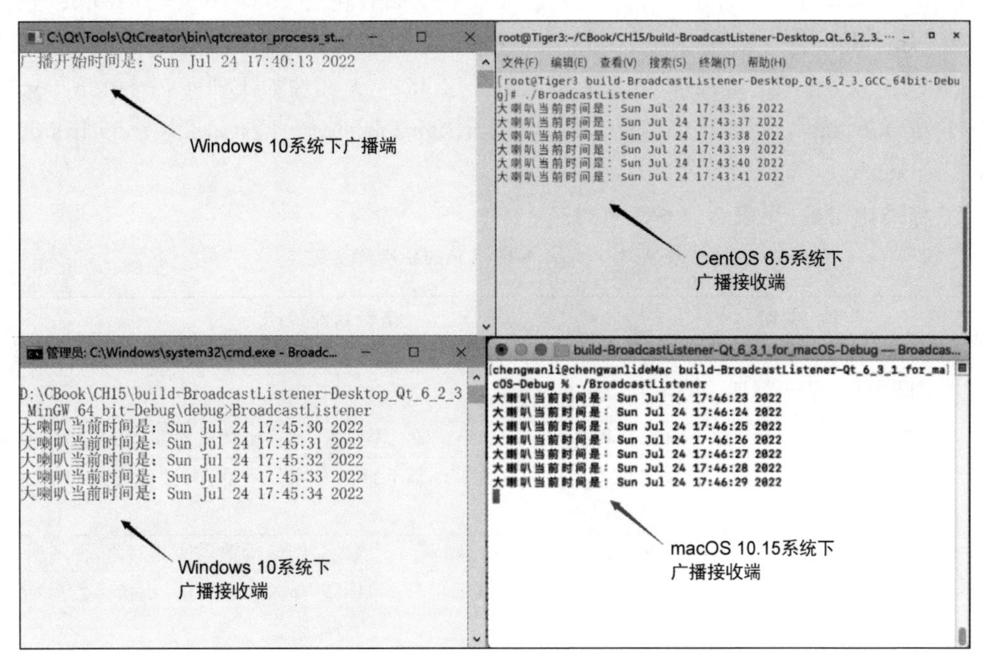

图 15.20　UDP 广播通信示例程序运行界面

在 CentOS 8.5(Linux)环境下，如果运行时收不到信息，可以在 root 超级用户登录情况下，用如下命令行打开端口，程序中用到的端口在此范围内。

```
firewall-cmd --add-port=3000-10000/udp --permanent
```

查看帮助信息用如下命令。

```
firewall-cmd --help
```

ANSI C(C89)标准库函数

(ANSI X3.159—1989)

1. 头文件(15个)

这15个头文件共包含137个库函数。其中,ctype.h包含13个函数;math.h包含22个函数;signal.h包含2个函数;stdio.h包含41个函数;stdlib.h包含了28个函数;string.h包含22个函数;time.h包含9个函数。这15个头文件如下所示:assert.h、ctype.h、errno.h、float.h、limits.h、locale.h、math.h、setjmp.h、signal.h、stdarg.h、stddef.h、stdio.h、stdlib.h、string.h、time.h。

2. 标准库函数(见表A.1～表A.13)

表A.1 ctype.h中定义的标准库函数

序号	函数声明	函数功能说明
1	int isalnum(int c);	判断是否是字母或数字。如果c是一个数字或一个字母,则该函数返回非0值,否则返回0
2	int isalpha(int c);	判断是否是字母。如果c是一个字母,则该函数返回非0值,否则返回0
3	int iscntrl(int c);	判断是否是控制字符。如果c是一个控制字符,则该函数返回非0值,否则返回0
4	int isdigit(int c);	判断是否是数字。如果c是一个数字,则该函数返回非0值,否则返回0
5	int isgraph(int c);	判断是否是可图形显示字符。如果c有图形表示法,则该函数返回非0值,否则返回0
6	int islower(int c);	判断是否是小写字母。如果c是一个小写字母,则该函数返回非0值(true),否则返回0(false)
7	int isupper(int c);	判断是否是大写字母。如果c是一个大写字母,则该函数返回非0值(true),否则返回0(false)
8	int isprint(int c);	判断是否是可显示字符。如果c是一个可显示的字符,则该函数返回非0值(true),否则返回0(false)
9	int ispunct(int c);	判断是否是标点字符。如果c是一个标点符号字符,则该函数返回非0值(true),否则返回0(false)

续表

序号	函数声明	函数功能说明
10	int isspace(int c);	判断是否是空白字符。如果 c 是一个空白字符,则该函数返回非 0 值(true),否则返回 0(false)
11	int isxdigit(int c);	判断字符是否为十六进制。如果 c 是一个十六进制数字,则该函数返回非 0 的整数值,否则返回 0
12	int tolower(int c);	转换为小写字母。如果 c 有相对应的小写字母,则该函数返回 c 的小写字母,否则 c 保持不变。返回值是一个可被隐式转换为 char 类型的 int 值
13	int toupper(int c);	转换为大写字母。如果 c 有相对应的大写字母,则该函数返回 c 的大写字母,否则 c 保持不变。返回值是一个可被隐式转换为 char 类型的 int 值

表 A.2 math.h 中定义的标准库函数

序号	函数声明	函数功能说明
1	double sin(double x);	返回弧度角 x 的正弦
2	double cos(double x);	返回弧度角 x 的余弦
3	double tan(double x);	返回弧度角 x 的正切
4	double asin(double x);	返回 x 的反正弦。结果介于 $\left[-\frac{\pi}{2},\frac{\pi}{2}\right]$
5	double acos(double x);	返回 x 的反余弦。结果介于$[0,\pi]$
6	double atan(double x);	返回 x 的反正切。结果介于 $\left(-\frac{\pi}{2},\frac{\pi}{2}\right)$
7	double atan2(doubley,double x);	返回 y/x 的反正切,结果介于$(-\pi,\pi)$
8	double sinh(double x);	返回 x 的双曲正弦
9	double cosh(double x);	返回 x 的双曲余弦
10	double tanh(double x);	返回 x 的双曲正切
11	double exp(double x);	返回 e 的 x 次幂的值
12	double sqrt(double x);	返回 x 的平方根
13	double log(double x);	返回 x 的自然对数(基数为 e 的对数)
14	double log10(double x);	返回 x 的常用对数(基数为 10 的对数)
15	double pow(double x, double y);	返回 x 的 y 次幂的双精度结果,即 x^y
16	float powf(float x, float y);	返回 x 的 y 次幂的浮点数结果,即 x^y
17	double ceil(double x);	取大于或等于 x 的上整数,如 ceil(1.4)=2
18	double floor(double x);	取不大于 x 的下整数,如 floor(1.4)=1
19	double frexp(double x, int * p);	把浮点数 x 分解为尾数和指数(* p),返回值是尾数。例如:x=1024.0,结果返回 ret=0.50,(* p)=11,公式:$x=ret*2^{(*p)}$
20	double ldexp(double x, int p);	返回 $x*2^p$
21	double modf(doublex, double * intptr);	分解 x,以返回 x 的小数部分和整数(* intptr)
22	double fmod(doublex, double y);	返回 x/y 的余数部分,例如 9.2/3.7,余数=1.8

表 A.3 setjmp.h 中定义的库变量类型和标准库函数

序号	库变量类型或函数声明	库变量类型或函数功能说明
1	jmp_buf	这种库变量类型使用时一般说明为 static jmp_buf buf; 它用来保存当前程序运行环境,是数组类型

续表

序号	库变量类型或函数声明	库变量类型或函数功能说明
2	int setjmp(jmp_buf envbuf);	这个宏把当前环境保存在变量 envbuf 中，供函数 longjmp()后续使用。这个宏可能会多次返回不同的值，首次宏调用返回值为 0，其后多次返回值取决于 longjmp()函数调用的参数值

表 A.4 setjmp.h 中定义的标准库函数

序号	函 数 声 明	函数功能说明

1	void longjmp(jmp_buf envbuf, int value);	此函数恢复最近一次调用 setjmp()宏时保存的运行环境，并将 setjmp()宏返回值设置为第 2 个参数 value 的值，其中 envbuf 参数的设置是由之前调用 setjmp()宏生成的。此函数用途相当广泛，例如做循环：
		#include <stdio.h>
		#include <setjmp.h>
		static jmp_buf buf;
		int main(void)
		{
		    int i;
		    printf("%d\n", i = setjmp(buf)); /* 第 1 次返回 0，其后返回 longjmp()函数的第 2 个参数值 */
		    i++;
		    if (i<10) longjmp(buf, i);
		    /* 第 2 个参数变化 */
		    return 0;
		}
		运行结果是输出 0～9 的数字，循环了 10 次

表 A.5 signal.h 中定义的标准库函数

序号	函 数 声 明	函数功能说明

1	void (*signal(int sig, void (*func)(int)))(int);	设置一个函数 func 来处理信号，即带有 sig 参数的信号处理程序，使用方法如下。
		void sighandler(int signum);
		signal(SIGINT, sighandler);
		void sighandler(int signum)
		{
		   printf("捕获信号 %d \n", signum);
		   exit(1);
		}
		常用宏常量见表 A.6。
		func 是一个指向函数的指针。它可以是一个自定义的函数，也可以是表 A.7 中预定义函数之一

2	int raise(intsig);	调用进程发送一个信号(定义在 signal.h 中的常量)

表 A.6 signal.h 定义的常用宏常量

序号	宏定义常量	宏功能说明
1	SIGABRT	Signal Abort(程序异常终止)

续表

序号	宏定义常量	宏功能说明
2	SIGFPE	Signal Floating-Point Exception(算术运算出错，如除数为 0 或溢出(不一定是浮点运算))
3	SIGILL	Signal Illegal Instruction(非法指令信号，如检测到非法指令，通常是由于代码中的某个变体或者尝试执行数据而非指令导致的)
4	SIGINT	Signal Interrupt(中断信号，如按 Ctrl+C 组合键，通常由用户生成)
5	SIGSEGV	Signal Segmentation Violation(非法访问存储器，如访问不存在的内存单元)
6	SIGTERM	Signal Terminate(发送给本程序的终止请求信号)

表 A.7　signal.h 预定义函数

序号	预定义函数	预定义函数功能说明
1	SIG_DFL	默认的信号处理程序
2	SIG_IGN	忽视信号

表 A.8　stdarg.h 中定义的库变量类型和宏

序号	库变量类型或宏说明	库变量类型或宏功能说明
1	va_list	用于可变参数函数的参数，在 va_start()、va_arg()和 va_end()这 3 个宏存储信息的类型
2	void va_start(va_list varpara, last_arg);	这个宏初始化 varpara 变量，它与 va_arg()宏和 va_end()宏一起使用。last_arg 是可变参数函数的可变参数的个数，一般是整数类型
3	type va_arg(va_list varpara, type);	这个宏检索函数参数列表中类型为 type 的下一个参数，并返回其值
4	void va_end(va_list varpara);	这个宏释放资源，允许使用了 va_start()宏的带有可变参数的函数返回。如果在从函数返回之前没有调用 va_end()，则结果为未定义

表 A.9　stddef.h 中定义的库变量类型和宏

序号	库变量类型或宏说明	库变量类型或宏功能说明
1	ptrdiff_t	这是有符号整数类型，它是两个指针相减的结果
2	size_t	这是无符号整数类型，它是 sizeof 运算的结果
3	wchar_t	这是一个宽字符常量大小的整数类型
4	NULL	空指针宏常量
5	offsetof(type, member_name)	这个宏会生成一个类型为 size_t 的整型常量，用于计算结构成员相对于结构开头的字节偏移量

表 A.10　stdio.h 标准库函数

序号	函 数 声 明	函数功能说明
1	void clearerr(FILE * stream);	复位错误标志，将文件的错误标志和文件标志置成 0
2	int fclose(FILE * stream);	关闭一个已打开的流式文件，返回值为 EOF 时，表示出错
3	int feof(FILE * stream);	检测文件结束符，返回非 0 值表示文件结束
4	int ferror(FILE * stream);	检查流是否有错误，返回 0 表示无错
5	int fflush(FILE * stream);	更新缓冲区，返回 0 值表示成功

续表

序号	函数声明	函数功能说明
6	int fgetpos(FILE * stream, fpos_t * pos);	获取文件流的读写位置，fpos_t 类型定义在 stdio.h 中，返回值为 0 时，表示成功
7	FILE* fopen(const char * path, const char * type);	打开文件，返回 NULL 指针表示出错
8	size_t fread(void * buf,size_t size,size_t cnt, FILE * stream);	从 stream 中读入 cnt 个大小为 size 字节的数据项，并存入 buf 中。返回实际读入的数据项的个数
9	FILE * freopen(const char * path, const char * type,FILE * stream);	关闭 stream 所指向的当前文件，并把 stream 重新指向由 path 指定的文件。返回指向新打开的文件的指针(NULL 表示出错)
10	int fseek(FILE * stream, long offset, int origin);	将 stream 的文件指针移动到离起始位置 origin，offset 字节远的位置上。返回值为 0 时，表示成功
11	int fsetpos(FILE * stream, const fpos_t * pos);	定位流上的文件指针。将 stream 的文件位置标志置为 pos 的值。返回值为 0 时，表示成功
12	long ftell(FILE * stream);	获取 stream 文件指针指示的当前位置。返回值为 -1L 时，表示出错
13	size_t fwrite(const void * buf, size_t size, size_t cnt, FILE * stream);	把 buf 中的 cnt 个长度为 size 的数据项写入流式文件 stream 中(进行 LF→CR.LF 转换)。返回值为实际写出的完整数据项的个数
14	int remove(const char * filename);	删除给定的文件名 filename，以便它不再被访问。如果成功，则返回 0。如果错误，则返回 -1，并设置 errno
15	int rename(const char * old_filename, const char * new_filename);	把 old_filename 所指向的文件名改为 new_filename
16	void rewind(FILE * stream);	将文件指针重新指向文件的开头，它与 fseek(stream,OL,SEEK.SET)等价
17	void setbuf(FILE * stream, char * buf);	允许用指定的缓冲区来取代系统提供的默认缓冲区
18	int setvbuf(FILE * stream, char * buffer, int mode, size_t size);	定义流 stream 应如何缓冲
19	FILE * tmpfile(void);	以二进制更新模式(wb+)创建临时文件。被创建的临时文件会在流关闭的时候或者在程序终止的时候自动删除
20	char * tmpnam(char * str);	生成并返回一个有效的临时文件名，该文件名之前是不存在的。如果 str 为空，则只会返回临时文件名
21	int fprintf(FILE * stream, const char * format, …);	发送格式化输出到流 stream 中。如果成功，则返回写入的字符总数，否则返回一个负数
22	int fscanf(FILE * stream, const char * format, …);	从流 stream 读取格式化输入。如果成功，则该函数返回成功匹配和赋值的个数。如果到达文件末尾或发生读错误，则返回 EOF
23	int printf(const char * format, …);	发送格式化输出到标准输出 stdout。如果成功，则返回写入的字符总数，否则返回一个负数
24	int scanf(const char * format, …);	从标准输入 stdin 读取格式化输入。如果成功，该函数返回成功匹配和赋值的个数。如果到达文件末尾或发生读错误，则返回 EOF

续表

序号	函数声明	函数功能说明
25	int sprintf(char * str, const char * format, …);	发送格式化输出到 str 字符串。如果成功,则返回写入的字符总数,不包括字符串追加在字符串末尾的空字符。如果失败,则返回一个负数
26	int sscanf(const char * str, const char * format, …);	从字符串 str 读取格式化输入。如果成功,则该函数返回成功匹配和赋值的个数
27	int vfprintf(FILE * stream, const char * format, …);	使用参数列表发送格式化输出到流 stream 中。如果成功,则返回写入的字符总数,否则返回一个负数,C99 标准有更新
28	int vprintf(const char * format, va_list arg);	使用参数列表发送格式化输出到标准输出 stdout。如果成功,则返回写入的字符总数,否则返回一个负数
29	int vsprintf(char * str, const char * format, va_list arg);	使用参数列表发送格式化输出到字符串。如果成功,则返回写入的字符总数,否则返回一个负数
30	int fgetc(FILE * stream);	从指定的流 stream 获取下一个字符(一个无符号字符),并把文件位置标识符往前移动
31	char * fgets(char * str, int n, FILE * stream);	从指定的流 stream 读取一行,并把它存储在 str 所指向的字符串内。当读取 n−1 个字符时,或者读取到换行符时,或者到达文件末尾时,它会停止,具体视情况而定。如果成功,则该函数返回相同的 str 参数。如果到达文件末尾或者没有读取到任何字符,则 str 的内容保持不变,并返回一个空指针。如果发生错误,则返回一个空指针
32	int fputc(int char, FILE * stream);	把参数 char 指定的字符(一个无符号字符)写入指定的流 stream 中,并把文件位置标识符往前移动。如果没有发生错误,则返回被写入的字符。如果发生错误,则返回 EOF,并设置错误标识符
33	int fputs(const char * str, FILE * stream);	把字符串写入指定的流 stream 中,但不包括空字符。该函数返回一个非负值,如果发生错误则返回 EOF
34	int getc(FILE * stream);	从指定的流 stream 获取下一个字符(一个无符号字符),并把文件位置标识符往前移动
35	int getchar(void);	从标准输入 stdin 获取一个字符(一个无符号字符)。这等同于 getc 带有 stdin 作为参数。该函数以无符号 char 强制转换为 int 的形式返回读取的字符,如果到达文件末尾或发生读错误,则返回 EOF
36	char * gets(char * str);	从标准输入 stdin 读取一行,并把它存储在 str 所指向的字符串中。当读取到换行符时,它会停止,具体视情况而定。如果成功,则该函数返回 str。如果发生错误则返回 NULL。此函数在 C99 标准中弃用,C11 标准中彻底删除并用 gets_s()取代了 gets()
37	int putc(int char, FILE * stream);	把参数 char 指定的字符(一个无符号字符)写入指定的流 stream 中,并把文件位置标识符往前移动
38	int putchar(int char);	把参数 char 指定的字符(一个无符号字符)写入标准输出 stdout 中。该函数以无符号 char 强制转换为 int 的形式返回写入的字符,如果发生错误则返回 EOF

续表

序号	函 数 声 明	函数功能说明
39	int puts(const char * str);	把一个字符串写入标准输出 stdout,直到空字符,但不包括空字符。换行符会被追加到输出中。如果成功,则该函数返回一个非负值为字符串长度(包括末尾的\0),如果发生错误则返回 EOF
40	int ungetc(int char, FILE * stream);	把字符 char(一个无符号字符)推入指定的流 stream 中,以便它是下一个被读取到的字符。如果成功,则返回被推入的字符,否则返回 EOF,且流 stream 保持不变
41	void perror(const char * str);	把一个描述性错误消息输出到标准错误 stderr。首先输出字符串 str,后跟一个冒号,然后是一个空格

表 A.11 stdlib.h 标准库函数

序号	函 数 声 明	函数功能说明
1	double atof(const char * str);	把参数 str 所指向的字符串转换为一个 double 浮点型数据。函数返回转换后的双精度浮点数,如果没有执行有效的转换,则返回 0(0.0)
2	int atoi(const char * str);	把参数 str 所指向的字符串转换为一个整数。该函数返回转换后的长整数,如果没有执行有效的转换,则返回 0
3	long int atol(const char * str);	把参数 str 所指向的字符串转换为一个长整数。该函数返回转换后的长整数,如果没有执行有效的转换,则返回 0
4	double strtod(const char * str, char ** endptr);	把参数 str 所指向的字符串转换为一个浮点数(类型为 double 型)。如果 endptr 不为空,则指向转换中最后一个字符后的字符的指针会存储在 endptr 引用的位置。该函数返回转换后的双精度浮点数,如果没有执行有效的转换,则返回 0(0.0)
5	long int strtol(const char * str, char ** endptr, int base);	把参数 str 所指向的字符串根据给定的 base 转换为一个长整数(类型为 long int 型),base 必须为[2,36],或者是特殊值 0。该函数返回转换后的长整数,如果没有执行有效的转换,则返回一个 0 值
6	unsigned long int strtoul(const char * str, char ** endptr, int base);	把参数 str 所指向的字符串根据给定的 base 转换为一个无符号长整数(类型为 unsigned long int 型),base 必须为[2,36],或者是特殊值 0。该函数返回转换后的长整数,如果没有执行有效的转换,则返回一个 0 值
7	void * calloc(size_t nitems, size_t size);	分配所需的内存空间,并返回一个指向它的指针。malloc 和 calloc 之间的不同点是,malloc 不会设置内存为 0,而 calloc 会设置分配的内存为 0。该函数返回一个指针,指向已分配的内存。如果请求失败,则返回 NULL
8	void free(void * ptr);	释放之前调用 calloc、malloc 或 realloc 所分配的内存空间
9	void * malloc(size_t size);	分配所需的内存空间,并返回一个指向它的指针。该函数返回一个指针,指向已分配 size 大小的内存,malloc 和 calloc 之间的不同点是,malloc 不会设置内存为 0。如果请求失败,则返回 NULL

续表

序号	函 数 声 明	函数功能说明
10	void * realloc(void * ptr, size_t size);	尝试重新调整之前调用 malloc 或 calloc 所分配的 ptr 所指向的内存块的大小。该函数返回一个指针,指向重新分配大小的内存。如果请求失败,则返回 NULL
11	void abort(void);	中止程序执行,直接从调用的地方中止
12	int atexit(void (* func)(void));	当程序正常终止时,调用指定的函数 func。您可以在任何地方注册自己的终止函数,但它会在程序终止的时候被调用
13	void exit(int status);	立即终止调用进程。任何属于该进程的打开的文件描述符都会被关闭,该进程的子进程由进程 1 继承,初始化,且会向父进程发送一个 SIGCHLD 信号
14	char * getenv(const char * name);	搜索 name 所指向的环境字符串,并返回相关的环境描述字符串。该函数返回一个以 NULL 结尾的字符串,该字符串为被请求环境变量的值。如果该环境变量不存在,则返回 NULL
15	int system(const char * command);	执行 command 指定的命令名称或程序名称,并在命令完成后返回。如果发生错误,则返回值为-1,否则返回命令的状态
16	void * bsearch(const void * key, const void * base, size_t nitems, size_t size, int (* compar)(const void * , const void *));	对 nitems 对象的数组执行二分查找,base 指向进行查找的数组,key 指向要查找的元素,size 指定数组中每个元素的大小。数组的内容应根据 compar 所对应的比较函数升序排序。如果查找成功,则该函数返回一个指向数组中匹配元素的指针,否则返回空指针
17	void qsort(void * base, size_t nitems, size_t size, int (* compar)(const void * , const void *));	对数组进行升序的快速排序
18	int abs(int x);	返回整数 x 的绝对值
19	div_t div(int numer, int denom);	把 numer(分子)除以 denom(分母)。该函数返回定义在 <stdlib. h>中的结构中的值,该结构有两个成员:div_t . quot 和 div_t. rem
20	long int labs(long int x);	返回长整数 x 的绝对值
21	div_t div(long int numer, long int denom);	把 numer(分子)除以 denom(分母)。该函数返回定义在 <stdlib. h>中的结构中的值,该结构有两个成员,如 div_t {long quot; long rem}
22	int rand(void);	返回一个范围在 0 到 RAND_MAX 之间的伪随机数
23	void srand(unsigned int seed);	随机化函数 rand()使用的随机数发生器
24	int mblen(const char * str, size_t n);	返回参数 str 所指向的多字节字符的长度。如果识别了一个非空宽字符,则 mblen()函数返回 str 开始的多字节序列解析的字节数。如果识别了一个空宽字符,则返回 0。如果识别了一个无效的多字节序列,或者不能解析一个完整的多字节字符,则返回-1
25	size_t mbstowcs(schar_t * pwcs, const char * str, size_t n);	把参数 str 指向的多字节字符的字符串转换为参数 pwcs 指向的数组。该函数返回转换的字符数,不包括结尾的空字符。如果遇到一个无效的多字节字符,则返回-1

续表

序号	函数声明	函数功能说明
26	int mbtowc(whcar_t * pwc, const char * str, size_t n);	把一个多字节序列转换为一个宽字符。如果 str 不为 NULL,mbtowc()函数返回 str 开始消耗的字节数,如果指向一个空字节,则返回 0,如果操作失败,则返回－1
27	size_t wcstombs(char * str, const wchar_t * pwcs, size_t n) ;	把宽字符字符串 pwcs 转换为一个以 str 开始的多字节字符串。最多会有 n 字节被写入 str 中。该函数返回转换和写入 str 中的字节数,不包括结尾的空字符。如果遇到一个无效的多字节字符,则返回－1
28	int wctomb(char * str, wchar_t wchar);	把宽字符 wchar 转换为它的多字节表示形式,并把它存储在 str 指向的字符数组的开头。如果 str 不为 NULL,wctomb()函数返回写入字节数组中的字节数。如果 wchar 不能被表示为一个多字节序列,则会返回－1

表 A.12　string.h 标准库函数

序号	函数声明	函数功能说明
1	void * memchr(const void * str, int c, size_t n);	在参数 str 所指向的字符串的前 n 字节中搜索第一次出现字符 c(一个无符号字符)的位置。该函数返回一个指向匹配字节的指针,如果在给定的内存区域未出现字符,则返回 NULL
2	int memcmp(const void * str1, const void * str2, size_t n);	把存储区 str1 和存储区 str2 的前 n 字节进行比较。 如果返回值< 0,则表示 str1 小于 str2 如果返回值> 0,则表示 str1 大于 str2 如果返回值＝0,则表示 str1 等于 str2
3	void * memcpy(void * str1, const void * str2, size_t n);	从存储区 str2 复制 n 字节到存储区 str1。该函数返回一个指向目标存储区 str1 的指针
4	void * memmove(void * str1, const void * str2, size_t n);	从 str2 复制 n 个字符到 str1,但是在重叠内存块这方面,memmove()函数是比 memcpy()函数更安全的方法。如果目标区域和源区域有重叠,则 memmove()函数能够保证源串在被覆盖之前将重叠区域的字节复制到目标区域中,复制后源区域的内容会被更改。如果目标区域与源区域没有重叠,则和 memcpy()函数功能相同。该函数返回一个指向目标存储区 str1 的指针
5	void * memset(void * str, int c, size_t n);	复制字符 c(一个无符号字符)到参数 str 所指向的字符串的前 n 个字符。该值返回一个指向存储区 str 的指针
6	char * strcat(char * dest, const char * src);	把 src 所指向的字符串追加到 dest 所指向的字符串的结尾。该函数返回一个指向最终的目标字符串 dest 的指针
7	char * strncat(char * dest, const char * src, size_t n);	把 src 所指向的前 n 个字符的字符串追加到 dest 所指向的字符串的结尾。该函数返回一个指向最终的目标字符串 dest 的指针
8	char * strchr(const char * str, int c);	在参数 str 所指向的字符串中搜索第一次出现字符 c(一个无符号字符)的位置。该函数返回在字符串 str 中第一次出现字符 c 的位置,如果未找到该字符则返回 NULL
9	int strcmp(const char * str1, const char * str2);	把 str1 所指向的字符串和 str2 所指向的字符串进行比较。 如果返回值< 0,则表示 str1 小于 str2 如果返回值> 0,则表示 str1 大于 str2 如果返回值＝0,则表示 str1 等于 str2

续表

序号	函 数 声 明	函数功能说明
10	int strncmp(const char * str1, const char * str2, size_t n);	把 str1 和 str2 进行比较,最多比较前 n 字节。 如果返回值< 0,则表示 str1 小于 str2 如果返回值> 0,则表示 str1 大于 str2 如果返回值=0,则表示 str1 等于 str2
11	int strcoll(const char * str1, const char * str2);	把 str1 和 str2 进行比较,结果取决于 LC_COLLATE 的位置设置
12	char * strcpy(char * dest, const char * src);	把 src 所指向的字符串复制到 dest。该函数返回一个指向最终的目标字符串 dest 的指针
13	char * strncpy(char * dest, const char * src, size_t n);	把 src 所指向的字符串复制到 dest,最多复制 n 个字符。当 src 的长度小于 n 时,dest 的剩余部分将用空字节填充。该函数返回最终复制的字符串
14	size_t strcspn(const char * str1, const char * str2);	检索字符串 str1 开头连续有几个字符都不含字符串 str2 中的字符。该函数返回 str1 开头连续都不含字符串 str2 中字符的字符数
15	char * strerror(int errnum);	从内部数组中搜索错误号 errnum,并返回一个指向错误消息字符串的指针。strerror 生成的错误字符串取决于开发平台和编译程序。该函数返回一个指向错误字符串的指针,该错误字符串描述了错误 errnum
16	size_t strlen(const char * str);	计算字符串 str 的长度,直到空结束字符,但不包括空结束字符。该函数返回字符串的长度
17	char * strpbrk(const char * str1, const char * str2);	依次检验字符串 str1 中的字符,当被检验字符在字符串 str2 中也包含时,则停止检验,并返回该字符位置。该函数返回 str1 中第一个匹配字符串 str2 中字符的字符数,如果未找到字符则返回 NULL
18	char * strrchr(const char * str, int c);	在参数 str 所指向的字符串中搜索最后一次出现字符 c(一个无符号字符)的位置。该函数返回 str 中最后一次出现字符 c 的位置。如果未找到该值,则函数返回一个空指针
19	size_t strspn(const char * str1, const char * str2);	检索字符串 str1 中第一个不在字符串 str2 中出现的字符下标。该函数返回 str1 中第一个不在字符串 str2 中出现的字符下标
20	char * strstr(const char * haystack, const char * needle);	在字符串 haystack 中查找第一次出现字符串 needle 的位置,不包含终止符 '\0'。该函数返回在 haystack 中第一次出现 needle 字符串的位置,如果未找到则返回 NULL
21	char * strtok(char * str, const char * delim);	分解字符串 str 为一组字符串,delim 为分隔符。该函数返回被分解的第一个子字符串,如果没有可检索的字符串,则返回一个空指针
22	size_t strxfrm(char * dest, const char * src, size_t n);	根据程序当前的区域选项中的 LC_COLLATE 来转换字符串 src 的前 n 个字符,并把它们放置在字符串 dest 中。该函数返回被转换字符串的长度,不包括空结束字符

表 A.13　time.h 标准库函数

序号	函 数 声 明	函数功能说明
1	char * asctime(const struct tm * timeptr);	返回一个指向字符串的指针，它表示了结构 struct time 数据 * timeptr 的日期和时间。该函数返回一个 C 字符串，包含了可读格式的日期和时间信息 ww mm dd hh:mm:ss yyyy，其中，ww 表示星期几，mm 是以字母表示的月份，dd 表示一月中的第几天，hh:mm:ss 表示时间，yyyy 表示年份
2	clock_t clock(void);	返回自程序执行起(一般为程序的开头)处理器时钟所使用的时间。为了获取 CPU 所使用的秒数，需要除以 CLOCKS_PER_SEC。在 32 位系统中，CLOCKS_PER_SEC 等于 1 000 000，该函数大约每 72 分钟会返回相同的值。该函数返回自程序启动起处理器时钟所使用的时间。如果失败，则返回－1
3	char * ctime(const time_t * timer);	返回一个表示当地时间的字符串，当地时间是基于参数 timer 的。返回的字符串格式如下：ww mm dd hh:mm:ss yyyy。其中，ww 表示星期几，mm 是以字母表示的月份，dd 表示一月中的第几天，hh:mm:ss 表示时间，yyyy 表示年份。该函数返回一个 C 字符串，该字符串包含了可读格式的日期和时间信息
4	double difftime(time_t time1, time_t time2);	返回 time1 和 time2 之间相差的秒数(time1－time2)。这两个时间是在日历时间中指定的，表示了自 UTC：1970-01-01 00:00:00 起经过的时间。函数返回以双精度浮点型 double 值表示的两个时间之间相差的秒数（time1－time2）

5	struct tm * gmtime(const time_t * timer);	使用 timer 的值来填充 tm 结构，并用协调世界时(UTC，也被称为格林尼治标准时间(GMT))表示。该函数返回指向 tm 结构的指针。
		struct tm {
		    int tm_sec; /* 秒 */
		    int tm_min; /* 分 */
		    int tm_hour; /* 小时 */
		    int tm_mday; /* 月中第几天 */
		    int tm_mon; /* 月份 */
		    int tm_year; /* 年数 */
		    int tm_wday; /* 周几 */
		    int tm_yday; /* 年的第几天 */
		    int tm_isdst; /* 夏令时 */
		};
		该结构带有被填充的时间信息

6	struct tm * localtime(const time_t * timer);	使用 timer 的值来填充 tm 结构。timer 的值被分解为 tm 结构，并用本地时区表示。该函数返回指向 tm 结构的指针，该结构带有被填充的时间信息
7	time_t mktime(struct tm * timeptr);	把 timeptr 所指向的结构转换为自 1970 年 1 月 1 日以来持续时间的秒数。该函数返回自 1970 年 1 月 1 日以来持续时间的秒数。如果发生错误，则返回－1
8	size_t strftime(char * str, size_t maxsize, const char * format, const struct tm * timeptr);	根据 format 中定义的格式化规则，格式化结构 timeptr 表示的时间，并把它存储在 str 中。如果产生的 C 字符串小于 size 个字符(包括空结束字符)，则会返回复制到 str 中的字符总数(不包括空结束字符)，否则返回 0
9	time_t time(time_t * seconds);	返回自 UTC 1970-01-01 00:00:00 起经过的时间，以秒为单位。如果 seconds 不为空，则返回值也存储在变量 seconds 中。以 time_t 对象返回当前日历时间

ASCII字符码对照表

ASCII 字符码对照表如表 B.1 所示。

表 B.1 ASCII 字符码对照表

十进制	十六进制	缩写/字符	解　　释	十进制	十六进制	缩写/字符	解　　释
0	0x00	NUL	空字符	27	0x1B	ESC	换码(溢出)
1	0x01	SOH	标题开始	28	0x1C	FS	文件分隔符
2	0x02	STX	正文开始	29	0x1D	GS	分组符
3	0x03	ETX	正文结束	30	0x1E	RS	记录分隔符
4	0x04	EOT	传输结束	31	0x1F	US	单元分隔符
5	0x05	ENQ	请求	32	0x20	(space)	空格
6	0x06	ACK	收到通知	33	0x21	!	叹号
7	0x07	BEL	响铃符	34	0x22	"	双引号
8	0x08	BS	退格符	35	0x23	#	井号
9	0x09	HT	水平制表符	36	0x24	$	美元符
10	0x0A	LF	换行符	37	0x25	%	百分号
11	0x0B	VT	垂直制表符	38	0x26	&	和号
12	0x0C	FF	换页符	39	0x27	'	闭单引号
13	0x0D	CR	回车符	40	0x28	(	开括号
14	0x0E	SO	不用切换	41	0x29	)	闭括号
15	0x0F	SI	启用切换	42	0x2A	*	星号
16	0x10	DLE	数据链路转义	43	0x2B	+	加号
17	0x11	DC1	设备控制 1	44	0x2C	,	逗号
18	0x12	DC2	设备控制 2	45	0x2D	-	减号/破折号
19	0x13	DC3	设备控制 3	46	0x2E	.	句号
20	0x14	DC4	设备控制 4	47	0x2F	/	斜杠
21	0x15	NAK	拒绝接收	48	0x30	0	字符 0
22	0x16	SYN	同步空闲	49	0x31	1	字符 1
23	0x17	ETB	传输块结束	50	0x32	2	字符 2
24	0x18	CAN	取消	51	0x33	3	字符 3
25	0x19	EM	媒介结束	52	0x34	4	字符 4
26	0x1A	SUB	代替	53	0x35	5	字符 5

续表

十进制	十六进制	缩写/字符	解　　释	十进制	十六进制	缩写/字符	解　　释
54	0x36	6	字符 6	91	0x5B	[	开方括号
55	0x37	7	字符 7	92	0x5C	\	反斜杠
56	0x38	8	字符 8	93	0x5D	]	闭方括号
57	0x39	9	字符 9	94	0x5E	^	脱字符
58	0x3A	：	冒号	95	0x5F	_	下画线
59	0x3B	；	分号	96	0x60	`	开单引号
60	0x3C	<	小于	97	0x61	a	小写字母 a
61	0x3D	=	等号	98	0x62	b	小写字母 b
62	0x3E	>	大于	99	0x63	c	小写字母 c
63	0x3F	?	问号	100	0x64	d	小写字母 d
64	0x40	@	电子邮件符号	101	0x65	e	小写字母 e
65	0x41	A	大写字母 A	102	0x66	f	小写字母 f
66	0x42	B	大写字母 B	103	0x67	g	小写字母 g
67	0x43	C	大写字母 C	104	0x68	h	小写字母 h
68	0x44	D	大写字母 D	105	0x69	i	小写字母 i
69	0x45	E	大写字母 E	106	0x6A	j	小写字母 j
70	0x46	F	大写字母 F	107	0x6B	k	小写字母 k
71	0x47	G	大写字母 G	108	0x6C	l	小写字母 l
72	0x48	H	大写字母 H	109	0x6D	m	小写字母 m
73	0x49	I	大写字母 I	110	0x6E	n	小写字母 n
74	0x4A	J	大写字母 J	111	0x6F	o	小写字母 o
75	0x4B	K	大写字母 K	112	0x70	p	小写字母 p
76	0x4C	L	大写字母 L	113	0x71	q	小写字母 q
77	0x4D	M	大写字母 M	114	0x72	r	小写字母 r
78	0x4E	N	大写字母 N	115	0x73	s	小写字母 s
79	0x4F	O	大写字母 O	116	0x74	t	小写字母 t
80	0x50	P	大写字母 P	117	0x75	u	小写字母 u
81	0x51	Q	大写字母 Q	118	0x76	v	小写字母 v
82	0x52	R	大写字母 R	119	0x77	w	小写字母 w
83	0x53	S	大写字母 S	120	0x78	x	小写字母 x
84	0x54	T	大写字母 T	121	0x79	y	小写字母 y
85	0x55	U	大写字母 U	122	0x7A	z	小写字母 z
86	0x56	V	大写字母 V	123	0x7B	{	开花括号
87	0x57	W	大写字母 W	124	0x7C	|	垂线
88	0x58	X	大写字母 X	125	0x7D	}	闭花括号
89	0x59	Y	大写字母 Y	126	0x7E	～	波浪号
90	0x5A	Z	大写字母 Z	127	0x7F	DEL	删除

IBM EBCDIC 字符码对照表如表 B.2 所示。

表 B.2 IBM EBCDIC(扩展二进式十进交换码)字符码对照表

EBCDIC CP500																
	x0	x1	x2	x3	x4	x5	x6	x7	x8	x9	xA	xB	xC	xD	xE	xF
0x	NUL	SOH	STX	ETX	ST	HT	SSA	DEL	EPA	R1	SS2	VT	FF	CR	SO	SI
1x	DLE	DC1	DC2	DC3	OSC	NEL	BS	ESA	CAN	EM	PU2	SS3	FS	GS	RS	US
2x	PAD	HOP	BPH	NBH	IND	LF	ETB	ESC	HTS	HTJ	VTS	PLD	PLU	ENQ	ACK	BEL
3x	DCS	PU1	SYN	STS	CCH	MW	SPA	EOT	SOS	SGCI	SCI	CSI	DC4	NAK	PM	SUB
4x	SP	NBSP	â	ä	à	á	ã	å	ç	ñ	[	.	<	(	+	!
5x	&	é	ê	ë	è	í	î	ï	ì	ß	]	$	*	)	;	^
6x	-	/	Â	Ä	À	Á	Ã	Å	Ç	Ñ	¦	,	%	_	>	?
7x	ø	É	Ê	Ë	È	Í	Î	Ï	Ì	`	:	#	@	'	=	"
8x	Ø	a	b	c	d	e	f	g	h	i	«	»	ō	ý	þ	±
9x	°	j	k	l	m	n	o	p	q	r	a	o	æ	,	Æ	¤
Ax	μ	~	s	t	u	v	w	x	y	z	Ī	¿	Đ	Ý	Þ	®
Bx	¢	£	¥	·	©	§	¶	¼	½	¾	¬	|	–	¨	´	×
Cx	'{'	A	B	C	D	E	F	G	H	I	SHY	ô	ö	ò	ó	õ
Dx	'}'	J	K	L	M	N	O	P	Q	R	1	û	ü	ù	ú	ÿ
Ex	\	÷	S	T	U	V	W	X	Y	Z	2	Ô	Ö	Ò	Ó	Õ
Fx	0	1	2	3	4	5	6	7	8	9	3	Û	Ū	Ù	Ú	APC

GCC预定义宏

GCC 常用预定义宏如表 C.1 所示。

表 C.1 GCC 常用预定义宏

宏	描述
__VXWORKS__	美国 Wind River System 公司推出的一个实时操作系统 VxWorks
__MSDOS__	微软 MS DOS 操作系统
_WIN32	所有微软 Windows 操作系统
_WIN64	微软 64 位 Windows 操作系统
__MACH__	苹果操作系统内核组件之一 Mach
__APPLE__	所有苹果操作系统
__MAC_10_X	苹果 Mac OS X 系统(苹果公司在 WWDC 2016 上正式宣布,OS X 操作系统更名为 macOS),X 是 0～16 的数字
__ANDROID__	安卓系统
__unix__	基于 OS 的 UNIX 系统
__linux__	Linux 操作系统
_POSIX_VERSION	Cygwin 的 Windows
__sun	Solaris 操作系统
__hpux	HP UX 操作系统
BSD	BSD 操作系统
__DragonFly__	DragonFly BSD 系统
__FreeBSD__	FreeBSD 系统
__NetBSD__	NetBSD 系统
__OpenBSD__	OpenBSD 系统
__BASE_FILE__	引用的字符串,包含的是命令行中指定源文件的完整路径名(不一定是使用宏的所有文件)。参见__FILE__
__CHAR_UNSIGNED__	定义该宏用来指出目标机器的字符数据类型是无符号的。limits.h 用它来确定 CHAR_MIN 和 CHAR_MAX 的值
__DATE__	11 个字符的引用字符串,包括编译程序的日期。它的格式为 May 3 2022
__FILE__	引用字符串,包含使用宏的源文件名。参见__BASE_FILE__
__func__	引用字符串,包含当前函数的名字
__FUNCTION__	引用字符串,包含当前函数的名字

续表

宏	描　述
__GNUC__	该宏总是定义为编译程序的主要版本号。例如,如果编译程序版本号为 3.1.2,该宏定义为 3
__GNUC_MINOR__	该宏总是定义为编译程序的次要版本号。例如,如果编译程序版本号为 3.1.2,该宏定义为 1
__GNUC_PATCHLEVEL__	该宏总是定义为编译程序的修正版本号。例如,如果编译程序版本号为 3.1.2,该宏定义为 2
__INCLUDE_LEVEL__	指出 include 文件当前深度的整数值。该值在基本文件(命令行中指定的文件)时为 0,而每次 #include 指示字输入文件就会加 1
__LINE__	使用宏的文件的行号
__NO_INLINE__	在没有扩展内嵌函数的时候,该宏定义为 1,这可能因为没有优化或者不允许进行内嵌函数
__OBJC__	如果程序被编译成 Objective-C,该宏定义为 1
__OPTIMIZE__	无论何时只要指定任何级别的优化处理,该宏就会定义为 1
__OPTIMIZE_SIZE__	如果设置进行尺寸上的优化而不是速度上的优化,该宏就会定义为 1
__REGISTER_PREFIX__	该宏为一个权标(而不是字符串),它是注册器名的前缀。可用来编写能够移植到多种环境中的汇编语言
__STDC__	定义为 1 指出该编译程序符合标准 C,在指定-traditional 选项时不会定义该宏
__STDC_HOSTED__	定义为 1 指出"宿主"的环境(其中含有完整的标准 C 库)
__STDC_VERSION__	长整数,指出标准版本号,形式为它的年和月。例如,标准的 1999 年修正版为 199901L。在编译 C++和 Objective-C 时不会定义该宏,而且在指定-traditional 选项时也不会定义该宏
__STRICT_ANSI__	只有在命令行中指定-ansi 或-std 时,才会定义该宏。在 GNU 头文件中使用它来限制标准中的那些定义
__TIME__	引用 7 个字符的字符串,包含编译程序的时间,格式为 18:10:34
__USER_LABEL_PREFIX__	该宏是一个权标(而不是字符串),用作汇编语言中的符号前缀。该权标依平台有所变化,但它通常是个下画线字符
_USING_SJLJ_EXCEPTIONS__	如果异常处理机制为 setjmp 和 longjmp,则该宏定义为 1
__VERSION__	完整版本号。该信息没有特殊格式,但它至少含有主要和次要版本

POSIX多线程函数

常用 POSIX 多线程库函数如表 D.1 所示。

表 D.1 常用 POSIX 多线程库函数

函数声明	函数功能说明
int pthread_attr_init(pthread_attr_t * attr);	用于初始化一个线程创建属性变量,之后可用于创建线程。调用成功完成之后返回 0 值。其他任何返回值都表示出现了错误
int pthread_attr_getstacksize(pthread_attr_t * attr, size_t * size);	获取线程栈空间大小属性。调用成功完成之后返回 0 值。其他任何返回值都表示出现了错误
pthread_attr_setstack(pthread_attr_t * attr,void * stack, size_t size);	设置线程栈空间大小属性。调用成功完成之后返回 0 值。其他任何返回值都表示出现了错误
pthread_attr_setdetachstate(&attr, int detachstate);	设置连接、分离属性。调用成功完成之后返回 0 值。其他任何返回值都表示出现了错误。detachstate 可以是 PTHREAD_CREATE_JOINABLE 或 PTHREAD_CREATE_DETACHED
int pthread_attr_destroy(pthread_attr_t * attr);	销毁线程创建属性变量。pthread_attr_destroy()函数用于销毁一个已经使用动态初始化的线程创建属性变量。销毁后的线程创建属性变量处于未初始化状态,线程创建属性变量的属性和控制块参数处于不可用状态。调用成功完成之后返回 0 值。其他任何返回值都表示出现了错误
int pthread_cond_init(pthread_cond_t * cv, const pthread_condattr_t * cattr);	函数成功返回 0 值。其他任何返回值都表示出现了错误。 也可以使用宏 PTHREAD_COND_INITIALIZER 来实现静态初始化条件变量,使其具有默认属性,例如下面的语句: `pthread_cond_t cv = PTHREAD_COND_INITIALIZER;` 这和用 pthread_cond_init()函数动态初始化的效果一样。初始化时不进行错误检查
int pthread_cond_wait(pthread_cond_t * cv, pthread_mutex_t * mutex);	函数成功返回 0 值。其他任何返回值都表示出现了错误。 此函数解锁 mutex 参数指向的互斥锁,并使当前线程阻塞在 cv 参数指向的条件变量上。被阻塞的线程可以被 pthread_cond_signal()函数、pthread_cond_broadcast()函数唤醒,也可能在被信号中断后被唤醒。 pthread_cond_wait()函数的返回并不意味着条件的值一定发生了变化满足继续执行线程的条件,所以必须重新检查条件的值。 pthread_cond_wait()函数返回时,相应的互斥锁将被当前线程锁定,即使是函数出错返回

续表

函 数 声 明	函数功能说明
int pthread_cond_signal(pthread_cond_t * cv);	函数成功返回0值。其他任何返回值都表示出现了错误。 该函数用来释放被阻塞在指定条件变量上的一个线程。必须是与互斥锁一起使用的条件变量，并且是在临界区内使用pthread_cond_wait()函数的线程，否则对条件变量的解锁有可能发生在互斥锁上锁之前，从而造成死锁。 唤醒阻塞在条件变量上的所有线程的顺序由调度策略决定，如果线程的调度策略是SCHED_OTHER类型的，系统将根据线程的优先级唤醒线程。如果没有线程被阻塞在条件变量上，那么调用pthread_cond_signal()函数将没有作用
int pthread_cond_timedwait(pthread_cond_t * cv, pthread_mutex_t * mp, const structtimespec * abstime);	函数成功返回0值。其他任何返回值都表示出现了错误。 等待固定时长，即使条件未发生变化也会解除阻塞。这个时间由参数abstime指定。函数返回时，相应的互斥锁是锁定的，即使是函数出错返回。超时返回的错误码是ETIMEDOUT
int pthread_cond_broadcast(pthread_cond_t * cv);	函数成功返回0值。其他任何返回值都表示出现了错误。 唤醒所有被pthread_cond_wait()函数阻塞在某个条件变量上的线程
int pthread_cond_destroy(pthread_cond_t * cv);	函数成功返回0值。其他任何返回值都表示出现了错误。 销毁条件变量。销毁后的条件变量处于未初始化状态，处于不可用状态

int pthread_mutex_init(pthread_mutex_t * mutex, const pthread_mutexattr_t * attr);	动态初始化互斥锁。也可以使用宏PTHREAD_MUTEX_INITIALIZER实现静态初始化，PTHREAD_MUTEX_INITIALIZER是POSIX定义的一个结构常量，用法如下：
	`pthread_mutex_t mutex = \`
	`PTHREAD_MUTEX_INITIALIZER;`
	互斥锁作用域表示互斥锁的作用范围，分为进程内(创建者)作用域PTHREAD_PROCESS_PRIVATE和跨进程作用域PTHREAD_PROCESS_SHARED。进程内作用域只能用于进程内线程互斥，跨进程可以用于系统所有线程间互斥。调用成功完成之后返回0值。其他任何返回值都表示出现了错误

int pthread_mutexattr_init(pthread_mutexattr_t * attr);	动态初始化互斥锁属性。调用成功完成之后返回0值。其他任何返回值都表示出现了错误
int pthread_mutexattr_settype(pthread_mutexattr_t * attr, int type);	设置互斥锁类型。调用成功完成之后返回0值。其他任何返回值都表示出现了错误。常用的互斥锁类型有以下4种。 PTHREAD_MUTEX_NORMAL，普通锁，默认类型。 PTHREAD_MUTEX_RECURSIVE，嵌套锁。允许线程对同一个锁持多次申请持有，但持有者必须按照嵌套顺序依次解锁，否则会造成死锁。 PTHREAD_MUTEX_ERRORCHECK，检错锁。该类型锁可以检测死锁。 PTHREAD_MUTEX_DEFAULT，默认类型锁，与普通锁类似。 其他类型列表如下。 PTHREAD_MUTEX_TIMED_NP, PTHREAD_MUTEX_RECURSIVE_NP, PTHREAD_MUTEX_ERRORCHECK_NP, PTHREAD_MUTEX_ADAPTIVE_NP

续表

函 数 声 明	函数功能说明
int pthread_mutexattr_settype (pthread_mutexattr_t * attr, int type);	PTHREAD_MUTEX_NORMAL= PTHREAD_MUTEX_TIMED_NP, PTHREAD_MUTEX_RECURSIVE = PTHREAD_MUTEX_RECURSIVE_NP, PTHREAD_MUTEX_ERRORCHECK = PTHREAD_MUTEX_ERRORCHECK_NP, PTHREAD_MUTEX_DEFAULT= PTHREAD_MUTEX_NORMAL PTHREAD_MUTEX_STALLED, PTHREAD_MUTEX_STALLED_NP = PTHREAD_MUTEX_STALLED, PTHREAD_MUTEX_ROBUST, PTHREAD_MUTEX_ROBUST_NP= PTHREAD_MUTEX_ROBUST
int pthread_mutexattr_gettype (const pthread_mutexattr_t * attr, int * type);	获取互斥锁类型。调用成功完成之后返回 0 值。其他任何返回值都表示出现了错误
int pthread_mutexattr_setpshared (pthread_mutexattr_t * attr, int pshared);	设置互斥锁作用域。调用成功完成之后返回 0 值。其他任何返回值都表示出现了错误。pshared 参数可以是如下值。 PTHREAD_PROCESS_PRIVATE,表示进程内互斥锁。 PTHREAD_PROCESS_SHARED,表示进程间互斥锁
int pthread_mutexattr_getpshared (const pthread_mutexattr_t * attr, int * pshared);	获取互斥锁作用域。调用成功完成之后返回 0 值。其他任何返回值都表示出现了错误
int pthread_mutex_lock(pthread_mutex_t * mutex);	阻塞方式上锁。上锁失败,调用此函数的线程将进入等待队列,停止执行,一直等到其他线程解锁才被唤醒。调用成功完成之后返回 0 值。其他任何返回值都表示出现了错误
int pthread_mutex_trylock(pthread_mutex_t * mutex);	非阻塞方式上锁。调用该函数会立即返回,不会引起线程睡眠。实际应用可以根据返回状态执行不同的任务操作。调用成功完成之后返回 0 值。其他任何返回值都表示出现了错误。常见错误返回值有如下几种值。 EINVAL,参数无效。 EDEADLK,非嵌套锁重复申请锁,死锁。 EBUSY,锁被其他线程持有
int pthread_mutex_unlock(pthread_mutex_t * mutex);	解锁。解锁后,其他线程可以申请上锁。调用成功完成之后返回 0 值。其他任何返回值都表示出现了错误。常见错误返回值如下几种值。 EINVAL,参数无效。 EPERM,非嵌套锁重复解锁。 EBUSY,锁被其他线程持有
int pthread_mutex_destroy(pthread_mutex_t * mutex);	销毁互斥锁变量。pthread_mutex_destroy()函数用于销毁一个已经使用动态初始化的互斥锁。销毁后的互斥锁处于未初始化状态,互斥锁的属性和控制块参数处于不可用状态。调用成功完成之后返回 0 值。其他任何返回值都表示出现了错误。常见错误返回值有如下几种值。 EINVAL,mutex 已被销毁过,或者 mutex 为空。 EBUSY,锁被其他线程持有

续表

函数声明	函数功能说明
int pthread_create(pthread_t * tid, const pthread_attr_t * tattr, void * (* start_routine)(void *), void * arg);	使用具有必要状态行为的 attr 创建线程，start_routine 是新线程最先执行的函数。当 start_routine 返回时，该线程将退出，其退出状态设置为由 start_routine 返回的值。pthread_create()函数在调用成功完成之后返回 0 值。其他任何返回值都表示出现了错误
int pthread_join(pthread_t tid, void ** status);	指定的线程必须位于当前的进程中，而且不得是分离线程。当 status 不是 NULL 时，status 指向某个位置，在 pthread_join()函数成功返回时，将该位置设置为已终止线程的退出状态。调用成功完成后，pthread_join()函数将返回 0 值。其他任何返回值都表示出现了错误
int pthread_detach(pthread_t tid);	pthread_detach()函数用于指示应用程序在线程 tid 终止时自动回收其存储空间，回收创建时 detachstate 属性设置为 PTHREAD_CREATE_JOINABLE 的线程的系统资源。pthread_detach()函数在调用成功完成之后返回 0 值。其他任何返回值都表示出现了错误
int pthread_key_create(pthread_key_t * key, void (* destructor) (void *));	对于多线程 C 程序，添加了局部数据和全局数据之外的第三类数据：线程特定数据。线程特定数据与全局数据非常相似，区别在于前者为线程专有。线程特定数据基于每线程进行维护。TSD(特定于线程的数据)是定义和引用线程专用数据的唯一方法。每个线程特定数据项都与一个作用于进程内所有线程的键关联。通过使用 key，线程可以访问基于每线程进行维护的指针(void *)。用 pthread_key_create()函数分配用于标识进程中线程特定数据的键。键对进程中的所有线程来说是全局的。创建线程特定数据时，所有线程最初都具有与该键关联的 NULL 值。pthread_key_create()函数在成功完成之后返回 0 值。其他任何返回值都表示出现了错误
int pthread_key_delete(pthread_key_t key);	用 pthread_key_delete()函数可以销毁现有线程特定数据键。由于键已经无效，因此将释放与该键关联的所有内存。引用无效键将返回错误。如果已删除键，则调用 pthread_setspecific()或 pthread_getspecific()函数引用该键时，生成的结果将是不确定的。程序员在调用删除函数之前必须释放所有线程特定资源。pthread_key_delete()函数在成功完成之后返回 0 值。其他任何返回值都表示出现了错误
int pthread_setspecific(pthread_key_t key, const void * value);	用 pthread_setspecific()函数可以为指定线程特定数据键设置线程特定绑定。pthread_setspecific()函数在成功完成之后返回 0 值。其他任何返回值都表示出现了错误
void * pthread_getspecific(pthread_key_t key);	用 pthread_getspecific()函数获取调用线程的键绑定，并将该绑定存储在返回值指针指向的位置中
pthread_t pthread_self(void);	pthread_self()函数返回调用线程的 thread identifier(线程标识)
int pthread_equal(pthread_t tid1, pthread_t tid2);	如果 tid1 和 tid2 相等，则 pthread_equal()函数将返回非 0 值，否则将返回 0 值

int pthread_once(pthread_once_t * once_control, void (* init routine)(void));	用 pthread_once()函数可以调用初始化例程，之后再调用 pthread_once()函数将不起作用，这函数只在第一次调用时起作用。例如：
	`pthread_once_t once_control = PTHREAD_ONCE_INIT;`
	`ret = pthread_once(&once_control, init_routine);`
	pthread_once()函数在成功完成之后返回 0 值。其他任何返回值都表示出现了错误

续表

函 数 声 明	函数功能说明
int sched_yield(void);	用 sched_yield()函数可以使当前线程停止执行,以便执行另一个具有相同或更高优先级的线程。sched_yield()函数在成功完成之后返回 0 值。否则返回－1 值,并设置 errno 以指示错误状态

int pthread_setschedparam(pthread_t tid, int policy, const struct sched_param * param);	用 pthread_setschedparam()函数修改现有线程的优先级。此函数对于调度策略不起作用。例如:
	`pthread t tid;`
	`int ret;`
	`struct sched_param param`
	`int priority;`
	`param.sched_priority = priority;`
	`policy= SCHED_OTHER;`
	`ret = pthread_setschedparam(tid, policy, ¶m);`
	pthread_setschedparam()函数在成功完成之后返回 0 值。其他任何返回值都表示出现了错误

int pthread_getschedparam(pthread_t tid,int policy,struct sched_param * param);	用来获取指定 tid 线程的优先级。pthread_getschedparam()函数在成功完成之后返回 0 值。其他任何返回值都表示出现了错误
int pthread_kill(thread_t tid, int sig);	向 tid 线程发送信号 sig。tid 所指定的线程必须与调用线程在同一个进程中。如果 sig 为 0,将执行错误检查,但并不实际发送信号。pthread_kill()函数在成功完成之后返回 0 值。其他任何返回值都表示出现了错误

int pthread_sigmask(int how, const sigset_t * new, sigset_t * old);	更改或检查调用线程的信号掩码。例如:
	`sigset_t old, new;`
	`ret = pthread_sigmask(SIG_SETMASK,&new,&old);   /* 设置新掩码 */`
	`ret = pthread_sigmask(SIG_BLOCK,&new,&old);  /* 阻断掩码 */`
	`ret = pthread sigmask(SIG_UNBLOCK,&new,&old);   /* 不阻断,恢复响应 */`
	pthread_sigmask()函数在成功完成之后返回 0 值。其他任何返回值都表示出现了错误

int pthread_atfork(void (* prepare)(void), void (* parent)(void), void (* child)(void));	防止多线程进程创建子进程时出现死锁,保证安全地创建子进程。pthread_atfork()在成功完成之后返回 0 值。其他任何返回值都表示出现了错误
void pthread_exit(void * status);	终止线程,释放所有线程特定数据绑定。如果调用线程尚未分离,则线程 ID 和 status 指定的退出状态将保持不变,直到应用程序调用 pthread_join()函数以等待该线程。否则,将忽略 status。线程 ID 可以立即回收。调用线程将终止,退出状态设置为 status 的内容
int pthread_cancel(pthread_t thread);	允许线程请求终止其所在进程中的任何其他线程。不希望或不需要对一组相关的线程执行进一步操作时,可以选择执行取消操作。pthreads 标准指定了几个取消点,其中包括通过 pthread_testcancel()调用以编程方式建立线程取消点,线程等待 pthread_cond_wait()函数或 pthread_cond_timedwait()函数中的特定条件出现。取消请求的处理方式取决于目标线程的状态。状态由以下两个函数确定:pthread_setcancelstate()和 pthread_setcanceltype()。pthread_cancel()函数在成功完成之后返回 0 值。其他任何返回值都表示出现了错误

续表

函 数 声 明	函数功能说明

int pthread_setcancelstate(int state, int * oldstate);	用 pthread_setcancelstate()函数启用或禁用线程取消功能。创建线程时,默认情况下线程取消功能处于启用状态。
	ret = pthread_setcancelstate(PTHREAD_CANCEL_ENABLE, &oldstate);
	ret = pthread_setcancelstate(PTHREAD_CANCEL_DISABLE, &oldstate);
	pthread_setcancelstate()函数在成功完成之后返回 0 值。其他任何返回值都表示出现了错误

int pthread_setcanceltype(int type, int * oldtype);	将取消类型设置为延迟或异步模式。例如: int oldtype; ret = pthread_setcanceltype(PTHREAD_CANCEL_DEFERRED, &oldtype); /* 延迟模式 */ ret = pthread_setcanceltype(PTHREAD_CANCEL_ASYNCHRONOUS, &oldtype); /* 异步模式 */ 创建线程时,默认情况下会将取消类型设置为延迟模式。在延迟模式下,只能在取消点取消线程。在异步模式下,可以在执行过程中的任意一点取消线程。因此建议不使用异步模式。pthread_setcanceltype()函数在成功完成之后返回 0 值。其他任何返回值都表示出现了错误
void pthread_testcancel(void);	为线程建立取消点。当线程取消功能处于启用状态且取消类型设置为延迟模式时,pthread_testcancel()函数有效。如果在取消功能处于禁用状态下调用 pthread_testcancel()函数,则该函数不起作用。请务必仅在线程取消操作安全的序列中插入 pthread_testcancel()函数
void pthread_cleanup_push(void (* routine)(void *), void * args);	将清理处理程序推送到清理栈(LIFO)
void pthread_cleanup_pop(int execute);	从清理栈中弹出清理处理程序。例如: pthread_cleanup_pop(1); /* 弹出并执行压入栈的"func"函数 */ pthread_cleanup_pop(0); /* 弹出不执行压入栈的"func" 函数 */ 线程显式或隐式调用 pthread_exit()函数时,或线程接收取消请求时,会使用非 0 参数有效地调用 pthread_cleanup_pop()函数

Windows系统Winsock函数

常用 Winsock 函数如表 E.1 所示。

表 E.1　常用 Winsock 函数

函数声明	功能描述
int WSAStartup(WORD wVersionRequested, LPWSADATA lpWSAData);	指定 Winsock 版本,所有使用 Winsock 的程序都要调用 WSAStartup()和 WSACleanup()函数。在调用任何 Winsock 函数之前要调用 WSAStartup()函数;在程序结束前要调用 WSACleanup()函数清理缓冲区和资源。如果无错误发生,则返回 0 值;否则,其他任何返回值都表示出现了错误
int WSACleanup();	清理 Winsock 函数使用的内部缓冲区和资源。如果无错误发生,则返回 0 值;否则,其他任何返回值都表示出现了错误
SOCKET accept(SOCKET s, struct sockaddr * addr, int * addrlen);	在套接字接受一个连接。 s:套接字描述字,该套接字在 listen()函数后监听连接。 addr:(可选)指针,指向一缓冲区,其中接收为传输层所知的连接实体的地址。addr 参数的实际格式由套接字创建时所产生的地址族确定。 addrlen:(可选)指针,指向存有 addr 地址长度的整型数。 如果没有错误产生,则 accept()函数返回一个描述所接受包的 SOCKET 类型的值;否则,返回 INVALID_SOCKET 错误。应用程序可通过调用 WSAGetLastError()函数获得特定的错误代码

int bind(SOCKET s, const struct sockaddr * name, int namelen);	将 1 个地址与 1 个套接字捆绑。
	s:标识一未捆绑套接字的描述字。
	sockaddr 结构定义如下。
	struct sockaddr{
	u_short sa_family;
	char sa_data[14];
	};
	name:赋予套接字的地址。
	namelen:name 名字的长度。
	如果无错误发生,则 bind()函数返回 0 值;否则,将返回 SOCKET_ERROR。应用程序可通过 WSAGetLastError()函数获取相应错误代码

int closesocket(SOCKET s);	关闭套接字。s:一个套接字的描述字。如果无错误发生,则 closesocket()函数返回 0 值;否则,返回 SOCKET_ERROR 错误。应用程序可通过 WSAGetLastError()函数获取相应错误代码

续表

函数声明	功能描述
int connect(SOCKET s, const struct sockaddr * name, int namelen);	建立与一个端口的连接。 s：标识一个未连接套接字的描述字。name：欲进行连接的地址端口指针。namelen：name 名字的长度。 若无错误发生，则 connect()函数返回 0 值；否则，返回 SOCKET_ERROR 错误。应用程序可通过 WSAGetLastError()函数获取相应错误代码
int getpeername(SOCKET s, struct sockaddr * name, int * namelen);	获取与套接字相连的端地址。 s：标识一已连接套接字的描述字。 name：接收端地址的指针。 namelen：一个指向 name 参数大小的指针。 返回值：若无错误发生，则 getpeernamc0 返回 0 值；否则，返回 SOCKET_ERROR。应用程序可通过 WSAGetLastError()函数来获取相应的错误代码
int getsockname(SOCKET s, struct sockaddr * name, int * namelen);	获取一个套接字的本地名字。 s：标识一个已捆绑套接字的描述字。 name：接收套接字的地址(名字)指针。 namelen：名字缓冲区长度指针。 若无错误发生，则 getsockname()函数返回 0 值；否则，返回 SOCKET_ERROR 错误。应用程序可通过 WSAGetLastError()函数获取相应错误代码
int setsockopt(SOCKET s, int level, int optname, const char * optval,int optlen);	设置一个套接字选项。 s：一个标识套接字的描述字。 level：选项定义的层次。支持的层次有 SOL_SOCKET 、IPPROTO_IP、IPPROTO_TCP 等，集成环境下输入时有多种选择提示。 optname：需获取的套接字选项。有 SO_REUSEADDR、IP_MULTICAST_LOOP、SO_BROADCAST 等，集成环境下输入时有多种选择提示。 optval：指针，指向存放所设置选项值的缓冲区。 optlen：整型，指向 optval 缓冲区的长度值。 若无错误发生，则 setsockopt()函数返回 0 值；否则，返回 SOCKET_ERROR 错误。应用程序可通过 WSAGetLastError()函数获取相应错误代码
int getsockopt(SOCKET s,int level, int optname, char * optval, int * optlen);	获取一个套接字选项。 s：一个标识套接字的描述字。 level：选项定义的层次。支持的层次有 SOL_SOCKET、IPPROTO_IP、IPPROTO_TCP 等，集成环境下输入时有多种选择提示。 optname：需获取的套接字选项。 optval：指针，指向存放所获得选项值的缓冲区。 optlen：指针，指向 optval 缓冲区的长度值。 若无错误发生，则 getsockopt()函数返回 0 值；否则，返回 SOCKET_ERROR 错误。应用程序可通过 WSAGetLastError()函数获取相应错误代码
unsigned long htonl(unsigned long hostlong);	htonl()函数返回一个网络字节顺序的值，将主机的无符号长整型数转换为网络字节顺序。 hostlong：主机字节顺序表达的 32 位数。 说明：本函数将一个 32 位数从主机字节顺序转换为网络字节顺序

续表

函数声明	功能描述
unsigned short htons(unsigned short hostshort);	返回一个网络字节顺序的值,将主机的无符号短整型数转换为网络字节顺序。 hostshort:主机字节顺序表达的16位数。 说明:本函数将一个16位数从主机字节顺序转换为网络字节顺序
unsigned long inet_addr(const struct * cp);	将一个点间隔地址转换为一个in_addr。 cp:一个以Internet标准用.间隔的字符串。 说明:本函数解释cp参数中的字符串,这个字符串用Internet的.间隔格式表示一个32位的Internet地址。返回值可用作Internet地址。所有Internet地址以网络字节顺序返回(字节从左到右排列)。若无错误发生,则inet_addr()函数返回一个无符号长整型数,其中以适当字节顺序存放Internet地址。如果传入的字符串不是一个合法的Internet地址,如a.b.c.d地址中任一项超过255,那么inet_addr()函数返回INADDR_NONE
char * inet_ntoa(struct in_addr in);	将网络地址转换为.间隔的字符串格式。 in:一个表示Internet主机地址的结构。 说明:本函数将一个用in参数所表示的Internet地址结构转换为以.间隔的诸如a.b.c.d的字符串形式。注意,inet_ntoa()函数返回的字符串存放在Windows套接字实现所分配的内存中。应用程序不应假设该内存是如何分配的。在同一个线程的下一个Windows套接字调用前,数据将保证是有效。 返回值:若无错误发生,则inet_ntoa()函数返回一个字符指针;否则,返回NULL
int ioctlsocket(SOCKET s, long cmd, unsigned long * argp);	控制套接字的模式。 s:一个标识套接字的描述字。 cmd:对套接字s的操作命令。 argp:指向cmd命令所带参数的指针。 说明:本函数可用于任一状态的任一套接字。它用于获取与套接字相关的操作参数,而与具体协议或通信子系统无关。调用成功后,ioctlsocket()函数返回0值;否则,返回SOCKET_ERROR错误。应用程序可通过WSAGetLastError()函数获取相应错误代码
int listen(SOCKET s, int backlog);	创建一个套接字并监听申请的连接。 s:用于标识一个已捆绑服务器监听套接字的描述字。 backlog:等待连接队列的最大长度。 说明:为了接受连接,先用socket()创建一个套接字,然后用listen()函数为申请进入的连接建立一个后备日志,然后便可用accept()函数接受连接了。如无错误发生,则listen()函数返回0值;否则,返回SOCKET_ERROR错误。应用程序可通过WSAGetLastError()函数获取相应错误代码
unsigned long ntohl(unsiged long netlong);	返回一个以主机字节顺序表达的数,将一个无符号长整型数从网络字节顺序转换为主机字节顺序。 netlong:一个以网络字节顺序表达的32位数。 说明:本函数将一个32位数由网络字节顺序转换为主机字节顺序
unsigned short ntohs(unsigned short netshort);	返回一个以主机字节顺序表达的数,将一个无符号短整型数从网络字节顺序转换为主机字节顺序。 netshort:一个以网络字节顺序表达的16位数。 说明:本函数将一个16位数由网络字节顺序转换为主机字节顺序

续表

函 数 声 明	功 能 描 述
int recv(SOCKET s, char * buf, int len, int flags);	本函数使用已连接的数据报套接字或流式套接字 s 进行数据的接收。 s：一个标识已连接套接字的描述字。 buf：用于接收数据的缓冲区。 len：缓冲区长度。 flags：指定调用方式。可选 0、MSG_OOB、MSG_PEEK。选 MSG_OOB 时是带外数据，说明 recv()接收函数会立即返回"紧急"数据。没有"紧急"数据时 recv()函数返回 EINVAL。 MSG_PEEK 标志可以让 recv()函数保存接收数据，用于分析。 若无错误发生，则 recv()函数返回读入的字节数。如果连接已中止，则返回 0 值；否则，返回 SOCKET_ERROR 错误。应用程序可通过 WSAGetLastError()函数获取相应错误代码
int recvfrom(SOCKET s, char * buf, int len, int flags, struct sockaddr * from, int * fromlen);	本函数由于从套接字上接收数据，并捕获数据发送源的地址。 s：标识一个已连接套接字的描述字。 buf：接收数据缓冲区。 len：缓冲区长度。 flags：调用操作方式。可选 0、MSG_OOB、MSG_PEEK。 from：(可选)指针，指向装有源地址的缓冲区。 fromlen：(可选)指针，指向 from 缓冲区长度值。 若无错误发生，则 recvfrom()函数返回读入的字节数。如果连接已中止，则返回 0 值；否则，返回 SOCKET_ERROR 错误。应用程序可通过 WSAGetLastError()函数获取相应错误代码
int select(int nfds, fd_set * readfds, fd_set * writefds, fd_set * exceptfds, const struct timeval * timeout);	本函数用于确定一个或多个套接字的状态。对每一个套接字，调用者可查询它的可读性、可写性及错误状态信息。 nfds：本参数忽略，仅起到兼容作用。 readfds：(可选)指针，指向一组等待可读性检查的套接字。 writefds：(可选)指针，指向一组等待可写性检查的套接字。 exceptfds：(可选)指针，指向一组等待错误检查的套接字。 timeout：select()函数最多等待时间，对阻塞操作则为 NULL。 select()函数调用返回处于就绪状态并且已经包含在 fd_set 结构中的描述字总数；如果超时则返回 0 值；否则，返回 SOCKET_ERROR 错误。应用程序可通过 WSAGetLastError()函数获取相应错误代码
int send(SOCKET s, const char * buf, int len, int flags);	向一个已连接的套接字发送数据。 s：一个用于标识已连接套接字的描述字。 buf：包含待发送数据的缓冲区。 len：缓冲区中数据的长度。 flags：调用执行方式。可选 0、MSG_OOB、MSG_PEEK。选 MSG_OOB 时是带外数据，说明 recv()接收函数会立即返回"紧急"数据。没有"紧急"数据时 recv()函数返回 EINVAL。 MSG_PEEK 标志可以让 recv()函数保存接收数据，用于分析。 send()函数向已连接的数据报套接字或流式套接字发送数据。对于数据报类套接字，必须注意发送数据长度不应超过通信子网的 IP 包最大长度。 若无错误发生，send()函数返回所发送数据的总数(注意，这个数字可能小于 len 中所规定的大小)；否则，返回 SOCKET_ERROR 错误。应用程序可通过 WSAGetLastErron()函数获取相应错误代码

续表

函数声明	功能描述
int sendto(SOCKET s, const char * buf, int len, int flags, const struct sockaddr * to, int tolen);	用于向已连接的数据报套接字或流式套接字发送数据。对于数据报类套接字,必须注意发送数据长度不应超过通信子网的 IP 包最大长度。 s:一个标识套接字的描述字。 buf:包含待发送数据的缓冲区。 len:buf 缓冲区中数据的长度。 flags:调用方式标志位。 to:(可选)指针,指向目的套接字的地址。 tolen:to 所指地址的长度。 若无错误发生,sendto()函数返回所发送数据的总数(注意,这个数字可能小于 len 中所规定的大小);否则,返回 SOCKET_ERROR 错误。应用程序可通过 WSAGetLastError()函数获取相应错误代码
int setsockopt(SOCKET s, int level, int optname, const char * optval, int optlen);	用于设置任意类型、任意状态套接字的选项值。 s:标识一个套接字的描述字。 level:选项定义的层次;目前仅支持 SOL_SOCKET、IPPROTO_IP 层次。 optname:需设置的选项。 optval:指针,指向存放选项值的缓冲区。 optlen:optval 缓冲区的长度。 若无错误发生,则 setsockopt()函数返回 0 值;否则,返回 SOCKET_ERROR 错误。应用程序可通过 WSAGetLastError()函数获取相应错误代码
int shutdown(SOCKET s, int how);	用于禁止在一个套接字上进行数据的接收与发送。 s:用于标识一个套接字的描述字。 how:标志,用于描述禁止哪些操作。0:禁止接收;1:禁止发送;2:禁止接收发送 如果没有错误发生,则 shutdown()函数返回 0 值;否则,返回 SOCKET_ERROR 错误。应用程序可通过 WSAGetLastError()函数获取相应错误代码
SOCKET socket(int af, int type, int protocol);	根据指定的地址族、数据类型和协议来创建一个套接字。 af:一个协议族描述。目前仅支持 PF_INET 符号常量,也就是说支持 ARPA 支持 Internet 地址格式。 type:新套接字的类型描述。 protocol:套接字所用的协议。TCP 使用 IPPROTO_TCP,则 UDP 使用 IPPROTO_UDP。如果调用者不想指定,则可用 0 值。 若无错误发生,socket()函数返回引用新套接字的描述字;否则,返 SOCKET_ERROR 错误。应用程序可通过 WSAGetLastError()函数获取相应错误代码
struct hostent * gethostbyaddr (const char * addr, int len, int type);	返回对应于给定地址的包含主机名字和地址信息的 hostent 结构指针。 addr:指向网络字节顺序地址的指针。 len:地址的长度,在 PF_INET 类型地址中为 4。 type:地址类型,应为 PF_INET。 如果没有错误发生,则 gethostbyaddr()函数返回如上所述的一个指向 hostent 结构的指针;否则,返回一个空指针。通过 WSAGetLastError()函数可以得到一个特定的错误代码

续表

函数声明	功能描述
struct hostent * gethostbyname(const char * name);	返回对应于给定主机名的包含主机名字和地址信息的 hostent 结构指针。 name：指向主机名的指针。 如果没有错误发生，则 gethostbyname()函数返回如上所述的一个指向 hostent 结构的指针；否则，返回一个空指针，应用程序可以通过 WSAGetLastError()函数来得到一个特定的错误代码
int gethostname(char * name, int namelen);	返回本地主机的标准主机名。 name：一个指向将要存放主机名的缓冲区指针。 namelen：缓冲区的长度。 说明：该函数把本地主机名存放入由 name 参数指定的缓冲区中。返回的主机名是一个以 NULL 结束的字符串。主机名的形式取决于 Windows Socket 的实现——它可能是一个简单主机名，或者是一个域名。 如果没有错误发生，则 gethostname()函数返回 0 值；否则，返回 SOCKET_ERROR，应用程序可以通过 WSAGetLastError()函数来得到一个特定的错误代码

struct protoent * getprotobyname(const char * name);	返回对应于给定协议名的包含名字和协议号的 struct protoent 结构指针。
	name：一个指向协议名的指针。
	结构的声明如下。
	struct protoent {
	char * p_name;
	char ** p_aliases;
	short p_proto;
	};
	结构的成员有如下。
	p_name，正规的协议名。
	p_aliases，一个以空指针结尾的可选协议名队列。
	p_proto，以主机字节顺序排列的协议号。
	如果没有错误发生，则 getprotobyname()函数返回如上所述的一个指向 protoent 结构的指针；否则返回一个空指针。应用程序可以通过 WSAGetLastError()函数来得到一个特定的错误代码

struct protoent * getprotobynumber(int number);	返回对应于给定协议号的包含名字和协议号的 protoent 结构指针。 number：一个以主机顺序排列的协议号。 如果没有错误发生，则 getprotobynumber()函数返回如上所述的一个指向 struct protoent 结构的指针；否则返回一个空指针。应用程序可通过 WSAGetLastError()函数来得到特定的错误代码
struct servent * getservbyname(const char * name, const char * proto);	返回与给定服务名对应的包含名字和服务号信息的 servent 结构指针。 name：一个指向服务名的字符串。 proto：指向协议名的指针(可选)。如果这个指针为空，则 getservbyname()函数返回第一个 name 与 struct servent 结构成员 s_name 匹配或者与 saliases 匹配的服务条目；否则 getservbyname()函数对 name 和 proto 都进行匹配。 struct servent 结构的声明如下：

续表

函数声明	功能描述

struct servent * getservbyname(const char * name, const char * proto);	struct servent {
	char * s_name;
	char ** s_aliases;
	short s_port;
	char * s_proto;
	};
	s_name,正规的服务名。
	s_aliases,一个以空指针结尾的可选服务名队列。
	s_port,连接该服务时需要用到的端口号,返回的端口号以网络字节顺序排列。
	s_proto,连接该服务时用到的协议名。
	如果没有错误发生,则 getservbyname()函数返回如上所述的一个指向 servent 结构的指针;否则返回一个空指针。通过 WSAGetLastError()函数来得到特定的错误代码

struct servent * getservbyport(int port,const char * proto);	返回与给定服务名对应的包含名字和服务号信息的 servent 结构指针。 port:给定的端口号,以网络字节顺序排列。 proto:指向协议名的指针(可选)。如果这个指针为空,则 getservbyport()函数返回第一个 port 与 s_port 匹配的服务条目;否则 getservbyport()函数对 port 和 proto 都进行匹配。 如果没有错误发生,则 getservbyport()函数返回如上所述的一个指向 servent 结构的指针,如果有错误,则返回一个空指针。通过 WSAGetLastError()函数来得到特定的错误代码

参考文献

[1] 计算机概论编写组.计算机概论[M].北京：高等教育出版社,1985.

[2] STEPHEN C. UNIX 使用大全[M].戴建鹏,包晓露,译.北京：电子工业出版社,1991.

[3] 史美林,苏云清.C 语言程序设计基础[M].北京：清华大学出版社,1986.

[4] 陈火旺,刘春林,谭庆平,等.程序设计语言编译原理[M].3 版.北京：国防工业出版社,2000.

[5] BLANCHETTE J,SUMMERFIELD M. C++ GUI Qt 4 编程[M].闫锋欣,曾泉人,张志强,译.2 版.北京：电子工业出版社,2009.

[6] PRATA S. C Primer Plus[M].姜佑,译.6 版.北京：人民邮电出版社,2019.

[7] KERNIGHAN B W,RITCHIE D M. C 程序设计语言[M].徐宝文,李志,译.2 版.北京：机械工业出版社,2019.

[8] 严蔚敏,吴伟民.数据结构：C 语言版[M].北京：清华大学出版社,2002.

[9] 程万里.联网地震资料分析系统的研究与实现[D].北京：北京邮电大学,2007：16-18,50-57.

[10] MENG G,CHENG W,ZHU W. Trend analysis and its application for software testing[M]//IEEE. 2011 3rd International Conference on Communication Software and Networks：Vol. 2. Piscataway, New Jersey,United States：IEEE,2011：191-194.

[11] 程万里.答读者：专题.编程[N].中国计算机报,1993-08-24(32),续版二：87.

[12] 孙钟秀,谭耀铭,费翔林,等.操作系统教程[M].北京：高等教育出版社,1989.

[13] SILBERSCHATZ A,GALVIN P B,GAGNE G. OPERATING SYSTEM CONCEPTS[M]. 6th ed. New York：John Wiley & Sons,Inc.,2001.

[14] 陈向群,杨芙清.操作系统教程[M].北京：北京大学出版社,2001.

[15] 李津生,洪佩琳.下一代 Internet 网络技术[M].北京：人民邮电出版社,2001.

[16] 胡道元.计算机局域网[M].北京：清华大学出版社,1990.

[17] WALL K. GNU/Linux 编程指南[M].张辉,译.2 版.北京：清华大学出版社,2002.